U0210555

中国科学技术经典文库·数学卷

射影曲面概论

苏步青 著

科学出版社

北京

内 容 简 介

本书是著者继《射影曲线概论》后的又一本射影微分几何专著,概括了作者在 1935 年左右和近年来在这方面的研究成果.

全书计有:曲面的基本元素;所有主切曲线全属于线性丛的曲面;射影极小曲面;某些构图(T)和其有关变换等四章.其中第 2、3 章是本书的重点.特别是第 3 章,基本内容围绕交扭定理编成,还涉及奥克塔夫·迈叶尔和戈德的工作,著者在这里作出了一些有关定理和公式的补充.对射影极小曲面论本身,以及对研究高维射影空间共轭网论都提供了丰富的内容.

图书在版编目(CIP)数据

射影曲面概论/苏步青著.—北京:科学出版社,2010
(中国科学技术经典文库·数学卷)
ISBN 978-7-03-029370-1

Ⅰ.射… Ⅱ.①苏… Ⅲ.射影微分几何—曲面论—概论 Ⅳ.①O186.13

中国版本图书馆 CIP 数据核字(2010)第 217396 号

责任编辑:王丽平 房 阳/责任校对:纪振
红责任印制:徐晓晨/封面设计:王 浩

科 学 出 版 社 出版
北京东黄城根北街 16 号
邮政编码:100717
http://www.sciencep.com

北京京华虎彩印刷有限公司 印刷

科学出版社发行 各地新华书店经销
*
1954 年 1 月第 一 版 开本:B5(720×1000)
2018 年 1 月第四次印刷 印张:20 3/4
字数:407 000
定价:128.00 元
(如有印装质量问题,我社负责调换)

前　言

自从笔者的《射影曲线概论》一书于1954年出版(1958年中国科学院英文版) 以来, 时间又经过了十年. 在这个期间里一直想把以往关于普通空间射影曲面论的一些成果, 如同射影曲线论一样, 加以整理, 但迟迟未能动笔. 从文献上看来, 尽管富比尼和切赫早在1926年就已奠定了射影曲面论的基础, 三十多年来国际上仍然不断出现这方面的论著, 被写成各国文字(见卷末所附参考书籍) , 而用中文写成的专著只有上面一本, 显得太少了. 何况, 我国有过一些致力于射影微分几何研究的数学家, 他们的不少研究成果虽已被介绍于各国论著中, 但大都语焉不详. 因此, 整理出版这些成果是一件重要工作.

本书采用的叙述方法不是像各国著书那样地仅局限于所谓"纯粹的"一种, 而是针对不同的研究对象, 运用各种方法到所讨论的问题中去. 例如, 在第1章里基本上运用了富比尼的方法来推导一些基本公式, 但也不排斥另外方法, 如戈德的方法就被利用于戈德织面序列的探讨. 对第3章射影极小曲面论的处理也是这样: 本来可以一贯运用富比尼的规范坐标系和基本方程, 可是由于采取了戈德的表达方式, 对几个有关的拉普拉斯序列便得到更明显的公式和其间关系. 又如, 对伴随织面的推导和应用则选择了嘉当规范标形(1.6节、1.8节) , 而且在第4章全部应用活动标形法作为研究某些构图(T) 的有效工具. 这样采用多种多样方法进行研究, 既能充分发挥各种方法的优点, 又能较快地明确它们之间的联系.

本书共分4章. 第1章叙述曲面的基本元素, 从头假定了曲面是非直纹、非退缩的, 而且选用的参数是曲面的主切曲线参数. 在简单推导出以后常用的一些公式和定理之后, 重点地导入笔者最初发现, 而且后来已被验证为重合于第二个戈德织面的伴随织面, 为第2章做好准备工作. 其次, 详细介绍白正国、张素诚等关于姆塔儿织面的研究, 并指出这些结论与曲面平截线的密切二次曲线分层(1.15节) 之间的关系. 最后, 作为姆塔儿织面的进一步推广, 还叙述了洼田锥面和有关构图, 特别是这锥面与塞格雷锥面的联系(1.19节). 第2章内容基本上是根据笔者1935年到1936年发表的六篇文章写成的. 仅在讨论两曲面在对应点具有共同的德穆兰四边形的问题中, 结合近年戈德和波尔的研究作了必要的修订(见2.6节), 而对于其他部分仍保持原有形式, 未加任何改动. 中心定理是: 在各点的伴随织面都变为固定在空间的织面, 这种曲面只能是S 曲面, 就是: 主动曲线全属于线性丛的曲面. 最后一节(2.8节)引进了白正国关于单系主切曲线属于线性丛的曲面的重要研究. 第3章射影极小曲面主要是叙述笔者近年来的研究结果, 基本内容是围绕交扭定理(3.4节) 编成的. 它还牵涉到奥克塔夫·迈叶尔和戈德的工作, 所以在3.2节和3.3节作出了一些有关定理和公式的补充. 这些研究不但极大地丰富了射影极小曲面论的内容, 而且还提供了作为研究高维射影空间共轭网论的典型范例, 有利于有关方面工作的发展. 第4章阐述了从菲尼可夫构图(T) 出发, 经过构图(T_4)、(T^*) 和其加拉普索变换的讨论而最后到达于伴随构图(T) 的研究. 这样, 连接了笔者二十多年前的工作和近年来的研究编出较有系统的内容.

由此可见, 本书所收集的资料有相当一部分是来自笔者论文的. 为便于读者查考, 特别地把这些论文连同白正国、张素诚、吴祖基三位教授的有关于射影曲面论的著作列成"部分参考文献", 附于卷后. 至于其他论文只在引用的有关章节里就地注明其作者姓名、刊物名称、卷数、页数和年份. 凡在本书中未及引用的论著, 包括我国一些几何学家的工作在内, 因篇幅关系都未予列入. 关于这部分, 请读者参考卷后所列的"参考书籍"、国内外数学专刊和国内各大学自然科学学报.

在本书编写过程中, 笔者曾经作了一番努力, 务使读者在学完高等几何和微分几何的基础上能够领会本书的内容. 但是, 限于笔者的学术水平和表达能力, 说理不够严密, 叙述不够深入浅出, 欠妥及疏漏之处还在所难免, 希望读者随时加以指正.

苏步青

1964年在上海

目 录

第 1 章　曲面的基本元素

1.1　主切曲线

设 x, y, z, t 是三维射影空间一点 (x) 的齐次坐标, 如果它们都是两个自变量 u, v 的函数:

$$x = x(u, v), \quad y = y(u, v), \quad z = z(u, v), \quad t = t(u, v),$$

那么点 (x) 的轨迹是一个曲线 σ, 而且曲线 u (单独变动 u 而固定 v 时的点 (x) 的轨迹) 和曲线 v (单独变动 v 而固定 u 时的称呼) 称为 σ 的参数曲线或坐标曲线. 以下单用

$$x = x(u, v) \tag{1.1}$$

代替上列四个方程, 并规定函数 $x(u, v)$ 在研究范围内都是连续的, 而且有连续的导来函数

$$x_u = \frac{\partial x}{\partial u}, \quad x_v = \frac{\partial x}{\partial v}, \quad x_{uv} = \frac{\partial^2 x}{\partial u^2}, \quad \cdots.$$

在 σ 的任意正常点 (x) 引曲面的切线, 其全体形成一平面, 就是 σ 的切平面, 从

$$dx = x_u \, du + x_v \, dv$$

得出切平面的方程

$$(X \ x \ x_u \ x_v) = 0, \tag{1.2}$$

其中的括号表示四阶行列式, 括号中所列出的是它的第一行, 其余三行顺次是 $Y, y,$ $y_u, y_v; Z, z, z_u, z_v; T, t, t_u, t_v$, 并且 (X, Y, Z, T) 表示动点 (X) 的坐标.

在曲线 σ 上取一曲线 Γ, 设它的方程是

$$u = u(\tau), \quad v = v(\tau), \tag{1.3}$$

那么 Γ 的密切平面决定于下列三点:

$$x, \quad dx, \quad d^2x.$$

为了 Γ 要变成曲面 σ 的主切曲线, 充要条件是: 它在每一点的密切平面恒与曲面在这点的切平面重合, 也就是

$$(x \ x_u \ x_v \ d^2x) = 0. \tag{1.4}$$

当 σ 经受到直线变换时, (1.4) 式的左边行列式仅添加一个不等于0的因子, 所以曲面的主切曲线是射影协变曲线.

按照曲面的共轭曲线也可定义主切曲线, 从此容易看出: 主切曲线关于曲面的逆射变换也是协变的.

从(1.3) 获得

$$dx = x_u\, du + x_v\, dv,$$

$$d^2x = x_{uu}\, du^2 + 2x_{uv}\, du\, dv + x_{vv}\, dv^2 + x_u\, d^2u + x_v\, d^2v.$$

代入(1.4) , 便可改写主切曲线的微分方程:

$$(x\ x_u\ x_v\ x_{uu})du^2 + 2(x\ x_u\ x_v\ x_{uv})du\, dv + (x\ x_u\ x_v\ x_{vv})dv^2 = 0. \tag{1.5}$$

方程(1.4)也可表成为另外的形式. 从(1.2) 首先导入

$$\xi = \rho(x,\ \ x_u,\ \ x_v), \tag{1.6}$$

式中 ρ 表示不等于0的因子, $(x,\ \ x_u,\ \ x_v)$ 表示行列式$(X\ \ x\ \ x_u\ \ x_v)$ 关于第一列四个元的小行列式. 这样, 方程(1.2) 可以写成

$$\xi X + \eta Y + \zeta Z + \tau T = 0,$$

或简单地,

$$\xi \cdot X = 0.$$

按照定义得知, ξ 是切平面的坐标, 而且它满足

$$\xi \cdot x = x_u \cdot \xi = x_v \cdot \xi = 0, \tag{1.7}$$

从而(1.4) 变为

$$\xi \cdot d^2x = 0. \tag{1.4}'$$

由(1.7)得出

$$\xi \cdot dx = x \cdot d\xi = 0, \quad x \cdot d^2\xi = -dx \cdot d\xi = \xi \cdot d^2x.$$

因而, (1.4)′也可写为

$$x \cdot d^2\xi = 0. \tag{1.4}''$$

由于 $x \cdot \xi = x \cdot d\xi = 0$, 便有

$$x = r(\xi,\ \ \xi_u,\ \ \xi_v), \tag{1.8}$$

式中r表示一个不等于0的比例因子. 从而(1.4)″又可改写为

$$(\xi \quad \xi_u \quad \xi_v \quad d^2\xi) = 0. \tag{1.4}'''$$

由此可见, 主切曲线关于曲面的逆射变换是协变曲线.

原来, 曲面σ上一点的齐次坐标除了一个比例因子$h = h(u, v)$而外是完全决定的. 同样地, 在(1.6)中函数$\rho = \rho(u, v)$的选择也是任意的. 如果取ρ'以代ρ, 且同时取r'以代(1.8)式中的r, 就有

$$\xi' = \rho'(x, x_u, x_v) = \frac{\rho'}{\rho}\xi,$$

从而

$$(\xi', \xi'_u, \xi'_v) = \left(\frac{\rho'}{\rho}\right)^3 (\xi, \xi_u, \xi_v),$$

$$x = r'(\xi', \xi'_u, \xi'_v) = r' \left(\frac{\rho'}{\rho}\right)^3 (\xi, \xi_u, \xi_v).$$

最后式和(1.8)相比较, 便得到

$$r'\rho'^3 = r\rho^3.$$

如果取$\rho' = \sqrt[4]{|r\rho^3|}$, 就有$r' = \pm\rho'$, 从而$\rho'$的绝对值已经确定, 只是它的正负号还有任意选择的余地. 现在, 仍沿用ρ和ξ以代ρ'和ξ', 我们导出

$$\xi = \rho(x, \ x_u, \ x_v), \quad x = \varepsilon\rho(\xi, \ \xi_u, \ \xi_v) \quad (\varepsilon = \pm 1), \tag{1.9}$$

式中ρ和ε都是往后待定的.

其次, 将证明: 这样决定ξ的方法对于参数u, v的任何变换是不变的.

实际上, $u = u(u', v')$, $v = v(u', v')$; 其中雅可比式

$$J = \frac{\partial(u, \ v)}{\partial(u', \ v')} \neq 0,$$

便有

$$(x, \ x_{u'}, \ x_{v'}) = J(x, \ x_u, \ x_v),$$

$$(\xi, \ \xi_{u'}, \ \xi_{v'}) = J(\xi, \ \xi_u, \ \xi_v),$$

所以

$$\xi = \rho'(x, \ x_{u'}, \ x_{v'}), \quad x = \varepsilon\rho'(\xi, \ \xi_{u'}, \ \xi_{v'}) \quad (\rho' = \rho J^{-1}). \tag{1.9}'$$

如上所述, 从点(x)的坐标除了符号而外, 可以完全决定切平面(ξ)的坐标ξ. 称这ξ为对应于x的切平面坐标. 当x乘以一因数时, 很明显地对应的ξ也乘以同一因数. 这是切赫首创的方法(参看富-切, 导论, 40).

最后, 我们来决定 ρ 和 ε. 为此, 置

$$F_2 = \xi \cdot d^2 x = a_{11} du^2 + 2a_{12} du\, dv + a_{22} dv^2,$$

并假定 $a_{12} = a_{21}$, $u = u_1$, $v = v_2$, 那么

$$F_2 = \xi \cdot d^2 x = -d\xi \cdot dx = x \cdot d^2 \xi = a_{rs} du_r du_s, \tag{1.10}$$

$$\begin{cases} a_{11} = \xi \cdot x_{uu} = -\xi_u \cdot x_u = x \cdot \xi_{uu}, \\ a_{12} = a_{21} = \xi \cdot x_{uv} = -\xi_u \cdot x_v = -\xi_v \cdot x_u = x \cdot \xi_{uv}, \\ a_{22} = \xi \cdot x_{vv} = -\xi_v \cdot x_v = x \cdot \xi_{vv}. \end{cases} \tag{1.11}$$

主切曲线的微分方程(1.4)′可以写为 $F_2 = 0$. 假定点 (x) 不是曲面 σ 的抛物点, 那么

$$A = a_{11}\, a_{22} - a_{12}^2 \neq 0,$$

而且过这点有两条主切曲线.

从(1.9)和(1.10)得到

$$F_2 = \rho(x \ \ x_u \ \ x_v \ \ d^2 x) = \varepsilon \rho(\xi \ \ \xi_u \ \ \xi_v \ \ d^2 \xi), \tag{1.12}$$

应用行列式的乘法定理, 便导出

$$F_2^2 = \varepsilon \rho^2 \begin{vmatrix} 0 & 0 & 0 & F_2 \\ 0 & -a_{11} & -a_{12} & * \\ 0 & -a_{21} & -a_{22} & * \\ F_2 & * & * & * \end{vmatrix} = -\varepsilon \rho^2 A F_2^2,$$

因而

$$\varepsilon = -\mathrm{sgn}\, A, \quad \rho = \frac{1}{\sqrt{|A|}}, \quad A = a_{11}\, a_{22} - a_{12}^2. \tag{1.13}$$

置

$$(x \ \ x_u \ \ x_v \ \ d^2 x) = b_{rs}\, du_r\, du_s, \tag{1.14}$$

我们获得

$$a_{rs} = \rho b_{rs}, \quad A = \rho^2 (b_{11} b_{22} - b_{12}^2),$$

且从此导出

$$\rho = \frac{1}{\sqrt[4]{|b_{11} b_{22} - b_{12}^2|}}, \quad \varepsilon = -\mathrm{sgn}(b_{11}\, b_{22} - b_{12}^2).$$

当曲面的参数方程(1.1)是给定时, 按照最后两方程可以算出 ρ 和 ε.

很明显, 如果 x 乘以一因数 $\sigma(u,\ v) \neq 0$, F_2 必乘以因数 σ^2. 另外, 对于参数 u, v 的变换 F_2 至多只能更改一个符号, 而实际上只当雅可比式 $J < 0$ 时更改符号.

从(1.13) 看出, 对于虚的主切曲线所在的曲面 $\varepsilon = -1$; 而在相反的情况下 $\varepsilon = +1$.

1.2 主切参数表示和基本微分方程

为完整起见, 首先讨论以后必须除外的两种情况, 就是 $F_2 \equiv 0$ 和 F_2 分解为一次微分式的平方. 在后一情况下, 只要适当地选取参数 u, v, 就可把 $F_2 = 0$ 化为 $dv^2 = 0$, 从而得到

$$a_{11} = \xi \cdot x_{uu} = -\xi_u \cdot x_u = 0,$$

$$a_{12} = \xi \cdot x_{uv} = -\xi_u \cdot x_v = 0.$$

比较这些方程和 $\xi_u \cdot x = 0$, 并注意到

$$\|x_u, \ x_v, \ x\| \neq 0,$$

便得出 $\xi_u = \lambda' \xi$. 再取 ξ 的适当比例函数, 还可把这方程化为 $\xi_u = 0$. 这就是说, 原曲面是可展面.

根据同样的方法, 可以证明: 在 $F_2 \equiv 0$ 的假定下, $\xi_u = \xi_v = 0$; 所以主切曲线不定的曲面必须退缩为平面.

下文中除去可展面和平面, 而且取曲面 σ 的两系主切曲线做坐标曲线 u 和 v; 这一来,

$$a_{11} = \xi \cdot x_{uu} = -\xi_u \cdot x_u = x \cdot \xi_{uu} = 0, \tag{2.1}$$

$$a_{22} = \xi \cdot x_{vv} = -\xi_v \cdot x_v = x \cdot \xi_{vv} = 0, \tag{2.2}$$

$$\begin{cases} A = a_{11}\, a_{22} - a_{12}^2 = -a_{12}^2, \\ a_{12} = \xi \cdot x_{uv} = -\xi_u \cdot x_v = -\xi_v \cdot x_u = x \cdot \xi_{uv}. \end{cases} \tag{2.3}$$

我们还假定 $\varepsilon = 1$, 就是实的主切曲线存在. 但是, 所得到的公式在虚的主切曲线的情况下也同样成立.

从 (2.1)~(2.3) 得出

$$\begin{cases} (x\ x_u\ x_v\ x_{uu}) = (\xi\ \xi_u\ \xi_v\ \xi_{uu}) = 0, \\ (x\ x_u\ x_v\ x_{vv}) = (\xi\ \xi_u\ \xi_v\ \xi_{vv}) = 0, \end{cases} \tag{2.4}$$

$$\begin{cases} \xi = \rho(x,\ x_u,\ x_v), \quad x = \rho(\xi,\ \xi_u,\ \xi_v), \\ \rho = \dfrac{\omega}{a_{12}} \quad (\omega = \pm 1), \end{cases} \tag{2.5}$$

$$\begin{cases} a_{12} = \rho(x\ x_u\ x_v\ x_{uv}) = \dfrac{\omega}{a_{12}}(x\ x_u\ x_v\ x_{uv}), \\ \omega a_{12}^2 = (x\ x_u\ x_v\ x_{uv}) = (\xi\ \xi_u\ \xi_v\ \xi_{uv}) \quad (\omega = \pm 1). \end{cases} \tag{2.6}$$

如果 u, v 是实数, 而且避免使用复数, 就必须取定

$$\omega = \operatorname{sgn}(x\ x_u\ x_v\ x_{uv}), \tag{2.7}$$

从而, 对调 u, v, 便要更改 ω 的符号.

由于主切线 (x, x_u) 和它的共轭切线 (ξ, ξ_u) 重合, 而且主切线 (x, x_v) 和它的共轭切线 (ξ, ξ_v) 也重合,

$$(x, \ x_u) = \lambda(\xi, \ \xi_u), \quad (x, \ x_v) = \mu(\xi, \ \xi_v),$$

式中 λ, μ 表示待定的比例因数. 可是

$$\begin{aligned}
\omega a_{12}^2 &= (x\, x_u\, x_v\, x_{uv}) = (x, \ x_u) \cdot (x_v, \ x_{uv}) \\
&= \lambda(\xi, \ \xi_u) \cdot (x_v, \ x_{uv}) \\
&= \lambda \begin{vmatrix} \xi \cdot x_v & \xi \cdot x_{uv} \\ \xi_u \cdot x_v & \xi_u \cdot x_{uv} \end{vmatrix} = \lambda a_{12}^2,
\end{aligned}$$

所以 $\lambda = \omega$. 同样, 得到 $\mu = -\omega$. 因此,

$$(x, \ x_u) = \omega(\xi, \ \xi_u), \quad (x, \ x_v) = -\omega(\xi, \ \xi_v). \tag{2.8}$$

当曲面的点 (x) 沿曲面的任意方向 $du : dv$ 进行时, 我们获得

$$(x, \ dx) = (x, \ x_u)du + (x, \ x_v)dv = \omega[(\xi, \ \xi_u)du - (\xi, \ \xi_v)dv].$$

从此看出: 两直线

$$(x, \ dx) \pm (\xi, \ d\xi) \tag{2.9}$$

就是主切线. 这个结果显然是与参数的选择无关的 (参看富-切, 导论, 46).

根据 (2.4) 一定有 u, v 的函数 α, β, γ, ε, p_{11}, p_{22}, 使得

$$x_{uu} = \alpha\, x_u + \beta\, x_v + p_{11}x,$$

$$x_{vv} = \gamma\, x_u + \varepsilon\, x_v + p_{22}\, x.$$

微分的结果是

$$\begin{cases}
x_{uuu} = (\alpha_u + \alpha^2 + p_{11})x_u + (\beta_u + \alpha\beta)x_v + (p_{11u} + \alpha p_{11})x + \beta\, x_{uv}, \\
x_{uuv} = (\alpha_v + \beta\gamma)x_u + (\beta_v + \beta\varepsilon + p_{11})x_v + (p_{11v} + \beta p_{22})x + \alpha\, x_{uv}, \\
x_{uvv} = (\gamma_u + \gamma\alpha + p_{22})x_u + (\varepsilon_u + \beta\gamma)x_v + (p_{22u} + \gamma p_{11})x + \varepsilon\, x_{uv}, \\
x_{vvv} = (\gamma_v + \varepsilon\gamma)x_u + (\varepsilon_v + \varepsilon^2 + p_{22})x_v + (p_{22v} + \varepsilon p_{22})x + \gamma\, x_{uv}.
\end{cases} \tag{I_1}$$

从此容易算出第四阶导来函数, 使表成为 x, x_u, x_v, x_{uv} 的一次齐式, 并且按照

$$\frac{\partial}{\partial u}x_{uvv} = \frac{\partial}{\partial v}x_{uuv}$$

得到可积分条件. 特别是, 注意到 x_{uv} 的系数, 一方是 ε_u 而他方是 α_v, 所以 $\alpha_v = \varepsilon_u$. 因此, 存在一函数 θ, 使 $\alpha = \theta_u$, $\varepsilon = \theta_v$.

从另外方面也可以求出 θ. 微分 (2.6),

$$
\begin{aligned}
2\omega a_{12}\frac{\partial a_{12}}{\partial u} &= (x\ x_{uu}\ x_v\ x_{uv}) + (x\ x_u\ x_v\ x_{uuv}) \\
&= 2\alpha(x\ x_u\ x_v\ x_{uv}) = 2\theta_u\omega a_{12}^2,
\end{aligned}
$$

即

$$
\theta_u = \frac{\partial}{\partial u}\log|a_{12}|.
$$

同样地, 得到

$$
\theta_v = \frac{\partial}{\partial v}\log|a_{12}|.
$$

我们不妨取定 $\theta = \log|a_{12}|$, 而且 $\alpha = \theta_u$, $\varepsilon = \theta_v$, 从而 x 满足下列微分方程组:

$$
\begin{cases}
x_{uu} = \theta_u x_u + \beta x_v + p_{11}x, \\
x_{vv} = \theta_v x_v + \gamma x_u + p_{22}x;
\end{cases}
\tag{I}
$$

$$
\begin{cases}
|a_{12}| = e^{\theta}, \\
(x\ x_u\ x_v\ x_{uv}) = (\xi\ \xi_u\ \xi_v\ \xi_{uv}) = \omega a_{12}^2 = \omega e^{2\theta}.
\end{cases}
\tag{I_2}
$$

这组方程称为曲面的基本方程. 从 (I) 容易求出可积分条件, 在下节将详细讨论.

应用上述方法到 ξ, 同样得到类似方程组

$$
\xi_{uu} = \theta_u\xi_u + \beta'\xi_v + \pi_{11}\xi,
$$

$$
\xi_{vv} = \theta_v\xi_v + \gamma'\xi_u + \pi_{22}\xi,
$$

式中 θ 就是在 (I_2) 所决定的同一函数.

为确定 β', γ', π_{11} 和 π_{22}, 微分 (2.1) 并利用 $\xi\cdot x_u = \xi_u\cdot x = 0$; 从此得到

$$
\begin{aligned}
0 = \xi_u\cdot x_{uu} + x_u\cdot\xi_{uu} &= \xi_u\cdot(\theta_u x_u + \beta x_v + p_{11}x) + x_u\cdot(\theta_u\xi_u + \beta'\xi_v + \pi_{11}\xi) \\
&= \beta\xi_u\cdot x_v + \beta'x_u\cdot\xi_v = -(\beta + \beta')a_{12},
\end{aligned}
$$

所以 $\beta' = -\beta$. 同样, 成立 $\gamma' = -\gamma$. 因此, ξ 所满足的基本方程组是

$$
\begin{cases}
\xi_{uu} = \theta_u\xi_u - \beta\xi_v + \pi_{11}\xi, \\
\xi_{vv} = \theta_v\xi_v - \gamma\xi_u + \pi_{22}\xi.
\end{cases}
\tag{II}
$$

其次, 我们来确定 π_{11} 和 π_{22}. 为此, 注意到关系式:

$$
\begin{aligned}
\xi_u\cdot x_{uv} &= \frac{\partial}{\partial u}(\xi_u\cdot x_v) - x_v\cdot\xi_{uu} \\
&= -\frac{\partial a_{12}}{\partial u} - x_v\cdot(\theta_u\xi_u - \beta\xi_v + \pi_{11}\xi)
\end{aligned}
$$

$$= -\frac{\partial a_{12}}{\partial u} + \theta_u a_{12} = 0$$

和其类似式, 便导出

$$\xi_u \cdot x_{uv} = \xi_v \cdot x_{uv} = x_u \cdot \xi_{uv} = x_v \cdot \xi_{uv} = 0. \tag{2.10}$$

经微分的结果,

$$\xi_u \cdot x_{uuv} = -\xi_{uu} \cdot x_{uv} = -(\theta_u \xi_u - \beta \xi_v + \pi_{11}\xi) \cdot x_{uv}$$
$$= -\pi_{11}\xi \cdot x_{uv} = -\pi_{11}a_{12}.$$

可是从(I_1) 和(2.10) 看出

$$\xi_u \cdot x_{uuv} = \xi_u \cdot (\beta_v + \beta\theta_v + p_{11})x_v = -(\beta_v + \beta\theta_v + p_{11})a_{12},$$

所以

$$\pi_{11} = p_{11} + \beta_v + \beta\theta_v, \tag{2.11}$$

且同样,

$$\pi_{22} = p_{22} + \gamma_u + \gamma\theta_u. \tag{2.11}'$$

如果给定了方程组(I), 就能求出方程组(II), 并且反过来也成立.

从方程(2.10) 还可导出一个重要公式. 从

$$x_{uv} \cdot \xi_{uv} = \frac{\partial}{\partial v}(\xi_u \cdot x_{uv}) - \xi_u \cdot x_{uvv} = -\xi_u \cdot x_{uvv}$$

和(I) 获得

$$x_{uv} \cdot \xi_{uv} = (\theta_{uv} + \beta\gamma)a_{12} = a_{12}^2\Omega, \tag{2.10}'$$

式中

$$\Omega = \frac{1}{a_{12}}(\theta_{uv} + \beta\gamma). \tag{2.10}''$$

当β, γ, p_{11}, p_{22} 顺次改为$-\beta$, $-\gamma$, π_{11}, π_{22} 时, 方程(2.11) 和(2.11)$'$ 保持不变.

此外, 从(I) 和(I_1) 得到

$$(x\ x_u\ x_{uu}\ x_{uuu}) = \beta^2(x\ x_u\ x_v\ x_{uv}) = \omega\beta^2 a_{12}^2.$$

同样,

$$(\xi\ \xi_u\ \xi_{uu}\ \xi_{uuu}) = \omega\beta^2 a_{12}^2.$$

因此,

$$(x\ x_u\ x_{uu}\ x_{uuu}) = (\xi\ \xi_u\ \xi_{uu}\ \xi_{uuu}). \tag{2.12}$$

微分方程(I) 是富比尼和其学派常用的, 因而有富比尼型的基本方程的称谓. 如果置

$$x = e^{\frac{1}{2}\theta}y,$$

(I) 便化为

$$\begin{cases} y_{uu} = \beta\, y_v - c_1 y, \\ y_{vv} = \gamma\, y_u - c_2 y, \end{cases} \tag{2.13}$$

式中β 和γ 保持不变. 置

$$\beta = -2b, \quad \gamma = -2a, \tag{2.14}$$

又可改写(2.13) 为维尔清斯基型的基本方程:

$$\left.\begin{array}{l} y_{uu} + 2b\, y_v + c_1 y = 0, \\ y_{vv} + 2a\, y_u + c_2 y = 0. \end{array}\right\} \tag{2.15}$$

作为这组方程的应用, 在这里将决定一曲面的主切曲线要全属于线性丛的条件.

从(2.13) 得到

$$\beta\, y_v = y_{uu} + c_1 y,$$

$$\beta y_{uv} = y_{uuu} - (\log\beta)_u y_{uu} + c_1 y_u + \{c_{1u} - c_1(\log\beta)_u\}y,$$

从而, 在$\beta\gamma \neq 0$ 的假定下得出

$$y_{uuuu} + 4b_1 y_{uuu} + 6c_2 y_{uu} + 4d_3 y_u + e_4 y = 0,$$

其中已置

$$b_1 = -\frac{1}{2}(\log\beta)_u,$$

$$c_2 = -\frac{1}{6}[(\log\beta)_{uu} - (\overline{\log\beta})_u^2 - 2c_1 + \beta_v],$$

$$d_3 = \frac{1}{4}[2c_{1u} - \beta^2\gamma - 2c_1(\log\beta)_u].$$

又导入

$$p_2 = \frac{1}{3}(\log\beta)_{uu} - \frac{1}{12}(\overline{\log\beta})_u^2 + \frac{1}{3}c_1 - \frac{1}{6}\beta_v,$$

$$q_3 = \frac{1}{2}c_{1u} - \frac{1}{4}\beta^2\gamma - \frac{1}{4}(\log\beta)_u(\log\beta)_{uu}$$
$$\qquad + \frac{1}{2}(\log\beta)_{uuu} - \frac{1}{4}\beta(\log\beta)_u(\log\beta)_v,$$

$$\theta_3 = q_3 - \frac{3}{2}p_{2u},$$

容易证明:

$$\theta_3 = \frac{1}{4}\beta[(\log \beta)_{uv} - \beta\gamma].\tag{2.16}$$

主切曲线 u 属于线性丛的条件是 $\theta_3 = 0$ (参看苏步青: 射影曲线概论, 79~80) , 就是

$$(\log \beta)_{uv} = \beta\gamma.\tag{2.17}$$

根据同样的理由, 得到曲线 v 属于线性丛的条件

$$(\log \gamma)_{uv} = \beta\gamma.\tag{2.18}$$

由此导出

$$\left(\log \frac{\beta}{\gamma}\right)_{uv} = 0,\tag{2.19}$$

就是说, $\beta : \gamma$ 必须是单独 u 的函数与单独 v 的函数的比. 凡满足 (2.19) 的曲面称为等温主切曲面. 如果适当地选取参数 u, v, 便可化 (2.19) 式为

$$\beta = \gamma.\tag{2.20}$$

这是因为, 施行参数变换 $\overline{u} = \overline{u}(u)$, $\overline{v} = \overline{v}(v)$, 便有

$$\overline{\beta}\frac{d\overline{u}^2}{d\overline{v}} = \beta\frac{du^2}{dv}, \quad \overline{\gamma}\frac{d\overline{v}^2}{d\overline{u}} = \gamma\frac{dv^2}{du},\tag{2.21}$$

从而

$$\overline{\beta} : \overline{\gamma} = (\beta : \gamma) : (\overline{u}' : \overline{v}')^3.$$

这一来, 所论曲面的 $\beta = \gamma$ 必须满足刘维尔型的微分方程:

$$\frac{\partial^2 \log \beta}{\partial u\, \partial v} = \beta^2.\tag{2.22}$$

因而,

$$\beta = \gamma = \frac{\sqrt{U'V'}}{U + V},\tag{2.23}$$

式中 U 单独是 u 的任意函数, V 单独是 v 的任意函数;

$$U' = \frac{dU}{du}, \quad V' = \frac{dV}{dv}.$$

1.3　可积分条件

对于一个给定的曲面, 常可求两函数 β, γ 和无穷多 θ, p_{11}, p_{22}, 使得曲面一点的坐标 x 满足方程组 (I) . 实际上, 施行变换

$$x = \rho x' \quad (\rho \neq 0),$$

便有

$$x_u = \rho(x'_u + x'(\log\rho)_u),$$

$$x_v = \rho(x'_v + x'(\log\rho)_v),$$

$$x_{uu} = \rho[x'_{uu} + 2x'_u(\log\rho)_u + \{(\log\rho)_{uu} + (\overline{\log\rho})^2_u\}x'],$$

$$x_{vv} = \rho[x'_{vv} + 2x'_v(\log\rho)_v + \{(\log\rho)_{vv} + (\overline{\log\rho})^2_v\}x'],$$

从而方程组(I) 化为

$$x'_{uu} = \theta'_u x'_u + \beta x'_v + p'_{11}x',$$

$$x'_{vv} = \theta'_v x'_v + \gamma x'_u + p'_{22}x',$$

式中

$$\theta'_u = \theta_u - 2(\log\rho)_u, \quad \theta'_v = \theta_v - 2(\log\rho)_v,$$

$$p'_{11} = p_{11} + \beta(\log\rho)_v + \theta_u(\log\rho)_u - \frac{\rho_{uu}}{\rho},$$

$$p'_{22} = p_{22} + \gamma(\log\rho)_u + \theta_v(\log\rho)_v - \frac{\rho_{vv}}{\rho}.$$

因此, 我们导出

$$\theta'_{uu} - \frac{1}{2}\theta'^2_u - 2p'_{11} - \beta\theta'_v = \theta_{uu} - \frac{1}{2}\theta^2_u - 2p_{11} - \beta\theta_v,$$

$$\theta'_{vv} - \frac{1}{2}\theta'^2_v - 2p'_{22} - \gamma\theta'_u = \theta_{vv} - \frac{1}{2}\theta^2_v - 2p_{22} - \gamma\theta_u.$$

如果置

$$
\begin{cases}
L = \theta_{uu} - \dfrac{1}{2}\theta^2_u - 2p_{11} - \beta\theta_v - \beta_v = \theta_{uu} - \dfrac{1}{2}\theta^2_u - (p_{11} + \pi_{11}) \\[2mm]
\quad = \theta_{uu} - \dfrac{1}{2}\theta^2_u - 2\pi_{11} + \beta\theta_v + \beta_v, \\[2mm]
M = \theta_{vv} - \dfrac{1}{2}\theta^2_v - 2p_{22} - \gamma\theta_u - \gamma_u = \theta_{vv} - \dfrac{1}{2}\theta^2_v - (p_{22} + \pi_{22}) \\[2mm]
\quad = \theta_{vv} - \dfrac{1}{2}\theta^2_v - 2\pi_{22} + \gamma\theta_u + \gamma_u,
\end{cases}
\tag{3.1}
$$

便容易断定: L 和 M 不仅关于 $x = \rho x'$, 而且关于 x 和 ξ 的对调, 都是保持不变的. 这就是说, L 和 M 对于曲面的直射或逆射都是不变量. $L\,du^2 + M\,dv^2$ 是不变齐式, 但是它不是内在的. 实际上, 当 $\overline{u} = \overline{u}(u)$, $\overline{v} = \overline{v}(v)$ 时, 这齐式变为

$$\overline{L}\,d\overline{u}^2 + \overline{M}\,d\overline{v}^2 - \{u, \; \overline{u}\}d\overline{u}^2 - \{v, \; \overline{v}\}d\overline{v}^2,$$

其中 $\{u, \; \overline{u}\}$ 表示 u 关于 $\overline{u}$ 的施瓦兹导数.

为了作出不变而且内在的齐式, 我们取

$$\Phi = \left(\varphi_{uu} - \frac{1}{2}\varphi_u^2\right) du^2 + \left(\psi_{vv} - \frac{1}{2}\psi_v^2\right) dv^2,$$

并且置

$\varphi = \log \beta\gamma$, 或 $\varphi = \log \sqrt{\beta}$, 或 $\varphi = -\log\gamma$, 或 $\varphi = \log \sqrt[3]{\beta^2\gamma}$;

$\psi = \log \beta\gamma$, 或 $\psi = \log \sqrt{\gamma}$, 或 $\psi = -\log\beta$, 或 $\psi = \log \sqrt[3]{\beta\gamma^2}$.

经简单的验算可以证明:

$$L\, du^2 + M\, dv^2 - \Phi \tag{3.2}$$

是所要的齐式. 因此, 除了织面($\beta\gamma = 0$) 而外, 从一个曲面的β, γ 常可作出这样内在而且不变的齐式.

基本方程(I) 的可积分条件共有三式, 现在叙述于下.

方程(I_1) 的第三式可以写成

$$x_{uuv} = (\theta_{uv} + \beta\gamma)x_u + \pi_{11}x_v + (p_{11v} + \beta\, p_{22})x + \theta_u x_{uv}.$$

关于v 微分两边并利用(I), 便有

$$\begin{aligned}
x_{uuvv} =&(2\theta_{uv} + \theta_u\theta_v + \beta\gamma)x_{uv} + \{\theta_{uvv} + (\beta\gamma)_v + \pi_{11}\gamma + \theta_u\pi_{22}\}x_u \\
&+ \{\pi_{11v} + \pi_{11}\theta_v + p_{11v} + \beta p_{22} + \theta_u\theta_{uv} + \theta_u\beta\gamma\}x_v \\
&+ \{\pi_{11}p_{22} + p_{11vv} + \beta p_{22v} + \beta_v p_{22} + \theta_u(\gamma p_{11} + p_{22u})\}x.
\end{aligned}$$

变换u, v, 又得到

$$\begin{aligned}
x_{uuvv} =&(2\theta_{uv} + \theta_u\theta_v + \beta\gamma)x_{uv} + \{\theta_{uuv} + (\beta\gamma)_u + \pi_{22}\beta + \theta_v\pi_{11}\}x_v \\
&+ \{\pi_{22u} + \pi_{22}\theta_u + p_{11}\gamma + \theta_v\theta_{uv} + \theta_v\beta\gamma + p_{22u}\}x_u \\
&+ \{\pi_{22}p_{11} + p_{22uu} + \gamma p_{11u} + \gamma_u p_{11} + \theta_v(\beta p_{22} + p_{11v})\}x.
\end{aligned}$$

因为上列两式必须相等, 而且$(x\ x_u\ x_v\ x_{uv}) \neq 0$, 两边的对应系数相等. 先比较$x_u$的系数,

$$\theta_{uvv} + (\beta\gamma)_v + x_{11}\gamma + \theta_u\pi_{22} = \pi_{22u} + \theta_u\pi_{22} + p_{22u} + \gamma p_{11} + \theta_v\theta_{uv} + \theta_v\beta\gamma,$$

即

$$\left\{\theta_{vv} - \frac{1}{2}\theta_v^2 - (\pi_{22} + p_{22})\right\}_u = -2\gamma\beta_v - \beta\gamma_v.$$

用(3.1) 中的M 改写这条件, 就导出

$$M_u = -2\gamma\beta_v - \beta\gamma_v. \tag{3.3}$$

同样, 比较x_v 的系数而得到

$$L_v = -2\beta\gamma_u - \gamma\beta_u. \tag{3.3}'$$

最后, 比较x 的系数,

$$p_{22}\pi_{11} + p_{11vv} + \beta p_{22v} + \beta_v p_{22} + \theta_u(\gamma p_{11} + p_{22u})$$
$$= p_{11}\pi_{22} + p_{22uu} + \gamma p_{11u} + \gamma_u p_{11} + \theta_v(\beta p_{22} + p_{11v}),$$

即

$$\theta_u \frac{\partial p_{22}}{\partial u} + \beta \frac{\partial p_{22}}{\partial v} + 2p_{22}\beta_v + \frac{\partial^2 p_{11}}{\partial v^2} = \theta_v \frac{\partial p_{11}}{\partial v} + \gamma \frac{\partial p_{11}}{\partial u} + 2p_{11}\gamma_u + \frac{\partial^2 p_{22}}{\partial u^2}. \tag{3.3}''$$

按照L 和M 的定义式对(3.3) 和(3.3)$'$进行演算, 连同(3.3)$''$合写为下列的可积分条件:

$$\begin{cases} \gamma_{uu} + 2\dfrac{\partial p_{22}}{\partial u} + \dfrac{\partial}{\partial u}(\gamma\theta_u) + \theta_v\theta_{uv} = \beta\gamma_v + 2\beta_v\gamma + \theta_{uvv}, \\ \beta_{vv} + 2\dfrac{\partial p_{11}}{\partial v} + \dfrac{\partial}{\partial v}(\beta\theta_v) + \theta_u\theta_{uv} = \gamma\beta_u + 2\gamma_u\beta + \theta_{uuv}, \\ \theta_u\dfrac{\partial p_{22}}{\partial u} + \beta\dfrac{\partial p_{22}}{\partial v} + 2p_{22}\beta_v + \dfrac{\partial^2 p_{11}}{\partial v^2} = \theta_v\dfrac{\partial p_{11}}{\partial v} + \gamma\dfrac{\partial p_{11}}{\partial u} + 2p_{11}\gamma_u + \dfrac{\partial^2 p_{22}}{\partial u^2}. \end{cases} \tag{III}$$

从第一式和第二式解$\dfrac{\partial p_{22}}{\partial u}$ 和$\dfrac{\partial p_{11}}{\partial v}$, 并且代入第三式, 就获得

$$2\beta\frac{\partial p_{22}}{\partial v} + 4p_{22}\beta_v - \beta_{vvv} - \gamma\theta_u\theta_{uu} - 2\beta_v\theta_{vv} - \beta\theta_{vvv}$$
$$+ \beta\gamma_{uv} - \gamma_u\theta_u^2 + \theta_u\beta\gamma_v + 2\theta_u\gamma\beta_v$$
$$= 2\gamma\frac{\partial p_{11}}{\partial u} + 4p_{11}\gamma_u - \gamma_{uuu} - \beta\theta_v\theta_{vv} - 2\gamma_u\theta_{uu} - \gamma\theta_{uuu}$$
$$+ \gamma\beta_{uv} - \beta_v\theta_v^2 + \theta_v\gamma\beta_u + 2\theta_v\beta\gamma_u,$$

就是

$$\beta M_v + 2M\beta_v + \beta_{vvv} = \gamma L_u + 2L\gamma_u + \gamma_{uuu}.$$

这一来, 三个可积分条件可以表成(参看富-切, 导论, 83)

$$\begin{cases} L_v = -(2\beta\gamma_u + \gamma\beta_u), \\ M_u = -(2\gamma\beta_v + \beta\gamma_v), \\ \beta M_v + 2M\beta_v + \beta_{vvv} = \gamma L_u + 2L\gamma_u + \gamma_{uuu}. \end{cases} \tag{III_1}$$

为后面研究的方便, 导入四个记号Δ, Δ', P, Q 如下:

$$\begin{cases} \Delta^2 = -(2\beta^2 M + 2\beta\beta_{vv} - \beta_v^2), \\ \Delta'^2 = -(2\gamma^2 L + 2\gamma\gamma_{uu} - \gamma_u^2), \\ P = \beta\{(\log\beta)_{uv} - \beta\gamma\}, \\ Q = \gamma\{(\log\gamma)_{uv} - \beta\gamma\}. \end{cases} \tag{3.4}$$

方程(III$_1$) 又可写为下列形式:

$$\begin{cases} P_v + \Delta\left(\dfrac{\Delta}{\beta}\right)_u = 0, \\ Q_u + \Delta'\left(\dfrac{\Delta'}{\gamma}\right)_v = 0, \\ \dfrac{\Delta\Delta_v}{\beta} = \dfrac{\Delta'\Delta_u'}{\gamma}. \end{cases} \tag{III$_2$}$$

在这里, 对于维尔清斯基型的基本方程(2.15) 也写下其可积分条件, 以便于后文应用. 为此, 引用塞格雷和戈德的记号, 即

$$f^{ik} = \frac{\partial^{i+k} f}{\partial u^i \partial v^k},$$

借以改写方程(2.15) ,

$$\begin{cases} y^{20} + 2b\, y^{01} + c_1 y = 0, \\ y^{02} + 2a\, y^{10} + c_2 y = 0. \end{cases} \tag{3.5}$$

可积分条件是

$$\begin{cases} a^{20} + c_2^{10} + 2ba^{01} + 4ab^{01} = 0, \\ b^{02} + c_1^{01} + 2ab^{10} + 4ba^{10} = 0, \\ c_1^{02} + 2ac_1^{10} + 4a^{10}c_1 = c_2^{20} + 2bc_2^{01} + 4b^{01}c_2. \end{cases} \tag{3.6}$$

1.4　棱线、准线、达布织面束和李配极

为研究曲面σ 上一点(x) 的几何元素, 取四点(x), (x_u), (x_v), (x_{uv}) 作局部参考标形, 而且把空间任意一点(X) 的坐标表达为

$$X = x_1 x + x_2 x_u + x_3 x_v + x_4 x_{uv}, \tag{4.1}$$

其中$(x_1,\, x_2,\, x_3,\, x_4)$ 是点(X) 的局部齐次坐标. 如果用

$$\xi = \frac{x_2}{x_1}, \quad \eta = \frac{x_3}{x_1}, \quad \zeta = \frac{x_4}{x_1} \tag{4.2}$$

表示这点的非齐次坐标, 那么$\zeta = 0$ 表示σ 在点(x) 的切平面, 而且$\zeta = \eta = 0$ 和$\zeta = \xi = 0$ 顺次表示主切线$(x\, x_u)$ 和$(x\, x_v)$.

特别是, 当点(X) 是主切曲线u 上的一点, 而且无限靠近点(x) 时,

$$X = x + x_u\, du + x_{uu}\frac{du^2}{2} + \cdots. \tag{4.3}$$

可是按照基本方程(I)

$$x_{uu} = \theta_u x_u + \beta x_v + p_{11} x, \quad x_{uuu} = (\theta_{uu} + \theta_u^2 + p_{11})x_u + (\beta_u + \beta\theta_u)x_v$$

$$+ (p_{11u} + \theta_u p_{11})x + \beta x_{uv},$$

$$x_{uuuu} = (*)x_u + (*)x + 2(\beta_u + \beta\theta_u)x_{uv}$$

$$+ \{\beta(2\theta_{uu} + \theta_u^2 + p_{11} + \pi_{11}) + \beta_{uu} + \beta_u\theta_u\}x_v,$$

$$x_{uuuuu} = (*)x_u + (*)x_v + (*)x$$

$$+ \{\beta(4\theta_{uu} + 3\theta_u^2 + p_{11} + \pi_{11}) + 3\beta_{uu} + 5\beta_u\theta_u\}x_{uv}.$$

把这些式子代入 (4.3), 就可化为形如 (4.1) 的表达式, 其中

$$
\begin{cases}
x_1 = 1 + \dfrac{1}{2}p_{11}du^2 + (3), \\[2mm]
x_2 = du + \dfrac{1}{2}\theta_u du^2 + \dfrac{1}{6}(\theta_{uu} + \theta_u^2 + p_{11})du^3 + (4), \\[2mm]
x_3 = \dfrac{1}{2}\beta du^2 + \dfrac{1}{6}(\beta_u + \beta\theta_u)du^3 \\[2mm]
\qquad + \dfrac{1}{24}\{\beta(2\theta_{uu} + \theta_u^2 + p_{11} + \pi_{11}) + \beta_{uu} + \beta_u\theta_u\}du^4 + (5), \\[2mm]
x_4 = \dfrac{1}{6}\beta du^3 + \dfrac{1}{12}(\beta_u + \beta\theta_u)du^4 \\[2mm]
\qquad + \dfrac{1}{120}\{\beta(4\theta_{uu} + 3\theta_u^2 + p_{11} + \pi_{11}) + 3\beta_{uu} + 5\beta_u\theta_u\}du^5 + (6).
\end{cases}
\tag{4.4}
$$

根据 (4.2) 算出

$$
\begin{cases}
\xi = du + \dfrac{1}{2}\theta_u du^2 + \dfrac{1}{6}(\theta_{uu} + \theta_u^2 - 2p_{11})du^3 + (4), \\[2mm]
\eta = \dfrac{1}{2}\beta du^2 + \dfrac{1}{6}(\beta_u + \beta\theta_u)du^3 \\[2mm]
\qquad + \dfrac{1}{24}\{\beta(2\theta_{uu} + \theta_u^2 - 5p_{11} + \pi_{11}) + \beta_{uu} + \beta_u\theta_u\}du^4 + (5), \\[2mm]
\zeta = \dfrac{1}{6}\beta du^3 + \dfrac{1}{12}(\beta_u + \beta\theta_u)du^4 \\[2mm]
\qquad + \dfrac{1}{120}\{\beta(4\theta_{uu} + 3\theta_u^2 - 9p_{11} + \pi_{11}) + 3\beta_{uu} + 5\beta_u\theta_u\}du^5 + (6).
\end{cases}
\tag{4.5}
$$

从此容易得出主切曲线 u 的展开式:

$$
\begin{cases}
\eta = a\xi^2 + b\xi^3 + c\xi^4 + (5), \\
\zeta = r\xi^3 + s\xi^4 + t\xi^5 + (6),
\end{cases}
\tag{4.6}
$$

式中

$$
\begin{cases}
a = \dfrac{1}{2}\beta, \quad b = \dfrac{1}{6}(\beta_u - 2\theta_u\beta), \\[2mm]
c = \dfrac{1}{24}\{\beta(-2\theta_{uu} + 6\theta_u^2 + 4p_{11} + \beta\theta_v + \beta_v) + \beta_{uu} - 5\beta_u\theta_u\}; \\[2mm]
r = \dfrac{1}{6}\beta, \quad s = \dfrac{1}{12}(\beta_u - 2\theta_u\beta) = \dfrac{1}{2}b, \\[2mm]
t = \dfrac{3}{5}c - \dfrac{1}{60}\beta(\beta\theta_v + \beta_v).
\end{cases}
\tag{4.7}
$$

现在, 对调 u 和 v, β 和 γ, p_{11} 和 p_{22}, 便获得主切曲线 v 的展开式:

$$
\begin{cases}
\xi = \bar{a}\eta^2 + \bar{b}\eta^3 + \bar{c}\eta^4 + (5), \\
\zeta = \bar{r}\eta^3 + \bar{s}\eta^4 + \bar{t}\eta^5 + (6),
\end{cases}
\tag{4.8}
$$

式中

$$
\begin{cases}
\bar{a} = \dfrac{1}{2}\gamma, \quad \bar{b} = \dfrac{1}{6}(\gamma_v - 2\theta_v\gamma), \\[2mm]
\bar{c} = \dfrac{1}{24}\{\gamma(-2\theta_{vv} + 6\theta_v^2 + 4p_{22} + \gamma\theta_u + \gamma_u) + \gamma_{vv} - 5\gamma_v\theta_v\}; \\[2mm]
\bar{r} = \dfrac{1}{6}\gamma, \quad \bar{s} = \dfrac{1}{12}(\gamma_v - 2\theta_v\gamma) = \dfrac{1}{2}\bar{b}, \\[2mm]
\bar{t} = \dfrac{3}{5}\bar{c} - \dfrac{1}{60}\gamma(\gamma\theta_u + \gamma_u).
\end{cases}
\tag{4.9}
$$

这两条主切曲线相交于点 (x), 而且在交点有共通的密切平面, 即 σ 的切平面, 所以可以作出傍匹阿尼直线和其对偶(参看苏步青: 射影曲线概论, §§24~28, 109~131), 而首先得到一条协变直线:

$$
\begin{cases}
\eta - \dfrac{1}{4}\left(\dfrac{\beta_u}{\beta} - 2\theta_u\right)\zeta = 0, \\[2mm]
\xi - \dfrac{1}{4}\left(\dfrac{\gamma_v}{\gamma} - 2\theta_v\right)\zeta = 0,
\end{cases}
\tag{4.10}
$$

就是点 (x) 和点

$$
x_{uv} + \frac{1}{4}\left(\frac{\gamma_v}{\gamma} - 2\theta_v\right)x_u + \frac{1}{4}\left(\frac{\beta_u}{\beta} - 2\theta_u\right)x_v
\tag{4.11}
$$

的连线. 称它为格林的第一棱线. 它的一个几何作图是(参阅苏步青[8]):

设 O 是曲面 σ 的正常点, C 和 $\overline{C}$ 是过 O 的两主切曲线, t 和 $\bar{t}$ 是主切线, 而且 K 和 $\overline{K}$ 顺次是 C 和 $\overline{C}$ 在 O 的第四阶密切锥面, 那么 t 关于 $\overline{K}$ 的配极平面 $\overline{\pi}$ 和 $\bar{t}$ 关于 K 的配极平面 π 相交于第一棱线.

对应的傍匹阿尼直线是格林的第二棱线:

$$\frac{1}{4}\left(\frac{\beta_u}{\beta}-2\theta_u\right)\xi+\frac{1}{4}\left(\frac{\gamma_v}{\gamma}-2\theta_v\right)\eta-1=0,\quad \zeta=0. \tag{4.12}$$

就是两点 $\left(4x_u+\left(\frac{\beta_u}{\beta}-2\theta_u\right)x\right)$ 和 $\left(4x_v+\left(\frac{\gamma_v}{\gamma}-2\theta_v\right)x\right)$ 的连线. 我们还可作出这条协变直线的定义, 这里从略.

两主切曲线 U 和 $\overline{U}$ 在其交点 (x) 各有密切线性丛, 从而决定两条准线, 就是维尔清斯基的第一和第二准线.

实际上, 第一准线的方程是

$$\frac{\xi}{A}=\frac{\eta}{B}=\frac{\zeta}{C}, \tag{4.13}$$

式中

$$A:B:C=-\frac{1}{2}\left(\frac{\beta_v}{\beta}+\theta_v\right):-\frac{1}{2}\left(\frac{\gamma_u}{\gamma}+\theta_u\right):1. \tag{4.14}$$

这就是点 (x) 和点

$$x_{uv}-\frac{1}{2}\left(\frac{\beta_v}{\beta}+\theta_v\right)x_u-\frac{1}{2}\left(\frac{\gamma_u}{\gamma}+\theta_u\right)x_v \tag{4.15}$$

的连线.

第二准线决定于两点:

$$\begin{cases} x_v-\frac{1}{2}\left(\frac{\beta_v}{\beta}+\theta_v\right)x, \\ x_u-\frac{1}{2}\left(\frac{\gamma_u}{\gamma}+\theta_u\right)x. \end{cases} \tag{4.16}$$

从 (4.7) 和 (4.9) 看出,

$$\frac{r}{a}=\frac{\overline{r}}{\overline{a}}=\frac{1}{3},$$

所以得到下列对应: 对于过点 (x) 而不在切平面上的任意直线 l:

$$\frac{\xi}{A}=\frac{\eta}{B}=\frac{\zeta}{C}, \tag{4.17}$$

取切平面上而不过点 (x) 的直线 l'

$$B\xi+A\eta-C=0,\quad \zeta=0 \tag{4.18}$$

作为对应直线.

称这对应为李配极. 实际上, 它是关于一个织面束

$$\zeta-\xi\eta+k\zeta^2=0\quad(k\text{参数}) \tag{4.19}$$

的配极. 这束称为达布织面束. 很明显, 两棱线和两准线关于李配极都是共轭直线.

1.5 李　织　面

设点(x) 是曲线σ 的正常点, C 和$\overline{C}$ 是过这点的主切曲线, 并且如上所述, 只讨论$\beta\gamma \neq 0$ 的曲面, 即非直纹面的曲面. 为便于说明, 假定C 和$\overline{C}$ 是分别属于主切曲线系u 和v 的. 过C 上每一点就有一条属于系v 的主切曲线, 从而在这点可引主切线$\overline{\alpha}$. 当这点沿C 变动时, $\overline{\alpha}$ 画成一个直纹面$\overline{R}$, 称属于C 的主切直纹面. 同样, 也可作出属于$\overline{C}$ 的主切直纹面R. 索夫斯·李(S. Lie, 1842) 证明了下列

定理　设曲面σ 的两条主切曲线C, $\overline{C}$ 相交于正常点O; α, $\overline{\alpha}$ 顺次是在O 的切线而且$\overline{R}$, R 顺次是属于C, $\overline{C}$ 的主切直纹面, 那么R 沿α 的密切织面和$\overline{R}$ 沿$\overline{\alpha}$ 的密切织面重合一致.

证　根据定义, 直纹面$\overline{R}$ 的方程是

$$X = x + \lambda x_v, \tag{5.1}$$

式中u 和λ 是自变数, 而且$v = \text{const}$ 就是主切曲线C 的方程. 从此导出

$$X_u = x_u + \lambda x_{uv},$$
$$X_\lambda = x_v,$$
$$X_{uu} = \{\theta_u + \lambda(\theta_{uv} + \beta\gamma)\}x_u + \theta_u x_{uv} + (*)x_v + (*)x,$$
$$X_{\lambda u} = x_{uv},$$
$$X_{\lambda\lambda} = 0.$$

因此, $\overline{R}$ 的主切曲线决定于方程$u = \text{const}$ (即$\overline{R}$ 的母线) 和

$$\frac{d\lambda}{du} = \frac{1}{2}\lambda^2(\theta_{uv} + \beta\gamma) \tag{5.2}$$

的积分曲线(即$\overline{R}$ 的弯曲主切曲线).

现在, 从点(X) 引R 的弯曲主切曲线的切线, 设其上的一点是(Z):

$$Z = \mu X + \frac{dX}{du},$$

其中$\dfrac{dX}{du} = X_u + X_\lambda \dfrac{d\lambda}{du}$, 而$\dfrac{d\lambda}{du}$ 决定于(5.2) 式, 并且μ 表示点(Z) 在所引主切线上的参数.

这一来, $\overline{R}$ 沿其母线$\overline{\alpha}$ 的密切织面上的点(Z) 是

$$Z = \mu(x + \lambda x_v) + x_u + \lambda x_{uv} + \frac{1}{2}(\theta_{uv} + \beta\gamma)\lambda^2 x_v,$$

也就是

$$Z = x_1 x + x_2 x_u + x_3 x_v + x_4 x_{uv},$$

式中($\rho \neq 0$ 表示比例因数)

$$\rho x_1 = \mu, \quad \rho x_2 = 1, \quad \rho x_3 = \lambda\mu + \frac{1}{2}\lambda^2(\theta_{uv} + \beta\gamma), \quad \rho x_4 = \lambda.$$

消去参数λ, μ, 便得到

$$x_2 x_3 - x_1 x_4 = \frac{1}{2}(\theta_{uv} + \beta\gamma)x_4^2, \tag{5.3}$$

或

$$\zeta - \xi\eta + \frac{1}{2}(\theta_{uv} + \beta\gamma)\zeta^2 = 0. \tag{5.3$'$}$$

当u 和v 对调时, β 和γ, x_2 和x_3 也对调, 而x_1, x_4, θ 都不更改, 因而方程(5.3)也保持不变. 所以R 沿α 的密切织面与$\overline{R}$ 沿$\overline{\alpha}$ 的密切织面重合一致.　　　　(证毕)

按照这个定理, 在曲面的各个正常点常可决定一个织面使与曲面是射影协变的, 称它为李织面, 是射影曲面论中重要的元素之一. 比较(4.19) 与(5.3)$'$, 便看到李织面属于达布织面束, 其对应参数k 是

$$k = \frac{1}{2}(\theta_{uv} + \beta\gamma).$$

第一准线(4.13) 与李织面(5.3)$'$有两交点, 就是点$M(x)$ 和点M_3:

$$\rho x + x_{uv} - \frac{1}{2}\left(\frac{\beta_v}{\beta} + \theta_v\right)x_u - \frac{1}{2}\left(\frac{\gamma_u}{\gamma} + \theta_u\right)x_v, \tag{5.4}$$

式中

$$\rho = \frac{1}{4}\left(\frac{\beta_v}{\beta} + \theta_v\right)\left(\frac{\gamma_u}{\gamma} + \theta_u\right) - \frac{1}{2}(\theta_{uv} + \beta\gamma). \tag{5.5}$$

第二准线与李织面也有两交点, 就是它与两主切线的交点, 其坐标是由(4.16)给定的. 用M_1 和M_2 分别表示点

$$x_u - \frac{1}{2}\left(\frac{\gamma_u}{\gamma} + \theta_u\right)x \tag{5.6}$$

和点

$$x_v - \frac{1}{2}\left(\frac{\beta_v}{\beta} + \theta_v\right)x, \tag{5.6$'$}$$

那么以M, M_1, M_2, M_3 为顶点的四面体$\{M\ M_1\ M_2\ M_3\}$ 内接于李织面, 而且它的两个面$(M\ M_1\ M_2)$ 和$(M_1\ M_2\ M_3)$ 分别是李织面在M 和M_3 的切平面. 这个射影协变四面体在射影曲面论中非常重要, 因为嘉当最早把它应用到曲面的射影变形论(参看1.15节), 所以通称嘉当的规范标形, 在下一节将详予叙述.

1.6 嘉当规范标形

假设给定的曲面σ 是不可展的和非直纹的, 只要适当地选取其一动点(x) 的坐标比例因数, 常可使成立

$$\theta = \log \beta\gamma. \tag{6.1}$$

这是因为, 对于$x = \rho x'$,

$$\theta'_u = \theta_u - 2(\log\rho)_u, \quad \beta' = \beta,$$

$$\theta'_v = \theta_v - 2(\log\rho)_v, \quad \gamma' = \gamma,$$

从而在选取

$$\rho^2 = \frac{1}{\beta\gamma}e^\theta$$

的情况下, $\theta' = \log\beta\gamma$.

这样确定的坐标x 称为法坐标; 基本方程(I) 采取下列形式:

$$\begin{cases} x_{uu} = (\log\beta\gamma)_u x_u + \beta x_v + p_{11}x, \\ x_{vv} = \gamma x_u + (\log\beta\gamma)_v x_v + p_{22}x. \end{cases} \tag{I'}$$

由此导出前节的点M_1, M_2, M_3 的坐标:

$$\begin{cases} x_{(1)} = x_u - \frac{1}{2}(\log\beta\gamma^2)_u x, \\[2mm] x_{(2)} = x_v - \frac{1}{2}(\log\beta^2\gamma)_v x, \\[2mm] x_{(3)} = x_{uv} - \frac{1}{2}(\log\beta^2\gamma)_v x_u - \frac{1}{2}(\log\beta\gamma^2)_u x_v \\[2mm] \qquad + \left\{ \frac{1}{4}(\log\beta\gamma^2)_u(\log\beta^2\gamma)_v - \frac{1}{2}((\log\beta\gamma)_{uv} + \beta\gamma) \right\} x. \end{cases} \tag{6.2}$$

四面体$\{M\ M_1\ M_2\ M_3\}$ 的顶点除M 的坐标x 已经确定外, 其余各点坐标的比例因数还是可以任意选取的. 但是, 在讨论曲面几何的过程中, 这些因数的选取必须是内在的, 所以有必要来检验参数变换

$$\overline{u} = \overline{u}(u), \quad \overline{v} = \overline{v}(v) \tag{6.3}$$

对各坐标(6.2) 的影响.

从(2.21) 得到

$$\beta\gamma = \overline{\beta\gamma}\ \overline{u}'\overline{v}',$$

$$\beta^2\gamma = \overline{\beta}^2\overline{\gamma}\,\overline{u}'^3,$$

$$\beta\gamma^2 = \overline{\beta}\overline{\gamma}^2\overline{v}'^3,$$

式中

$$\overline{u}' = \frac{d\overline{u}}{du}, \quad \overline{v}' = \frac{d\overline{v}}{dv}.$$

因此,

$$x_u = x_{\overline{u}} \cdot \overline{u}', \quad x_v = x_{\overline{v}} \cdot \overline{v}',$$

$$(\log \beta\gamma^2)_u = (\log \overline{\beta}\overline{\gamma}^2)_{\overline{u}} \cdot \overline{u}',$$

$$(\log \beta^2\gamma)_v = (\log \overline{\beta}^2\overline{\gamma})_{\overline{v}} \cdot \overline{v}',$$

$$(\log \beta\gamma)_{uv} = (\log \overline{\beta}\overline{\gamma})_{\overline{uv}} \cdot \overline{u}'\overline{v}'.$$

这一来, 经过变换(6.3) 之后

$$x_{(1)} = \overline{x}_{(1)} \cdot \overline{u}', \quad x_{(2)} = \overline{x}_{(2)} \cdot \overline{v}', \quad x_{(3)} = \overline{x}_{(3)} \cdot \overline{u}'\overline{v}'.$$

置

$$M_1^* = \frac{1}{\sqrt[3]{\beta^2\gamma}}x_{(1)}, \quad M_2^* = \frac{1}{\sqrt[3]{\beta\gamma^2}}x_{(2)}, \quad M_3^* = \frac{1}{\beta\gamma}x_{(3)}, \tag{6.4}$$

便可看出: 它们对于参数变换(6.3) 都是不变的, 因而是内在的. 这三组坐标和$M^* \equiv x$ 称为嘉当规范标形顶点的法坐标. 如(6.4) 的各式左边所表示, 同一记号既可用于表示点的法坐标, 又可用于称呼这点, 这就是嘉当所称的解析点.

按照$x_{(1)}, x_{(2)}, x_{(3)}$ 的定义式可以写下

$$\begin{cases}
M^* = x, \\
M_1^* = \frac{1}{\sqrt[3]{\beta^2\gamma}}\left\{x_u - \frac{1}{2}(\log \beta\gamma^2)_u\,x\right\}, \\
M_2^* = \frac{1}{\sqrt[3]{\beta\gamma^2}}\left\{x_v - \frac{1}{2}(\log \beta^2\gamma)_v x\right\}, \\
M_3^* = \frac{1}{\beta\gamma}\Big[x_{uv} - \frac{1}{2}(\log \beta^2\gamma)_v x_u - \frac{1}{2}(\log \beta\gamma^2)_u x_v \\
\qquad - \frac{1}{2}\left\{(\log \beta\gamma)_{uv} + \beta\gamma - \frac{1}{2}(\log \beta^2\gamma)_v(\log \beta\gamma^2)_u\right\}x\Big].
\end{cases} \tag{6.5}$$

嘉当原来从发甫系统理论出发, 而为了解决射影变形问题建立了这套法坐标(参阅富-切, 导论) . 但是, 对于我们以后的讨论来说, 还有更方便的坐标, 现在叙述于下.

设基本方程组是(I), 我们置

$$
\begin{cases}
M = e^{-\frac{1}{2}\theta}x, \\
M_1 = e^{-\frac{1}{2}\theta}x_{(1)} = e^{-\frac{1}{2}\theta}\left\{x_u - \frac{1}{2}\left(\frac{\gamma_u}{\gamma} + \theta_u\right)x\right\}, \\
M_2 = e^{-\frac{1}{2}\theta}x_{(2)} = e^{-\frac{1}{2}\theta}\left\{x_v - \frac{1}{2}\left(\frac{\beta_v}{\beta} + \theta_v\right)x\right\}, \\
M_3 = e^{-\frac{1}{2}\theta}x_{(3)} = e^{-\frac{1}{2}\theta}\left[x_{uv} - \frac{1}{2}\left(\frac{\beta_v}{\beta} + \theta_v\right)x_u - \frac{1}{2}\left(\frac{\gamma_u}{\gamma} + \theta_u\right)x_v \right. \\
\qquad\qquad\qquad\qquad\quad \left. + \left\{\frac{1}{4}\left(\frac{\beta_u}{\beta} + \theta_v\right)\left(\frac{\gamma_u}{\gamma} + \theta_u\right) - \frac{1}{2}(\theta_{uv} + \beta\gamma)\right\}x\right],
\end{cases} \tag{6.6}
$$

那么从(I) 获得下列基本方程组(参看S. Finikoff, C. R. Paris, 197, 1933, 883~885; 苏步青, [9] IV):

$$
\begin{cases}
\dfrac{\partial M}{\partial u} = \dfrac{1}{2}\dfrac{\partial \log \gamma}{\partial u}M + M_1, \\[2mm]
\dfrac{\partial M_1}{\partial u} = B^2 M - \dfrac{1}{2}\dfrac{\partial \log \gamma}{\partial u}M_1 + \beta M_2, \\[2mm]
\dfrac{\partial M_2}{\partial u} = KM + \dfrac{1}{2}\dfrac{\partial \log \gamma}{\partial u}M_2 + M_3, \\[2mm]
\dfrac{\partial M_3}{\partial u} = A^2\beta M + KM_1 + B^2 M_2 - \dfrac{1}{2}\dfrac{\partial \log \gamma}{\partial u}M_3; \\[2mm]
\dfrac{\partial M}{\partial v} = \dfrac{1}{2}\dfrac{\partial \log \beta}{\partial v}M + M_2, \\[2mm]
\dfrac{\partial M_1}{\partial v} = \overline{K}M + \dfrac{1}{2}\dfrac{\partial \log \beta}{\partial v}M_1 + M_3, \\[2mm]
\dfrac{\partial M_2}{\partial v} = A^2 M + \gamma M_1 - \dfrac{1}{2}\dfrac{\partial \log \beta}{\partial v}M_2, \\[2mm]
\dfrac{\partial M_3}{\partial v} = B^2\gamma M + A^2 M_1 + \overline{K}M_2 - \dfrac{1}{2}\dfrac{\partial \log \beta}{\partial v}M_3,
\end{cases} \tag{I''}
$$

式中已置

$$
\begin{cases}
2K = \beta\gamma - \dfrac{\partial^2 \log \beta}{\partial u \partial v}, \quad 2\overline{K} = \beta\gamma - \dfrac{\partial^2 \log \gamma}{\partial u \partial v}, \\[2mm]
A = \dfrac{\Delta}{2\beta}, \quad B = \dfrac{\Delta'}{2\gamma}.
\end{cases} \tag{6.7}
$$

从(3.4) 得到

$$
P = -2\beta K, \quad Q = -2\gamma\overline{K};
$$

从而可以改写可积分条件(III$_2$) 为下列形式:

$$\begin{cases} \dfrac{\partial(A^2)}{\partial u} = K\dfrac{\partial \log(K\beta)}{\partial v}, \\[2mm] \dfrac{\partial(B^2)}{\partial v} = \overline{K}\dfrac{\partial \log(\overline{K}\gamma)}{\partial u}, \\[2mm] A\dfrac{\partial(A\beta)}{\partial v} = B\dfrac{\partial(B\gamma)}{\partial u}. \end{cases} \tag{III$_3$}$$

利用以(6.6) 为坐标的顶点 M, M_1, M_2, M_3 的四面体作参考系统, 可以比较简单地表达李织面和有关的构图, 例如李织面的局部方程.

为此, 设空间任何一点 P 关于 $\{M\ M_1\ M_2\ M_3\}$ 和 $\{x\ x_u\ x_v\ x_{uv}\}$ 的局部坐标分别是 (y_1, y_2, y_3, y_4) 和 (x_1, x_2, x_3, x_4), 那么

$$P = y_1 M + y_2 M_1 + y_3 M_2 + y_4 M_3 = x_1 x + x_2 x_u + x_3 x_v + x_4 x_{uv}. \tag{6.8}$$

以(6.6) 代入(6.8) , 并比较两边的对应系数, 就导出下列关系式:

$$\begin{cases} x_1 = e^{-\frac{1}{2}\theta}\left[y_1 - \dfrac{1}{2}\left(\dfrac{\gamma_u}{\gamma} + \theta_u\right)y_2 - \dfrac{1}{2}\left(\dfrac{\beta_v}{\beta} + \theta_v\right)y_3 \right. \\[2mm] \qquad \left. + \left\{\dfrac{1}{4}\left(\dfrac{\beta_v}{\beta} + \theta_v\right)\left(\dfrac{\gamma_u}{\gamma} + \theta_u\right) - \dfrac{1}{2}(\theta_{uv} + \beta\gamma)\right\}y_4 \right], \\[3mm] x_2 = e^{-\frac{1}{2}\theta}\left[y_2 - \dfrac{1}{2}\left(\dfrac{\beta_v}{\beta} + \theta_v\right)y_4 \right], \\[3mm] x_3 = e^{-\frac{1}{2}\theta}\left[y_3 - \dfrac{1}{2}\left(\dfrac{\gamma_u}{\gamma} + \theta_u\right)y_4 \right], \\[3mm] x_4 = e^{-\frac{1}{2}\theta}y_4, \end{cases} \tag{6.9}$$

或者

$$\begin{cases} e^{-\frac{1}{2}\theta}y_1 = x_1 + \dfrac{1}{2}\left(\dfrac{\gamma_u}{\gamma} + \theta_u\right)x_2 + \dfrac{1}{2}\left(\dfrac{\beta_v}{\beta} + \theta_v\right)x_3 \\[2mm] \qquad + \left\{\dfrac{1}{4}\left(\dfrac{\beta_v}{\beta} + \theta_v\right)\left(\dfrac{\gamma_u}{\gamma} + \theta_u\right) + \dfrac{1}{2}(\theta_{uv} + \beta\gamma)\right\}x_4, \\[3mm] e^{-\frac{1}{2}\theta}y_2 = x_2 + \dfrac{1}{2}\left(\dfrac{\beta_v}{\beta} + \theta_v\right)x_4, \\[3mm] e^{-\frac{1}{2}\theta}y_3 = x_3 + \dfrac{1}{2}\left(\dfrac{\gamma_u}{\gamma} + \theta_u\right)x_4, \\[3mm] e^{-\frac{1}{2}\theta}y_4 = x_4. \end{cases} \tag{6.10}$$

由此容易验证:

$$e^{-\theta}(y_1 y_4 - y_2 y_3) = x_1 x_4 - x_2 x_3 + \dfrac{1}{2}(\theta_{uv} + \beta\gamma)x_4^2.$$

这一来, 李织面的方程(5.3) 变为

$$Q \equiv y_1 y_4 - y_2 y_3 = 0. \tag{6.11}$$

这就是李织面参考于 $\{M\ M_1\ M_2\ M_3\}$ 的局部方程.

一般地, 达布织面束(4.19) 在局部坐标系$(y_1,\ y_2,\ y_3,\ y_4\ )$ 下的方程是

$$y_1y_4 - y_2y_3 - \frac{1}{2}h\beta\gamma y_4^2 = 0, \tag{6.12}$$

式中h 表示参数.

1.7 德穆兰四边形

自从索夫斯·李发现李织面以后, 中间经过了六十余年, 几乎无人注意到这个重要元素. 到1908年, 德穆兰才作出系统的研究, 因此得到了以他命名的射影协变四边形(参照A. Demoulin, C. R. Paris, 147, 1908, 413~415; 493~496; 565~568).

为了讨论李织面的包络问题, 先求出空间一点

$$P = y_1 M + y_2 M_1 + y_3 M_2 + y_4 M_3 \tag{7.1}$$

要固定不动的条件. 因为这些y_i 除了一个共通的比例因数而外是给定的, 常可选取这个因数, 使不动条件化为

$$\frac{\partial P}{\partial u} = 0, \quad \frac{\partial P}{\partial v} = 0. \tag{7.2}$$

可是根据(I″)$M, M_1,\ M_2,\ M_3$ 关于u 或v 的偏导数都是这些函数的一次齐式, 并且这四点$M, M_1,\ M_2,\ M_3$ 是不共平面的, 所以(7.2) 可以写成下列方程组:

$$\begin{cases}
\dfrac{\partial y_1}{\partial u} = -\dfrac{1}{2}\dfrac{\partial \log \gamma}{\partial u}y_1 - B^2 y_2 \quad - K y_3 \quad - A^2\beta y_4, \\[2mm]
\dfrac{\partial y_2}{\partial u} = \quad -y_1 + \dfrac{1}{2}\dfrac{\partial \log \gamma}{\partial u}y_2 \quad * \quad - K y_4, \\[2mm]
\dfrac{\partial y_3}{\partial u} = \quad * \quad - \beta y_2 \quad - \dfrac{1}{2}\dfrac{\partial \log \gamma}{\partial u}y_3 - B^2 y_4, \\[2mm]
\dfrac{\partial y_4}{\partial u} = \quad * \quad * \quad -y_3 \quad + \dfrac{1}{2}\dfrac{\partial \log \gamma}{\partial u}y_4; \\[2mm]
\dfrac{\partial y_1}{\partial v} = -\dfrac{1}{2}\dfrac{\partial \log \beta}{\partial v}y_1 - \overline{K} y_2 \quad - A^2 y_3 \quad - B^2\gamma y_4, \\[2mm]
\dfrac{\partial y_2}{\partial v} = \quad * \quad - \dfrac{1}{2}\dfrac{\partial \log \beta}{\partial v}y_2 - \gamma y_3 \quad - A^2 y_4, \\[2mm]
\dfrac{\partial y_3}{\partial v} = \quad -y_1 \quad * \quad + \dfrac{1}{2}\dfrac{\partial \log \beta}{\partial v}y_3 - \overline{K} y_4, \\[2mm]
\dfrac{\partial y_4}{\partial v} = \quad * \quad -y_2 \quad * \quad + \dfrac{1}{2}\dfrac{\partial \log \beta}{\partial v}y_4.
\end{cases} \tag{7.3}$$

当点M 画曲面σ 时, 它的李织面也跟着变动而包络其他曲面. 很明显, 这些包络面决定于下列三个方程:

$$Q = 0, \quad \frac{\partial Q}{\partial u} = 0, \quad \frac{\partial Q}{\partial v} = 0,$$

式中Q 是由(6.11) 左边表达的, 并且$\frac{\partial Q}{\partial u}$, $\frac{\partial Q}{\partial v}$ 的演算是根据(7.3) 进行的.

实际演算的结果是

$$\frac{\partial Q}{\partial u} = \beta(y_2^2 - A^2 y_4^2),$$

$$\frac{\partial Q}{\partial v} = \gamma(y_3^2 - B^2 y_4^2).$$

当点M 画曲面σ 的一条主切曲线u 时, 所对应的李织面的特征曲线是

$$y_1 y_4 - y_2 y_3 = 0, \quad y_2^2 - A^2 y_4^2 = 0,$$

就是两条重合的主切线$\alpha_v(y_2 = y_4 = 0) \equiv MM_2$ 和另外两直线$\overline{f}_\varepsilon(\varepsilon = \pm 1)$:

$$y_2 - \varepsilon A y_4 = 0, \quad y_1 - \varepsilon A y_3 = 0. \tag{7.4}$$

每条直线$\overline{f}_\varepsilon$ 和主切线MM_2 相交于点$\overline{F}_\varepsilon$:

$$\overline{F}_\varepsilon = \varepsilon A M + M_2 \quad (\varepsilon = \pm 1). \tag{7.5}$$

这样得到的两点$\overline{F}_1$ 和$\overline{F}_{-1}$ 是主切直纹面$\overline{R}$ 在MM_2 母线的弯节点, 而且$\overline{f}_1$ 和$\overline{f}_{-1}$ 是其弯节切线.

同样地, 当点M 画曲面σ 的主切曲线v 时, 所对应的李织面的特征曲线是两条重合的主切线MM_1 和主切直纹面R 的弯节切线$f_{\varepsilon'}(\varepsilon' = \pm 1)$ 等四直线形成的, 其中$f_{\varepsilon'}$ 的方程是

$$y_1 - \varepsilon' B y_2 = 0, \quad y_3 - \varepsilon' B y_4 = 0 \quad (\varepsilon' = \pm 1), \tag{7.6}$$

并且$f_{\varepsilon'}$ 和MM_1 的交点$F_{\varepsilon'}$ 是R 在MM_1 母线的弯节点. $F_{\varepsilon'}$ 的坐标是

$$F_{\varepsilon'} = \varepsilon' B M + M_1 \quad (\varepsilon' = \pm 1). \tag{7.7}$$

两条弯节切线f_ε 和$\overline{f}_{\varepsilon'}$ 必相交, 从(7.4) 和(7.6) 容易算出交点$D_{\varepsilon\varepsilon'}$ 的坐标:

$$D_{\varepsilon\varepsilon'} = \varepsilon\varepsilon' A B M + \varepsilon A M_1 + \varepsilon' B M_2 + M_3. \tag{7.8}$$

因此, 四直线$f_1, f_{-1}, \overline{f}_1, \overline{f}_{-1}$ 形成一个空间四边形, 称曲面σ 在点M 的德穆兰四边形.

在空间里给定 ∞^2 织面的时候, 一般地说, 这织面汇有八个包络面. 特别是, 当这汇是由曲面 σ 的 ∞^2 李织面形成时, 其中四个包络面重合为曲面 σ, 而其余四个就是点 $D_{\varepsilon\varepsilon'}$ 的轨迹. 换言之, 一个曲面 σ 在其上一点 M 的李织面和它的包络面相切于 M 和德穆兰四边形的顶点 $D_{\varepsilon\varepsilon'}(\varepsilon = \pm 1, \ \varepsilon' = \pm 1)$.

点 $D_{\varepsilon\varepsilon'}$ 的轨迹称为原曲面 σ 的德穆兰变换, 简称 D 变换. 如果 $AB \neq 0$, 曲面 σ 就有四个 D 变换, 这时在曲面上每一点都有真正的德穆兰四边形. 以后对这种情况简称最一般的情况. 如果相反地 A, B 中的一个例如 $A = 0, B \neq 0$, 那么 $\overline{f}_1 \equiv \overline{f}_{-1}$, 从而德穆兰四边形退缩为两条重合的线段, 而且原曲面 σ 只有两个德穆兰交换. 最后, 如果 $A = B = 0$, 德穆兰四边形退缩为一点 M_3, 从而 M_3 的轨迹 $\bar{\sigma}$ 是原曲面 σ 的唯一的 D 变换. 这两曲面 σ 和 $\bar{\sigma}$ 称为德穆兰-戈德曲面偶, 整个构图具有许多有兴趣的性质. 例如, σ 和 $\bar{\sigma}$ 在对应点 M 和 M_3 是以主切曲线互相对应的; 它们有共通的李织面和维尔清斯基准线(详细研究参看 L. Godeaux, Bull. Acad. roy. de Belgique, (V) 14, 1928, 158~173; 174~187; 345~348).

从 (7.5) 和 (7.7) 得到交比

$$(MM_1, \ F_1F_{-1}) = -1, \quad (MM_2, \ \overline{F}_1\overline{F}_{-1}) = -1.$$

这就是说,

定理　过 $F_1, F_{-1}, \overline{F}_1, \overline{F}_{-1}$ 等四点任意引二次曲线 C_2, 点 M 关于 C_2 的极线是第二准线(德穆兰, 1908).

德穆兰四边形的两条对角线 $(D_{\varepsilon,\varepsilon'} D_{-\varepsilon,-\varepsilon'})$ $(\varepsilon, \ \varepsilon' = \pm 1)$ 关于李织面是共轭直线. 从 (7.8) 容易看出,

$$\begin{cases} D_{\varepsilon, \ \varepsilon'} + D_{-\varepsilon, \ -\varepsilon'} = 2(\varepsilon\varepsilon' ABM + M_3), \\ D_{\varepsilon, \ \varepsilon'} - D_{-\varepsilon, \ -\varepsilon'} = 2(\varepsilon AM_1 + \varepsilon' BM_2). \end{cases} \tag{7.9}$$

前式表明, 直线 MM_3 和两对角线相交; 同样, 后式表明, 直线 M_1M_2 和两对角线也相交. 可是从 M 只能引一条直线使与两对角线相交, 并且对偶地在切平面 (MM_1M_2) 上只有一条和两对角线都相交的直线, 所以得到下列定理:

定理　从点 M 所引的、和德穆兰四边形的两对角线相交的直线 d 就是第一准线(傍匹阿尼, 1924); 这两对角线和 M 的切平面相交于第二准线上的两点, 而且上述的每对交点关于 M, M_3 或 M_1, M_2 是调和共轭的(戈德, 1928).

过德穆兰四边形可作 ∞^1 织面, 而且李织面当然是其中的一个; 全体形成织面束. 容易验证: 这束的方程是

$$y_1^2 - B^2 y_2^2 - A^2 y_3^2 + A^2 B^2 y_4^2 + \lambda(y_1 y_4 - y_2 y_4) = 0. \tag{7.10}$$

实际上, $f_{\varepsilon'}$ 和 $\overline{f}_{\varepsilon'}$ 决定一平面, 它的方程是

$$y_1 + ABy_4 - \varepsilon'(By_2 + Ay_3) = 0;$$

所以两平面

$$(y_1 + ABy_4)^2 - (By_2 + Ay_3)^2 = 0,$$

即

$$y_1^2 - B^2y_2^2 - A^2y_3^2 + A^2B^2y_4^2 = 0$$

也是束中的一个织面, 从而束中的织面的方程是(7.10).

设点(y_1', y_2', y_3', y_4') 是切平面$(MM_1M_2): y_4 = 0$ 关于织面(7.10) 的极, 由

$$2y_1' - \lambda y_4' = 0, \quad -2B^2y_2' + \lambda y_3' = 0, \quad \lambda y_2' - 2A^2y_3' = 0$$

得到$y_2' = 0$, $y_3' = 0$. 这就是说, 极点落在MM_3 上.

又作点M 关于织面(7.10) 的极平面, 其方程是

$$2y_1 + \lambda y_4 = 0,$$

这是过M_1M_2 的平面. 因而, 得出下列定理:

定理 设Q_λ 是过德穆兰四边形的任何织面, 那么切平面(MM_1M_2) 关于Q_λ 的极点落在第一准线上, 而且对偶地, 点M 关于同一织面的极平面必过第二准线(苏步青[8] II).

1.8 伴 随 织 面

当点M 在主切曲线u 上移动时, 点$F_{\varepsilon'}(\varepsilon' = \pm 1)$ 画一条曲线. 容易看出, 这条曲线在$F_{\varepsilon'}$ 的切线$t_{\varepsilon'}$ 必在切平面(MM_1M_2) 上. 实际上, 根据(I'') 和(7.7) 得到关系

$$\frac{\partial F_{\varepsilon'}}{\partial u} = \left(\varepsilon'B_u + \frac{1}{2}\varepsilon'B\frac{\partial \log \gamma}{\partial u} + B^2 \right) M + \left(\varepsilon'B - \frac{1}{2}\frac{\partial \log \gamma}{\partial u} \right) M_1 + \beta M_2; \quad (8.1)$$

因而, $t_{\varepsilon'}$ 的方程是$y_4 = 0$ 和

$$\beta\gamma(y_1 - \varepsilon'By_2) - \varepsilon'\frac{\partial(B\gamma)}{\partial u}y_3 = 0. \quad (8.2)$$

当点M 在主切曲线v 上移动时, 点$\overline{F}_\varepsilon(\varepsilon = \pm 1)$ 画一条曲线, 并且它在$\overline{F}_\varepsilon$ 的切线$\overline{t}_\varepsilon$ 也落在切平面(MM_1M_2) 上. 关于这四条切线$t_{\varepsilon'}(\varepsilon' = \pm 1)$, $\overline{t}_\varepsilon(\varepsilon = \pm 1)$ 成立一个显著的性质, 就是下列定理:

定理 存在一条二次曲线K_2, 使它过$F_1, F_{-1}, \overline{F}_1, \overline{F}_{-1}$ 等四点, 并在这些点顺次和四切线$t_1, t_{-1}, \overline{t}_1, \overline{t}_{-1}$ 相切.

这样确定的K_2, 称为曲面在点M 的伴随二次曲线.

证 凡过四个弯节点$F_1, F_{-1}, \overline{F}_1, \overline{F}_{-1}$ 的任何二次曲线, 都可以看成是织面(7.10) 与切平面$y_4 = 0$ 的交线, 所以K_2 必须具有型如

$$y_4 = 0, \quad y_1^2 - B^2y_2^2 - A^2y_3^2 - \lambda y_2y_3 = 0$$

的方程. 为了 K_2 要在一个弯节点 $F_{\varepsilon'}$ 和切线 $t_{\varepsilon'}$ 相切, 充要条件是: K_2 在 $F_{\varepsilon'}$ 的切线

$$2\varepsilon' B(y_1 - \varepsilon' B y_2) - \lambda y_3 = 0$$

和 $t_{\varepsilon'}$ 的方程(8.2) 重合一致, 从而得到

$$\lambda = \frac{2B(B\gamma)_u}{\beta\gamma}. \tag{8.3}$$

可是这个值 λ 的确定不仅和 ε' 无关, 而且按照可积分条件(III$_3$) 的第三式(1.6节), 即

$$B(B\gamma)_u = A(A\beta)_v \equiv \frac{1}{4} N, \tag{8.4}$$

还看出, 对于 u 和 v, β 和 γ, A 和 B 的对调也是不改变数值的, 所以伴随二次曲线 K_2 的方程是

$$y_4 = 0, \quad y_1^2 - B^2 y_2^2 - A^2 y_3^2 - \frac{N}{2\beta\gamma} y_2 y_3 = 0. \tag{8.5}$$

(证毕)

　　根据上列定理我们得到一曲面的 ∞^2 条伴随二次曲线, 每一条对应于曲面上的一点. 如果采用这二次曲线 K_2 作为瞬时的非欧几里得绝对形, 便获得曲面的关于 K_2 的非欧几里得线素 ds^2. 以下来寻找它的表达式.

　　设 M' 是曲面上一点 $\overline{M}$ 的邻近点, 那么在第一阶微小的范围内, 不妨一般性地假定 M' 是在 M 的切平面上的, 从而

$$x + x_u du + x_v dv$$

是它的坐标, 也就是 $x_1 = 1$, $x_2 = du$, $x_3 = dv$, $x_4 = 0$. 从(6.10) 容易获得这点 M' 关于嘉当四面体 $\{MM_1M_2M_3\}$ 的局部坐标:

$$e^{-\frac{1}{2}\theta} y_1 = 1 + \varphi\, du + \psi\, dv,$$

$$e^{-\frac{1}{2}\theta} y_2 = du,$$

$$e^{-\frac{1}{2}\theta} y_3 = dv,$$

$$y_4 = 0,$$

式中已置

$$\varphi = \frac{1}{2}\left(\frac{\gamma_u}{\gamma} + \theta_u\right),$$

$$\psi = \frac{1}{2}\left(\frac{\beta_v}{\beta} + \theta_v\right).$$

两点 M, M' 的连线与伴随二次曲线 K_2' 相交于两点 P_1, P_2; 各点的坐标是

$$y_1 : y_2 : y_3 : y_4 = \rho + 1 + \varphi\, du + \psi\, dv : du : dv : 0,$$

其中 ρ 决定于下列方程:

$$(\rho + 1 + \varphi\, du + \psi\, dv)^2 = B^2 du^2 + \frac{N}{2\beta\gamma} du\, dv + A^2 dv^2.$$

以

$$ds = \frac{1}{2}\log(MM',\ P_1 P_2)$$

的主要部分, 便得出所求的非欧几里得线素:

$$ds^2 = B^2 du^2 + \frac{N}{2\beta\gamma} du\, dv + A^2 dv^2. \tag{8.6}$$

现在, 在曲面上取微分方程 $ds^2 = 0$, 即

$$B^2 du^2 + \frac{N}{2\beta\gamma} du\, dv + A^2 dv^2 = 0 \tag{8.7}$$

作为两系曲线的定义, 而称这两系为射影极小曲线. 很明显, 过点 M 各有一条射影极小曲线属于各系, 而且在这点的两条切线重合于从 M 向伴随二次曲线 K_2 的切线. 这系曲线只限于 $A = B = 0$ 的曲面, 即德穆兰-戈德曲面, 才变为不定.

同普通极小曲面相类似地, 采用射影极小曲线构成共轭网的一个性质作为一种特殊曲面的定义, 并且仍沿用射影极小曲面的名称来记这种曲面. 这一来, 充要条件是

$$N = 0. \tag{8.8}$$

东姆逊(G. Thomsen, Annali Mat., (4) 5, 1928, 169~184) 研究了变分问题

$$\delta \iint \beta\gamma du dv = 0,$$

而称它的解为射影极小曲面, 这时候的充要条件恰恰是(8.8). 所以我们得到

定理 如果一曲面 σ 的射影极小曲线构成共轭网, 那么 σ 必须是东姆逊的射影极小曲面, 而且反过来也成立.

其次, 注意到德穆兰四边形(1.7节) 的四边和伴随二次曲线 K_2 相交于四个弯节点 F_1, F_{-1}, $\overline{F}_1$, $\overline{F}_{-1}$ 这一事实, 便可决定唯一的织面 Q_1, 使它过德穆兰四边形和 K_2. 称 Q_1 为曲面在点 M 的伴随织面 (苏步青, [9] I). 从(7.10) 和(8.5) 容易导出 Q_1 的方程:

$$Q_1 \equiv y_1^2 - B^2 y_2^2 - A^2 y_3^2 + A^2 B^2 y_4^2 + \frac{N}{2\beta\gamma}(y_1 y_4 - y_2 y_3) = 0. \tag{8.9}$$

在这里必须着重指出, 如果伴随织面 Q_1 是特殊织面, 就必须分解为两张平面.

为证实这结果, 写出所要的条件

$$\begin{vmatrix} 1 & 0 & 0 & \dfrac{N}{4\beta\gamma} \\[2mm] 0 & -B^2 & -\dfrac{N}{4\beta\gamma} & 0 \\[2mm] 0 & -\dfrac{N}{4\beta\gamma} & -A^2 & 0 \\[2mm] \dfrac{N}{4\beta\gamma} & 0 & 0 & A^2B^2 \end{vmatrix} = 0, \tag{8.10}$$

即

$$\left(\frac{N}{4\beta\gamma}\right)^2 - A^2B^2 = 0. \tag{8.11}$$

可是当(8.11) 成立时, (8.10) 的左边行列式的方阵一般是2秩的, 所以Q_1 必然要分解为两平面.

特别是, $A = 0$ 或 $B = 0$ 蕴涵(8.11). 所以获得以(8.11) 为特征的一族曲面(详细情况可参看L. Godeaux, Bull. Acad. roy. Belgique, 18, 1932, 1015~1025). 笔者发现仿射极小曲面和其射影变换都属于这族(苏步青, [12]).

现在假定$AB \neq 0$. 为了对伴随织面Q_1 的包络进行研究, 导入新坐标(苏步青, [9]Ⅳ) :

$$m = ABM, \quad m_1 = AM_1, \quad m_2 = BM_2, \quad m_3 = M_3. \tag{8.12}$$

这样一来, (I″) 式(1.6节) 便可表成为下列形式:

$$\begin{cases} \dfrac{\partial m}{\partial u} = \left\{\dfrac{1}{2}\dfrac{\partial}{\partial u}\log(\gamma A^2B^2)\right\}m + Bm_1, \\[3mm] \dfrac{\partial m_1}{\partial u} = Bm - \left\{\dfrac{1}{2}\dfrac{\partial}{\partial u}\log(\gamma/A^2)\right\}m_1 + \dfrac{A\beta}{B}m_2, \\[3mm] \dfrac{\partial m_2}{\partial u} = \dfrac{K}{A}m + \left\{\dfrac{1}{2}\dfrac{\partial}{\partial u}\log(B^2\gamma)\right\}m_2 + Bm_3, \\[3mm] \dfrac{\partial m_3}{\partial u} = \dfrac{A\beta}{B}m + \dfrac{K}{A}m_1 + Bm_2 - \left(\dfrac{1}{2}\dfrac{\partial\log\gamma}{\partial u}\right)m_3; \\[3mm] \dfrac{\partial m}{\partial v} = \left\{\dfrac{1}{2}\dfrac{\partial}{\partial v}\log(\beta A^2B^2)\right\}m + Am_2, \\[3mm] \dfrac{\partial m_1}{\partial v} = \dfrac{\overline{K}}{B}m + \left\{\dfrac{1}{2}\dfrac{\partial}{\partial v}\log(A^2\beta)\right\}m_1 + Am_3, \\[3mm] \dfrac{\partial m_2}{\partial v} = Am - \left\{\dfrac{1}{2}\dfrac{\partial}{\partial v}\log(\beta/B^2)\right\}m_2 + \dfrac{B\gamma}{A}m_1, \\[3mm] \dfrac{\partial m_3}{\partial v} = \dfrac{B\gamma}{A}m + Am_1 + \dfrac{\overline{K}}{B}m_2 - \left(\dfrac{1}{2}\dfrac{\partial\log\beta}{\partial v}\right)m_3. \end{cases} \tag{8.13}$$

以(ξ, η, ζ, τ) 表示空间任何一点P 关于四面体$\{mm_1\,m_2\,m_3\}$ 的局部坐标, 即

$$P = \xi m + \eta m_1 + \zeta m_2 + \tau m_3, \tag{8.14}$$

那么李织面的方程(6.11) 仍旧保持原型:

$$\xi\tau - \eta\zeta = 0; \tag{8.15}$$

弯节切线的方程(7.4) 和(7.6) 各采取

$$\overline{f}_\varepsilon : \eta - \varepsilon\,\tau = \xi - \varepsilon\,\zeta = 0 \quad (\varepsilon = \pm 1) \tag{8.16}$$

和

$$f_{\varepsilon'} : \xi - \varepsilon'\eta = \zeta - \varepsilon'\tau = 0 \quad (\varepsilon' = \pm 1), \tag{8.17}$$

而且伴随织面Q_1 的方程(8.9) 变为

$$Q_1 \equiv \xi^2 - \eta^2 - \zeta^2 + \tau^2 + (\xi\tau - \eta\zeta) = 0, \tag{8.18}$$

式中

$$\mathscr{N} = \frac{N}{2\beta\gamma AB}. \tag{8.19}$$

点P 的不动条件(7.3) 变为下列形式:

$$\begin{cases} \dfrac{\partial\xi}{\partial u} = -\dfrac{1}{2}\left\{\dfrac{\partial}{\partial u}\log(\gamma A^2 B^2)\right\}\xi - B\eta - \dfrac{K}{A}\zeta - \dfrac{A\beta}{B}\tau, \\[2mm] \dfrac{\partial\eta}{\partial u} = -B\xi + \dfrac{1}{2}\left\{\dfrac{\partial}{\partial u}\log(\gamma/A^2)\right\}\eta \quad * \quad - \dfrac{K}{A}\tau, \\[2mm] \dfrac{\partial\zeta}{\partial u} = \quad * \quad - \dfrac{A\beta}{B}\eta - \dfrac{1}{2}\left\{\dfrac{\partial}{\partial u}\log(\gamma B^2)\right\}\zeta - B\tau, \\[2mm] \dfrac{\partial\tau}{\partial u} = \quad * \quad * \quad -B\zeta + \dfrac{1}{2}\left\{\dfrac{\partial}{\partial u}\log\gamma\right\}\tau; \end{cases} \tag{8.20}$$

以及类似方程

$$\begin{cases} \dfrac{\partial\xi}{\partial v} = -\dfrac{1}{2}\left\{\dfrac{\partial}{\partial v}\log(\beta A^2 B^2)\right\}\xi - \dfrac{\overline{K}}{B}\eta - A\zeta - \dfrac{B\gamma}{A}\tau, \\[2mm] \dfrac{\partial\eta}{\partial v} = \quad * \quad - \dfrac{1}{2}\left\{\dfrac{\partial}{\partial v}\log(\beta A^2)\right\}\eta - \dfrac{B\gamma}{A}\zeta - A\tau, \\[2mm] \dfrac{\partial\zeta}{\partial v} = -A\xi \quad * \quad + \dfrac{1}{2}\left\{\dfrac{\partial}{\partial v}\log(\beta/B^2)\right\}\zeta - \dfrac{\overline{K}}{B}\tau, \\[2mm] \dfrac{\partial\tau}{\partial v} = \quad * \quad - A\eta \quad * \quad + \dfrac{1}{2}\left\{\dfrac{\partial}{\partial v}\log\beta\right\}\tau. \end{cases} \tag{8.20$'$}$$

从(8.4) 和(8.19) 还可证明

$$\begin{cases} \dfrac{1}{2}\dfrac{\partial\mathscr{N}}{\partial u} - \dfrac{A\beta}{B} + \dfrac{1}{2}\dfrac{\mathscr{N}\partial}{\partial u}\log\dfrac{\gamma B}{A} = \dfrac{A}{\gamma B}\left\{\dfrac{\partial^2\log A}{\partial u\partial v} - 2K\right\}, \\[2mm] \dfrac{1}{2}\dfrac{\partial\mathscr{N}}{\partial v} - \dfrac{B\gamma}{A} + \dfrac{1}{2}\dfrac{\mathscr{N}\partial}{\partial v}\log\dfrac{\beta A}{B} = \dfrac{B}{\beta A}\left\{\dfrac{\partial^2\log B}{\partial u\partial v} - 2\overline{K}\right\}. \end{cases} \tag{8.21}$$

应用以上一些关系, 便容易证明下列定理:

定理　当曲面上一点 M 沿一条主切曲线 u（或 v）变动时, 伴随织面 Q_1 的特征曲线分解为弯节切线 f_1, f_{-1}（或 $\overline{f}_1$, $\overline{f}_{-1}$）和另外两直线 g_1, $\overline{g}_{-1}$（或 g_1, g_{-1}）, 从而四直线 g_1, g_{-1}, $\overline{g}_1$, $\overline{g}_{-1}$ 构成 Q_1 上的四边形.

证　按照 (8.18)，(8.20) 和 (8.21) 首先导出

$$\frac{\partial Q_1}{\partial u} + Q_1 \frac{\partial}{\partial u} \log(\gamma B^2) = 2\{\mathfrak{A}(\xi^2 - \eta^2) + \mathfrak{B}(\xi\tau - \eta\zeta) + \mathfrak{C}(\eta\tau - \xi\zeta)\}, \tag{8.22}$$

式中已置

$$\mathfrak{A} = -\frac{\partial}{\partial u} \log A, \quad \mathfrak{B} = \frac{A}{\gamma B}\left\{\frac{\partial^2 \log A}{\partial u \partial v} - 2K\right\}, \quad \mathfrak{C} = \frac{K}{A}. \tag{8.23}$$

所以 Q_1 沿曲线 u 的特征曲线决定于两方程:

$$\begin{cases} \xi^2 - \eta^2 - \zeta^2 + \tau^2 + \mathfrak{N}(\xi\tau - \eta\zeta) = 0, \\ \mathfrak{A}(\xi^2 - \eta^2) + \mathfrak{B}(\xi\tau - \eta\zeta) + \mathfrak{C}(\tau\eta - \xi\zeta) = 0. \end{cases} \tag{8.24}$$

由于 (8.24) 所表达的织面束一般具有特征记号 $[(11)(11)]$, 它们决定一个四边形, 而且其中一对对边就是 $f_{\varepsilon'}(\varepsilon' = \pm 1)$:

$$\xi - \varepsilon'\eta = \zeta - \varepsilon'\tau = 0.$$

同样地, 我们得到

$$\frac{\partial Q_1}{\partial v} + Q_1 \frac{\partial}{\partial v} \log(\beta A^2) = 2\{\overline{\mathfrak{A}}(\xi^2 - \zeta^2) + \overline{\mathfrak{B}}(\xi\tau - \eta\zeta) + \overline{\mathfrak{C}}(\zeta\tau - \xi\eta)\}, \tag{8.22'}$$

其中

$$\overline{\mathfrak{A}} = -\frac{\partial}{\partial v} \log B, \quad \overline{\mathfrak{B}} = \frac{B}{\beta A}\left\{\frac{\partial^2 \log B}{\partial u \partial v} - 2\overline{K}\right\}, \quad \overline{\mathfrak{C}} = \frac{\overline{K}}{B}. \tag{8.23'}$$

这时候, Q_1 的特征曲线是 $\overline{f}_1$, $\overline{f}_{-1}$ 和另外两直线.

这一来, 证明了定理. 从证明容易看出

定理　伴随织面 Q_1 的包络, 一般是原曲面的四个德穆兰变换和另外四个曲面.

现在, 我们将证

定理　如果一曲面 σ 的伴随织面是固定的织面, 那么 σ 的主切曲线全属于线性丛, 而且反过来也成立.

证　假定伴随曲面 Q_1 是固定的, 那么方程 (8.22) 和 (8.22)′ 的右边都必须和 Q_1 至多只相差一个因式, 从而

$$\mathfrak{B} = 0, \quad \overline{\mathfrak{B}} = 0,$$

就是 $K = 0, \overline{K} = 0$. 这一来, 曲面的主切曲线全属于线性丛 (1.2 节).

反过来, 如果 $K = 0$, $\overline{K} = 0$, 从可积分条件(III$_3$) (1.6节) 得出

$$\mathfrak{A} = \overline{\mathfrak{A}} = \mathfrak{B} = \overline{\mathfrak{B}} = \mathfrak{C} = \overline{\mathfrak{C}} = 0,$$

从而

$$\frac{\partial Q_1}{\partial u} = -Q_1 \frac{\partial}{\partial u} \log(\gamma B^2),$$

$$\frac{\partial Q_1}{\partial v} = -Q_1 \frac{\partial}{\partial v} \log(\beta A^2).$$

(证毕)

因此, Q_1 是固定的.

由上列定理立刻导出

推理 如果曲面 σ 的主切曲线全属于线性丛, 那么在其各点的德穆兰四边形恒在固定织面 Q_1 上.

这个推理的逆也成立. 更一般地, 还可证明下列定理:

定理 如果一曲面 σ 的李织面常与固定织面相切于四点, 那么 σ 的主切曲线必须全属于线性丛.

关于最后定理的证明和这种特殊曲面的研究, 将在第2章详细叙述, 这里从略.

如本节前段所述, 射影极小曲面的一个特征是根据伴随二次曲线 K_2 给出的. 我们很自然地会联想到伴随织面 Q_1 能不能给出这种曲面的特征的问题. 这个问题的解答是肯定的, 而实际上, 从(8.9)得知: 当且仅当 $N = 0$ 时, 嘉当四面体 $\{M\ M_1\ M_2\ M_3\}$ 是关于伴随织面 Q_1 的自共轭四面体. 换言之:

定理 如果嘉当四面体的一个顶点与其对面的平面关于伴随织面 Q_1 是配极的, 那么它必须是关于 Q_1 的自共轭四面体, 而且原曲面必须是东姆逊的射影极小曲面. 反过来, 射影极小曲面具有上述性质.

最后, 将叙述伴随织面 Q_1 的一个拓广(参看白正国[4]) .

如1.6节(I″)所表示, 一曲面 σ 在一点 M 的嘉当规范标形 $\{M\ M_1\ M_2\ M_3\}$ 是我们常用的参考坐标系, 而且空间任何点 P 的坐标 (y) 决定于

$$P = y_1 M + y_2 M_1 + y_3 M_2 + y_4 M_3.$$

设空间一条直线的勃吕格坐标是

$$p_{ij} = y_i z_j - z_i y_j \quad (i, j = 1, \cdots, 4),$$

且 (y), (z) 是直线上的两点. 同点的不动条件相类似地, 容易导出这条直线 (p_{ij}) 的固定性条件:

$$\frac{\partial p_{12}}{\partial u} = A^2 \beta p_{24} + K(p_{23} - p_{14}),$$

$$\frac{\partial p_{12}}{\partial v} = -\gamma p_{13} - \frac{\partial \log \beta}{\partial v} p_{12} + A^2(p_{23} - p_{14}) + B^2 \gamma p_{24},$$

$$\frac{\partial p_{13}}{\partial u} = -\beta p_{12} - \frac{\partial \log \gamma}{\partial u} p_{13} - B^2(p_{14} + p_{23}) + A^2 \beta p_{34},$$

$$\frac{\partial p_{13}}{\partial v} = B^2 \gamma p_{34} - \overline{K}(p_{23} + p_{14}),$$

$$\frac{\partial p_{14}}{\partial u} = -p_{13} - B^2 p_{24} - K p_{34},$$

$$\frac{\partial p_{14}}{\partial v} = -p_{12} - A^2 p_{34} - \overline{K} p_{24},$$

$$\frac{\partial p_{23}}{\partial u} = -p_{13} - B^2 p_{24} + K p_{34},$$

$$\frac{\partial p_{23}}{\partial v} = +p_{12} + A^2 p_{34} - \overline{K} p_{24},$$

$$\frac{\partial p_{24}}{\partial u} = -p_{14} - p_{23} + \frac{\partial \log \gamma}{\partial u} p_{24},$$

$$\frac{\partial p_{24}}{\partial v} = -\gamma p_{34},$$

$$\frac{\partial p_{34}}{\partial u} = -\beta p_{24},$$

$$\frac{\partial p_{34}}{\partial v} = -p_{14} + p_{24} + \frac{\partial \log \beta}{\partial v} p_{34},$$

式中 K, $\overline{K}$, A, B 的表达式如 (6.7).

现在, 考查过点 M 的两主切曲线 u 和 v; 它们在点 M 的主密切线性丛 R_1 和 R_2 顺次决定于下列方程:

$$R_1 \equiv p_{14} - p_{23} = 0, \quad R_2 \equiv p_{14} + p_{23} = 0.$$

按照上述的不动条件容易导出

$$\frac{\partial R_1}{\partial u} = -2K p_{34}, \quad \frac{\partial R_1}{\partial v} = -2(p_{12} + A^2 p_{34}),$$

$$\frac{\partial^2 R_1}{\partial u \partial v} = -2K \frac{\partial \log \beta K}{\partial v} p_{34} = -2 \frac{\partial A^2}{\partial u} p_{34},$$

$$\frac{\partial^2 R_1}{\partial u^2} = -2 \left[B^2 \gamma p_{24} - \frac{\partial \log \gamma}{\partial v} p_{12} - \gamma p_{13} + A^2 \frac{\partial \log \beta A^2}{\partial v} p_{34} \right],$$

$$\frac{\partial^2 R_1}{\partial v^2} = 2 \left[\beta K p_{24} - \frac{\partial K}{\partial u} p_{34} \right].$$

设 C 是曲面上过点 M 的曲线. 在 M 和 C 上两个邻近点 M', M'' 所引的三个主密切线性丛 R_1, R_1', R_1'' 有共通的半织面, 称 C 在 M 的 u 半织面. 同样, 可以定义 C 在 M 的 v 半织面.

按定义, C 的 u 半织面是由三个线性丛

$$R_1 = 0, \quad dR_1 = 0, \quad d^2 R_1 = 0$$

的共通直线构成的. 应用上述计算的结果来改写这三方程, 便有

$$p_{14} - p_{23} = 0,$$

$$p_{12} + \left[A^2 + K \frac{du}{dv} \right] p_{34} = 0,$$

$$\left[B^2 - \frac{\beta K}{\gamma} \left(\frac{du}{dv} \right)^2 \right] p_{24} - p_{13} + L p_{34} = 0,$$

其中已置

$$L = \frac{N}{2\beta\gamma} + \frac{K}{\gamma} \frac{\partial}{\partial v} \log(\beta^3 K^2) \cdot \frac{du}{dv} + \frac{1}{\gamma} \frac{\partial K}{\partial u} \left(\frac{du}{dv} \right)^2 + \frac{K}{\gamma} \frac{d^2 u}{dv^2} \left(\frac{du}{dv} \right)^3.$$

这一来, C 的 u 半织面所在的织面 B_1 的方程是

$$y_1^2 - \left[B^2 - \frac{\beta K}{\gamma} \left(\frac{du}{dv} \right)^2 \right] y_2^2 - \left[A^2 + K \frac{du}{dv} \right] y_3^2$$

$$+ \left[A^2 + K \frac{du}{dv} \right] \left[B^2 - \frac{\beta K}{\gamma} \left(\frac{du}{dv} \right)^2 \right] y_4^2 + L(y_1 y_4 - y_2 y_3) = 0. \qquad (8.25)$$

同样, 得到 C 的 v 半织面所在的织面 B_2 的方程:

$$y_1^2 - \left[A^2 - \frac{\gamma \overline{K}}{\beta} \left(\frac{dv}{du} \right)^2 \right] y_3^2 - \left[B^2 + \overline{K} \frac{dv}{du} \right] y_2^2$$

$$+ \left[B^2 + \overline{K} \frac{dv}{du} \right] \left[A^2 - \frac{\gamma \overline{K}}{\beta} \left(\frac{dv}{du} \right)^2 \right] y_4^2 + M(y_1 y_4 - y_2 y_3) = 0, \qquad (8.26)$$

式中

$$M = \frac{N}{2\beta\gamma} + \frac{\overline{K}}{\beta} \frac{\partial \log(\gamma^3 \overline{K}^2)}{\partial u} \frac{dv}{du} + \frac{1}{\beta} \frac{\partial \overline{K}}{\partial v} \left(\frac{dv}{du} \right)^2 - \frac{\overline{K}}{\beta} \left(\frac{dv}{du} \right)^3 \frac{d^2 v}{du^2}.$$

特别是, 当 C 是曲面的一条主切曲线 v 时, 织面 B_1 重合这点的伴随织面.

如果所有的主切曲线 $v(u = \text{const})$ 属于线性丛, 从而 $\overline{K} = 0$ [参看(2.18)], 那么所有织面 B_2 (和曲线 C 无关地) 和伴随织面重合一致, 并且这时候伴随织面沿任何主切曲线 v 是稳定的. 实际上, 从方程

$$R_1 = p_{14} - p_{23} = 0, \qquad \frac{\partial R_1}{\partial v} = p_{12} + A^2 p_{34} = 0,$$

$$\frac{\partial^2 R_1}{\partial v^2} = p_{13} - B^2 p_{24} - \frac{N}{2\beta\gamma} p_{34} = 0$$

和 $\overline{K} = 0$, 我们有

$$\frac{\partial^3 R_1}{\partial v^3} = \frac{B^2 \overline{K}}{\beta} p_{34} \equiv 0.$$

反过来, 如果伴随织面沿任何主切曲线 v 是稳定的, 那么所有的主切曲线 v 必须属于线性丛. 这个结果是可以直接证明的, 此处从略. 综合起来, 得到下列定理:

定理　如果一曲面的所有主切曲线 v 都属于线性丛, 那么每条曲线 v 的所有弯节切线必在(仅仅和 u 有关的) 同一织面上, 并且反过来也成立.

这样, 以前关于两系主切曲线全属于线性丛的曲面的定理得到了拓广.

1.9　戈德织面序列

三维射影空间 S_3 的直线可以表示到五维射影空间 S_5, 使它的象是超织面 Ω 上的一点, 称 Ω 为克莱因的超织面. 设 MM_1, MM_2 是一曲面 $\sigma(\in S_3)$ 在其一点 M 的两主切线, 而且 $\{MM_1 M_2 M_3\}$ 是对应的嘉当规范标形, 从而微分方程组(I″) (1.6节)成立. 在 Ω 上, 这两主切线各有它的象 U, V; 我们可以写下

$$U = (M, M_1), \quad V = (M, \ M_2), \tag{9.1}$$

式中 $(M, \ M_i)(i = 1, 2)$ 表示二阶小行列式.

从(I″) (1.6节)首先导出

$$\frac{\partial U}{\partial u} = \beta V, \qquad \frac{\partial V}{\partial v} = \gamma U. \tag{9.2}$$

在 S_5 里, 直线 UV 整个在 Ω 上, 并且表示曲面 σ 在点 M 的切线束. 当 u, v 变动时, 直线 UV 画成三维流形, 即 σ 的切线丛在 S_5 里的象流形. 如果 $\beta = 0$, 点 U 与 u 无关, 从而 σ 的主切曲线 u 都是直线, 所以 σ 变为直纹面. 同样, 当 $\gamma = 0$ 时, σ 的主切曲线 v 都是直线. 特别是, 当 $\beta = \gamma = 0$ 时, σ 是一个织面. 以下仍旧假定 $\beta\gamma \neq 0$.

从(9.2) 导出下列拉普拉斯方程:

$$\begin{cases} \dfrac{\partial^2 U}{\partial u \partial v} - \dfrac{\partial \log \beta}{\partial v} \dfrac{\partial U}{\partial u} - \beta\gamma U = 0, \\[3mm] \dfrac{\partial^2 V}{\partial u \partial v} - \dfrac{\partial \log \gamma}{\partial u} \dfrac{\partial V}{\partial v} - \beta\gamma V = 0. \end{cases} \tag{9.2$'$}$$

这两个方程表明, 曲线 u 和 v 在 S_5 的曲面 (U) 和 (V) 上构成共轭网. 因而, 得到傍匹阿尼和齐采加的定理(E. Bompiani, 1912; G. Tzitzéica, 1924).

定理　S_3 里一曲面在其一点的两主切线各各被映象到 S_5 里 Ω 上的两点 U, V; 这两点是以主切参数曲线 u, v 为网曲线的拉普拉斯序列 L 的邻接点, 而且曲面 (V) 和 (U) 各各是 (U) 和 (V) 沿方向 u, v 的拉普拉斯曲面.

设这个拉普拉斯序列是

(L) $$\cdots, U_n, \cdots, U_1, U, V, V_1, \cdots, V_n, \cdots,$$

其中任何一项是其前项沿 u 方向的拉普拉斯变换, 从而也是其后项沿 v 方向的拉普拉斯变换. 按照古典的结果, 曲线 u 和 v 在每一个曲面上构成共轭网.

一般地, 给定一个拉普拉斯方程

(E) $$\frac{\partial^2 z}{\partial u \partial v} + a\frac{\partial z}{\partial u} + b\frac{\partial z}{\partial v} + cz = 0,$$

便可作出两个不变量, 即达布-拉普拉斯不变量:

$$\begin{cases} h = \dfrac{\partial a}{\partial u} + ab - c, \\[2mm] k = \dfrac{\partial b}{\partial v} + ab - c. \end{cases} \tag{9.3}$$

设 z_1 是 z 沿 v 方向的拉普拉斯变换:

$$z_1 = \frac{\partial z}{\partial v} + az,$$

那么 z_1 也满足一个拉普拉斯方程

(E_1) $$\frac{\partial^2 z_1}{\partial u \partial v} + a_1 \frac{\partial z_1}{\partial u} + b_1 \frac{\partial z_1}{\partial v} + c_1 z_1 = 0,$$

式中

$$a_1 = a - \frac{\partial \log h}{\partial v},$$
$$b_1 = b,$$
$$c_1 = c - \frac{\partial a}{\partial u} + \frac{\partial b}{\partial v} - b\frac{\partial \log h}{\partial v}.$$

因此, 对应的两个不变量是

$$\begin{cases} h_1 = 2h - k - \dfrac{\partial^2 \log h}{\partial u \partial v}, \\[2mm] k_1 = h. \end{cases} \tag{9.4}$$

设 z_{-1} 是 z 沿 u 方向的拉普拉斯变换

$$z_{-1} = \frac{\partial z}{\partial u} + bz,$$

我们得到 z_{-1} 的拉普拉斯方程

(E_{-1}) $$\frac{\partial^2 z_{-1}}{\partial u \partial v} + a_{-1} \frac{\partial z_{-1}}{\partial u} + b_{-1} \frac{\partial z_{-1}}{\partial v} + c_{-1} z_{-1} = 0,$$

其中已置

$$a_{-1} = a, \quad b_{-1} = b - \frac{\partial \log k}{\partial u}, \quad c_{-1} = c - \frac{\partial b}{\partial v} + \frac{\partial a}{\partial u} - a\frac{\partial \log k}{\partial u}.$$

因此, 它的两不变量是

$$\begin{cases} h_{-1} = k, \\[2mm] k_{-1} = 2k - h - \dfrac{\partial^2 \log k}{\partial u \partial v}. \end{cases} \tag{9.5}$$

按照上述方法得到一系列方程

$$\cdots, (E_{-n}), \cdots, (E_{-1}), (E), (E_1), \cdots, (E_n), \cdots.$$

设方程 (E_i) 的两不变量是 h_i, k_i; 从 (9.4) 和 (9.5) 容易导出下列关系:

$$h_{i+1} = 2h_i - k_i - \frac{\partial^2 \log h_i}{\partial u \partial v}, \quad k_{i+1} = h_i, \tag{9.6}$$

就是

$$h_i = k_{i+1}, \quad k_i = 2k_{i+1} - h_{i+1} - \frac{\partial^2 \log k_{i+1}}{\partial u \partial v}. \tag{9.7}$$

这里, 指标 i 可取正负整数值和 0, 所以根据 (9.6) 或 (9.7) 挨次可以找出 h_i 和 k_i. 因此, 我们获得

$$h_{i+1} = h_i + h - k - \frac{\partial^2 \log h h_1 \cdots h_i}{\partial u \partial v}. \tag{9.8}$$

现在, 应用以上所述的方法到方程 (9.2)′, 便有两个不变量:

$$h_1 = -\frac{\partial^2 \log \beta}{\partial u \partial v} + \beta \gamma, \quad \overline{k}_1 = \beta \gamma.$$

一般地,

$$\begin{cases} \dfrac{\partial U_n}{\partial v} = U_{n+1} + U_n \dfrac{\partial}{\partial v} \log(\beta h_1 \cdots h_n), \\[2mm] \dfrac{\partial U_n}{\partial u} = h_n U_{n-1}, \\[2mm] \dfrac{\partial^2 U_n}{\partial u \partial v} - \dfrac{\partial U_n}{\partial u} \dfrac{\partial}{\partial v} \log(\beta h_1 \cdots h_n) - h_n U_n = 0, \end{cases} \tag{9.9}$$

式中

$$h_n = -\frac{\partial^2 \log(\beta h_1 \cdots h_{n-1})}{\partial u \partial v} + h_{n-1} = -\frac{\partial^2 \log(\beta^n h_1^{n-1} \cdots h_{n-2}^2 h_{n-1})}{\partial u \partial v} + \beta \gamma.$$

同样, 成立

$$\begin{cases} \dfrac{\partial V_n}{\partial u} = V_{n+1} + V_n \dfrac{\partial}{\partial u} \log(\gamma k_1 \cdots k_n), \\[2mm] \dfrac{\partial V_n}{\partial v} = k_n V_{n-1}, \\[2mm] \dfrac{\partial^2 V_n}{\partial u \partial v} - \dfrac{\partial V_n}{\partial v} \dfrac{\partial}{\partial u} \log(\gamma k_1 \cdots k_n) - k_n V_n = 0, \end{cases} \tag{9.10}$$

式中

$$k_n = -\frac{\partial^2 \log(\gamma k_1 \cdots k_{n-1})}{\partial u \partial v} + k_{n-1} = -\frac{\partial^2 \log(\gamma^n k_1^{n-1} \cdots k_{n-2}^2 k_{n-1})}{\partial u \partial v} + \beta \gamma.$$

在S_5里, 对应于S_3里一般曲面σ的拉普拉斯序列L是两边无穷伸张而决不断绝的. L一般也不在S_5的超平面上. 如果L在超平面上, σ的所有切线全属于同一线性丛, 从而σ退缩为平面. 这是例外的情况, 以下不予讨论.

设S_5的两点p, q关于克莱因超织面Ω的共轭条件是

$$\Omega(p, \ q) = 0,$$

那么Ω的方程是

$$\Omega(p, \ p) = 0.$$

根据定义成立

$$\Omega(U, \ U) = 0, \quad \Omega(U, \ V) = 0, \quad \Omega(V, \ V) = 0. \tag{9.11}$$

关于u和v各微分每一个关系式, 便获得

$$\begin{cases} \Omega(U, \ U_1) = 0, \ \Omega(U_1, \ V) = 0, \ \Omega(U, \ V_1) = 0, \\ \Omega(V, \ V_1) = 0, \ \Omega(U_2, \ V) = 0, \ \Omega(U, \ V_2) = 0. \end{cases} \tag{9.12}$$

曲面σ在点M的嘉当规范标形$\{MM_1 M_2 M_3\}$的各棱线被映成Ω上的点, 其表示如下:

$$\begin{cases} (M, \ M_1) = U, \ (M, \ M_2) = V, \\ (M, \ M_3) = \dfrac{1}{2}(U_1 + V_1), \ (M_1, \ M_2) = \dfrac{1}{2}(V_1 - U_1), \\ (M_1, \ M_3) = \dfrac{1}{2}V_2 + \dfrac{1}{2}V_1 \dfrac{\partial}{\partial u} \log(\gamma k_1) - B^2 V, \\ (M_2, \ M_3) = \dfrac{1}{2}U_2 + \dfrac{1}{2}U_1 \dfrac{\partial}{\partial v} \log(\beta h_1) - A^2 U. \end{cases} \tag{9.13}$$

为证明上列关系式, 置

$$R = (M, \ M_3), \quad S = (M_1, \ M_2),$$
$$T = (M_1, \ M_3), \quad W = (M_2, \ M_3),$$

并且利用(I'') (1.6节) 到演算中, 就可把U, V, R, S, T, W的偏导数表成为它们的线性

组合. 实际上, 我们获得

$$
\begin{cases}
\dfrac{\partial U}{\partial u} = \beta V, \\[2mm]
\dfrac{\partial V}{\partial u} = (R + S) + \dfrac{\partial \log \gamma}{\partial u} V, \\[2mm]
\dfrac{\partial R}{\partial u} = T + KU + B^2 V, \\[2mm]
\dfrac{\partial S}{\partial u} = T - KU + B^2 V, \\[2mm]
\dfrac{\partial T}{\partial u} = B^2 (R + S) - \dfrac{\partial \log \gamma}{\partial u} T - A^2 \beta U + \beta W, \\[2mm]
\dfrac{\partial W}{\partial u} = K(R - S) - A^2 \beta V; \\[2mm]
\dfrac{\partial U}{\partial v} = (R - S) + \dfrac{\partial \log \beta}{\partial v} U, \\[2mm]
\dfrac{\partial V}{\partial v} = \gamma U, \\[2mm]
\dfrac{\partial R}{\partial v} = A^2 U + \overline{K} V + W, \\[2mm]
\dfrac{\partial S}{\partial v} = -A^2 U + \overline{K} V - W, \\[2mm]
\dfrac{\partial T}{\partial v} = \overline{K}(R + S) - B^2 \gamma U, \\[2mm]
\dfrac{\partial W}{\partial v} = A^2 (R - S) - \dfrac{\partial \log \beta}{\partial v} W + \gamma T - B^2 \gamma V.
\end{cases}
\tag{I$'''$}
$$

从此导出

$$
\begin{cases}
R + S = \dfrac{\partial V}{\partial u} - \dfrac{\partial \log \gamma}{\partial u} V \equiv V_1, \\[2mm]
R - S = \dfrac{\partial U}{\partial v} - \dfrac{\partial \log \beta}{\partial v} U \equiv U_1.
\end{cases}
\tag{9.14}
$$

关于 u 和 v 挨次微分这两式, 便获得

$$
V_2 + \frac{\partial \log(\gamma k_1)}{\partial u} V_1 = 2T + 2B^2 V,
$$

$$
U_2 + \frac{\partial \log(\beta h_1)}{\partial v} U_1 = 2W + 2A^2 U.
$$

因此, 得到 (9.13) .

从(9.13) 容易看出:

两点 $U_1 + V_1$ 和 $U_1 - V_1$ 在超织面 Ω 上, 并且是曲面 σ 在点 M 的第一和第二准线的象.

根据(9.14) 得知

$$\Omega(U_1, \ V_1) = 0. \tag{9.15}$$

又关于 u 逐次微分(9.15) , 而且用(9.12) 和(9.15) 简化演算, 就得到

$$\Omega(U_1, \ V_2) = 0, \quad \Omega(U_1, \ V_3) = 0. \tag{9.16}$$

因而, U_1 是超平面 $(UVV_1V_2V_3)$ 关于 Ω 的极.

又从

$$\Omega(U_1, \ V_2) = \Omega(U_1, \ V_1) = \Omega(U_1, \ V) = \Omega(U_1, \ U) = 0$$

和其关于 v 的导来方程, 容易证明:

$$\Omega(U_2, \ V_3) = \Omega(U_2, \ V_2) = \Omega(U_2, \ V_1) = \Omega(U_2, \ V) = 0.$$

置

$$\Delta = (MM_1 \ M_2 \ M_3) \neq 0,$$

那么

$$\Delta = \Omega(U, \ W) = -\Omega(V, \ T) = \Omega(R, \ S).$$

根据(I''') 得到

$$\frac{\partial \Delta}{\partial u} = 0, \quad \frac{\partial \Delta}{\partial v} = 0.$$

又从(9.14) 导出

$$\Omega(U_1, \ U_1) = -2\Delta,$$

$$\Omega(V_1, \ V_1) = 2\Delta.$$

再关于 u 微分上列关系 $\Omega(U_2, \ V_3) = 0$, 便有

$$\Omega(V_4, \ U_2) = 0.$$

这一来, 证明了 U_2 是超平面 $(VV_1V_2V_3V_4)$ 关于 Ω 的极.

继续进行同样的演算, 我们可以证明

定理 U_n 是超平面 $(V_{n-2}V_{n-1}V_nV_{n+1}V_{n+2})$ 关于 Ω 的极; V_n 是超平面 $(U_{n-2}U_{n-1}U_nU_{n+1}U_{n+2})$ 关于 Ω 的极.

实际上, 假定 U_n 是超平面 $(V_{n-2}V_{n-1}V_nV_{n+1}V_{n+2})$ 的极, 从而

$$0 = \Omega(U_n, \ V_{n+2}) = \Omega(U_n, \ V_{n+1}) = \Omega(U_n, \ V_n) = \Omega(U_n, \ V_{n-1}) = \Omega(U_n, \ V_{n-2}).$$

关于 v 微分各方程, 而且用 (9.9) 和 (9.10) 改写它, 就得到

$$\Omega(U_{n+1},\ V_{n+2}) = \Omega(U_{n+1},\ V_{n+1}) = \Omega(U_{n+1},\ V_n) = \Omega(U_{n+1},\ V_{n-1}) = 0.$$

又关于 u 微分第一方程,

$$\Omega(h_{n+1}U_n,\ V_{n+2}) + \Omega(U_{n+1},\ V_{n+3}) = 0,$$

从而

$$\Omega(U_{n+1},\ V_{n+3}) = 0.$$

这就是说, U_{n+1} 是超平面 $(V_{n-1}V_nV_{n+1}V_{n+2}V_{n+3})$ 关于 Ω 的极. 按照数学归纳法证明了定理的前半. 同样, 也可证明其后半.

这样, 就证明了戈德定理 (参看戈德, 曲面论和直纹空间) :

拉普拉斯序列 L (称戈德序列) 关于超织面 Ω 是自共轭的.

按照上述的结果, 两平面 $(U_nU_{n+1}U_{n+2})$ 和 $(V_nV_{n+1}V_{n+2})$ 关于超织面 Ω 是两共轭平面. 所以在 S_3 里得到织面 Φ_n, 使得其两半织面在 S_5 里的象是上列两平面和 Ω 的交线. 这一来, 在曲面 σ 的一点 M 存在一系列织面 Φ, Φ_1, Φ_2, $\cdots$, 全体构成戈德织面序列.

在 S_5 里, 平面 (UU_1U_2) 决定于三点 U, $\dfrac{\partial U}{\partial v}$, $\dfrac{\partial^2 U}{\partial v^2}$, 所以很明显, 在 S_3 里戈德织面序列中的第一个织面 Φ 是李织面 (1.5 节). 现在, 将证明戈德的一个定理 (L. Godeaux, 中国数学学报, 旧刊 2, 1937, 1~5):

定理 戈德织面序列中的第二织面 Φ_1 和伴随织面 Q_1 重合一致.

证 按照定义, Φ_1 的象是平面 $(U_1U_2U_3)$ 和 Ω 的交线. 可是从 (9.14) 得知, 这平面决定于三点

$$R - S,\quad W + A^2U,\quad \frac{\partial}{\partial v}(W + A^2U);$$

并且从 (I''') 导出

$$\frac{\partial}{\partial v}(W + A^2U) = 2A^2(R - S) - \frac{\partial \log \beta}{\partial v}(W + A^2U) + \left[\gamma T - B^2\gamma V + \frac{2A}{\beta}\frac{\partial(A\beta)}{\partial v}U\right],$$

所以平面 $(U_1U_2U_3)$ 上任何一点 P 可以表成

$$P = \lambda(R - S) + \mu(W + A^2U) + \nu\left(\gamma T - B^2\gamma V + \frac{N}{2\beta}U\right), \tag{9.17}$$

其中 N 是由 (8.4) 决定的, 而且 λ, μ, ν 是这样选取: 使满足 $\Omega(P,\ P) = 0$, 也就是使 P 变为织面 Φ_1 的母线在 Ω 上的象. 这时, 条件是

$$-\lambda^2 + B^2\gamma^2\nu^2 + A^2\mu^2 + \frac{N}{2\beta}\mu\nu = 0. \tag{9.18}$$

为在局部坐标系(y_1, y_2, y_3, y_4)下写出Φ_1的方程, 设Φ_1的母线p上的二点关于$\{MM_1M_2M_3\}$的局部坐标是(y_1, y_2, y_3, y_4)和$(z_1, z_2, z_3, 0)$, 从而p在Ω上的象是

$$P = p_{12}U + p_{13}V + p_{14}R + p_{23}S + p_{24}T + p_{34}W, \tag{9.19}$$

式中$p_{ij} = y_iz_j - z_iy_j$表示母线p的勃吕格坐标.

比较(9.17)和(9.19), 便得到

$$\begin{cases} p_{12} = \mu A^2 + \nu\dfrac{N}{2\beta}, & p_{13} = -B^2\gamma\nu, & p_{14} = \lambda, \\ p_{23} = -\lambda, & p_{24} = \gamma\nu, & p_{34} = \mu. \end{cases} \tag{9.20}$$

从此消去λ, μ, ν, 我们获得织面Φ_1在勃吕格坐标(p_{ij})下作为其母线p所画成的半织面的方程:

$$p_{14} + p_{23} = 0, \quad p_{13} + B^2p_{24} = 0, \quad p_{12} - A^2p_{34} - \frac{N}{2\beta\gamma}p_{24} = 0. \tag{9.21}$$

这三式关于z_1, z_2, z_3是一次齐次方程, 所以从此消去z_1, z_2, z_3, 得出所求的方程:

$$\begin{vmatrix} y_4 & y_3 & y_2 \\ y_3 & B^2y_4 & y_1 \\ y_2 & -y_1 - \dfrac{N}{2\beta\gamma}y_4 & A^2y_4 \end{vmatrix} = 0,$$

或展开之,

$$y_4\left[y_1^2 - B^2y_2^2 - A^2y_3^2 + A^2B^2y_4^2 + \frac{N}{2\beta\gamma}(y_1y_4 - y_2y_3)\right] = 0.$$

由于$y_4 = 0$不表示Φ_1, 戈德织面序列中的第二织面的方程重合(8.9), 就是伴随织面Q_1的方程. (证毕)

在戈德序列(L)中, 两平面$(U_nU_{n+1}U_{n+2})$和$(U_{n+1}U_{n+2}U_{n+3})$有共通直线$(U_{n+1}U_{n+2})$, 从而$(U_{n+1}U_{n+2})$和Ω的两交点是两织面Φ_n, Φ_{n+1}的共通母线. 同样, 两平面$(V_nV_{n+1}V_{n+2})$和$(V_{n+1}V_{n+2}V_{n+3})$的共通直线与超织面Ω相交于两点; 就是说, 两织面Φ_n和Φ_{n+1}还有另外的两共通母线. 因此, Φ_n和Φ_{n+1}相切于四点. 我们将证明这四点是Φ_n的特征点.

为此, 把Φ_n的方程写成两种类型:

$$\sum x_ix_k(U_n, \ U_{n+1}, \ U_{n+2}) = 0, \tag{9.22}$$

$$\sum x_ix_k(V_n, \ V_{n+1}, \ V_{n+2}) = 0, \tag{9.23}$$

式中各系数表示那些从U_n, U_{n+1}, U_{n+2}或V_n, V_{n+1}, V_{n+2}的坐标做成的三阶小行列式.

关于 v 微分(9.22)，(9.23)，便获得

$$\sum x_i x_k \left(U_n, \ U_{n+1}, \ \frac{\partial U_{n+2}}{\partial v} \right) = 0,$$

$$\sum x_i x_k \left(\frac{\partial V_n}{\partial v}, \ V_{n+1}, \ V_{n+2} \right) = 0.$$

从此看出，沿 v 方向变动的 Φ_n 和其邻接织面相交于四直线，而且它们在 Ω 上的象就是 $(U_n U_{n+1})$ 和 $(V_n V_{n+1})$ 分别与 Ω 的交点.

同样，沿 u 方向也得到四直线，它们的象是 $(V_n V_{n+1})$ 和 $(U_{n+1} U_{n+2})$ 分别与 Ω 的交点. 因此，证明了下列定理：

定理 戈德织面序列中的任何两相邻织面在四点相切，而且四切点是这两织面的特征点.

这个结果还可拓广到 S_5 里的一般拉普拉斯序列去(可参阅 L. Godeaux, Rend. dei Lincei (6) 11, 1930, 52～58).

白正国([5]) 应用上节为拓广伴随织面所用的同一方法，对戈德织面序列给出了一个新定义.

考查曲面 σ 在点 $M(u, v)$ 的主切曲线 u 的密切线性丛 $R_1(u, v)$；根据(9.9) 容易看出，在 S_5 里这线性丛是由超平面 (U, V, V_1, V_2, V_3) 与 Ω 的交线表达的. 如果 $M(u+du, \ v+dv)$ 是 σ 上无限邻接 $M(u, v)$ 的任何点，那么在这里对应的线性丛是由 $R_1 + R_{1u}du + R_{1v}dv + \cdots$ 表达的，且从而对应于 M 的一阶邻域内的所有点的线性丛有一个共通半织面. 由于这半织面决定于 $R_1(u, v), R_{1u}(u, v), R_{1v}(u, v)$ 的共通直线，这个半织面构成李织面 Φ.

现在取 M 的沿一条主切曲线 v 的二阶邻域，并考查这邻域内所有点的对应线性丛

$$R_1(u, \ v+dv) = R_1 + R_{1v}dv + \frac{1}{2!}R_{1vv}dv^2 + \cdots .$$

容易找出，这些线性丛有织面 Φ_1 上的一个共通半织面，而且当取 M 的沿一条主切曲线 v 的三阶邻域时，对应于其中所有点的线性丛

$$R_1(u, \ v+dv) = R_1 + R_{1v}dv + \frac{1}{2!}R_{1vv}dv^2 + \frac{1}{3!}R_{1vvv}dv^3 + \cdots$$

有两条共通直线 g_1, g_2，其中 Ω 上的象就是 $(V_2 V_3)$ 与 Ω 的两交点. 当这些直线 g_1, g_2 沿 u 方向变动时，我们获得两直纹面 G_1, G_2. 可以证明：必有一个线性丛 $R_2(u, v)$，它顺次沿 g_1, g_2 两母线和直纹面 G_1, G_2 构成三阶的接触. 实际上，这个线性丛 $R_2(u, v) \equiv R_2$ 决定于 $(V_2 V_3 V_4 V_5 V_6)$. 按照 $R_2(u, v)$ 并根据类似方法便得到三个织面 Φ_2, Φ_3, Φ_4. 更确切地说，它们顺次决定于三组线性丛：

$$R_2 + R_{2u}du + \frac{1}{2!}R_{2uu}du^2, \quad R_2 + R_{2u}du + R_{2v}dv,$$

$$R_2 + R_{2v}dv + \frac{1}{2!}R_{2vv}dv^2.$$

如果我们考查M的沿一条主切曲线v的三阶邻域, 和对应于其中所有点的线性丛

$$R_2 + R_{2v}dv + \frac{1}{2!}R_{2vv}dv^2 + \frac{1}{3!}R_{2vvv}dv^3,$$

那么就得到类似g_1和g_2的两直线. 继续应用这方法, 便可作出全序列的定义.

这一米, 证明了

定理 利用主密切线性丛, 就能够简单地作出伴随于曲面上一点的戈德织面序列的定义.

现在, 阐述另外一个类似的定义. 沿一条主切曲线u引v一切线, 从而其全体构成主密切直纹面R_u. 很明显, R_u在点M的密切线性丛$S_1(u, v)$的象是超曲面$(VV_1V_2V_3V_4)$. 如果取M的沿一条主切曲线u的三阶邻域, 那么对应于其中所有点的线性丛

$$S_1 + S_{1u}du + \frac{1}{2!}S_{1uu}du^2,$$

必有织面Φ上的一个共通半织面; 对应于曲面上M的一阶邻域中所有点的线性丛$S_1 + S_{1u}du + S_{1v}dv$, 必有织面$\Phi_1$上的一个共通半织面, 而且对应于$M$的沿一条主切曲线$v$的二阶邻域中所有点的线性丛

$$S_1 + S_{1v}dv + \frac{1}{2!}S_{1vv}dv^2,$$

必有织面Φ_2上的一个共通半织面. 同样地, 考查M的沿一条主切曲线v的三阶邻域, 并作出这邻域中各点所对应的线性丛

$$S_1 + S_{1v}dv + \frac{1}{2!}S_{1vv}dv^2 + \frac{1}{3!}S_{1vvv}dv^3,$$

这里只有四个独立的, 即S_1, S_{1v}, S_{1vv}, S_{1vvv}, 且从而它们有两共通直线. 如前一样, 可以作出织面Φ_3, Φ_4, Φ_5的定义, 并继续下去, 获得整个序列. 综合起来, 就有

定理 按照曲面上一点的伴随主切直纹面的密切线性丛, 也能作出戈德织面序列的定义.

1.10 富比尼的法坐标和曲面的规范展开

设$x = x(u, v)$表示一个非直纹的、不退缩的曲面, 而且(u, v)表示曲面的主切参数. 根据1.3节所述, 只需取适当的比例因子ρ, 恒可使x满足富比尼型的基本微分方程

$$\begin{cases} x_{uu} = \theta_u x_u + \beta x_v + p_{11}x, \\ x_{vv} = \theta_v x_v + \gamma x_u + p_{22}x, \end{cases} \quad \theta = \log \beta\gamma. \tag{10.1}$$

这样决定起来的坐标 x 称为富比尼的法坐标, 两点 (x) 和 (x_{uv}) 的连线称为曲面在点 (x) 的射影法线.

对于空间任何点 (z), 置

$$z = x_1 x + x_2 x_u + x_3 x_v + x_4 x_{uv},$$

那么 x_1, x_2, x_3, x_4 是点 (z) 关于局部四面体 $\{x\ x_u\ x_v\ x_{uv}\}$ 的坐标. 特别是, 当点 z 是曲面上无限靠近点 (x) 的一点 $(x(u + \Delta u,\ v + \Delta v))$ 时, 按照泰勒公式得到

$$
\begin{aligned}
x(u + \Delta u,\ v + \Delta v) =& x + x_u \Delta u + x_v \Delta v \\
& + \frac{1}{2!}(x_{uu}\Delta u^2 + 2x_{uv}\Delta u \Delta v + x_{vv}\Delta v^2) \\
& + \frac{1}{3!}(x_{uuu}\Delta u^3 + 3x_{uuv}\Delta u^2 \Delta v \\
& + 3x_{uvv}\Delta u \Delta v^2 + x_{vvv}\Delta v^3) + \cdots,
\end{aligned}
$$

并且从 (10.1) 和其导来方程算出这点的局部坐标:

$$
\begin{aligned}
x_1 =& 1 + (2), \\
x_2 =& \Delta u + \frac{1}{2}(\theta_u \Delta u^2 + \gamma \Delta v^2) + (3), \\
x_3 =& \Delta v + \frac{1}{2}(\beta \Delta u^2 + \theta_v \Delta v^2) + (3), \\
x_4 =& \Delta u \Delta v + \frac{1}{6}\{\beta \Delta u^3 + 3(\theta_{uv} + \beta\gamma)\Delta u^2 \Delta v \\
& + 3(\theta_{uv} + \beta\gamma)\Delta u \Delta v^2 + \gamma \Delta v^3\} + (4),
\end{aligned}
$$

式中 (n) 表示 Δu, Δv 的 n 次和 n 次以上的齐式.

又导入非齐次局部坐标

$$x = \frac{x_2}{x_1}, \quad y = \frac{x_3}{x_1}, \quad z = \frac{x_4}{x_1},$$

从而写出展开式

$$
\begin{aligned}
x =& \Delta u + \frac{1}{2}(\theta_u \Delta u^2 + \gamma \Delta v^2) + (3), \\
y =& \Delta v + \frac{1}{2}(\beta \Delta u^2 + \theta_v \Delta v^2) + (3), \\
z =& \Delta u \Delta v + \frac{1}{6}\{\beta \Delta u^3 + 3(\theta_{uv} + \beta\gamma)(\Delta u^2 \Delta v + \Delta u \Delta v^2) + \gamma \Delta v^3\} + (4).
\end{aligned}
$$

从此消去 Δu 和 Δv, 便得到曲面的展开式:

$$z = xy - \frac{1}{3}(\beta x^3 + \gamma y^3) + \varphi_4(x, y) + \varphi_5(x, y) + \cdots, \tag{10.2}$$

式中已置

$$\varphi_4(x, \ y) = \frac{1}{12}\{\beta\varphi x^4 - 4\beta\psi x^3 y - 6\theta_{uv}x^2y^2 - 4\gamma\varphi xy^3 + \gamma\psi y^4\}, \tag{10.3}$$

$$\varphi_5(x, \ y) = \frac{1}{60}\{\beta c_0 x^5 + 5\beta c_1 x^4 y + 10\beta c_2 x^3 y^2 + 10\gamma c_3 x^2 y^3$$
$$+ 5\gamma c_4 xy^4 + \gamma c_5 y^5\}, \tag{10.4}$$

而且

$$\varphi = (\log \beta\gamma^2)_u, \quad \psi = (\log \beta^2\gamma)_v; \tag{10.5}$$

$$\begin{cases} c_0 = \varphi\left(\log \dfrac{\varphi}{\beta\gamma}\right)_u - \varphi^2 + 8\beta\psi - 4p_{11}, \\[2mm] c_5 = \psi\left(\log \dfrac{\psi}{\beta\gamma}\right)_v - \psi^2 + 8\gamma\varphi - 4p_{22} \end{cases} \tag{10.6}$$

(参看 E. P. Lane, Proc. Nat. Acad. Sci. 13, 1927, 808~813).

从 (4.15) 和 (4.16) 容易看出, 第一准线是连点 (x) 到点

$$x_{uv} - \frac{1}{2}\psi x_u - \frac{1}{2}\varphi x_v \tag{10.7}$$

的直线, 第二准线和两主切线相交于两点

$$x_u - \frac{1}{2}\varphi x, \quad x_v - \frac{1}{2}\psi x. \tag{10.8}$$

又从 (4.11) 和 (4.12) 得知: 第一棱线是连点 (x) 到点

$$x_{uv} - \frac{1}{4}\psi x_u - \frac{1}{4}\varphi x_v \tag{10.9}$$

的直线, 第二棱线和两主切线相交于两点

$$x_u - \frac{1}{4}\varphi x, \quad x_v - \frac{1}{4}\psi x. \tag{10.10}$$

更一般地, 设 λ 是任何常数, 连接两点 (x) 和

$$x_{uv} + \lambda(\psi x_u + \varphi x_v) \tag{10.11}$$

的直线, 称为第一规范直线, 并记作 $c(\lambda)$. 连接两点

$$x_u + \lambda\varphi x, \quad x_v + \lambda\psi x \tag{10.12}$$

的直线, 称为第二规范直线, 并记作 $c'(\lambda)$. 很明显, 对于同一常数 λ 的两规范直线 $c(\lambda)$ 和 $c'(\lambda)$ 关于曲面在点 (x) 的李织面

$$z - xy + \frac{1}{2}(\theta_{uv} + \beta\gamma)z^2 = 0 \tag{10.13}$$

是共轭直线.

所有的规范直线 $c(\lambda)$ 在同一平面上, 就是在规范平面上; $c'(\lambda)$ 属于同一线束, 它的心是规范平面关于李织面(10.13) 的极, 因此有规范束线的称谓. 特别地指出下列三对规范直线:

当 $\lambda = -\dfrac{1}{2}$ 时, 维尔清斯基准线.

当 $\lambda = -\dfrac{1}{4}$ 时, 格林棱线.

当 $\lambda = 0$ 时, 射影法线.

另外, 如果 $\lambda \to \infty$, 我们得到两点 (x), $(\psi x_u + \varphi x_v)$ 的连线, 称为规范切线.

利用展开式(10.2) 很容易验证关于第二棱线的一个简单作图法 (参看 V. Strazzeri, Rend. Circ. Mat. Palermo, 54, 1930, 295∼297).

定理 设 M 是曲面 σ 的正常点, $\varGamma$ 是 σ 和其在 M 的切平面的交线. 以 M 为节点, 并且与 $\varGamma$ 的每一支都构成三阶接触的平面三次曲线, 必有三个拐点, 而且它们所在的直线是第二棱线.

证 根据(10.2) 得到交线 $\varGamma$ 的方程

$$z = 0, \quad xy - \frac{1}{3}(\beta x^3 + \gamma y^3) + \varphi_4(x, \ y) + \cdots = 0,$$

从而

$$y = \frac{1}{3}\beta x^2 - \frac{1}{12}\beta\varphi x^3 + (4)$$

和

$$x = \frac{1}{3}\gamma y^2 - \frac{1}{12}\gamma\psi y^3 + (4)$$

分别表示 $\varGamma$ 在 M 的两个分支.

定理中的平面三次曲线的方程是

$$3xy - \beta x^3 - \gamma y^3 + \frac{3}{4}xy(\varphi x + \psi y) = 0;$$

所以它的三个拐点在一条直线上, 即

$$z = 0, \quad \frac{1}{4}\varphi x + \frac{1}{4}\psi y + 1 = 0.$$

这表明了, 三个拐点在第二棱线上.   (证毕)

在富比尼型的基本曲面论中, 射影法线占重要位置. 到目前为止, 曾经有过关于它的不少定义, 其中最简单的一个应当是傍匹阿尼的作图(参看 E. Bompiani, Rend. dei Lincei, (VI) 9, 1929, 29∼44). 现在叙述于次.

设曲面 σ 的两系主切曲线不重合一致, C 是 σ 上的一条曲线, 而且 P_0, P 是 C 上的两点. 过 P_0, P 各引两条主切曲线, 便得到主切曲线四边形, 它是以 P_0, P_1, P, P_2 为顶点的. 在点 P_1 引主切曲线 $\overset{\frown}{P_0 P_1}$ 的切线和弦 $\overline{P_1 P_0}$, 从而决定一平面. 同样, 对调

两点 P_1 与 P_2, 又可决定另外平面. 这两平面的交线当然过点 P_0, 而且决定于 C 上的点 P. 当 P 沿 C 变动时, 这条交线画成的锥面 $K(C)$ 是以 P_0 为顶点, 而且以 C 在 P_0 的切线为母线 l_0 的. 傍匹阿尼证明了

定理 锥面 $K(C)$ 沿其母线 l_0 的切平面, 必过曲面在 P_0 的射影法线.

据此, 只要变更过 P_0 的曲线 C, 便可引种种不同的切平面, 而其中任何两平面决定 P_0 的射影法线.

为证明上述定理, 取 σ 的主切参数 (u, v) 为参考, 并假定 $x(u, v)$ 是其一点的富比尼法坐标, 从而 (10.1) 成立. 经过各式的微分,

$$x_{uuu} = \beta x_{uv} + [1], \quad x_{uuv} = \theta_u x_{uv} + [1],$$

$$x_{uvv} = \theta_v x_{uv} + [1], \quad x_{vvv} = \gamma x_{uv} + [1],$$

式中 [1] 表示 x, x_u, x_v 的一次齐式, 而且其系数无须算出.

设曲线 C 的方程是 $u = u(t)$, $v = v(t)$, 而且在点 P_0, $t = 0$. 以下还用 $x, u, v, u', v', \cdots$ 表示各函数在 C 上的 P_0 的值, 那么对于 C 的一点 P 成立

$$P = x + A_1 t + \frac{1}{2} A_2 t^2 + \frac{1}{3!} A_3 t^3 + \cdots,$$

式中

$A_1 = x_u u' + x_v v'$,

$A_2 = x_{uu} u'^2 + 2 x_{uv} u'v' + x_{vv} v'^2 + x_u u'' + x_v v''$,

$A_3 = x_{uuu} u'^3 + 3 x_{uuv} u'^2 v' + 3 x_{uvv} u'v'^2 + x_{vvv} v'^3 + 3 x_{uu} u'u'' + x_u u''' + \cdots$.

其次, 过 P_0 和 P 分别引主切曲线 u 和 v, 使相交于点 P_1, 那么便得到

$$P_1 = x + R_1 t + \frac{1}{2} R_2 t^2 + \frac{1}{3!} R_3 t^3 + \cdots,$$

其中

$$R_1 = x_u u', \quad R_2 = x_{uu} u'^2 + x_u u'',$$

$$R_3 = x_{uuu} u'^3 + 3 x_{uu} u'u'' + x_u u'''.$$

同样, 交换 u 和 v, 就获得

$$P_2 = x + S_1 t + \frac{1}{2} S_2 t^2 + \frac{1}{3!} S_3 t^3 + \cdots,$$

其中

$$S_1 = x_v v', \quad S_2 = x_{vv} v'^2 + x_v v'',$$

$$S_3 = x_{vvv} v'^3 + 3 x_{vv} v'v'' + x_v v'''.$$

在 P_1 引曲线 u 的切线, 它是点 P_1 和点

$$P_{1u} = x_u + R_{1u}t + \frac{1}{2}R_{2u}t^2 + \frac{1}{3!}R_{3u}t^3 + \cdots$$

的连线. 置

$$Q_1 = x_u + x_{uu}u't,$$
$$Q_2 = x_u u'' - x_{uu}u'^2 + (x_u u''' - 2x_{uuu}u'^3)\frac{1}{3}t,$$

从而改写

$$P_1 = P_0 + u'tP_{1u} + \frac{1}{2}t^2Q_2 + (4),$$
$$P_{1u} = Q_1 + (2),$$

所以在 t 的一阶微小范围内, 平面$(P_0P_1P_{1u})$ 和平面$(P_0Q_1Q_2)$ 重合一致.

如果点$(\lambda x_u + \mu x_v + \sigma x_{uv})$ 在平面$(P_0Q_1Q_2)$ 上, 条件是

$$(\lambda x_u + \mu x_v + \sigma x_{uv}, \ x, \ Q_1, \ Q_2) = 0,$$

即

$$\mu\left\{\left(x, \ x_v, \ x_u, \ -\frac{2}{3}x_{uuu}u'^3 t\right) + (2)\right\}$$
$$+\sigma\{(x, \ x_{uv}, \ x_u, \ -x_{uu}u'^2) + (1)\} = 0,$$

从此得出

$$\sigma = \frac{2}{3}\mu u't + (2) = \frac{2}{3}\mu du + (2).$$

同样, 点$(\lambda x_u + \mu x_v + \sigma x_{uv})$ 要在平面$(P_0P_2P_{2v})$ 上的条件是

$$\sigma = \frac{2}{3}\lambda v't + (2) = \frac{2}{3}\lambda dv + (2).$$

这一来, 在上列两平面的交线上获得一点

$$x_u u' + x_v v' + \frac{2}{3}x_{uv}u'v't + (2).$$

很显然地看到, 这条交线随着参数 t 的变动画成锥面 $K(C)$, 并且它的沿母线 $t = 0$ 的切平面通过三点 (x), $(x_u u' + x_v v')$, (x_{uv}). 因此, 通过射影法线. 　　　　(证毕)

傍匹阿尼还作出类似的作图: 按照 P, P_1, P_{1v}; P, P_2, P_{2u} 分别决定平面; 当 P 沿 C 变动时, 这两平面的交线画成直纹面 R. 在 P_0 引 C 的切线 τ_0, 那么 R 是以 τ_0 为其抛物型母线的, 并且沿 τ_0 的切平面必通过 P_0 的射影法线.

这结果的证明和上述的相类似, 这里不再叙述.

1.11 达布曲线和塞格雷曲线

在欧几里得空间曲面论里, 通常取一个球面 S, 使和曲面 σ 在其一点 O 相切, 这时候 S 和 σ 的交线一般是以 O 为节点的, 而且仅当 S 是曲率球时, 这交线在 O 的两切线重合. 这样的对应切线有两条, 就是给出点 O 的两主方向的切线, 它们互相垂直而且共轭.

达布 (G. Darboux, 1880) 最初推广这个思想到射影曲面论, 而且创造了现代射影微分几何的重要元素.

设 O 是曲面 σ 的一点, 在 O 和 σ 相切的任何织面 Q 与曲面 σ 相交, 这交线一般是以 O 为节点的. 由于这种织面 Q 的自由度太大, 用它还不能作出 σ 在 O 的元素, 我们特别限制这样的织面 Q, 使对应的交线是以 O 为三重点的. 换言之, 在 O 和 σ 构成二阶接触的织面 Q 是我们所需要的元素.

设 u, v 是 σ 的主切参数, 而且 x, y, z 是一点关于点 O 的四面体 $\{x\ x_u\ x_v\ x_{uv}\}$ 的局部非齐次坐标, 那么 σ 的展开式是 (10.2), 即

$$z = xy - \frac{1}{3}(\beta x^3 + \gamma y^3) + \cdots,\tag{11.1}$$

从而所述的织面 Q 决定于方程

$$z - xy + z(\lambda x + \mu y + \nu z) = 0,\tag{11.2}$$

式中 λ, μ, ν 表示任何常数. 因此, σ 与 Q 的交线在切平面 $z = 0$ 上的射影决定于方程

$$-\frac{1}{3}(\beta x^3 + \gamma y^3) + xy(\lambda x + \mu y) + \cdots = 0,$$

式中已省略了关于 x, y 至少是四次的一些项. 这交线在点 O 的切线有三条, 它们的方程是

$$\beta x^3 + \gamma y^3 - 3xy(\lambda x + \mu y) = 0.\tag{11.3}$$

为把曲率球的概念拓广到这里, 我们考查这样的织面 Q, 使这三切线重合一致. 从 (11.3) 看到,

$$\lambda = -\beta^{\frac{2}{3}}\gamma^{\frac{1}{3}}, \quad \mu = -\beta^{\frac{1}{3}}\gamma^{\frac{2}{3}},$$

从而三切线重合一条直线:

$$z = 0, \quad \beta^{\frac{1}{3}}x + \gamma^{\frac{1}{3}}y = 0.\tag{11.4}$$

因为 $(\beta/\gamma)^{\frac{1}{3}}$ 有三个值, 在 σ 的点 O 得到三条切线 (11.4), 就是达布切线. 它们的方程是

$$z = 0, \quad \beta x^3 + \gamma y^3 = 0.\tag{11.4}'$$

这三切线和两主切线是反配极的.

如果曲面σ上一条曲线在其各点是以这点的达布切线为切线的, 那么称它为达布曲线.

对于一个代数曲面σ, 这些切线早已为克莱布什(A. Clebsch, 1864) 所发现, 定义是: 关于σ作出点O的三次极曲面, 它和σ在O的切平面相交于一条三次平曲线, 而且这曲线有三个拐点. 连O到各拐点的直线是达布曲线.

这两定义其实是一致的(证明可参看B. Colombo, Boll. Un. Mat. Ital.7, 1928, 100~102) , 因而也有克莱布什-达布切线的称谓.

当织面Q和曲面σ的交线在点O的三切线重合于达布切线时, 称Q为达布织面. 根据(11.3) 和(11.4)′ 得到为此的条件

$$\lambda = 0, \quad \mu = 0,$$

从而达布织面的方程是

$$z - xy + kz^2 = 0, \tag{11.5}$$

式中k是任意参数. 所以达布织面全体构成一个束, 而且作为二重平面的切平面$z = 0$也属于它(参阅(4.19)) .

由(11.4)′得知, 达布曲线的微分方程是

$$\beta\, du^3 + \gamma\, dv^3 = 0. \tag{11.6}$$

塞格雷(C. Segre, 1908) 研究了达布切线的共轭切线, 即现在称为塞格雷切线:

$$z = 0, \quad \beta x^3 - \gamma y^3 = 0. \tag{11.7}$$

沿塞格雷切线进行的曲面上曲线, 称为塞格雷曲线; 很明显, 它的微分方程是

$$\beta du^3 - \gamma dv^3 = 0. \tag{11.8}$$

过曲面上一点O的三条塞格雷曲线, 在点O各有密切平面; 我们将证明: 这三密切平面相会于一直线.

为此, 置

$$\lambda = \sqrt[3]{\beta/\gamma}, \tag{11.9}$$

且用ε表示1的立方虚根($\varepsilon^3 = 1, \varepsilon \neq 1$) 或等于1. 对于任何一条塞格雷曲线, 成立

$$\frac{dv}{du} = \varepsilon\lambda,$$

$$\frac{d^2v}{du^2} = \varepsilon\lambda_u + \varepsilon^2\lambda\lambda_v,$$

从而在点 O 的密切平面是由下列三点决定的:

$$x, \quad x_u + \varepsilon\lambda x_v, x_{uu} + 2\varepsilon\lambda x_{uv} + \varepsilon^2\lambda^2 x_{vv} + x_v(\varepsilon\lambda_u + \varepsilon^2\lambda\lambda_v).$$

可是按照1.6节(I′)改写最后一点的坐标,

$$(\theta_u + \varepsilon^2\lambda^2\gamma)x_u + \{\beta + \varepsilon\lambda_u + \varepsilon^2(\lambda\lambda_v + \lambda^2\theta_v)\}x_v + 2\varepsilon\lambda x_{uv} + (*)x,$$

所以密切平面的方程是

$$\begin{vmatrix} x & y & z \\ 1 & \varepsilon\lambda & 0 \\ \theta_u + \varepsilon^2\lambda^2\gamma & \beta + \varepsilon\lambda_u + \varepsilon^2(\lambda\lambda_v + \lambda^2\theta_v) & 2\varepsilon\lambda \end{vmatrix} = 0,$$

即

$$y - \frac{1}{2}\left(\frac{\lambda_u}{\lambda} - \theta_u\right)z - \varepsilon\lambda\left\{x + \frac{1}{2}\left(\frac{\lambda_v}{\lambda} + \theta_v\right)z\right\} = 0.$$

很明显, 这平面通过一直线

$$\begin{cases} x + \dfrac{1}{2}\left(\dfrac{\lambda_v}{\lambda} + \theta_v\right)z = 0, \\ y - \dfrac{1}{2}\left(\dfrac{\lambda_u}{\lambda} - \theta_u\right)z = 0, \end{cases} \tag{11.10}$$

并且这直线和1的立方根 ε 的取法无关; 因此, 上列三密切平面属于同一束.

为方便, 采用富比尼的法坐标, 从而

$$\theta = \log(\beta\gamma);$$

这时, (11.10) 变为

$$x + \frac{1}{3}\left\{\frac{\partial}{\partial v}\log(\beta^2\gamma)\right\}z = 0,$$

$$y + \frac{1}{3}\left\{\frac{\partial}{\partial u}\log(\beta\gamma^2)\right\}z = 0,$$

也就是说, 平面束的轴线是下列两点的连线:

$$x, \quad x_{uv} - \frac{1}{3}(\psi x_u + \varphi x_v),$$

式中 φ, ψ 是由(10.5)给定的.

因此, 这是规范直线 $C\left(-\dfrac{1}{3}\right)$ (参看1.10节). 由于切赫(E. Čech, Rozpravy ceské Akademie věd. II třida, 30, 1921, No.23, 共6页) 发现了这个结果, 称这直线 $C\left(-\dfrac{1}{3}\right)$ 为切赫第一轴线, 而且称其共轭直线为第二轴线.

这一来, 得到

定理　过曲面上一点 O 的三条塞格雷曲线, 在 O 的三密切平面相会于第一轴线.

关于三条达布曲线并不成立类似的定理, 但是我们可证下列定理:

定理　过曲面上一点 O 的任何两条达布曲线与共轭于第三条达布曲线的塞格雷曲线, 在 O 的三密切平面必相会于一条直线.

这是傍匹阿尼 (E. Bompiani, Boll. Un. Mat. Ital.3, 1924, 51) 所指出的, 证明也类似上述定理的证明, 这里从略. 我们只补充一个事实: 根据定理中的各条达布曲线得到一条直线, 作为三密切平面的轴线, 从而导出由 O 发出的三条直线. 这三直线构成三面体, 而且在点 O 的切平面关于它的极线恰恰是第一轴线.

1.12　克罗布捷克-傍匹阿尼定理和达布织面的作图

设曲面 σ 的主切参数是 u, v, O 是其一点, 而且不妨假定 O 的参数值是 $u = v = 0$. 在 σ 上取一条过 O 的曲线 C, 使它在 O 和主切曲线 $u = 0$ 相切, 那么 C 的方程可以表成

$$u = -\frac{h}{2}\gamma v^2 + (3), \tag{12.1}$$

式中 h 是常数, γ 表示 γ 在点 O 的值, 从 (2.21) 得知, h 的值对于主切曲线的参数变换是不变的. 在 O 作 C 的密切平面, 它通过下列三点:

$$x, \quad \frac{dx}{dv} = x_v + x_u\frac{du}{dv} = x_v,$$

$$\begin{aligned}
\frac{d^2x}{dv^2} &= x_u\frac{d^2u}{dv^2} + x_{uu}\left(\frac{du}{dv}\right)^2 + 2x_{uv}\frac{du}{dv} + x_{vv} \\
&= x_{vv} - h\gamma x_u = \theta_v x_v + (1-h)\gamma x_u + p_{22}x.
\end{aligned}$$

从此看出, 这平面重合平面 (x, x_u, x_v), 从而和 σ 相切, 所以和主切曲线 $u = 0$ 相密切. 当且仅当 $(1-h)\gamma = 0$ 时, 这平面才变为不定. 如果 $\gamma = 0$, 从 $x_{vv} = \theta_v x_v + p_{22}x$ 得知: O 是主切曲线 $u = 0$ 的拐点, 而且它的密切平面也是不定的. 但是, 这是例外的情况. 如果 $h = 1$, 那么曲线 C 是以 O 为拐点的, 所以它的密切平面是不定的. 又计算 x 的第三阶导数值,

$$\frac{d^3x}{dv^3} = (*)x_u + (*)x_v + (*)x + \gamma(1-3h)x_{uv}.$$

因此, 当 $3h = 1$ 时, 四点 (x), $\left(\frac{dx}{dv}\right)$, $\left(\frac{d^2x}{dv^2}\right)$, $\left(\frac{d^3x}{dv^3}\right)$ 是共平面的, 就是说: 在 O 的密切平面是稳定的.

对于一般的曲线C所对应的常数h具有下述的意义: 因为C与主切曲线$u=0$在点O有共通的密切平面, 无论从哪一点把它们射影到任意平面上, 所得到的两曲线在O的象恒有同一的塞格雷不变式(参看苏步青, 射影曲线概论, 1.5节). 为决定这不变式, 从点(x_{uv})射影上述两曲线到切平面$z=0$上. 曲线C上一点的齐次坐标是

$$x + x_v dv + \frac{1}{2}\{\theta_v x_v + (1-h)\gamma x_u + p_{22}x\}dv^2 + (3),$$

从而它的非齐次局部坐标是

$$x = \frac{1}{2}(1-h)\gamma dv^2 + (3), \quad y = dv + (2).$$

因此, C在$z=0$上的射影曲线具有下列展开:

$$x = \frac{1}{2}(1-h)\gamma y^2 + (3).$$

另一方面, 主切曲线$u=0$在切平面$z=0$上的射影曲线具有展开式$(4.8)_1$, 即

$$x = \frac{1}{2}\gamma y^2 + (3).$$

这一来, 得到所求的塞格雷不变式$(1-h)$.

现在, 将叙述克罗布捷克(J. Klobouček, Rozpravy, 35, 1926, No.15)和傍匹阿尼(E. Bompiani, Rend. dei Lincei (VI) 3, 1926, 395~400; 4, 1926, 262~267)同时发现的主密切织面.

设Γ是曲面σ上的一条曲线. 从Γ的各点引主切曲线$u=$ const 的切线, 得到直纹面R_u; 当然, Γ也在R_u上. 同样, 用主切曲线$v=$ const 的切线又可得直纹面R_v. 这两直纹面称为曲线Γ的主切直纹面. 设O是Γ上一点, r是过O而且属于R_v的母线. 作R_v沿r的密切织面Q_v^0, 就是由R_v的母线r和其邻接母线r', r''决定的织面, 也就是由在Γ的点O和其邻接点O', O''所引主切曲线$v=$ const 的切线决定的织面. 在Q_v^0上有两系母线, 三母线r, r', r''属于其中一系, 而且和r, r', r''都相交的所有直线s属于另一系. 直纹面R_v有两系主切曲线, 第一系是由母线构成的, 而第二系都是弯曲的主切曲线, 每条切线和R_v相交于三重点, 就是和R_v的三条邻接母线相交. 因此, 从r上任何点引第二系主切曲线的切线, 就得到织面Q_v^0的母线s.

这一来, 从r的各点引R_v的弯曲主切曲线的切线, 其轨迹是织面Q_v^0. 同样, 可得R_u的织面Q_u^0. 这样在Γ的任何点O作出的两织面Q_u^0, Q_v^0, 称为Γ在O的两主密切织面.

设Γ的参数方程是

$$u = u(w), \quad v = v(w).$$

很显然地, 直纹面 R_v 的点是

$$\bar{x} = x_u + \lambda x,$$

式中 λ 是另一参数, 而且 λ 和 w 是 R_v 的曲线坐标. R_v 的一系主切曲线是它的母线 $w = \mathrm{const}$, 而且另一系弯曲主切曲线决定于微分方程

$$(\bar{x},\ \bar{x}_w,\ \bar{x}_\lambda,\ \bar{x}_{ww}dw + 2\bar{x}_{w\lambda}d\lambda) = 0. \tag{12.2}$$

可是

$$\bar{x}_w = x_{uu}u' + x_{uv}v' + \lambda(x_u u' + x_v v'),$$
$$\bar{x}_\lambda = x, \quad \bar{x}_{w\lambda} = x_u u' + x_v v',$$
$$\bar{x}_{ww} = x_{uuu}u'^2 + 2x_{uuv}u'v' + x_{uvv}v'^2 + x_{uu}u'' + x_{vv}v''$$
$$+ \lambda(x_{uu}u'^2 + 2x_{uv}u'v' + x_{vv}v'^2 + x_u u'' + x_v v''),$$

而且

$$x_{uuu} = (\beta_u + \theta_u\beta)x_v + \beta x_{uv} + (*)x_u + (*)x_v,$$
$$x_{uuv} = \pi_{11}x_v + \theta_v x_{uv} + (*)x_u + (*)x,$$
$$x_{vv} = \theta_v x_v + \gamma x_u + p_{22}x,$$
$$x_{uu} = \theta_u x_u + \beta x_v + p_{11}x,$$

所以 (12.2) 可改写为

$$\frac{d\lambda}{dw} = A\lambda^2 + B\lambda + C, \tag{12.3}$$

式中

$$\begin{cases} A = u', \quad B = \theta_u u' + \beta\dfrac{u'^2}{v'} - \dfrac{1}{2}\dfrac{v''}{v'}, \\ C = \dfrac{1}{2v'^2}\left[\beta u'\left(\beta u'^2 + \theta_u u'v' - \dfrac{\beta_u}{\beta}u'v' - 2\dfrac{\pi_{11}}{\beta}v'^2\right)\right. \\ \left. -\beta u''v' - \theta_v v'v'' + v'^2\{\beta\theta_v u' - (\theta_{uv} + \beta\gamma)v'\}\right]. \end{cases} \tag{12.4}$$

从此导出

$$\frac{d\bar{x}}{dw} = (\theta_u + \lambda)u'x_u + (\beta u' + \lambda v')x_v + v'x_{uv} + (A\lambda^2 + B\lambda + C + p_{11}u')x.$$

因此, 织面 Q_v^0 上任何点 (x^*) 是

$$x^* = x_u + \lambda x + \mu[(\theta_u + \lambda)u'x_u + (\beta u' + \lambda v')x_v + v'x_{uv} + (A\lambda^2 + B\lambda + C + p_{11}u')x], \tag{12.5}$$

式中 λ, μ 表示 Q_v^0 的参数.

特别是, 当 Γ 是(12.1) 时, 在 O 便有

$$v' = 1, \quad v'' = 0, \quad u = v = w = 0, \quad u' = 0, \quad u'' = -h\gamma,$$

其中 $w = v$. 从(12.5) 获得

$$A = 0, \quad B = 0, \quad C = -\frac{1}{2}\{\theta_{uv} + (1-h)\beta\gamma\}.$$

这时, 对应的织面 Q_v^0 是

$$x^* = \left[\lambda - \frac{1}{2}\{\theta_{uv} + (1-h)\beta\gamma\}\mu\right]x + x_u + \lambda\mu x_v + \mu x_{uv},$$

或是

$$\rho x_1 = \lambda - \frac{1}{2}\{\theta_{uv} + (1-h)\beta\gamma\}\mu,$$

$$\rho x_2 = 1, \quad \rho x_3 = \lambda\mu, \quad \rho x_4 = \mu.$$

从此消去 ρ, λ, μ, 便得到织面的方程:

$$x_1x_4 - x_2x_3 + \frac{1}{2}\{\theta_{uv} + (1-h)\beta\gamma\}x_4^2 = 0. \tag{12.6}$$

综合起来, 获得下列定理(参看 G. Fubini, Rend. dei Lincei, (VI) 7, 1928, 14~16):

定理 设 Γ 是过曲面上一点 O 的一条曲线, 在 O 和主切曲线 v 相切, 并且塞格雷不等式等于常数 $(1-h)$, 那么 Γ 的主密切织面 Q_v^0 决定于(12.6), 从而它属于达布织面束.

如果注意到方程(12.6) 对于 β 与 γ、u 与 v 的对调是不变的事实, 便得知: 对于曲线

$$v = -\frac{1}{2}h\beta u^2 + (3)$$

作出的主密切织面 Q_u^0 和上述织面 Q_v^0 重合一致. 因此, 任何一个达布织面容有两种不同的作图法, 而且决定于常数值 h. 这个 h 的意义已见于前文中, 称为达布织面的指数.

达布织面束中较为重要的有如下几个:

1° **李织面** 对应指数 $h = 0$. 所采用的曲线 C 和 C' 可以是主切曲线 $u = 0$ 和 $v = 0$. 这就是李的原来定理的内容(1.5节).

2° **维尔清斯基织面** 指数 $h = 1$, 从而方程(12.6) 变为

$$x_1x_4 - x_2x_3 + \frac{1}{2}\theta_{uv}x_4^2 = 0. \tag{12.7}$$

所取的曲线 C 和 C' 都是以 O 为拐点的. 这是傍匹阿尼的定义(E. Bompiani, Rend. dei Lincei (VI) 6, 1927, 187~190; Math. Zeits.29, 1929, 678~683). 如朗(E. P. Lane,

Trans. Amer. Math. Soc.30, 1928, 785~796) 所指出的, 傍匹阿尼所获得的织面实际上就是维尔清斯基的规范织面. 这织面还和一曲面的主切曲线网的调和线汇有密切联系(苏步青[31]) . 这就是: 设P_1 和P_2 是曲面σ 在一点O 的两主切线上的两点, 而且线汇(P_1P_2) 和主切曲线网是调和的. 在P_1 和P_2 各引有关共轭网N_{P_1} 和N_{P_2} 的另一切线P_1L_1 和P_2L_2, 并从O 引直线OO_3 使与P_1L_1, P_2L_2 都相交, 那么两直线OO_3 与P_1P_2 关于维尔清斯基织面是共轭直线.

3° **富比尼织面**   指数$h = \dfrac{1}{3}$. 所取的曲线C 和C' 在O 都有稳定的密切平面.

4° **二重切平面** $h = \infty$.

切赫(E. Čech, Rend. dei Lincei (VI) 8, 1928, 371~372) 还证明了

定理   指数h 的达布织面关于李织面的配极一定是指数$-h$ 的达布织面.

证   置$K = \theta_{uv} + \beta\gamma$, 来改写(12.6) :

$$2(x_1x_4 - x_2x_3) + (K - h\beta\gamma)x_4^2 = 0. \tag{12.6$'$}$$

当$h = 0$ 时, 它表示李织面; 设点(y) 和平面(u) 关于它是配极的, 那么

$$y_1 = u_4 - Ku_1, y_2 = -u_3, y_3 = -u_2, y_4 = u_1,$$

从而达布织面(12.6)$'$经变换后被映象到二阶曲面

$$2(u_1u_4 - u_2u_3) - (K + h\beta\gamma)u_1^2 = 0.$$

在点坐标系(x) 之下, 它的方程是

$$2(x_1x_4 - x_2x_3) + (K + h\beta\gamma)x_4^2 = 0. \tag{12.8}$$

这就是指数$-h$ 的达布织面.   (证毕)

从此得出作为维尔清斯基织面和富比尼织面的配极的$h = -1$ 和$h = -\dfrac{1}{3}$ 的达布织面.

最后, 必须指出一些类似织面的作图法. 为此, 设Γ 是曲面σ 上的一条曲线, 而且它的方程是$\dfrac{dv}{du} = \lambda$. 从Γ 的各点P 和一定点O 各引主切曲线u 和v, 使相交于点P_1, P_2, 并作直线PP_1, PP_2. 当P 沿Γ 变动时, PP_1 和PP_2 各画成直纹面$R^{(u)}$ 和$R^{(v)}$, 称为Γ 的主切弦纹面. 我们采用这些主切弦纹面以代替前文中的主切直纹面, 完全同样地可以导出Γ 在O 的两个织面$Q_0^{(u)}$, $Q_0^{(v)}$, 称为**主弦密切织面** (参看E. Bompiani, Rend. dei Lincei (VI) 9, 1929, 288~294).

这两织面的方程是

$$Q_0^{(u)} : 4\left[x_1x_4 - x_2x_3 + \frac{1}{2}(\theta_{uv} + \beta\gamma)x_4^2\right] - \frac{2}{3}\gamma\lambda^2 x_2x_4$$
$$+ 2\gamma\lambda x_3x_4 + \gamma\left\{\left(\theta_u + \frac{2\gamma_u}{\gamma}\right)\lambda + \frac{1}{3}\left(\theta_v + \frac{2\beta_v}{\beta}\right)\lambda^2 + \lambda'\right\}x_4^2 = 0 \tag{12.9}$$

和

$$Q_0^{(v)}: 4\left[x_1x_4 - x_2x_3 + \frac{1}{2}(\theta_{uv} + \beta\gamma)x_4^2\right] - \frac{2\beta}{\lambda}x_2x_4 - \frac{2}{3}\frac{\beta}{\lambda^2}x_3x_4$$

$$+ \beta\left\{\left(\theta_v + \frac{2\beta_v}{\beta}\right)\frac{1}{\lambda} + \frac{1}{3}\left(\theta_u - \frac{2\gamma_u}{\gamma}\right)\frac{1}{\lambda^2} - \frac{\lambda'}{\lambda^3}\right\}x_4^2 = 0. \quad (12.10)$$

现在, 考查 Γ 在点 O 的密切平面 π:

$$2\lambda[\lambda x_2 - x_3] + [\lambda' + \beta - \theta_u\lambda + \theta_v\lambda^2 - \gamma\lambda^3]x_4 = 0; \quad (12.11)$$

π 和 $Q_0^{(u)}$ 相交于一条二次曲线. 如果变动 Γ 而常使它在 O 切于方向 λ 的定切线, 这二次曲线的轨迹是一个织面 $\overline{Q}_0^{(u)}$:

$$4\left[x_1x_4 - x_2x_3 + \frac{1}{2}(\theta_{uv} + \beta\gamma)x_4^2\right] - \frac{8}{3}\gamma\lambda^2 x_2x_4 + 4\gamma\lambda x_3x_4$$

$$+ \left\{\beta\gamma + 2\gamma\varphi\lambda - \frac{2}{3}\gamma\psi\lambda^2 + \gamma^2\lambda^3\right\}x_4^2 = 0. \quad (12.12)$$

当 $Q_0^{(u)}$ 与 $Q_0^{(v)}$ 对调时, 又得到另一个织面 $\overline{Q}_0^{(v)}$:

$$4\left[x_1x_4 - x_2x_3 + \frac{1}{2}(\theta_{uv} + \beta\gamma)x_4^2\right] + \frac{4\beta}{\lambda}x_2x_4 - \frac{8}{3}\frac{\beta}{\lambda^2}x_3x_4$$

$$+ \left\{\beta\gamma - \frac{2\beta\varphi}{3\lambda^2} + \frac{2\beta\psi}{\lambda} + \frac{\beta^2}{\lambda^3}\right\}x_4^2 = 0. \quad (12.13)$$

称它们为导来主切织面 (吴祖基[2]). 特别是, 当 Γ 趋近点 O 的主切曲线 $u(v=0)$ 或曲线 $v(u=0)$ 时, 两织面 $\overline{Q}_0^{(u)}$ 和 $\overline{Q}_0^{(v)}$ 都趋近同一织面

$$x_1x_4 - x_2x_3 + \frac{1}{2}\left(\theta_{uv} + \frac{3}{2}\beta\gamma\right)x_4^2 = 0, \quad (12.14)$$

即指数 $h = -\frac{1}{2}$ 的达布织面.

1.13　射影线素和射影变形

在欧几里得几何里, 一个曲面有它的线素, 就是曲面上两个邻接点 O 和 O' 间的距离 ds (通常称 ds^2 为线素). 由于距离不是射影几何的元素, 如果对射影空间曲面要寻找一个线素的类似, 就必须能用交比来表达它, 才是符合要求的.

从曲面上两点 O 和 O' 各引两主切线和各切平面, 那么这四直线与两切平面的交线相交于四点. 在两点 O, O' 是曲面上两邻接点的假设下, 将算出上述四点交比的主要部分. 用 β, γ, x, $\cdots$ 表示这组函数在点 O 的数值. 我们在这里对曲线坐标 u, v 并不下任何假定.

设 u, v 是 O 的坐标, 而且 $u + du$, $v + dv$ 是 O' 的坐标. 按照 (2.9) 得到 O 的主切线 $p \pm q$ 和 O' 的主切线 $p' \pm q'$, 其中

$$p = (x, \ dx), \quad q = (\xi, \ d\xi),$$

并且

$$
\begin{aligned}
p' &= p + dp + \frac{1}{2}d^2 p + \frac{1}{6}d^3 p + \cdots \\
&= (x, \ dx) + (x, \ d^2 x) + \frac{1}{2}[(x, \ d^3 x) + (dx, \ d^2 x)] \\
&\quad + \frac{1}{6}[(x, \ d^4 x) + 2(dx, \ d^3 x)] + \cdots
\end{aligned}
$$

和关于 q' 的类似式.

可是

$$
\begin{aligned}
p \cdot p' &= 0 + \cdots, \\
q \cdot p' &= \frac{1}{2}(\xi, \ d\xi) \cdot [(x, \ d^3 x) + (dx, \ d^2 x)] \\
&\quad + \frac{1}{6}(\xi, \ d\xi) \cdot [(x, \ d^4 x) + 2(dx, \ d^3 x)] + \cdots \\
&= \frac{1}{2}\begin{vmatrix} 0 & \xi \cdot d^2 x \\ dx \cdot d\xi & d\xi \cdot d^2 x \end{vmatrix} + \frac{1}{3}\begin{vmatrix} 0 & d^3 x \cdot \xi \\ d\xi \cdot dx & d\xi \cdot d^2 x \end{vmatrix} + \cdots \\
&= \frac{1}{2}(\xi \cdot d^2 x)^2 + \frac{1}{3}(\xi \cdot d^2 x)(\xi \cdot d^3 x) + \cdots.
\end{aligned}
$$

按照同一方法也可算出 $q' \cdot p$ 和 $q' \cdot q$.

从点 O' 发出的主切线是 $p' + \varepsilon_i q'(i = 1, 2; \varepsilon_i = \pm 1)$. 设点 O 的一条切线 $\lambda_1 p + \lambda_2 q$ 与 $p' + \varepsilon_i q'$ 相交, 那么

$$(p' + \varepsilon_i q') \cdot (\lambda_1 p + \lambda_2 q) = 0,$$

或改写为

$$\lambda_2 \left(\frac{1}{2}\xi \cdot d^2 x + \frac{1}{3}\xi \cdot d^3 x \right) + \lambda_1 \varepsilon_i \left(\frac{1}{2}\xi \cdot d^2 x + \frac{1}{3}x \cdot d^3 \xi \right) + \cdots = 0,$$

从此得到 $\dfrac{\lambda_1}{\lambda_2}$ 的两值. 所找寻的交比, 等于两直线 $p \pm q$ 和这里决定的两直线 $\lambda_1 p + \lambda_2 q$ 所构成的交比, 也就是

$$\left(\frac{2}{3} \frac{\xi \cdot d^3 x - x \cdot d^3 \xi}{2dx \cdot d\xi} \right)^2.$$

因此, 采取分式

$$\frac{\xi \cdot d^3 x - x \cdot d^3 \xi}{2\xi \cdot d^2 x} = \frac{dx \cdot d^2 \xi - d\xi \cdot d^2 x}{2\xi \cdot d^2 x} \tag{13.1}$$

作为曲面的射影线素. 这定义是德拉齐尼(A. Terracini, Rend. dei Lincei (VI) 4, 1926, 267~271) 最初给出的.

　　上述演算在

$$\xi \cdot d^2 x = -d\xi \cdot dx = x \cdot d^2 \xi = 0$$

的时候不成立, 就是 O, O' 在同一主切曲线上的情况必须除外. 至于(13.1) 的成立,
只要作出等式

$$\xi \cdot d^2 x - x \cdot d^2 \xi = 0$$

的微分, 便可明了.

　　在1.1节里已导入公式

$$F_2 = \xi \cdot d^2 x = -d\xi \cdot dx = x \cdot d^2 \xi,$$

这就是射影线素式的分母. 它的分子是新齐式

$$F_3 = \frac{1}{2}(\xi \cdot d^3 x - x \cdot d^3 \xi) = \frac{1}{2}(dx \cdot d^2 \xi - d\xi \cdot d^2 x). \tag{13.2}$$

射影线素等于 $\frac{F_3}{F_2}$. 按照定义可知, 这个线素是内在的, 而且对于两组坐标 x 和 ξ 的对
调是不变的. 可是齐式 F_2 的性质已经在1.1节里详细地加以阐述, 所以立刻得知 F_3
的性质: 齐式 F_3 是准内在的(对于 u, v 的变换可能变更符号) . 如果 x 和 ξ 乘以因
数 σ, F_3 也必须乘以因数 σ^2.

　　特别采用曲面的主切参数 u, v 来计算齐式 F_3. 从1.2节, (I) 首先导出

$$\begin{aligned}
d\xi \cdot d^2 x =& d\xi \cdot [(\theta_u x_u + \beta x_v + p_{11} x)du^2 + 2x_{uv} du\, dv \\
& + (\theta_v x_v + \gamma x_u + p_{22} x)dv^2 + x_u d^2 u + x_v d^2 v] \\
=& -a_{12}(du\, d^2 v + dv\, d^2 u) - \beta a_{12} du^3 \\
& - \theta_u a_{12} dv\, du^2 - \gamma a_{12} dv^3 - \theta_v a_{12} du\, dv^2
\end{aligned}$$

和 $dx \cdot d^2 \xi$ 的类似式, 因而得到

$$F_3 = \frac{1}{2}(dx \cdot d^2 \xi - d\xi \cdot d^2 x) = a_{12}(\beta du^3 + \gamma dv^3). \tag{13.2$'$}$$

　　又因为

$$F_2 = 2a_{12} du\, dv,$$

我们终于获得在主切参数表示下的射影线素

$$\frac{F_3}{F_2} = \frac{\beta du^3 + \gamma dv^3}{2du\, dv}. \tag{13.1$'$}$$

沿达布曲线的射影线素恒等于0, 所以 $F_3 = 0$ 是达布曲线在一般参数表示下的微分
方程. 射影线素对于直射变换是不变的, 但是对于逆射仅仅改变符号. 从(13.2) 还
可证明, 齐式 F_3 和 F_2 是反配极的.

射影线素的重要性可从曲面的射影变形论加以阐述. 所谓射影变形是富比尼在1916年首先为拓广普通曲面变形到射影曲面论而导入的概念(参看富-切, 导论, 第6章).

设两曲面 S, S' 间存在点对应, 而且对于 S 的任何点 A 常可找到一个直射 T, 使 A 变换到 S' 的对应点 A', 在 S 上过 A 的任何曲线 C 变换到 Γ', 而且 Γ' 和 C 的对应曲线 C' 在点 A' 做成二阶解析的接触, 那么 S, S' 称为互为射影变形的曲面.

为了寻找两曲面 S, S' 互为射影变形的条件, 采取这样的曲线坐标 u, v, 使 S, S' 的对应点具备同一组坐标 u, v, 从而对于任何一对对应点 $u = u_0$, $v = v_0$ 存在一个直射 T, 并且经变换 T 之后, 点 x, dx, d^2x 顺次变换到 x', dx', d^2x'. 这个直射 T 是和 u, v 的值 u_0, v_0 有关系的, 但是和 du, dv, d^2u, d^2v 却毫无关系. 当选取适当的 $\rho = \rho(u, v)$ 时, 点 $\rho x, d(\rho x), d^2(\rho x)$ 顺次被 T 拉移到点 x', dx', d^2x', 也就是说: 各点

$$\rho x, \quad \rho_u x + \rho x_u, \quad \rho_v x + \rho x_v, \quad \rho_{uu} x + 2\rho_u x_u + \rho x_{uu},$$

$$\rho_{vv} x + \rho_u x_v + \rho_v x_u + \rho x_{uv}, \quad \rho_{vv} x + 2\rho_v x_v + \rho x_{vv}$$

顺次经过 T 变换到各点 x', x'_u, x'_v, x'_{uu}, x'_{uv}, x'_{vv}, 其中 $u = u_0$, $v = v_0$. 所以两方程

$$(x, \quad x_u, \quad x_v, \quad d^2x) = 0, \quad (x', \quad x'_u, \quad x'_v, \quad d^2x') = 0$$

在 S, S' 的任何对应点必须重合一致. 换言之, 一曲面的主切曲线在射影变形后仍旧是主切曲线. 在下文中, 我们采用 S, S' 的主切曲线坐标为 u, v 而进行讨论.

这时候, 从曲面 S 的基本方程得到

$$\rho_{uu} x + 2\rho_u x_u + \rho x_{uu} = \left[\left(\frac{\rho_{uu}}{\rho} + p_{11} \right) - \left(\theta_u + 2\frac{\rho_u}{\rho} \right) \frac{\rho_u}{\rho} - \beta\frac{\rho_v}{\rho} \right] \rho x$$
$$+ \left(\theta_u + 2\frac{\rho_u}{\rho} \right) (\rho x_u + \rho_u x_u) + \beta(\rho x_v + \rho_v x).$$

经过 T, 这点变换到

$$\left[\left(\frac{\rho_{uu}}{\rho} + p_{11} \right) - \left(\theta_u + 2\frac{\rho_u}{\rho} \right) \frac{\rho_u}{\rho} - \beta\frac{\rho_v}{\rho} \right] x' + \left(\theta_u + 2\frac{\rho_u}{\rho} \right) x'_u + \beta x'_v,$$

而且必须重合于点

$$x'_{uu} = p'_{11} x' + \theta'_u x'_u + \beta' x'_v,$$

式中 p', θ', β', γ' 表示 S' 的对应量.

可是在 (u_0, v_0), ρ 和其导数的值可以任意选择, 所以只要 $\beta' = \beta$ 成立就够了. 同样, 我们得到 $\gamma' = \gamma$.

反过来, 如果在 S, S' 的对应点成立

$$\beta = \beta', \quad \gamma = \gamma',$$

那么可以选取$\rho \neq 0$, ρ_u, ρ_v, ρ_{uu}, ρ_{uv}, ρ_{vv} 在这点的数值, 使上述的一些条件成立. 因此证明了下列定理:

定理 为了两曲面互为射影变形, 充要条件是, (1) 两曲面的主切曲线互相对应; (2) 两曲面有同一组的β, γ.

现在, 回到一曲面的射影线素的表示式(13.1)′, 它可以写成

$$\frac{F_3}{F_2} - \frac{1}{2}\left(\beta\frac{du^2}{dv} + \gamma\frac{dv^2}{du}\right).$$

又从(2.21) 看出, 两齐式$\beta\dfrac{du^2}{dv}$, $\gamma\dfrac{dv^2}{du}$ 是内在的而且不变的. 这一来, 上述定理可以改写为下列形式:

定理 为了两曲面互为射影变形, 充要条件是, 它们具备同一的射影线素.

对互为射影变形的两曲面采用适当的坐标x, 便能够使两曲面的齐式F_2 和F_3 都相同.

推论 直纹面($\beta\gamma = 0$) 只能与直纹面互为射影变形. 两织面($\beta = \gamma = 0$) 之间母线与母线的对应一定是射影变形.

其次, 我们将讨论一曲面在什么条件下才能够射影变形的问题.

在1.3节曾经讲过曲面的可积分条件, 就是

$$\begin{cases} L_v = -2\beta\gamma_u - \beta_u\gamma, \\ M_u = -2\gamma\beta_v - \gamma_v\beta, \\ \beta M_v + 2M\beta_v + \beta_{vvv} = \gamma L_u + 2L\gamma_u + \gamma_{uuu}. \end{cases} \tag{13.3}$$

又证明过, 齐式

$$Ldu^2 + Mdv^2 - \Phi \tag{13.4}$$

是内在的而且不变的, 其中Φ 单独地决定于β 和γ.

假定β 和γ 是给定的函数. 如果要决定这些β 和γ 有关的对应曲面, 就必须求(13.3) 的解L 和M, 且从而在任意选取θ 的情况下由所获得的L 和M 决定p_{ii} 和π_{ii}. 可是, 方程组(13.3) 一般没有解. 当一曲面S 是给定时, 便可确定对应的β 和γ. 这样, 根据(13.3) 的一组解L, M 就可决定一个曲面S', 而且S 和S' 互为射影变形. 但是, 在一般的情况下, 从(13.3) 也只能决定所给定曲面S 的一组对应解L 和M, 所以一般说来, 一曲面S 是不能给以射影变形的.

我们来讨论方程组(13.3)至少有两组解L和M的情况. 设$L = L_i, M = M_i$ ($i = 1, 2$) 是(13.3) 的解, 那么两齐式

$$L_idu^2 + M_idv^2 - \Phi$$

都是内在的而且不变的, 所以两齐式的差也是这样的, 就是齐式

$$\lambda du^2 + \mu dv^2 \quad (\lambda = L_2 - L_1, \ \mu = M_2 - M_1) \tag{13.5}$$

不但是内在的, 而且是不变的. 从(13.3) 得到

$$\lambda_v = 0, \quad \mu_u = 0, \quad \beta\mu_v + 2\mu\beta_v = \gamma\lambda_u + 2\lambda\gamma_u. \tag{13.6}$$

如果$\beta = \gamma = 0$, 对应的曲面都是织面, 从而射影变形问题归结为一条母线与一条母线间的对应问题.

如果曲面是直纹面, 如$\beta = 0$, $\gamma \neq 0$, 那么μ 是v 的任意函数, 而且λ 是u 的函数, 但是必须满足$\gamma\lambda_u + 2\lambda\gamma_u = 0$.

如果$\beta\gamma \neq 0$, 改写(13.6) 为下列一组:

$$\begin{cases} \lambda_v = 0, \quad \lambda_u + 2\lambda\dfrac{\gamma_u}{\gamma} = \nu\beta, \\[3mm] \mu_u = 0, \quad \mu_v + 2\mu\dfrac{\beta_v}{\beta} = \nu\gamma, \end{cases} \tag{13.7}$$

式中ν 表示一个未知函数.

这组方程的可积分条件是$\lambda_{uv} = \mu_{uv} = 0$, 即

$$2\lambda\frac{\partial^2 \log \gamma}{\partial u\partial v} = \frac{\partial}{\partial v}(\nu\beta), \quad 2\mu\frac{\partial^2 \log \beta}{\partial u\partial v} = \frac{\partial}{\partial u}(\nu\gamma). \tag{13.8}$$

这些方程的最一般解含有3个任意常数, 就是λ, μ, ν 的初值. 以下细分为两种情形进行讨论.

(1) 方程组(13.6) $\sim$ (13.8) 仅仅有一组解$\lambda = \mu = 0$ 的情形: 对于给定的两函数β 和γ 仅有一个对应的曲面, 就是说: 方程组(13.3) 只有一组解L, M, 从而所对应的曲面不能够有射影变形.

(2) 方程组(13.6) $\sim$ (13.8) 有i 组独立解λ_ρ, $\mu_\rho (\rho = 1,\ 2,\ \cdots,\ i)$ 的情形: 因为微分方程组是线性的, 而且含有3个未知函数, 所以$i \leqslant 3$, 从而最一般解采取下列形式:

$$\lambda = \sum_{\rho=1}^{i} k_\rho\lambda_\rho, \quad \mu = \sum_{\rho=1}^{i} k_\rho\mu_\rho,$$

式中k_ρ 表示i 个常数.

设L_1, M_1 是(13.3) 的一组解, 那么最一般解是

$$L = L_1 + \sum k_\rho\lambda_\rho,$$

$$M = M_1 + \sum k_\rho\mu_\rho,$$

并且所有对应曲面都是互为射影变形的. 因此,

定理   任何一个非直纹的曲面, 至多容有∞^3与它互为射影变形的曲面(射影合同的两曲面应该看作同一个).

当 $i \geqslant 1$ 时, 方程组(13.6) 至少容有一组不全是0的解 λ, μ. 我们不妨假定 $\lambda \neq 0$.

只要注意到 $\lambda du^2 + \mu dv^2$ 是内在的齐式, 而且 $\lambda_v = \mu_u = 0$, 便容易看出: 当取 $U = \int \sqrt{\lambda} du$ 为新参数 u 时, λ 化为1. 同样, 如果 $\mu \neq 0$, 也可化 μ 为1. 这一来, 在适当的主切曲线参数 u, v 的选定下, 成立.

$$\lambda = 1, \quad \mu = \sigma \quad (\sigma = 0 \text{或} 1).$$

从此方程组(13.6) 归结为

$$\gamma_u = \sigma \beta_v \quad (\sigma = 0 \text{或} 1). \tag{13.9}$$

因此, 证明了

定理 如果非直纹的一个曲面容有射影变形, 那么在适当的主切曲线参数 u, v 的选定下成立关系 $\gamma_u = \beta_v$ (称 R 曲面), 或 $\gamma_u = 0$ (称 R_0 曲面).

在 $\gamma_u = 0$ 的时候, 还可改变主切曲线参数使 $\gamma = 1$. 关于 R 曲面的重要性质可参阅其他专著(例如, 富-切, 导论, 第8章), 这里不予讨论; 我们仅研究方程组(13.7), (13.8) 构成完全可积分系统的一种情况, 作为本节的结束.

从(13.8) 作出两方程的 ν_{uv}, 而且得到

$$2\gamma\lambda \frac{\partial}{\partial u}\left(\frac{1}{\beta\gamma}\frac{\partial^2 \log \gamma}{\partial u \partial v}\right) - 2\mu\beta \frac{\partial}{\partial v}\left(\frac{1}{\beta\gamma}\frac{\partial^2 \log \beta}{\partial u \partial v}\right) = \nu \frac{\partial^2 \log(\beta/\gamma)}{\partial u \partial v}.$$

如果这是一个恒等式, 就有

$$\frac{\partial^2 \log(\beta/\gamma)}{\partial u \partial v} = 0,$$

$$\frac{\partial}{\partial u}\left(\frac{1}{\beta\gamma}\frac{\partial^2 \log \gamma}{\partial u \partial v}\right) = \frac{\partial}{\partial v}\left(\frac{1}{\beta\gamma}\frac{\partial^2 \log \beta}{\partial u \partial v}\right) = 0.$$

从而, 经过主切曲线参数的更改后, 可以使成立 $\beta = \gamma$, 而且法齐式 $\varphi_2 = 2\beta\gamma du\, dv$ 的曲率是常数. 凡 $\beta = \gamma$ 成立的曲面, 称为等温主切曲面或简称 F 曲面. 因此, 得到

定理 如果一个非直纹的曲面容有 ∞^3 射影变形曲面, 那么它必须是 F 曲面, 而且它的法齐式 φ_2 的曲率是常数. 除了这种曲面而外, 其余一切的曲面或者不能射影变形, 或者是 R 曲面或 R_0 曲面, 即容有 ∞^1 或 ∞^2 射影变形的曲面.

此外, 容有一群直射变换, 或更一般地容有射影变形的、而本身变到本身的曲面, 具有很多有兴趣的性质, 读者可参考富-切, 射影微分几何, 第8章.

1.14 姆塔儿织面和有关的一些构图

1. 在曲面的平截线的射影微分几何中, 最著名的结果要首推姆塔儿(Moutard 1869) 的定理. 后来, 达布(1880) 重新发现同一结果; 维尔清斯基(1909) 也独立地得到了这个定理.

定理 设 σ 是非直纹的曲面, 而且 t 是 σ 在点 O 的主切线以外的切线. 用过 t 的任何平面作出 σ 的平截线, 那么这截线在点 O 的密切二次曲线随着所作平面绕 t 的旋转画成一个织面.

证 根据 (10.2) 写出曲面 σ 在 O 的展开

$$z = xy - \frac{1}{3}(\beta x^3 + \gamma y^3) + \varphi_4(x,\ y) + \cdots.$$

设切线 t 的方程是

$$z = 0, \quad y - nx = 0,$$

式中 n 表示一个有限的而不是0的常数, 那么过 t 的平面决定于方程

$$z = \rho(y - nx), \tag{14.1}$$

其中 ρ 是参数.

从此导出 σ 的平截线在 xy 平面上的射影, 就是

$$\rho(y - nx) = xy - \frac{1}{3}(\beta x^3 + \gamma y^3) + \varphi_4(x,\ y) + \cdots,$$

或者把 y 展开为 x 的幂级数

$$y = nx + a_2 x^2 + a_3 x^3 + a_4 x^4 + (5), \tag{14.2}$$

式中已置

$$\begin{cases} a_2 = \dfrac{n}{\rho}, \\[2mm] a_3 = \dfrac{1}{\rho}\left\{ \dfrac{n}{\rho} - \dfrac{1}{3}(\beta + \gamma n^3) \right\}, \\[2mm] a_4 = \dfrac{1}{\rho}\left\{ \dfrac{n}{\rho^2} - \dfrac{1}{3\rho}(\beta + 4\gamma n^3) + \varphi_4(1,\ n) \right\}. \end{cases} \tag{14.3}$$

可是平曲线 (14.2) 在点 O 的密切二次曲线决定于方程

$$-x^3 + Y(Ax + BY + C) = 0,$$

这里 $Y = y - nx$ 而且

$$C = \frac{1}{a_2}, \quad Aa_2 + Ca_3 = 0, \quad Ca_4 + Aa_3 + Ba_2^2 = 0.$$

所以这二次曲线的方程是

$$-x^2 + Y\left[\left\{ \frac{\rho}{3n^2}(\beta + \gamma n^3) - \frac{1}{n} \right\} x \right.$$
$$\left. - \frac{\rho^2}{n^2}\left\{ \frac{1}{3n\rho}(\beta - 2\gamma n^3) + \frac{1}{n}\varphi_4(1,\ n) - \frac{1}{9n^2}(\beta + \gamma n^3)^2 \right\} Y + \frac{\rho}{n} \right] = 0.$$

如果从(14.1) 代入 $\rho = \dfrac{z}{Y}$ 到最后方程中, 就得到二次曲线的轨迹. 演算的结果如下:

$$36n^3(z - xy) + 12n^2(2\beta - \gamma n^3)xz - 12n(\beta - 2\gamma n^3)yz$$

$$+ \{4(\beta + \gamma n^3)^2 - 36n\varphi_4(1,\ n)\}z^2 = 0. \tag{14.4}$$

因此, 轨迹是织面. (证毕)

据此, 我们看出: 在点 O, 一条非主切线的切线一定有对应的织面. 仿效维尔清斯基, 称它为属于这方向的姆塔儿织面.

方程(14.4) 还可以写成为下列形式:

$$\{4(\beta + \gamma n^3)^2 + 3n(\beta_u + 4\beta_v n + 4\gamma_u n^3 + \gamma_v n^4)\}z^2$$

$$+ 36n^3\left\{z - xy + \frac{1}{2}\frac{\partial^2 \log \beta\gamma}{\partial u \partial v}z^2\right\} - 12n(\beta - 2\gamma n^3)$$

$$\times \left(y + \frac{1}{2}\frac{\partial \log \beta\gamma}{\partial u}z\right)z - 12n^2(\gamma n^3 - 2\beta)\left(x + \frac{1}{2}\frac{\partial \log \beta\gamma}{\partial v}z\right)z = 0. \tag{14.4$'$}$$

从(14.4) 得知, 一个姆塔儿织面和切平面决定一个织面束:

$$z - xy + \frac{1}{3n}(2\beta - \gamma n^3)xz - \frac{1}{3n^2}(\beta - 2\gamma n^3)yz + kz^2 = 0, \tag{14.5}$$

式中 k 表示参数、比较(11.2) 和(14.5), 便可明了, 这束织面与曲面 σ 在点 O 做成二阶接触. 那么, 这些 ∞^1 织面在与曲面做成二阶接触的 ∞^3 织面系统中究竟有什么特征呢? 方便上, 称这 ∞^1 织面构成属于切线 t 的姆塔儿织面束, 并且证明下列定理(苏步青和市田朝次郎[6]):

定理 设 t 是曲面 σ 在点 O 的一条非主切的切线. 如果在 O 作出织面 Q 使与 σ 做成二阶接触, 并且它们的交线在 O 的切线中的两条和 t 重合, 那么 Q 必须属于切线 t 的姆塔儿束.

证 所求的织面 Q 必须具有型如(11.2) 的方程, 即

$$z - xy + z(\lambda x + \mu y + \nu z) = 0,$$

从而 Q 与 σ 的交线在 O 的三条切线决定于方程(11.3), 即

$$\varphi_3 \equiv \beta x^3 + \gamma y^3 - 3xy(\lambda x + \mu y) = 0.$$

根据假设, 其中两条重合于 t, 即

$$y - nx = 0,$$

所以

$$[\varphi_3]_{\substack{x=1 \\ y=n}} \equiv \beta + \gamma n^3 - 3n(\lambda + \mu n) = 0,$$

$$\left[\frac{\partial \varphi_3}{\partial x}\right]_{\substack{x=1 \\ y=n}} \equiv 3[\beta - n(\lambda + \mu n) - \lambda n] = 0.$$

从此获得

$$\lambda = \frac{1}{3n}(2\beta - \gamma n^3),$$

$$\mu = \frac{1}{3n^2}(2\gamma n^3 - \beta).$$

因而, Q 的方程化为型(14.5)，就是它属于t 的姆塔儿束.   (证毕)

现在, 利用姆塔儿束来作出曲面的切平面上的一点与过切点O 的一平面之间的对应. 设点$P(\neq 0)$ 是在O 的切平面上的任意点, 作切线OP的对应的姆塔儿束, 并作出P 关于这束里任何织面的配极平面π, 点P 与平面π 间的对应称为姆塔儿对应. 我们将寻找这对应的表达式.

为此, 设P 的局部坐标是$(x', y', 0)$，从而OP的方程是

$$z = y - nx = 0,$$

其中$n = \dfrac{y'}{x'}$. 点P 关于方向OP所对应的姆塔儿束中任何织面的配极平面, 按照(14.5)是

$$z - x'y - y'x + \frac{1}{3n}(2\beta - \gamma n^3)x'z - \frac{1}{3n^2}(\beta - 2\gamma n^3)y'z = 0.$$

把$n = \dfrac{y'}{x'}$ 代入这里, 便得到平面π 的方程:

$$x'y'^2 x + x'^2 y' y - \left\{x'y' + \frac{1}{3}(\beta x'^3 + \gamma y'^3)\right\} z = 0. \tag{14.6}$$

如果用$x_1 x + x_2 x_u + x_3 x_v + x_4 x_{uv}$ 和$\xi_1 \xi + \xi_2 \xi_u + \xi_3 \xi_v + \xi_4 \xi_{uv}$ 分别表示点的坐标和平面的坐标, 那么衔接条件可以表成为

$$\xi_1 x_4 - \xi_2 x_3 - \xi_3 x_2 + x_4 x_1 = 0. \tag{14.7}$$

另外, 在(14.6) 中, 置

$$x = \frac{x_2}{x_1}, \quad y = \frac{x_3}{x_1}, \quad z = \frac{x_4}{x_1};$$

$$x' = \frac{y_2}{y_1}, \quad y' = \frac{y_3}{y_1}, \quad z' = \frac{y_4}{y_1},$$

又可改写为

$$\left\{y_1 y_2 y_3 + \frac{1}{3}(\beta y_2^3 + \gamma y_3^3)\right\} x_4 - y_2^2 y_3 x_3 - y_2 y_3^2 x_2 = 0. \tag{14.8}$$

比较(14.7) 和(14.8)，就导出姆塔儿对应如次:

设 $\eta_1\xi + \eta_2\xi_u + \eta_3\xi_v$ 是点 $y_1x + y_2x_u + y_3x_v$ 的对应平面, 那么

$$\begin{cases} \rho\eta_1 = y_1y_2y_3 + \dfrac{1}{3}(\beta y_2^3 + \gamma y_3^3), \\ \rho\eta_2 = y_2^2 y_3, \\ \rho\eta_3 = y_2 y_3^2, \end{cases} \tag{14.9}$$

式中 $\rho \neq 0$ 表示比例因数. 从此得出

$$\begin{cases} \tau y_1 = \eta_1\eta_2\eta_3 - \dfrac{1}{3}(\beta\eta_2^3 + \gamma\eta_3^3), \\ \tau y_2 = \eta_2^2 \eta_3, \\ \tau y_3 = \eta_2 \eta_3^2, \end{cases} \tag{14.9$'$}$$

式中 $\tau \neq 0$ 表示比例因数.

其次, 在曲面 σ 的点 O 作李织面(1.5节) 和属于切线 $t: z = y - nx = 0$ 的姆塔儿织面; 由于它们都通过 O 的主切线, 这两织面的剩余交线一定是二次曲线 C. 从(5.3) 和(14.4) 容易看出, 两织面的整个交线在两平面上:

$$z\{n(2\beta - \gamma n^3)x - (\beta - 2\gamma n^3)y + (*)z\} = 0,$$

从而 C 的平面是

$$n(2\beta - \gamma n^3)x - (\beta - 2\gamma n^3)y + (*)z = 0. \tag{14.10}$$

如果 C 和切线 t 相切, 那么平面(14.10) 必须通过 t, 从而

$$\beta + \gamma n^3 = 0,$$

就是说, t 必须是达布切线; 并且反过来也成立. 这是傍匹阿尼(1924) 获得的特征.

最后, 顺便还须指出两个类似姆塔儿束的某些织面束. 就是假定上述的 Q 与 σ 的交线在 O 的三切线 $\varphi_3 = 0$ 是由切线 $t: z = y - nx = 0$ 和另外一条两重切线 $\bar{t}: z = y - \bar{n}x = 0$ 构成的, 这些 Q 必须属于两束中的一个. 实际上, Q 的方程是

$$z - xy + \frac{1}{3}\gamma z\{\bar{n}(\bar{n} + 2n)x + (2\bar{n} + n)y\} + kz^2 = 0, \tag{14.11}$$

式中 $\bar{n}$ 决定于方程

$$\beta + \gamma n\bar{n}^2 = 0. \tag{14.12}$$

对于每一方向 $\bar{n}$ 只有一个方向 n, 但是反过来, 对于每一方向 n 却有两个共轭方向 $\bar{n}$. 如果一个方向 n 是一个方向 $\bar{n}$ 的共轭 $(n = -\bar{n})$, 那么 $\bar{n}$ 是一个塞格雷方向; 如果一个方向 n 是一个方向 $\bar{n}$, 那么 $\bar{n}$ 是一个达布方向(可参看苏步青和市田朝次郎[6], 211页) .

2. 考查曲面 σ 在点 O 的一个达布织面(12.6)，即

$$z - xy + \frac{1}{2}\left\{\frac{\partial^2 \log \beta\gamma}{\partial u \partial v} + (1-h)\beta\gamma\right\}z^2 = 0, \tag{14.13}$$

式中 h 表示这个织面的指数. 属于切线 t: $z = y - nx = 0$ 的姆塔儿织面(14.4)′和达布织面(14.13) 相交于两主切线和另一条二次曲线, 而后者所在的平面是

$$z\left[4(\beta + \gamma n^3)^2 + 3n(\beta_u + 4\beta_v n + 4\gamma_u n^3 + \gamma_v n^4) + 18(h-1)n^3\beta\gamma\right.$$
$$\left. -6n\frac{\partial \log \beta\gamma}{\partial u}(\beta - 2\gamma n^3) - 6n^2\frac{\partial \log \beta\gamma}{\partial v}(\gamma n^3 - 2\beta)\right]$$
$$-12n(\beta - 2\gamma n^3)y - 12n^2(\gamma n^3 - 2\beta)x = 0.$$

很明显, 这平面的平面坐标是

$$\begin{cases} u_0 = 0, \\ \rho u_1 = -12n^2(\gamma n^3 - 2\beta), \quad \rho u_2 = -12n(\beta - 2\gamma n^3), \\ \rho u_3 = 4\beta^2 - 3\beta n\varphi + 12\beta n^2\psi + (10\beta\gamma + 18h\beta\gamma)n^3 \\ \qquad + 12\gamma\varphi n^4 - 3\gamma n^5\psi + 4\gamma^2 n^6, \end{cases} \tag{14.14}$$

其中 φ 和 ψ 已见于(10.2)，所以由这包络成的锥面是从下列两个方程消去 n 而导出的, 就是

$$\begin{cases} \pi n^3 + \omega n^2 + tn + s = 0, \\ \sigma n^3 + \tau n^2 + \omega n + p = 0, \end{cases} \tag{14.15}$$

这里已置

$$\omega = \frac{7}{2}u_1\psi + \frac{7}{2}u_2\varphi - 6u_3,$$
$$\pi = u_2\psi - 2\gamma u_1, \quad p = u_1\varphi - 2\beta u_2,$$
$$s = (1 + 3h)\beta u_1, \quad \sigma = (1 + 3h)\gamma u_2,$$
$$t = u_1\varphi + 6h\beta u_2, \quad \tau = u_2\psi + 6h\gamma u_1.$$

对于 h 的某一定值演算的结果如下:

$$\begin{vmatrix} \pi & \omega & t & s \\ \sigma & \tau & \omega & p \\ 0 & p\pi - \sigma s & \omega p - \tau s & pt - \omega s \\ \sigma\omega - \pi\tau & \sigma t - \pi\omega & \sigma s - \pi p & 0 \end{vmatrix} = 0. \tag{14.16}$$

我们必须指出, 当且仅当 $h = -\frac{1}{3}$ 时, 由于(14.16) 变为恒等式, 由平面(14.14) 包络成的锥面的方程和(14.16) 不同. 从此可以断定: 在达布束中, 指数 $h = -\frac{1}{3}$ 的织面,

也就是富比尼织面的配极(参看1.12节), 是根据某一几何特征和其余束中的织面互相区别的.

$z = 0$ 关于锥面(14.16) 的第三配极是

$$6u_1u_2u_3 - 3(u_1\psi + u_2\varphi)u_1u_2 - (\beta u_2^3 + \gamma u_1^3) = 0, \tag{14.17}$$

而且这里并不包含 h. 这就是说, 具有种种不同值 h 的所有锥面(14.16) 有共通的 $z = 0$ 的第三配极.

至于同一平面 $z = 0$ 的第二配极, 我们得到

$$[\cdots]u_1u_2 + u_1u_2\omega^2 + 6[(u_1\psi + u_2\varphi)u_1u_2 - 2(\beta u_2^3 + \gamma u_1^3)] = 0, \tag{14.18}$$

其中 $[\cdots]$ 并不含 ω. 因此, 过曲面 σ 在 O 的每一条切线(非主切线) , 可引锥面(14.18) 的三切平面; $z = 0$ 和另外两平面 p_1, p_2, 而且 $z = 0$ 关于 p_1 和 p_2 的调和共轭平面恰恰包络成锥面(14.17). 这一来, 我们获得了曲面的一切线与过它的一平面间的一个对应. 特别是, 达布切线的三张对应平面相会于第一准线.

现在, 来讨论 $h = -\dfrac{1}{3}$ 的达布织面. 从两方程

$$\pi n^2 + \omega n + p = 0,$$

$$\beta u_1 \left(1 - \frac{2\gamma}{\beta}n^3\right) = n(\gamma n^3 - 2\beta)u_2$$

消去 n, 便得出这时候的锥面:

$$\begin{vmatrix} p\gamma u_2 & 2\gamma u_1 p & \pi\beta u_1 & \omega\beta u_1 - 2\beta u_2 p \\ -2\gamma\pi u_1 + \gamma u_2\omega & \gamma u_2 p & 2\beta\pi u_2 & \beta u_1\pi \\ \pi & \omega & p & 0 \\ 0 & \pi & \omega & p \end{vmatrix} = 0. \tag{14.19}$$

平面 $z = 0$ 关于这锥面的第二配极是

$$-u_1u_2\omega^2 + (u_1^2\pi + u_2^2 p)\omega = 0. \tag{14.20}$$

所以这个织面与达布束中其余织面的区别在于: 对应锥面(14.19) 分解为一个三阶锥面和另外以规范直线 $C\left(-\dfrac{7}{12}\right)$ 为轴的一个平面束.

最后, 将证明

定理 在曲面上一点属于所有不同切线 t 的姆塔儿织面包络成一个曲面. 如果 t 不是达布切线, 那么属于 t 的姆塔儿织面与包络面沿一条二次曲线相切, 而且这二次曲线所在的平面, 就是过曲面上所论点且有方向 t 的泛测地线的密切平面.

证　考查在曲面上一点 O 属于切线 t 和 t' 的两姆塔儿织面, 它们相交于两主切线和另外的二次曲线. 当 $t' \to t$ 时, 这二次曲线所在平面的极限位置是

$$z[2\beta^2 - 2\gamma^2 n^6 - \beta n\varphi + \gamma n^5 \psi + 2\beta\psi n^2 - 2\gamma\varphi n^4]$$

$$+4(\gamma n^3 + \beta)n^2 x - 4(\beta + \gamma n^3)ny = 0. \tag{14.21}$$

这就是在 O 切于 t 的泛测地线的密切平面(参看后文 1.17 节).　　　　　　(证毕)

以上所述都是张素诚的研究. 此外还可导出一些有关构图, 这里从略. 读者可参考张素诚[4].

3. 下面将叙述白正国关于姆塔儿织面的有兴趣的研究(参看白正国[1]).

第一, 一个姆塔儿织面 Q_n 上有没有剩余密切二次曲线的问题. 当 Q_n 上的一个密切二次曲线过点 O, 而且又是 Q_n 与在 O 的另一姆塔儿织面的交线时, 称为 Q_n 的剩余密切二次曲线. 设 Q_n 是属于切线 $t_n: z = y - nx = 0$ 的, 把它的方程(14.4)′改写为

$$\{4(\beta + n^3\gamma)^2 - 3n(\beta\varphi - 4\beta\psi n - 6\theta_{uv}n^2 - 4\gamma\varphi n^3 + \gamma\psi n^4)\}z^2$$

$$+ 36n^3(z - xy) - 12n^2(\gamma n^3 - 2\beta)xz + 12n(2\gamma n^3 - \beta)yz = 0, \tag{14.22}$$

式中 $\theta = \log \beta\gamma$. 为寻找 Q_n 上的剩余密切二次曲线, 充要条件是: Q_n 和另一姆塔儿织面 $Q_{\bar{n}}$ 的交线中, 剩余二次曲线所在的平面与 O 的切平面 π 相交于 $Q_{\bar{n}}$ 所属的切线 $t_{\bar{n}}: z = y - \bar{n}x = 0$. 很明显, $t_{\bar{n}}$ 是不重合于 t_n 的, 所以我们导出 n 与 $\bar{n}$ 间的一个关系, 就是

$$\gamma n^2 \bar{n} + \beta = 0. \tag{14.23}$$

这一来, 证明了

定理　在一个属于非主切、非达布切线 t_n 的姆塔儿织面上, 有一条而且只有一条剩余密切二次曲线. 当且仅当 t_n 是一条塞格雷切线时, 对应的切线 $t_{\bar{n}}$ 和 t_n 是共轭的. 属于共轭切线 t_n 和 t_{-n} 的两姆塔儿织面 Q_n 和 Q_{-n} 具有同一条在 O 的切线 $t_{\bar{n}}$ 的剩余密切二次曲线. 属于每一条达布切线的姆塔儿织面是不具有任何剩余密切二次曲线的.

姆塔儿织面 Q_n 上的剩余密切二次曲线在平面 π_n 上, 而且 π_n 的方程是

$$n^2\left(x + \frac{1}{4}\psi\frac{3\mu - 1}{\mu - 1}z\right) - n\mu\left(y + \frac{1}{4}\varphi\frac{\mu - 3}{\mu - 1}z\right) + \frac{1}{3}\beta\frac{\mu^3 - 1}{\mu - 1}z = 0, \tag{14.24}$$

这里已置

$$\mu = -\frac{\gamma n^3}{\beta} \quad (\mu \neq 1). \tag{14.25}$$

特别是, 对于每一条塞格雷切线 $\mu = -1$; 对应的平面变为

$$n^2\left(x + \frac{1}{2}\psi z\right) + n\left(y + \frac{1}{2}\varphi z\right) + \frac{1}{3}\beta z = 0 \quad (\gamma n^3 - \beta = 0). \tag{14.26}$$

这就是, 属于每一条塞格雷切线的姆塔儿织面上各有剩余密切二次曲线, 它们所在的三平面构成一个三面体, 而且切平面 $z = 0$ 关于这三面体的极线是第一准线.

第二, 姆塔儿束的特征问题. 下面将证明

定理 属于一条非达布切线的姆塔儿束中一个非姆塔儿织面上, 有一条而且只有一条曲面的密切二次曲线. 反过来, 凡过曲面在其一点的两主切曲线和曲面的唯一一条密切二次曲线的任何织面, 必须属于在同一点的姆塔儿束. 对于每一条达布切线对应的姆塔儿束中任何非姆塔儿织面, 不含有曲面的任何密切二次曲线.

证 在属于一切线 t_n 的姆塔儿束中的一个非姆塔儿织面上, 很明显地具有同一切线 t_n 的密切二次曲线不存在. 我们容易看出: 一个姆塔儿束中的任何织面上的密切二次曲线, 和这束中的姆塔儿织面上的剩余密切二次曲线在 O 切于同一切线. 可是已经证明, 在任何姆塔儿织面 Q_n 上有一条而且只有一条具有切线 $t_{\bar{n}}$ 的剩余密切二次曲线, 所以在一姆塔儿束中的任何织面上有一条而且只有一条密切二次曲线, 否则两条或更多条具有同一切线 $t_{\bar{n}}$ 的密切二次曲线同时属于 $t_{\bar{n}}$ 的姆塔儿织面上, 而这是不可能的. 这样, 证明了定理的前半.

为了要阐明定理的后半, 我们取这样的一个织面: 使它通过点 O 的两主切曲线和曲面的一条密切二次曲线; 它必须在 O 和曲面做成二阶接触. 一般地, 在和曲面做成二阶接触的织面上有三条不同的密切二次曲线, 仅当这织面与曲面的交线在 O 的两条切线或三条切线重合一致时, 才是例外. 如果其中的两条切线重合到切线 t, 那么, 如上所述, 这织面必须属于切线 t 的对应姆塔儿束. 相反, 如果三条切线重合一致, 它必须是一条达布切线, 从而这织面必须属于这条达布切线的对应姆塔儿束, 因此它不含有任何密切二次曲线. 这一来, 就和假设不符. (证毕)

第三, 新共变织面的存在问题. 过曲面在 O 的一条密切二次曲线, 一般仅能作出一个姆塔儿织面. 这里就发生一个有趣的课题: 在 O 寻找曲面的所有这样密切二次曲线, 使过每一条可作出两个或更多个姆塔儿织面. 可以证明, 凡具有共通的一条密切二次曲线的姆塔儿织面的最大个数是3. 更明确地将证明下列定理:

定理 设一曲面不是重合曲面, 在其一点 O 必有这样的三条密切二次曲线 c_1, c_2, c_3, 使过其每一条可作出三个姆塔儿织面. 这些二次曲线 c_1, c_2, c_3 在同一织面上, 而且这织面通过 O 的两主切线, 并和曲面在 O 构成二阶接触.

证 如前文所述, 在一个姆塔儿织面 Q_n 上有一个剩余密切二次曲线, 它的切线是 $t_{\bar{n}}$, 而且 $\bar{n}$ 决定于 (14.23). 所以 n 的两值对应于 $\bar{n}$ 的一个值. 这就是说, 有以给定切线 $t_{\bar{n}}$ 为切的这样两条密切二次曲线, 使过每一条可作出两个姆塔儿织面. 如果其中一条密切二次曲线的平面是 π_n, 另一条的平面是 π_{-n}. 为了过一条以 $t_{\bar{n}}$ 为切线的密切二次曲线能够作出三个姆塔儿织面, 充要条件是: 两平面 π_n 和 π_{-n} 重合. 经过简单计算之后, 得到 n 所满足的方程:

$$\psi n^2 + \varphi n \mu + \frac{2}{3}\beta(\mu^2 - 1) = 0 \quad \left(\mu = -\frac{\gamma n^3}{\beta}\right), \tag{14.27}$$

式中, 一些量 ψ, φ, $\cdots$ 表示它们在点 O 的值. 方程(14.27) 只含有 n 的偶数幂, 所以按照(14.23) 用 $-\dfrac{\beta}{\gamma\overline{n}}$ 代替 n^2, 便可改写为 $\overline{n}$ 的三次方程

$$\gamma\overline{n}^3 + \frac{3}{2}\psi\overline{n}^2 + \frac{3}{2}\varphi\overline{n} + \beta = 0 \quad \left(\overline{n} = -\frac{\beta}{\gamma n^2}\right). \tag{14.27}'$$

这一来, 证明了定理的前半. 当曲面是重合曲面时, $\psi = \varphi = 0$, 从而由(14.27)′决定的切线变为达布切线. 因此, 在这特殊情况下对于每条切线仅有一张这样的平面 π_n.

现在, 转入讨论刚才决定了的三条密切二次曲线, 而且证明它们在一个织面上. 实际上, 假如所论的织面存在的话, 它必须决定于方程

$$xy - z + \frac{1}{2}\psi_1 xz + \frac{1}{2}\psi_2 yz + \overline{k}z^2 = 0, \tag{14.28}$$

式中 $\overline{k}$ 是待定的系数.

考查分别对应于切线 t_n 和 $t_{\overline{n}}$ 的姆塔儿织面 Q_n 和 $Q_{\overline{n}}$, 其中 n 和 $\overline{n}$ 分别决定于方程(14.27) 和(14.27)′; 容易写出

$$\begin{aligned}
Q_n \equiv &\frac{3n}{1+\mu}[-(6\mu^2 + 3\mu + 1)\varphi + n(3\mu + \mu^2 + 6)\psi]z^2 \\
&- 18\theta_{uv}\frac{\mu}{\gamma}z^2 - \frac{36}{\gamma}(z - xy) + 12n^2(\mu + 2)xz - 12n(2\mu + 1)yz \\
=&0 \quad \left(\mu = -\frac{\gamma n^3}{\beta}\right),
\end{aligned} \tag{14.29}$$

$$\begin{aligned}
Q_{\overline{n}} \equiv &3n\left[\varphi(2 + 3\mu^2) - n\frac{3 + 2\mu^2}{\mu}\psi\right]z^2 + 36\frac{\mu}{\gamma}(z - xy) \\
&+ 18\theta_{uv}\frac{\mu}{\gamma}z^2 - 12n^2 xz\left(2\mu + \frac{1}{\mu}\right) + 12nyz(2 + \mu^2) \\
=&0 \quad \left(\mu = -\frac{\gamma n^3}{\beta}\right).
\end{aligned} \tag{14.30}$$

从此导出一个织面束 $Q_{\overline{n}} + kQ_n = 0$. 为了织面(14.28) 要属于这束, 必要条件是: k 满足下列两关系式:

$$\begin{cases}
k\left[\dfrac{3\mu\psi}{\gamma} + 2n(2\mu + 1)\right] = \dfrac{3\mu\psi}{\gamma} + 2n(2 + \mu^2), \\
k\left[\dfrac{3\mu\varphi}{\gamma} - 2n^2(\mu + 2)\right] = \dfrac{3\mu\varphi}{\gamma} - 2n^2\left(2\mu + \dfrac{1}{\mu}\right).
\end{cases} \tag{14.31}$$

由于 n 满足(14.27) , 最后两方程是线性相关的, 且从此获得

$$k = \frac{n\psi\left(2\mu + \dfrac{1}{\mu}\right) + \varphi(2 + \mu^2)}{n\psi(\mu + 2) + \varphi(2\mu + 1)}.$$

把这个 k 代入方程 $Q_{\bar{n}} + kQ_n = 0$, 便可改写为型如 (14.28) 的方程; 容易证明

$$\bar{k} = -\frac{\beta\gamma}{9\bar{n}^2(\varphi + \bar{n}\psi)^2}\left[3\varphi^2\bar{n}^2 + 3\psi^2\bar{n}^4 - \frac{2}{\beta\gamma}(\bar{n}^6\gamma^2 - \beta\gamma\bar{n}^3 + \beta^2)\varphi\psi\right] - \frac{1}{2}\theta_{uv}.$$

可是

$$3\varphi^2\bar{n}^2 + 3\psi^2\bar{n}^4 - \frac{2}{\beta\gamma}(\bar{n}^6\gamma^2 - \beta\gamma\bar{n}^3 + \beta^2)\varphi\psi$$

$$=3\varphi^2\bar{n}^2 + 3\psi^2\bar{n}^4 + 6\psi\varphi\bar{n}^3 - \frac{2}{\beta\gamma}(\bar{n}^6\gamma^2 + 2\beta\gamma\bar{n}^3 + \beta^2)\varphi\psi$$

$$=3\bar{n}^2(\varphi + \psi\bar{n})^2 - \frac{2}{\beta\gamma}(\bar{n}^3\gamma + \beta)^2\varphi\psi,$$

所以从 (14.27)′ 得出

$$\bar{k} = \frac{1}{2}(\psi\varphi - \theta_{uv}) - \frac{1}{3}\beta\gamma.$$

这个 $\bar{k}$ 和 $\bar{n}$ 无关的事实证明了定理的后半.

这样, 在曲面的点 O 获得了一个新共变织面 Q:

$$xy - z + \frac{1}{2}(\varphi x + \psi y)z + \frac{1}{6}\{3(\varphi\psi - \theta_{uv}) - 2\beta\gamma\}z^2 = 0. \tag{14.32}$$

(证毕)

我们列举这织面 Q 的一些性质如下:

(i) Q 与李织面相交于两主切曲线和另一条二次曲线, 而且后者所在平面与切平面相交于第二规范切线.

(ii) 存在这样一个傍匹阿尼-朗的主织面, 使它与 Q 构成双重接触. 两切点的连线是规范直线 $C(-1)$. 在两切点的两切平面相交于第二准线.

(iii) 在织面 Q 上, 除了两主切线外, 还有属于在点 O 的两主密切线性丛的两条母线 l_1, l_2. 这两直线相交于规范直线 $C\left(-\frac{3}{4}\right)$ 上, 并且在第二棱线上的两点和切平面 π 相交.

顺便指出, 当曲面是重合曲面时, 织面 Q 与富比尼织面 (1.12节) 重合, 且从而成立下列结果: 在重合曲面上一点, 属于每一条塞格雷切线的姆塔儿织面的剩余密切二次曲面必在富比尼织面上, 并且反过来也成立.

(iv) 在 Q 上, 每条密切二次曲线决定于方程

$$\bar{n}^2\left(x + \frac{3}{4}\psi z\right) - \bar{n}\left(y + \frac{1}{4}\varphi z\right) + \frac{1}{3}\beta z = 0, \tag{14.33}$$

其中 $\bar{n}$ 表示 (14.27)′ 的一个根. 从此得知: 三平面 (14.33) 构成三面体, 而且切平面 π 关于这三面体的极线是规范直线 $C\left(-\frac{7}{12}\right)$, 就是富比尼的第二主直线关于 Q 的共轭直线.

第四, 新六阶共变锥面的作图问题. 在同一切线$t_{\overline{n}}$的密切二次曲线中, 有两条是具备特殊性的, 就是过每一条可作出两个姆塔儿织面. 切平面π关于这两条二次曲线所在平面的调和共轭平面决定于方程

$$n^2\left(x+\frac{1}{4}\psi\frac{3\mu^2-1}{\mu^2-1}z\right)-n\mu\left(y+\frac{1}{4}\varphi\frac{\mu^2-3}{\mu^2-1}z\right)$$
$$+\frac{1}{3}\beta\frac{\mu^4-1}{\mu^2-1}z=0\quad\left(\mu=-\frac{\gamma n^3}{\beta}\right),\tag{14.34}$$

且从而包络成一个6阶锥面Γ_6:

$$2u_1u_2u_3(\beta u_2^3-\gamma u_1^3)-u_1u_2\left\{\frac{1}{2}\varphi(\beta u_2^3-3\gamma u_1^3)u_2+\frac{1}{2}\psi(3\beta u_2^3-\gamma u_1^3)u_2\right\}$$
$$-\frac{2}{3}(\beta^2u_2^6-\gamma^2u_1^6)=0.\tag{14.35}$$

这个锥面和塞格雷锥面(1.17节) 相类似, 并且从Γ_6可以给出一些规范直线如$C\left(-\frac{1}{2}\right),C\left(-\frac{1}{3}\right),C\left(-\frac{1}{4}\right),C\left(\frac{1}{4}\right),C\left(-\frac{1}{8}\right),C\left(\frac{1}{12}\right),C\left(-\frac{3}{4}\right),C\left(-\frac{5}{12}\right),$
$C\left(-\frac{7}{12}\right),C\left(-\frac{1}{12}\right),C\left(-\frac{11}{12}\right),C\left(-\frac{19}{36}\right)$ 等的简单定义. 但是, 这方法和山尼亚所用的(1.18节) 完全一样, 这里就不阐述了.

1.15　过曲面上一点的平截线的密切二次曲线

上节的姆塔儿织面束概念容有一定的拓广, 例如路易斯·格林曾经证明了定理: 在曲面σ上一点O, 用两条非主切的切线足够来决定某个织面束, 其中每个织面和曲面在O做成二阶接触(参看Louis Green, Amer. Journ. Math.60, 1938, 649~666). 如果把这个结果和上节3的第二段的定理结合起来, 很自然地就发生这样的问题: 能不能把在O属于种种不同的姆塔儿织面的密切二次曲线, 调整成为某些织面束中的一个织面上的二次曲线呢? 这里将叙述这个问题的安全解答(苏步青[22]) .

设曲面σ在O的展开是(10.2) , 而且在O的一条非主切的切线t_n决定于方程$z=y-nx=0$, 那么过t_n的一平面的方程是

$$z=\rho(y-nx),\tag{15.1}$$

并且在O的这个平截线的密切二次曲线决定于方程(15.1) 和

$$-x^2+Y\left[\left\{\frac{\rho}{3n^2}(\beta+\gamma n^3)-\frac{1}{n}\right\}x-\frac{\rho^2}{n^2}\left\{\frac{1}{3n\rho}(\beta-2\gamma n^3)+\frac{1}{n}\varphi_4(1,n)\right.\right.$$
$$\left.\left.-\frac{1}{9n^2}(\beta+\gamma n^3)^2\right\}Y+\frac{\rho}{n}\right]=0,\tag{15.2}$$

式中已置

$$Y = y - nx. \tag{15.3}$$

首先, 考查过 O 的两主切线的最一般织面; 很明显, 它的方程是

$$xy + k_1 z + k_2 xz + k_3 yz + k_4 z^2 = 0, \tag{15.4}$$

这里 k_1, k_2, k_3, k_4 表示 u 和 v 的任意函数. 作为这个织面和平面(15.1)的交线的二次曲线, 决定于(15.1)和下列方程:

$$-x^2 + Y\left[\left\{-\frac{\rho}{n}(k_2 + k_3 n) - \frac{1}{n}\right\}x - \frac{\rho^2}{n}\left(\frac{k_3}{\rho} + k_4\right)Y - \frac{k_1 \rho}{n}\right] = 0. \tag{15.5}$$

为了这条二次曲线和曲面的平截线的密切二次曲线(15.2)重合一致, 充要条件是: $k_2 = -1$ 和

$$\begin{cases} k_2 + k_3 n = -\dfrac{1}{3n}(\beta + \gamma n^3), \\ k_3 - \dfrac{1}{3n^2}(\beta - 2\gamma n^3) = \rho\left\{\dfrac{1}{n^2}\varphi_4(1,\ n) - \dfrac{1}{9n^3}(\beta + \gamma n^3)^2 - k_4\right\}. \end{cases} \tag{15.6}$$

假设在 O 给定了 σ 的两条非主切的切线, 它们的方程顺次是

$$z = 0, \quad y - n_i x = 0 \quad (i = 1,\ 2), \tag{15.7}$$

并且考查过每条切线的一平面

$$z = \rho_i(y - n_i x) \quad (i = 1,\ 2) \tag{15.8}$$

以及在其上的平截线在 O 的对应密切二次曲线 K_i. 如果织面(15.4)通过这两条二次曲线 K_1 和 K_2, 条件(15.6)关于 $n = n_i$, $\rho = n_i (i = 1,\ 2)$ 和同一组 k_2, k_3, k_4 都要成立. 这一来, 得到

$$\begin{cases} k_2 + k_3 n_1 = -\dfrac{1}{3n_1}(\beta + \gamma n_1^3), \\ k_2 + k_3 n_2 = -\dfrac{1}{3n_2}(\beta + \gamma n_2^3); \end{cases} \tag{15.9}$$

$$\begin{cases} k_3 - \dfrac{1}{3n_1^2}(\beta - 2\gamma n_1^3) = \rho_1\left\{\dfrac{1}{n_1^2}\varphi_4(1,\ n_1) - \dfrac{1}{9n_1^3}(\beta + \gamma n_1^3)^2 - k_4\right\}, \\ k_3 - \dfrac{1}{3n_2^2}(\beta - 2\gamma n_2^3) = \rho_2\left\{\dfrac{1}{n_2^2}\varphi_4(1,\ n_2) - \dfrac{1}{9n_2^3}(\beta + \gamma n_2^3)^2 - k_4\right\}. \end{cases} \tag{15.10}$$

从(15.9)解出 k_2 和 k_3:

$$\begin{cases} k_2 = -\dfrac{1}{3}\left\{\dfrac{\beta}{n_1 n_2}(n_1 + n_2) - \gamma n_1 n_2\right\}, \\ k_3 = \dfrac{1}{3}\left\{\dfrac{\beta}{n_1 n_2} - \gamma(n_1 + n_2)\right\}. \end{cases} \tag{15.11}$$

过两切线 t_1 和 t_2 中的一条可以任意指定一平面, 而过另一条的平面, 由于 (15.10) 在给定 ρ_1 的情况下决定 k_4 且从而决定 ρ_2, 就完全被决定了. 仅当这样得到的织面重合于一个属于切线 t_1 或 t_2 的姆塔儿束中的非姆塔儿织面时, 情况是例外, 而在这时候平面 (15.8) 重合于曲面在 O 的切平面, 因此也就得不到密切二次曲线了. 这就是说, 在一姆塔儿束中的一个非姆塔儿织面上有一条且只有一条密切二次曲线 (参看 1.14 节, 3. 第二段定理).

我们考查一般情况, 并将在所作的织面上寻找其余的密切二次曲线. 如果存在的话, 把它的平面的方程写成

$$z = \rho_3(y - n_3 x),\tag{15.12}$$

便有

$$
\begin{cases}
k_2 + k_3 n_3 = -\dfrac{1}{3n_3}(\beta + \gamma n_2^3), \\
k_3 - \dfrac{1}{3n_3^2}(\beta - 2\gamma n_3^2) = \rho_3\left\{\dfrac{1}{n_3^2}\varphi_4(1,\ n_3) - \dfrac{1}{9n_3}(\beta + \gamma n_3^3)^2 - k_4\right\}.
\end{cases}
\tag{15.13}
$$

很明显, 最后方程决定了 ρ_3, 且从而决定了平面 (15.12) , 但是要假定这织面不是属于切线 t_3 的姆塔儿织面. 把由 (15.11) 给定的 k_2 和 k_3 的值代入 $(15.13)_1$, 并进行化简, 就导出关系式

$$n_1 n_2 n_3 = -\frac{\beta}{\gamma}.\tag{15.14}$$

这表明了, 当前两条切线 t_1 和 t_2 是预先给定时, 第三条切线 t_3 就完全确定下来.

按照 (15.14) 改写 (15.11) 为对称的形式:

$$
\begin{cases}
k_2 = \dfrac{1}{3}\gamma(n_1 n_2 + n_2 n_3 + n_3 n_1), \\
k_3 = -\dfrac{1}{3}\gamma(n_1 + n_2 + n_3).
\end{cases}
\tag{15.15}
$$

这一来, 证明了下列定理:

定理　当给定曲面 σ 在其一点 O 的两条任意非主切的切线 t_1, t_2 和过 t_1 的一平面 π_1 时, 过 σ 在 O 的两主切曲线恒可决定一个织面 Q, 使它含有 σ 的由 π_1 截下的平曲线的密切二次曲线, 也使它含有 σ 的由过 t_2 的对应平面 π_2 截下的平曲线的密切二次曲线. 这个织面和 σ 在 O 构成二阶接触, 含有在 O 的第三密切二次曲线, 并且随着平面 π_1 绕切线 t_1 的旋转而形成一束.

其次, 转入两平面 π_1 和 π_2 间的对应的讨论; 这两平面顺次通过非主切的切线 t_1 和 t_2, 并且曲面 σ 的由它们截成的平曲线的密切二次曲线以及两主切线都要在一个织面上. 根据 (15.10) 容易看出: 两平面 (15.8) 间的对应决定于方程

$$
\frac{1}{\rho_1}\left\{k_3 - \frac{1}{3n_1^2}(\beta - 2\gamma n_1^3)\right\} - \frac{1}{\rho_2}\left\{k_3 - \frac{1}{3n_2^2}(\beta - 2\gamma n_2^3)\right\}
$$

$$=\frac{1}{n_1^2}\varphi_4(1, n_1) - \frac{1}{n_2^2}\varphi_4(1, n_2) - \frac{1}{9n_1^3}(\beta + \gamma n_1^3)^2 + \frac{1}{9n_2^3}(\beta + \gamma n_2^3)^2, \quad (15.16)$$

且从而它们是在透视下的.

为导出两对应平面π_1 和π_2 的交线所在的平面, 比方记它作π_{12}, 必须把

$$\frac{1}{\rho_i} = \frac{y - n_i x}{z} \quad (i = 1, 2)$$

代入(15.16) , 而且利用关系式(15.14) 和(15.15) 进行简化. 经演算后, 可以写出平面π_{12} 的方程如下:

$$\beta(2n_3 - p_1)x + \gamma n_3(p_2 - 3n_1 n_2)y$$
$$= \left[\frac{1}{4}\left\{-\frac{\beta^2\varphi}{\gamma}\frac{n_1 + n_2}{n_1^2 n_2^2} + 4\frac{\beta^2\psi}{\gamma}\frac{1}{n_1 n_2} - 4\beta\varphi + \beta\psi(n_1 + n_2)\right\}\right.$$
$$\left. + \frac{1}{3}\left\{\frac{\beta^3}{\gamma}\frac{n_1^2 + n_1 n_2 + n_2^2}{n_1^3 n_2^3} - \beta\gamma(n_1^2 + n_1 n_2 + n_2^2)\right\}\right]z, \quad (15.17)$$

式中已置

$$\varphi = (\log \beta\gamma^2)_u, \quad \psi = (\log \beta^2\gamma)_v.$$

如果采取在O 由

$$z = y - n_i x = 0 \quad (i = 1, 2, 3) \quad (15.18)$$

给定的三切线t_i $(i = 1, 2, 3)$, 其中n_1, n_2, n_3 满足(15.14) , 那么分别对于切线偶$t_1, t_2; t_2, t_3$ 和t_3, t_1 就获得三平面$\pi_{12}, \pi_{23}, \pi_{31}$ 同它们对应. 很明显, 这三平面相会于一直线l, 就是伴随于曲面σ 在O 的切线t_1和t_2 (且从而t_3) 的直线.

从方程(15.17) 和按照n_1 与n_3 的对调得来的方程容易找出l 的方程. 演算的结果如下:

$$x : y : z = \frac{1}{4}(-15\beta\psi + 2\gamma p_2\varphi - \gamma p_1 p_2\psi) - \gamma^2 p_2^2 + \frac{1}{3}\gamma^2 p_1^2 p_2$$
$$: \frac{1}{4}(-15\beta\varphi - 2\beta p_1\psi - \gamma p_1 p_2\varphi) - \beta\gamma p_1^2 - \frac{1}{3}\gamma^2 p_1^2 p_2$$
$$: 9\beta + \gamma p_1 p_2. \quad (15.19)$$

上述结果的几个特殊情况是值得指出的. 如果三切线是达布切线, 那么$p_1 = p_2 = 0$, 从而对应的直线l 变为第一规范直线$C\left(-\frac{5}{12}\right)$.

如果切线中有两条是在不同的塞格雷方向下的, 容易看出: 第三条必须是在和剩余的塞格雷方向共轭的达布方向下的. 这一来, 每条达布切线就决定一条共变直线l. 置

$$n_1 = \sqrt[3]{\frac{\beta}{\gamma}}\omega^{r+1}, \quad n_2 = \sqrt[3]{\frac{\beta}{\gamma}}\omega^{r+2}, \quad n_3 = \sqrt[3]{\frac{\beta}{\gamma}}\omega^r,$$

其中 $\omega^3 = 1$, $\omega \neq 1$, 并且 $r = 1, 2, 3$, 从而

$$p_1 = -2\sqrt[3]{\frac{\beta}{\gamma}}\omega^r, \quad p_2 = 2\sqrt[3]{\frac{\beta^2}{\gamma^2}}\omega^{2r},$$

我们得到共变直线 l_r

$$x : y : z = -\frac{11}{20}\psi - \frac{4}{15}\beta^{\frac{1}{3}}\gamma^{\frac{2}{3}}\omega^r + \frac{1}{5}\left(\frac{\gamma}{\beta}\right)^{\frac{1}{3}}\varphi\omega^{2r}$$

$$: -\frac{11}{20}\varphi + \frac{1}{5}\left(\frac{\beta}{\gamma}\right)^{\frac{1}{3}}\omega^r - \frac{4}{15}\beta^{\frac{2}{3}}\gamma^{\frac{1}{3}}\omega^{2r} : 1.$$

因此, 三直线 l_1, l_2, l_3 形成一个三面体, 而且切平面 $z = 0$ 关于它的调和极线是第一规范直线 $C\left(-\dfrac{11}{20}\right)$.

如果切线中有两条是共轭的, 就是它们的方向是 n 和 $-n$, 第三条就必须在方向 $\dfrac{\beta}{\gamma n^2}$ 之下, 从而

$$p_1 = \frac{\beta}{\gamma n^2}, \quad p_2 = -n^2,$$

并且对应于任意非主切方向 n (和其共轭 $-n$) 的共变直线 l_n 决定于方程

$$x : y : z = \left\{-\frac{7}{16}\psi - \frac{\gamma^2}{8\beta}n^4 - \frac{1}{16}\frac{\gamma}{\beta}\varphi n^2 - \frac{1}{24}\beta\frac{1}{n^2}\right\}$$

$$: \left\{-\frac{7}{16}\varphi - \frac{\beta^2}{8\gamma}\frac{1}{n^4} - \frac{1}{16}\frac{\beta}{\gamma}\psi\frac{1}{n^2} - \frac{1}{24}\gamma n^2\right\} : 1. \qquad (15.20)$$

特别是, 对于达布方向

$$n = -\sqrt[3]{\frac{\beta}{\gamma}}\omega^r \quad (r = 1, \ 2, \ 3)$$

(和塞格雷方向) 得到三直线:

$$x : y : z = \left(-\frac{7}{16}\psi - \frac{1}{6}\beta^{\frac{1}{3}}\gamma^{\frac{2}{3}}\omega^r - \frac{1}{16}\left(\frac{\gamma}{\beta}\right)^{\frac{1}{3}}\omega^{2r}\right)$$

$$: \left(-\frac{7}{16}\varphi - \frac{1}{16}\left(\frac{\beta}{\gamma}\right)^{\frac{1}{3}}\omega^r - \frac{1}{6}\beta^{\frac{2}{3}}\gamma^{\frac{1}{3}}\omega^{2r}\right) : 1,$$

其中 $r = 1, 2, 3$. 因此, 这三直线形成一个三面体, 而且切平面 $z = 0$ 关于它的调和极线是第一规范直线 $C\left(-\dfrac{7}{16}\right)$.

如果切线中有两条重合于一个非主切方向 n, 第三方向是 $-\dfrac{\beta}{\gamma n^2}$, 从而

$$p_1 = -\frac{1}{\gamma n^2}(\beta - 2\gamma n^3), \quad p_2 = -\frac{1}{\gamma n}(2\beta - \gamma n^3).$$

由此不难写出直线的方程(15.19) , 但是这里从略, 仅仅考查两个有趣的情况: 对应于一个塞格雷方向的直线和对应于一个达布方向的直线. 在后者的情况下, 我们有

$$n = -\sqrt[3]{\frac{\beta}{\gamma}} \omega^r,$$

并且直线是

$$x : y : z = \left\{ \frac{1}{3}\psi - \frac{1}{12}\sqrt[3]{\frac{\gamma}{\beta}}\varphi\omega^{2r} - \gamma\sqrt[3]{\frac{\beta}{\gamma}}\omega^r \right\}$$

$$: \left\{ -\frac{1}{3}\varphi + \frac{1}{12}\sqrt[3]{\frac{\beta}{\gamma}}\psi\omega^r \right\} : 1.$$

切平面 $z = 0$ 关于它们形成的三面体的调和极线是第一轴线.

同样, 在塞格雷方向的情况下得到 $C\left(-\frac{7}{16}\right)$.

再次, 将讨论一个重要情况, 就是三条切线是在达布方向下的时候. (15.14) 显然成立, 而且(15.15) 给出 $k_2 = k_3 = 0$, 所以所论的织面必须是达布织面

$$xy - z + k_4 z^2 = 0. \tag{15.21}$$

在这达布织面上的三条密切二次曲线的平面是

$$z = \rho_i(y - n_i x) \quad (i = 1, \ 2, \ 3), \tag{15.22}$$

其中

$$\frac{1}{\rho_i} = -\frac{1}{\beta}\{\varphi_4(1, \ n_i) - n_i^2 k_4\}, \tag{15.23}$$

而且

$$n_i = -\sqrt[3]{\frac{\beta}{\gamma}} \omega^i \quad (i = 1, \ 2, \ 3). \tag{15.24}$$

为了这三平面相会于一直线, 充要条件是

$$\begin{vmatrix} n_1 & \dfrac{1}{\rho_1} & 1 \\[2ex] n_2 & \dfrac{1}{\rho_2} & 1 \\[2ex] n_3 & \dfrac{1}{\rho_3} & 1 \end{vmatrix} = 0,$$

即

$$k_4 = -\frac{1}{2}\theta_{uv}. \tag{15.25}$$

因此, 得到下列定理:

定理　过一条达布切线的每一平面, 唯一地决定这样的一个达布织面 Q, 使得由这平面和过其余达布切线中的各条的两平面截成三条平曲线, 它们的密切二次曲线都在 Q 上. 当且仅当 Q 是维尔清斯基的规范织面时, 这些二次曲线的平面是共线的. 在最后的情况下, 三平面的共通直线是第一规范直线 $C\left(-\dfrac{5}{12}\right)$.

由于 $\dfrac{1}{\rho_i}$ 的表示 (15.23) 在 n_i 的给定下是关于 k_4 的一次式, 我们可以断定: 设 π_0 是曲面 σ 在 O 的切平面, π_L 和 π_W 分别是过一条非主切切线的这样的两平面, 使对应的密切二次曲线分别在李织面和维尔清斯基织面上, 而且 π 是过同切线的这样的平面, 使交比

$$(\pi_0\pi_L,\ \pi\pi_W) = h, \tag{15.26}$$

那么由 π 决定的织面是达布织面

$$xy - z - \left\{\frac{1}{2}\theta_{uv} + (1-h)\beta\gamma\right\} z^2 = 0. \tag{15.27}$$

这样, 对指数 h (1.12 节) 给出了一个几何解释.

此外, 用达布织面束还可决定第一和第二规范直线 $C\left(-\dfrac{5}{12}\right)$ 和 $C'\left(-\dfrac{5}{12}\right)$. 实际上, 在织面 (15.21) 上的密切二次曲线的三平面形成一个三面体, 它的各棱决定于方程

$$n_i x - y + \frac{1}{\rho_i} z = 0, \quad n_j x - y + \frac{1}{\rho_j} z = 0,$$

其中 $i \neq j$; $i, j = 1, 2, 3$, 而且 ρ_i 是由 (15.23) 给定的. 容易验证, 切平面 $z = 0$ 关于这三面体的调和极线是 $C\left(-\dfrac{5}{12}\right)$.

同样, 所论的三条密切二次曲线两两相交于 O 以外的三点, 而且这三点的平面随着织面在达布束中的变动而画成平面束, 它的轴是 $C'\left(-\dfrac{5}{12}\right)$.

最后, 对曲面和一织面的交线作如下的讨论. 如本节最初一段所述, 只要三方向 n_i $(i = 1, 2, 3)$ 满足 (15.14), 三平面

$$z = \rho_i(y - n_i x) \quad (i = 1, 2, 3)$$

就唯一地决定一个织面, 它的方程是

$$xy - z + k_2 xz + k_3 zy + k_4 z^2 = 0. \tag{15.28}$$

因此, 这个织面和曲面 σ 在 O 必构成二阶接触.

根据关系 (15.15) 容易验证: 这个织面和 σ 的交线在 O 的三重切线重合于三条切线

$$(y - n_1 x)(y - n_2 x)(y - n_3 x) = 0. \tag{15.29}$$

因此, 过一条非主切的切线t_1 或t_2 的任何平面有对应的织面, 其全体形成一个织面束, 每一织面和σ 在O 构成二阶接触, 并且和σ 相交于单参数族的曲线, 其中两条三重点切线重合于t_1 和t_2. 在O 的剩余切线t_3 对族中的所有曲线都是同一条; 同时, 它也是在束中一织面上的所有密切二次曲线的共通切线.

反过来, 在和曲面σ 在O 构成二阶接触的每一个织面Q 上, 一般有σ 在O 的三条密切二次曲线, 而且它们的平面重合于σ 和Q 的三支交线的密切平面.

对这结果的证明不予阐述, 但是必须指出几个例外情况.

(i) 如果织面Q 决定于一条密切二次曲线C, 而且重合于同C 在O 的切线有关的姆塔儿织面, 那么其余两条密切二次曲线中的一条必须重合于C, 而另一条是Q 的剩余二次曲线(1.14节).

(ii) 如果织面Q 是一个姆塔儿束中的非姆塔儿织面, 那么Q 和σ 的交线在O 有两条重合的三重点切线, 而且每支曲线的密切平面是σ 在O 的切平面. 因此, 在一个姆塔儿束中的非姆塔儿织面上仅有一个密切二次曲线(1.14节,3).

(iii) 如果织面Q 是属于在O 的一条达布切线的姆塔儿织面, 那么就不存在密切二次曲线.

(iv) 如果Q 是属于一条达布切线的姆塔儿束中的非姆塔儿织面, 它不含有曲面σ 在O 的任何密切二次曲线.

1.16 切赫变换Σ_k

1.4节叙述了曲面σ 在其上一点O 的李配, 就是切平面上的一点和过O 的一平面关于李织面形成的配极. 我们又在1.14节讨论姆塔儿织面束的时候, 作出了姆塔儿对应. 这两个对应都可归结到更广泛的一个对应族中去, 这族的对应就是以下即将阐述的切赫变换. 在这之前, 先考查一个特殊的, 但是很重要的对应.

一曲面σ 上一点的坐标x 和在这点的切平面的坐标ξ 都是曲线坐标u, v 的函数. 当关系$v = \varphi(u)$ 成立时, 点(x) 画成曲线L, 而且平面ξ 包络可展面Λ. 给定u 的一个任意值, 例如$u = u_0$, 就得到L 上一点A 和L 在A 的密切平面; 同时, 又得到Λ 的一平面α 和它的脊点. 这两元素就称曲线$v = \varphi(u)$ 在$u = u_0$ 的密切平面和脊点. 只要给定$\varphi, \varphi', \varphi''$ 在$u = u_0$ 的数值, 便可决定这两元素. 密切平面决定于下列两点:

$$x, \quad dx, \quad d^2x = x_u(d^2u + \theta_u du^2 + \gamma dv^2) + x_v(d^2v + \theta_v dv^2 + \beta du^2) + 2x_{uv}du\, dv.$$

从(2.5) 得到

$$a_{12}\xi = \omega(x, x_u, x_v),$$
$$a_{12}\xi_u = \omega(x, x_u, x_{uv}), \quad \omega = \pm 1,$$
$$a_{12}\xi_v = \omega(x, x_{uv}, x_v),$$

由此可见, 上述的密切平面是

$$(du\, d^2v - dv\, d^2u + \beta du^3 - \gamma dv^3 + \theta_v dv^2 du - \theta_u dv\, du^2)\xi + 2\xi_u du^2 dv - 2\xi_v du\, dv^2.$$

同理, 脊点是

$$(du\, d^2v - dv\, d^2u - \beta du^3 + \gamma dv^3 + \theta_v dv^2 du - \theta_u dv\, du^2)x + 2x_u du^2 dv - 2x_v du\, dv^2.$$

我们称这样的两元素之间的对应为塞格雷对应. 设一平面 π 通过曲面 σ 上一点 O, 而且 O, O', O'' 是 π 和 σ 的交线上的三个无限邻接点. 取 σ 在这三点的切平面的交点 P 作为平面 π 的对应点, 这样导出的点 P 与平面 π 间的对应, 不外乎是塞格雷对应. 以 $y_1 x + y_2 x_u + y_3 x_v$ 和 $\eta_1 \xi + \eta_2 \xi_u + \eta_3 \xi_v$ 分别表示点 P 和对应平面 π 的坐标, 便获得

$$\begin{cases} \rho\eta_1 = y_1 y_2 y_3 - (\beta y_2^3 + \gamma y_3^3), \\ \rho\eta_2 = y_2^2 y_3, \\ \rho\eta_3 = y_2 y_3^2, \end{cases} \tag{16.1}$$

式中 $\rho \neq 0$ 表示比例因数. 从此得出

$$\begin{cases} \tau y_1 = \eta_1 \eta_2 \eta_3 + (\beta\eta_2^3 + \gamma\eta_3^3), \\ \tau y_2 = \eta_2^2 \eta_3, \\ \tau y_3 = \eta_2 \eta_3^2, \end{cases} \tag{16.1$'$}$$

式中 $\tau \neq 0$ 表示比例因数.

当且仅当 $\beta du^3 - \gamma dv^3 = 0$ 时, 上列对应变成李配极:

$$\tau y_1 = \eta_1, \quad \tau y_2 = \eta_2, \quad \tau y_3 = \eta_3.$$

因此, 证明了下列定理 (Fubini, 1926):

定理 仅在塞格雷曲线的情况下, 其一点的密切平面与对应的脊点才能构成李配极.

现在, 转到一般情况的讨论.

在曲面 σ 上一点 O 引切平面, 并且对于其上的任意点

$$y_1 x + y_2 x_u + y_3 x_v$$

取平面 $\eta_1 \xi + \eta_2 \xi_u + \eta_3 \xi_v$ 和它对应, 使满足下列关系:

$$\begin{cases} \rho\eta_1 = y_1 y_2 y_3 + k(\beta y_2^3 + \gamma y_3^3), \\ \rho\eta_2 = y_2^2 y_3, \\ \rho\eta_3 = y_2 y_3^2, \end{cases} \tag{16.2}$$

其中k 表示一个常数. 称这对应为切赫变换, 并记作Σ_k. 这是切赫(1921) 所发现的(参阅富-切, 射影微分几何, 卷2, 第IX章) .

当$k = 0$ 时, 方程(16.2) 变为

$$\eta_1 : \eta_2 : \eta_3 = y_1 : y_2 : y_3,$$

即李配极(1.4节).

当$k = \dfrac{1}{3}$ 时, 方程(16.2) 重合(14.9), 从而表示姆塔儿对应(1.14节).

当$k = -1$ 时, 方程(16.2) 采取(16.1) 式, 就是塞格雷对应.

按照切赫的研究, 从李配极Σ_0 和两条过O 的主切曲线便可作出一般的Σ_k. 现在叙述如下:

过曲面σ 上一点O 引σ 的主切曲线α_i 和主切线$a_i (i = 1, 2)$; 设c_i 是α_i 的切线曲面与σ 在O 的切平面的交线. 从1.4节的展开容易导出c_1, c_2 的展开, 即

$$c_1 : y = \frac{3}{8}\beta x^2 + (3),$$

$$c_2 : x = \frac{3}{8}\gamma y^2 + (3).$$

假设平面$\eta_1 \xi + \eta_2 \xi_u + \eta_3 \xi_v$ 关于李织面的极点是$P_0(y_1, y_2, y_3, 0)$, 那么$\rho\eta_i = y_i (i = 1, 2, 3)$.

过P_0 和O 引一条二次曲线K_1, 使它和c_1 在O 的塞格雷不变式(参看苏步青, 射影曲线概论, 1.5节) 等于常数$\dfrac{16}{3}k$, 并在K_1 和主切线a_2 的交点($\neq O$) 引K_1 的切线, 使它和OP_0 相交于一点P'.

K_1 的方程是

$$-2k\beta x^2 + y(bx + cy + 1) = 0.$$

由于它通过P_0, 坐标$x' = \dfrac{\eta_2}{\eta_1}, y' = \dfrac{\eta_3}{\eta_1}$ 满足这方程, 就是

$$-2k\beta x'^2 + y'(bx' + cy' + 1) = 0.$$

从此容易获得P' 的齐次坐标:

$$P'(-2k\beta\eta_2^3 + \eta_1\eta_2\eta_3, \ \eta_2^2\eta_3, \ \eta_2\eta_3^2, \ 0).$$

如果对调两条主切曲线的位置, 便得到OP_0 上的另外一点P'', 而且坐标是

$$P''(-2k\gamma\eta_3^3 + \eta_1\eta_2\eta_3, \ \eta_2^2\eta_3, \ \eta_2\eta_3^2, \ 0).$$

以P 表示点O 关于P', P'' 的调和共轭点, 那么P 的齐次坐标决定于下列方程:

$$\begin{cases} \tau y_1 = \eta_1\eta_2\eta_3 - k(\beta\eta_2^3 + \gamma\eta_3^3), \\ \tau y_2 = \eta_2^2\eta_3, \\ \tau y_3 = \eta_2\eta_3^2. \end{cases} \quad (16.2)'$$

这就是说, 点 P 是平面 $\eta_1\xi + \eta_2\xi_u + \eta_3\xi_v$ 在变换 Σ_k 下的对应点.

从上述结果看出作为切赫变换的特殊情况的李配极 Σ_0, 姆塔儿对应 $\Sigma_{\frac{1}{3}}$ 和塞格雷对应 Σ_{-1} 的重要性. 对这三个对应还可从曲面上任何曲线的两个主密切织面 Q_u^0, Q_v^0 (1.12 节) 的角度给出统一的作图, 而且用同一方法导出一族切赫变换 $\Sigma_{(-1)^n 3^{n-1}}$ (参阅苏步青[7]).

考查过曲面上一点 O 的一条曲线 C_λ, 它在 O 的切线 t_λ 决定于方程:

$$z = y - \lambda x = 0. \tag{16.3}$$

如在 1.12 节所述, C_λ 在 O 的两个主密切织面 Q_u^0, Q_v^0 的方程分别是

$$k_1 z^2 + \beta\lambda(\lambda x - y)z + \lambda^3(z - xy) = 0, \tag{16.4}$$

$$k_2 z^2 + \gamma\lambda(y - \lambda x)z + z - xy = 0, \tag{16.5}$$

式中 k_1, k_2 表示由 C 在 O 的二阶元素决定的两个量. 现在, 对于 σ 在 O 的切平面上的一直线 l_2:

$$z = \frac{x}{a} + \frac{y}{b} - 1 = 0, \tag{16.6}$$

取它关于 Q_u^0 和 Q_v^0 的共轭直线 $l_1^{(u)}$ 和 $l_1^{(v)}$ 与它互相对应. 容易验证, 这两对应仅仅是由切线 t_λ 决定的. 实际上, $l_1^{(u)}$ 和 $l_1^{(v)}$ 的方程分别是

$$b\lambda^2 x = (\lambda^2 - b\beta)z, \quad a\lambda y = (a\beta + \lambda)z \tag{16.7}$$

和

$$bx = (1 + \gamma b\lambda)z, \quad ay = (1 - \gamma a\lambda^2)z. \tag{16.8}$$

一方面, 作出过 $l_1^{(u)}$ 和 $l_1^{(v)}$ 的平面 π:

$$ab\lambda x + aby - (a\lambda + b)z = 0, \tag{16.9}$$

这里假定 $\beta + \gamma\lambda^3 \neq 0$. 另一方面, 作出 t_λ 和 l_2 的交点 P:

$$x = \frac{ab}{a\lambda + b}, \quad y = \frac{ab\lambda}{a\lambda + b}, \quad z = 0. \tag{16.10}$$

从此立刻获得: 点 P 与平面 π 间的对应是李配极 Σ_0.

当 $\beta + \gamma\lambda^3 = 0$ 时, t_λ 是一条达布切线, 且过 $l_1^{(u)}$ 和 $l_1^{(v)}$ 的平面变为不定, 就是这时对应的共轭直线重合一致.

我们转入一般情况的讨论, 而且利用共轭直线 $l_1^{(u)}$ 和 $l_1^{(v)}$ 来导出姆塔儿对应. 为此, 把曲面的切线 t_λ 变动到无限邻接的切线, 从而对应直线 $l_1^{(u)}$ 和 $l_1^{(v)}$ 的每一条和其邻接直线各决定一平面. 这一来, 获得两平面

$$\pi^{(u)} \equiv ab(\lambda^2 x + 2\lambda y) - (a\lambda^2 + ab\beta + 2b\lambda)z = 0, \tag{16.11}$$

$$\pi^{(v)} \equiv ab(2\lambda x + y) - (2a\lambda + ab\gamma\lambda^2 + b)z = 0. \tag{16.12}$$

它们的交线 $l_1^{(m)}$ 与直线 l_2 对应. 从 (16.11) 和 (16.12) 得出 $l_1^{(m)}$ 的方程:

$$\begin{cases} 3\lambda(ay - z) + a(\gamma\lambda^3 - 2\beta)z = 0, \\ 3\lambda^2(bx - z) + b(\beta - 2\gamma\lambda^3)z = 0. \end{cases} \tag{16.13}$$

注意到属于 t_λ 的姆塔儿织面束的方程 (14.5) (这时, 应该以 λ 代替其中的 n), 便可断定: 两直线 l_2 和 $l_1^{(m)}$ 关于切线 t_λ 所对应的姆塔儿织面是共轭直线. 因而, 把 l_2 与 t_λ 的交点 $P(x_1, x_2, x_3)$ 固定起来而单把 l_2 变动, 对应的直线 $l_1^{(m)}$ 在一个固定平面 $\pi^{(m)}$ 上, 且 $\pi^{(m)}$ 的方程是

$$\pi^{(m)} \equiv 3x_2 x_3 (x_3 x + x_2 y) - (x_1 x_2 x_3 + \beta x_2^3 + \gamma x_3^3)z = 0. \tag{16.14}$$

所以 P 与 $x^{(m)}$ 间的对应是姆塔儿对应 Σ_1.

同样, 如果变动 l_2 使它和 t_λ 的共轭切线的交点 $P(\overline{x}_1, \overline{x}_2, \overline{x}_3, 0)$ 固定不动, 那么对应直线 $l_1^{(m)}$ 画成另一平面:

$$ab\lambda(\lambda x - y) + [ab(\beta - \gamma\lambda^3) + \lambda(b - a\lambda)]z = 0. \tag{16.15}$$

按照关系式

$$\overline{x}_1 = b - a\lambda, \quad \overline{x}_2 = ab, \quad \overline{x}_3 = -ab\lambda$$

改写 (16.15),

$$\overline{x}_2 \overline{x}_3 (\overline{x}_3 x + \overline{x}_2 y) - [3(\beta \overline{x}_2^3 + \gamma \overline{x}_3^3) + \overline{x}_1 \overline{x}_2 \overline{x}_3]z = 0.$$

这表明了, P 与这平面之间的对应是一个新对应 Σ_3.

其次, 考查一条固定直线 l_2 和变动切线 t_λ. 这时, l_2 的对应直线 $l_1^{(u)}$ 和 $l_1^{(v)}$ 各画成二次锥面 $\Gamma_2^{(u)}$ 和 $\Gamma_2^{(v)}$. 它们分别是平面 $\pi^{(u)}$ 和 $\pi^{(v)}$ 的包络, 从而在平面坐标下各有如下的方程:

$$4u_3 \left(u_3 + \frac{u_1}{b} + \frac{u_2}{a}\right) + \beta u_2^2 = 0, \tag{16.16}$$

$$4u_2 \left(u_3 + \frac{u_1}{b} + \frac{u_2}{a}\right) + \gamma u_3^2 = 0. \tag{16.17}$$

平面 $\pi^{(m)}$ 随着 t_λ 的变动包络成一个四次三阶代数锥面, 它具有三条尖点母线; $\Gamma_2^{(u)}$ 与 $\Gamma_2^{(v)}$ 相交于这三条母线和另一条直线, 而后者恰恰是 l_2 在李配极 Σ_0 下的共轭直线.

现在, 为了要从姆塔儿对应导出塞格雷对应, 重新考查平面 $\pi^{(m)}$. 从 (16.14) 得出 $\pi^{(m)}$ 与其邻接平面的交线:

$$\begin{cases} 3ab\lambda(\lambda x + y) - [ab(\beta + \lambda^3\gamma) + 3\lambda(a\lambda + b)]z = 0, \\ ab(2\lambda x + y) - (ab\gamma\lambda^2 + 2a\lambda + b)z = 0, \end{cases} \tag{16.18}$$

置

$$\overline{x}_1 = b - a\lambda, \quad \overline{x}_2 = ab, \quad \overline{x}_3 = -ab\lambda, \tag{16.19}$$

便可改写(16.18)，

$$\begin{cases} 3\overline{x}_2\overline{x}_3(-\overline{x}_3 x + \overline{x}_2 y) + (\beta\overline{x}_2^3 - \gamma x_3^3 + 3\overline{x}_1\overline{x}_2\overline{x}_3 - 6b\overline{x}_2\overline{x}_3)z = 0, \\ \overline{x}_2\overline{x}_3(-2\overline{x}_3 x + \overline{x}_2 y) + (-\gamma\overline{x}_3^3 + 2\overline{x}_1\overline{x}_2\overline{x}_3 - 3b\overline{x}_2\overline{x}_3)z = 0. \end{cases} \tag{16.18}'$$

从这些方程消去b, 得到一个平面的方程

$$\overline{x}_2\overline{x}_3(\overline{x}_3 x + \overline{x}_2 y) + (\beta\overline{x}_2^3 + \gamma\overline{x}_3^3 - \overline{x}_1\overline{x}_2\overline{x}_3)z = 0. \tag{16.20}$$

这表明了, 当直线l_2 和t_λ 的共轭切线的交点是固定点$P(\overline{x}_1, \overline{x}_2, \overline{x}_3, 0)$, 而且$l_2$ 变动时, 直线(16.18) 的轨迹是一平面π. 点P 与平面π 间的对应就是塞格雷对应Σ_{-1}.

平面(16.20) 也可以看成为$\pi^{(m)}$ 关于$\pi^{(u)}$ 和$\pi^{(v)}$ 的调和共轭. 现在, 记作$\pi^{(s)}$.

假设$\pi^{(s)}$ 与其邻接平面的交线对应于l_2; 后者常通过点P :

$$x_1 = a\lambda + b, \quad x_2 = ab, \quad x_3 = ab\lambda, \tag{16.21}$$

而交线在下列平面π上:

$$x_2 x_3(x_3 x + x_2 y) - [3(\beta x_2^3 + \gamma x_3^3) + x_1 x_2 x_3]z = 0. \tag{16.22}$$

这一来, 得到点P 与平面π 的对应Σ_3.

综合起来, 我们已经明确李配极、姆塔儿对应和塞格雷对应这三个特殊的切赫变换间的联系. 这里, 必须补充指出: 如果把所用的主密切织面Q_u^0, Q_v^0 换成主弦密切织面$Q_0^{(u)}$, $Q_0^{(v)}$ (1.12节), 便可导出两个新的切赫变换$\Sigma_{\frac{1}{10}}$ 和$\Sigma_{\frac{1}{2}}$ 的几何作图. 对于这个结果的证明让读者自行补足.

我们仍旧回到上述的变换$\Sigma_{(-1)^n 3^{n-1}}$ 的讨论. 原来, $\pi^{(s)}$ 是$\pi^{(m)}$ 关于$\pi^{(u)}$ 和$\pi^{(v)}$ 的调和共轭平面; 它和其邻接平面(来自于t_λ 的变动) 的交线决定于方程

$$\begin{cases} \pi^{(s)} \equiv ab\lambda(-\lambda x + y) - \{-a\lambda^2 + ab(\beta - \gamma\lambda^3) + b\lambda\}z = 0, \\ \dfrac{\partial\pi^{(s)}}{\partial\lambda} \equiv ab(-2\lambda x + y) - (-2a\lambda - 3ba\gamma\lambda^2 + b)z = 0. \end{cases} \tag{16.23}$$

以$\pi_1^{(u)}$ 和$\pi_1^{(v)}$ 分别表示过这交线和直线$l_1^{(u)}$ 以及过这交线和直线$l_1^{(v)}$ 的平面, 并从此作出$\pi^{(s)}$ 关于$\pi_1^{(u)}$ 和$\pi_1^{(v)}$ 的调和共轭平面π_2:

$$\pi_2 \equiv ab\lambda(\lambda x + y) - \{a\lambda^2 + 3ab(\beta + \gamma\lambda^3) + b\lambda\}z = 0. \tag{16.24}$$

这平面和点(16.21) 间的对应是交换Σ_3.

又以 $l_{12}^{(u)}$ 表示平面 $\pi_1^{(u)}$ 和其邻接平面的交线, $l_{12}^{(v)}$ 表示平面 $\pi_1^{(v)}$ 和其邻接平面的交线, 并且取 π_2 和其邻接平面的交线以代 (16.23), 取 $l_{12}^{(u)}$ 和 $l_{12}^{(v)}$ 分别代替 $l_1^{(u)}$ 和 $l_1^{(v)}$, 容易验证: 这时所导出的对应重合于变换 Σ_{-9}.

如果继续 n 次同一作图法, 便获得一平面

$$\pi_n \equiv ab\lambda\{(-1)^n\lambda x + y\} - \{(-1)^n a\lambda^2 + 3^{n-1}ab(\beta + (-1)^n\gamma\lambda^3) + b\lambda\}z = 0$$

和两条直线

$$l_{1n}^{(u)} \begin{cases} b\lambda^2 x = \{\lambda^2 + (-1)^n 3^{n-1}b\beta\}z, \\ a\lambda y = (\lambda + 3^{n-1}a\beta)z; \end{cases}$$

$$l_{1n}^{(v)} \begin{cases} bx = (1 + 3^{n-1}b\gamma\lambda)z, \\ ay = \{1 + (-1)^n 3^{n-1}a\gamma\lambda^2\}z. \end{cases}$$

这样得出的平面 π_n 和点 $P_{(n)}$

$$x_1 = (-1)^n a\lambda + b, \quad x_2 = ab, \quad x_3 = (-1)^n ab\lambda$$

之间的对应是切赫变换 $\Sigma_{(-1)^n 3^{n-1}}$, 其中当 n 是偶数时, 点 $P_{(n)}$ 是 l_2 和 t_λ 的交点; 当 n 是奇数时, 点 $P_{(n)}$ 变为 l_2 和 t_λ 的共轭切线的交点.

最后, 还要追加有关的一个几何作图. 设 C_1 和 C_2 分别是两锥面 $\Gamma_2^{(u)}$ 和 $\Gamma_2^{(v)}$ 关于李配极的对应二次曲线; 很明显, 它们在曲面的切平面上, 而且从 (16.16) 和 (16.17) 容易看出它们的方程:

$$4x_3\left(\frac{x_2}{a} + \frac{x_3}{b} - x_1\right) + \beta x_2^2 = 0, \quad x_4 = 0; \tag{16.25}$$

$$4x_2\left(\frac{x_2}{a} + \frac{x_3}{b} - x_1\right) + \gamma x_3^2 = 0, \quad x_4 = 0. \tag{16.26}$$

这两条二次曲线除了在 O 相交而外, 还在三点 O_1, O_2, O_3 相交, 并且 $OO_i(i = 1,2,3)$ 恰是塞格雷切线. 这三点构成的三角形各边和对应的达布切线在直线 l_2 上相交, 而且 l_2 关于三角形 $\{O_1O_2O_3\}$ 的极恰是 O.

现在, 考查曲面 σ 上无限靠近 O 的一点 O'. 那么连线 OO' 在 O 的切平面上, 并和二次曲线 C_1, C_2 除了在 O 相交外, 还分别在点 G_1, G_2 相交; OO' 和 l_2 相交于点 G'. 容易证明: 在第一阶微小范围内用交比可以表达两个初等齐式, 即

$$\beta\frac{du^2}{dv} = 4(OG', \; O'G_1), \tag{16.27}$$

$$\gamma\frac{dv^2}{du} = 4(OG', \; O'G_2). \tag{16.28}$$

设 O^* 是点 O 关于直线 OO' 上两点 G_1, G_2 的调和共轭点, 我们获得射影线素的几何意义如下:

$$\frac{\beta du^3 + \gamma dv^3}{2dudv} = 4(OG', \; O'O^*) \tag{16.29}$$

(还可参看苏步青[5]).

1.17 泛测地线、塞格雷锥面和规范直线

当1.13节叙述了一曲面σ 的射影线素

$$\frac{F_3}{F_2} = \frac{\varphi_3}{\varphi_2}.$$

当曲面上一条曲线能够令其射影线素的积分的变分变为0时, 称它为泛测地线. 从定义得到泛测地线所满足的方程

$$\delta \int \frac{F_3}{F_2} = \delta \int \frac{\varphi_3}{\varphi_2} = 0. \tag{17.1}$$

如果u, v 是曲面的主切线参数, 便可改写为

$$\delta \int \frac{\beta du^3 + \gamma dv^3}{2dudv} = 0,$$

或者

$$\delta \int F(u, \ v, \ u', \ v')dt = 0, \tag{17.1'}$$

式中$u' = \dfrac{du}{dt}, v' = \dfrac{dv}{dt}$, 而且

$$F(u, \ v, \ u', \ v') = \frac{\beta u'^3 + \gamma v'^3}{2u'v'}. \tag{17.2}$$

按照变分法的定义作出函数$F_1(u, \ v, \ u', \ v')$:

$$F_{u'u'} = v'^2 F_1, \quad F_{u'v'} = -u'v'F_1, \quad F_{v'v'} = u'^2 F_1,$$

便可写下欧拉方程

$$F_1(u'v'' - v'u'') + F_{uv'} - F_{vu'} = 0, \tag{17.3}$$

其中

$$u'' = \frac{d^2u}{dt^2}, \quad v'' = \frac{d^2v}{dt^2}.$$

从(17.2) 导出

$$F_1 = \frac{\beta u'^3 + \gamma v'^3}{u'^3 v'^3},$$

$$F_{uv'} = \frac{2\gamma_u v'^3 - \beta_u u'^3}{2u'v'^2},$$

$$F_{vu'} = \frac{2\beta_v u'^3 - \gamma_v v'^3}{2u'^2 v'},$$

从而泛测地线的微分方程可以写为

$$2(\beta u'^3 + \gamma v'^3)(u''v' - u'v'')$$

$$= (2\gamma_u v'^3 - \beta_u u'^3)u'^2 v' - (2\beta_v u'^3 - \gamma_v v'^3)u'v'^2,$$

即

$$2(\beta du^3 + \gamma dv^3)(dv\, d^2 u - du\, d^2 v)$$
$$= (\gamma_v dv^4 - \beta_u du^4)du\, dv + 2(\gamma_u dv^2 - \beta_v du^2)du^2 dv^2. \tag{17.4}$$

特别是, 取 $t = v$, 从而 $u' = \dfrac{du}{dv}$, $u'' = \dfrac{d^2 u}{dv^2}$, $v' = 1$, $v'' = 0$, 那么 (17.4) 变为

$$2\frac{\beta u'^3 + \gamma}{u'^3}u'' = 2\left(\frac{\gamma_u}{u'} - \beta_v u'\right) + \left(\frac{\gamma_v}{u'^2} - \beta_u u'^2\right). \tag{17.4'}$$

如果主切曲线是实的曲线, 那么泛测地线的微分方程可以写为

$$(x\, dx\, d^2 x\, d^3 x) = (\xi\, d\xi\, d^2 \xi\, d^3 \xi), \tag{17.4''}$$

称为切赫方程. 相反, 如果主切曲线不是实的曲线, 只需上列方程的一个行列式乘以 $\varepsilon = -\operatorname{sgn} A$ (其中 A 表示 $a_{11}a_{22} - a_{12}^2$).

为验证 (17.4)'', 先计算行列式 $(x\, dx\, d^2 x\, d^3 x)$.

从基本方程 (I) (1.2节) 得到

$$d^2 x = A x_u + B x_v + 2 x_{uv} du\, dv + (*)x,$$

$$d^3 x = A_1 x_u + B_1 x_v + C_1 x_{uv} + (*)x + (*)dx,$$

式中已置

$$A = d^2 u + \theta_u du^2 + \gamma dv^2,$$
$$B = d^2 v + \theta_v dv^2 + \beta du^2,$$

$$A_1 = d^3 u + 2\theta_u du\, d^2 u + d\theta_u \cdot du^2 + 2\gamma dv\, d^2 v + (\gamma_u du + \gamma_v dv)dv^2$$
$$\quad + A\theta_u du + B\gamma dv + 2du\, dv[(\theta_{uv} + \beta\gamma)du + \pi_{22}dv],$$
$$B_1 = d^3 v + 2\theta_v dv\, d^2 v + d\theta_v \cdot dv^2 + 2\beta du\, d^2 u + (\beta_v dv + \beta_u du)du^2$$
$$\quad + B\theta_v dv + A\beta\, du + 2du\, dv[(\theta_{uv} + \beta\gamma)dv + \pi_{11}du],$$
$$C_1 = 3(du\, d^2 v + d^2 u\, dv) + 3du\, dv(\theta_v dv + \theta_u du) + \beta\, du^3 + \gamma dv^3.$$

因此,

$$(x\, dx\, d^2 x\, d^3 x) : (x\, x_u\, x_v\, x_{uv})$$
$$= \begin{vmatrix} du & dv & 0 \\ A & B & 2du\,dv \\ A_1 & B_1 & C_1 \end{vmatrix} = 2du\, dv(A_1 dv - \overline{B}_1 du) + C_1(B\, du - A\, dv).$$

如果把β, γ, π_{ii} 顺次改做$-\beta$, $-\gamma$, p_{ii}, 那么A, B, A_1, B_1, C_1 都要改变, 以$\overline{A}, \overline{B}$, $\overline{A}_1, \overline{B}_1, \overline{C}_1$ 表示这些对应式, 就可写出

$$(\xi\, d\xi\, d^2\xi\, d^3\xi) : (\xi\, \xi_u\, \xi_v\, \xi_{uv}) = 2du\, dv(\overline{A}_1\, dv - \overline{B}_1 du) + \overline{C}_1(\overline{B}du - \overline{A}dv).$$

这一来,

$$\frac{1}{4}\left[\frac{(x\, dx\, d^2x\, d^3x)}{(x\, x_u\, x_v\, x_{uv})} - \frac{(\xi\, d\xi\, d^2\xi\, d^3\xi)}{(\xi\, \xi_u\, \xi_v\, \xi_{uv})}\right]$$
$$= du\, dv\left\{\frac{A_1 - \overline{A}_1}{2}dv - \frac{B_1 - \overline{B}_1}{2}du\right\} + \frac{1}{4}[C_1(Bdu - Adv) - \overline{C}_1(\overline{B}du - \overline{A}dv)].$$

可是

$$Bdu - Adv = du\, d^2v - dv\, d^2u + du\, dv(\theta_v dv - \theta_u du) + \beta du^3 - \gamma dv^3,$$

所以

$$\frac{1}{4}[C_1(Bdu - Adv) - \overline{C}_1(\overline{B}du - \overline{A}dv)]$$
$$= \beta du^3\{2du\, d^2v + d^2u\, dv + du\, dv(2\theta_v dv + \theta_u du)\}$$
$$- \gamma dv^3\{du\, d^2v + 2d^2u\, dv + du\, dv(\theta_v dv + 2\theta_u du)\}.$$

另外,

$$\frac{A_1 - \overline{A}_1}{2}dv - \frac{B_1 - \overline{B}_1}{2}du$$
$$= 3\gamma dv^2 d^2v + (2\gamma_u du + \gamma_v dv)dv^3 + 2\gamma\theta_u du\, dv^3 + \gamma\theta_v dv^4$$
$$- 3\beta du^2 d^2u - (2\beta_v dv + \beta_u du)du^3 - 2\beta\theta_v dv\, du^3 - \beta\theta_u du^4.$$

最后获得

$$\frac{1}{4}\left[\frac{(x\, dx\, d^2x\, d^3x)}{(x\, x_u\, x_v\, x_{uv})} - \frac{(\xi\, d\xi\, d^2\xi\, d^3\xi)}{(\xi\, \xi_u\, \xi_v\, \xi_{uv})}\right] = 2(\beta du^3 + \gamma dv^3)(du\, d^2v - dv\, d^2u)$$
$$+ (\gamma_v dv^4 - \beta_u du^4)du\, dv$$
$$+ 2(\gamma_u dv^2 - \beta_v du^2)du^2 dv^2.$$

所以方程(17.4) 可以写成

$$(x\, dx\, d^2x\, d^3x) = \varepsilon(\xi\, d\xi\, d^2\xi\, d^3\xi).$$

这就是所欲证明的结果.

在形式上, 方程(17.4)″是三阶的, 而其实两边的三阶项相抵消, 仅仅决定于二阶的. 从这方程简单地导出泛测地线的几何解释, 这解释也可以看成为泛测地线的新定义:

设 A 是曲面 σ 上一条泛测地线的一点, α 是它在 A 的密切平面. 在 σ 和 α 的交线上取四个无限邻接点 A, A', A'', A''' (不在同一条泛测地线上) , 那么 σ 在这四点的四切平面一定相会于同一点.

过 σ 上一点 A 引所有的泛测地线, 那么每条曲线在 A 的密切平面包络成一个锥面, 称为塞格雷锥面. 根据上述的性质容易看出, 这密切平面的对应脊点(1.16节)是稳定的.

现在, 为寻找塞格雷锥面的方程, 考查泛测地线在 A 的密切平面. 一般, 曲线 $u = u(t)$, $v = v(t)$ 在其一点的密切平面的方程是(1.16节)

$$(du\,d^2v - dv\,d^2u + \beta du^3 - \gamma dv^3 + \theta_v dv^2 du - \theta_u du^2 dv)\xi + 2\xi_u du^2 dv - 2\xi_v du\,dv^2.$$

对于泛测地线成立方程(17.4); 从此把

$$du\,d^2v - dv\,d^2u$$

代入上式, 便可改写它为

$$u_3\xi - u_2\xi_u - u_1\xi_v,$$

或者方程

$$u_1 x + u_2 y + u_3 z = 0, \tag{17.5}$$

式中

$$\begin{cases} \rho u_1 = 4(\beta du^3 + \gamma dv^3)du\,dv^2, \\ \rho u_2 = -4(\beta du^3 + \gamma dv^3)du^2 dv, \\ \rho u_3 = (\beta_u du^4 - \gamma_v dv^4)du\,dv + 2(\beta_v du^2 - \gamma_u dv^2)du^2 dv^2 \\ \qquad + 2(\beta du^3 + \gamma dv^3)(\beta du^3 - \gamma dv^3 + \theta_v dv^2 du - \theta_u du^2 dv). \end{cases} \tag{17.6}$$

特别地, 取 $t = u$, 从而 $u' = 1$, $v' = n$, 方程(17.5) 和方程(14.21) 重合一致.

从(17.6) 容易导出塞格雷锥面的方程:

$$\Gamma_6 \equiv 2u_1 u_2 u_3(\beta u_2^3 - \gamma u_1^3) - u_1 u_2 \left\{ \frac{1}{2}\varphi(\beta u_2^3 - 2\gamma u_1^3)u_2 + \frac{1}{2}\psi(2\beta u_2^3 - \gamma u_1^3)u_1 \right\}$$
$$- (\beta^2 u_2^6 - \gamma^2 u_1^6) = 0. \tag{17.7}$$

这一来, 得到下列定理:

定理 从曲面 σ 上一点 O 发出的泛测地线在 O 的密切平面包络6阶的塞格雷锥面 Γ_6, 而且 Γ_6 和 σ 在 O 的切平面沿着两主切线和三条达布切线相切.

定理后半的证明如下.

设 (x, y, z) 是 Γ_6 的点, 那么

$$\rho x = \frac{\partial \Gamma_6}{\partial u^1}, \quad \rho y = \frac{\partial \Gamma_6}{\partial u^2}, \quad \rho z = \frac{\partial \Gamma_6}{\partial u^3},$$

从而Γ_6和切平面$z=0$的交线满足

$$\frac{\partial \Gamma_6}{\partial u^3} \equiv 2u_1 u_2(\beta u_2^3 - \gamma u_1^3) = 0.$$

方程$u_1 = 0$表示直线$y = z = 0$; $u_2 = 0$表示直线$x = z = 0$, 而且最后方程$\beta u_2^3 - \gamma u_1^3 = 0$表示三条达布切线.

其次, 由Γ_6和以每条主切线为轴的平面束$u_1^6 = 0$, $u_2^6 = 0$决定一个6阶锥面线性系统$\Gamma_6 + \lambda u_1^6 + \mu u_2^6 = 0$; 其中一个锥分解为$u_1 u_2 = 0$和另外一个4阶锥面$\Gamma_4$:

$$\begin{aligned}
\Gamma_4 \equiv{} &2u_3(\beta u_2^3 - \gamma u_1^3) - \frac{1}{2}\varphi u_2(\beta u_2^3 - 2\gamma u_1^3) \\
&- \frac{1}{2}\psi u_1(2\beta u_2^3 - \gamma u_1^3) = 0.
\end{aligned} \tag{17.8}$$

山尼亚(G. Sannia, Rend. dei Lincei (VI) 8, 1928, 373~375) 利用这两个锥面Γ_6和Γ_4作出了许多规范直线的新作图和其间的关系, 现在叙述于次.

首先, 从Γ_6着手, 证明一系列结果. 以下用$A_r(r=1,2)$, $D_\rho(\rho=0,1,2)$, $S_\rho(\rho=0,1,2)$分别表示曲面σ在点O的主切线、达布切线、塞格雷切线.

a) 过A_r的任何平面关于Γ_6的第一配极有共通平面α_s; 这平面过另一条$A_s(s\neq r)$, 并且α_1, α_2相交于第一棱线$C\left(-\dfrac{1}{4}\right)$.

证　过A_1的平面是

$$u_1 = 0, \quad u_2 = 1, \quad u_3 = \rho,$$

其中ρ是参数. 这平面关于Γ_6的第一配极决定于方程

$$\frac{\partial \Gamma_6}{\partial u_2} + \rho \frac{\partial \Gamma_6}{\partial u_3} = 0.$$

为了最后方程对于任意的ρ要被$u_2 = 0$所满足, $u_1 : u_3$就必须满足

$$\left(\frac{\partial \Gamma_6}{\partial u_3}\right)_{u_2=0} = 0,$$

从而导出

$$u_1 : u_2 : u_3 = 1 : 0 : \frac{1}{4}\psi.$$

所以α_1的方程是$x + \dfrac{1}{4}\psi z = 0$. 同样, α_2的方程是$y + \dfrac{1}{4}\varphi z = 0$.　　　　(证毕)

b) 上述的所有第一配极还有过各条D_ρ的三共通切平面, 它们形成三面体. 设$p_r\,(r=1,\ 2)$是曲面σ在O的切平面π关于这个三面体的极线, 而且T'是平面$[p_1 p_2]$和π的交线, 那么T'关于p_1, p_2的调和共轭直线是第一轴线$C\left(-\dfrac{1}{3}\right)$.

证 先作出过 A_1 的一平面关于 Γ_6 的第一配极, 其共通平面 $u_1 : u_2 : u_3$ 必须满足

$$\frac{\partial \Gamma_6}{\partial u_2} = 0, \quad \frac{\partial \Gamma_6}{\partial u_3} = 0.$$

如果这共通平面过一条 D_ρ, 那么

$$u_1 = 1, \quad u_2 = \varepsilon^\rho P \quad (\rho = 0, 1, 2)$$

必须满足 $\dfrac{\partial \Gamma_6}{\partial u_3} = 0$, 其中 $P = \sqrt[3]{\dfrac{\gamma}{\beta}}$. 因为 $\dfrac{\partial \Gamma_6}{\partial u_2} = 0$ 这时成立, 这个条件:

$$0 = \left(\frac{\partial \Gamma_6}{\partial u_3} \right)_{u_1 = 1, \, u_2 = \varepsilon^\rho P}$$

也是充分的. 从此得出

$$u_3 = \frac{7}{12}\psi + \frac{\varphi}{12}\varepsilon^\rho P + \gamma \varepsilon^{2\rho} P^2 \quad (\rho = 0, 1, 2).$$

因而, 切平面 $z = 0$ 关于这三面体的极线决定于方程

$$p_1 : x + \frac{7}{12}\psi z = 0, \quad y + \frac{\varphi}{12} z = 0.$$

同样得到第二条极线的方程

$$p_2 : x + \frac{\psi}{12} z = 0, \quad y + \frac{7}{12}\varphi z = 0.$$

这一来, T' 关于 p_1, p_2 的调和共轭直线决定于方程

$$x + \frac{1}{3}\psi z = 0, \quad y + \frac{1}{3}\varphi z = 0,$$

就是 $C\left(-\dfrac{1}{3}\right)$. (证毕)

c) 过一条 A_r 的任意平面关于 Γ_6 的第四配极有共通切平面, 其中过另一条 $A_s (s \neq r)$ 的只有一个平面 β_r. 两平面 β_1 和 β_2 相交于第一准线 $C\left(-\dfrac{1}{2}\right)$.

证 平面 $u_1 : u_2 : u_3 = 0 : 1 : \rho$ 关于 Γ_6 的第四配极是

$$\frac{\partial^4 \Gamma_6}{\partial u_2^4} + 4\rho \frac{\partial^4 \Gamma_6}{\partial u_2^3 \partial u_3} = 0.$$

可是 $u_2 = 0$ 满足

$$\frac{\partial^4 \Gamma_6}{\partial u_2^3 \partial u_3} = 0,$$

所以平面 β_1 的坐标 $u_1 : 0 : u_3$ 必须满足

$$\frac{\partial^4 \Gamma_6}{\partial u_2^4} = 0,$$

从此得出

$$u_1 : u_3 = 1 : \frac{1}{2}\psi,$$

就是 β_1 决定于方程

$$x + \frac{1}{2}\psi z = 0.$$

同样, β_2 的方程是

$$y + \frac{1}{2}\varphi z = 0. \qquad \text{(证毕)}$$

d) 过每一条 A_r 常可引一平面 β_r', 使它关于 Γ_6 的第二配极分解成为一个锥面 C_r 和另外一个以 $A_s (s \neq r)$ 为轴的平面束. 平面 β_r' 和 C_s 沿一条直线 g_r 相切, 并且两平面 $[g_1 A_2]$ 和 $[g_2 A_1]$ 相交于第一主直线 $C\left(-\dfrac{1}{12}\right)$.

平面 β_r' 和 c) 的 β_r 重合, 因此用它们还可作出第一准线. 此外, 平面 $[g_1 g_2]$ 和切平面 π 相交于直线 T', 而且 T' 关于 g_1, g_2 的调和共轭直线是 $C\left(-\dfrac{7}{24}\right)$.

证 平面 $u_1 : u_2 : u_3 = 0 : 1 : \rho$ 关于 Γ_6 的第二配极是

$$24\beta u_1 u_2^2 u_3 - u_1 \{9\varphi \beta u_2^3 + \varphi(\beta u_2^3 - 2\gamma u_1^3) + 12\psi \beta u_1 u_2^2\}$$

$$-30\beta^2 u_2^4 + 2\rho \{2u_1(\beta u_2^3 - \gamma u_1^3) + 6\beta u_1 u_2^3\} = 0.$$

如果这配极含有平面束 $u_2 = 0$, 那么 $\rho = \dfrac{1}{2}\varphi$, 从而 $\beta_1' \equiv \beta_1$ 的坐标是 $u_1 : u_2 : u_3 = 0 : 1 : \dfrac{1}{2}\varphi$.

同样, $\beta_2' \equiv \beta_2$ 决定于 $u_1 : u_2 : u_3 = 1 : 0 : \dfrac{1}{2}\psi$.

反过来, β_1' 的第二配极分解为平面束 $u_2^2 = 0$ 和二次锥面 C_1:

$$12\beta u_1 u_3 - \varphi u_1 u_2 - 6\psi u_1^2 - 15\beta u_2^2 = 0,$$

从此看出: β_2' 和 C_1 相切, 其接触线 g_2 是

$$x : y : z = -6\psi : -\varphi : 12.$$

同样, g_1 决定于方程

$$x : y : z = -\psi : -6\varphi : 12.$$

因此, 平面 $[g_2 A_1]$ 和 $[g_1 A_2]$ 是

$$y + \frac{1}{12}\varphi z = 0, \quad x + \frac{1}{12}\psi z = 0. \qquad \text{(证毕)}$$

e) 过每一条 D_ρ 常可引这样的一平面 δ_ρ, 使它关于 Γ_6 的第一配极分解成为一个锥面和另外一个以 S_ρ 为轴的平面束. δ_0, δ_1, δ_2 形成三面体, 而且 π 关于这三面体的极线是射影法线.

证 过D_ρ的任何平面是

$$u_1 : u_2 : u_3 = 1 : \varepsilon^\rho P : \rho \quad \left(P = \sqrt[3]{\frac{\gamma}{\beta}}\right),$$

它关于Γ_6的第一配极是

$$\frac{\partial \Gamma_6}{\partial u_1} + \varepsilon^\rho P \frac{\partial \Gamma_6}{\partial u_2} + \rho \frac{\partial \Gamma_6}{\partial u_3} - 0.$$

如果这配极的一部分是以S_ρ为轴的平面束, 那么$u_1 = 1$, $u_2 = -\varepsilon^\rho P$必须满足上列方程, 并且反过来也成立. 代入的结果是

$$\rho = 3\frac{\gamma}{P}\varepsilon^{2\rho},$$

所以δ_ρ的方程是

$$x + \varepsilon^\rho P y + 3\frac{\gamma}{P}\varepsilon^{2\rho} z = 0.$$

很明显, 三棱的方程是

$$x : y : z = 3\varepsilon^{2\rho+1}\frac{\gamma}{P} : 3\varepsilon^{\rho+2}\frac{\gamma}{P^2} : 1 \quad (\rho = 0, 1, 2),$$

因此, π关于这三面体$\{\delta_0\delta_1\delta_2\}$的极线是

$$x = 0, \quad y = 0,$$

即射影法线. (证毕)

在上列定理中, 每一平面δ_ρ有对应的锥面, 且其方程是

$$
\begin{aligned}
&2u_3(\beta u_2^3 - \gamma u_1^3) + 6u_1 u_2 u_3 \beta \varepsilon^\rho P(u_2 - \varepsilon^\rho P u_1) \\
&- \frac{1}{2}\beta\varphi u_2[(u_2 - 4\varepsilon^\rho P u_1)(u_2^2 - \varepsilon^\rho P u_1 u_2 + \varepsilon^{2\rho} P^2 u_1^2) \\
&+ 9\varepsilon^\rho P u_1 u_2(u_2 - \varepsilon^\rho P u_1)] \\
&- \frac{1}{2}\gamma\psi u_1[(4u_2 - \varepsilon^\rho P u_1)(u_2^2 - \varepsilon^\rho P u_1 u_2 + \varepsilon^{2\rho} P^2 u_1^2) \\
&+ 9\varepsilon^\rho P u_1 u_2(u_2 - \varepsilon^\rho P u_1)] \\
&+ 6\left[-\varepsilon^{2\rho}\frac{\gamma^2}{P}u_1^4 + \varepsilon^\rho P\beta^2 u_2(u_2^2 + \varepsilon^{2\rho} P^2 u_1^2)(u_2 - \varepsilon^\rho P u_1)\right. \\
&\left.+ \frac{\beta\gamma}{P}\varepsilon^{2\rho} u_1 u_2(u_2^2 - \varepsilon^\rho P u_1 u_2 + \varepsilon^{2\rho} P^2 u_1^2)\right] = 0.
\end{aligned}
$$

过S_ρ引这锥面的切平面, 便得到平面:

$$u_1 = 1, \quad u_2 = -\varepsilon^\rho P, \quad u_3 = \frac{3}{16}\psi - \frac{3}{16}\varphi P\varepsilon^\rho,$$

即平面

$$\left(x + \frac{3}{16}\psi z\right) - \varepsilon^\rho P\left(y + \frac{3}{16}\varphi z\right) = 0 \quad (\rho = 0, 1, 2),$$

所以这三平面相会于规范直线 $C\left(-\dfrac{3}{16}\right)$.

其次, 将利用锥面 Γ_4 (17.8) 作出一些规范直线的几何解释.

f) 过每一条 A_r 常可引一平面 α_r', 使它属于本身关于 Γ_4 的第一配极. 两平面 α_1', α_2' 相交于第一棱线 $C\left(-\dfrac{1}{4}\right)$.

实际上, α_1' 的坐标 $u_1 : u_2 : u_3 = 0 : 1 : \rho$ 决定于方程

$$0 \cdot \frac{\partial \Gamma_4(0, 1, \rho)}{\partial u_1} + 1 \cdot \frac{\partial \Gamma_4(0, 1, \rho)}{\partial u_2} + \rho \cdot \frac{\partial \Gamma_4(0, 1, \rho)}{\partial u_3} = 0,$$

即

$$\Gamma_4(0, 1, \rho) = 0.$$

从此得到 $\rho = \dfrac{1}{4}\varphi$. 就是说, 平面 $\alpha_1' \equiv \alpha_1$ (参见a)) 的方程是

$$y + \frac{1}{4}\varphi z = 0.$$

同样, 得出 $\alpha_2' \equiv \alpha_2 : x + \dfrac{1}{4}\psi z = 0$.

g) 在过 A_r 的平面中, 必有一平面 β_r 使其关于 Γ_4 的第一配极退缩为两平面束, 而且其中的一束是以 $A_s(s \neq r)$ 为轴的. 两平面 β_1, β_2 的交线是第一准线 $C\left(-\dfrac{1}{2}\right)$.

实际上, 设 β_1 的方程是 $y + \rho z = 0$, 它关于 Γ_4 的第一配极决定于

$$\frac{\partial \Gamma_4}{\partial u_2} + \rho \frac{\partial \Gamma_4}{\partial u_3} = 0.$$

根据假设 $u_2 = 0$ 必须满足这方程, 我们从此容易得出 $\rho = \dfrac{1}{2}\varphi$. 因此, β_1 的方程是 $y + \dfrac{1}{2}\varphi z = 0$.

同样, β_2 的方程是 $x + \dfrac{1}{2}\psi z = 0$.

这时, β_1 关于 Γ_4 的第一配极分解为两平面束, 就是

$$u_2^2(6u_3 - \varphi u_2 - 3\psi u_1) = 0.$$

因而, 获得平面束 F_1: $6u_3 - \varphi u_2 - 3\psi u_1 = 0$. 同样, 又可导出平面束 F_2: $6u_3 - \psi u_1 - 3\varphi u_2 = 0$.

h) 设两束 F_1, F_2 的轴是 a_1, a_2, 那么两平面 $[a_1 A_2]$, $[a_2 A_1]$ 相交于规范直线 $C\left(-\dfrac{1}{6}\right)$.

实际上, F_1 的平面决定于方程

$$\left(x + \frac{1}{2}\psi z\right)u_1 + \left(y + \frac{1}{6}\varphi z\right)u_2 = 0,$$

所以平面 $[a_1 A_2]$ 的方程是 $y + \frac{1}{6}\varphi z = 0$. 同样, 平面 $[a_2 A_1]$ 的方程是 $x + \frac{1}{6}\psi z = 0$.

i) 根据g) 定义的平面 β_r $(r = 1, 2)$ 关于 Γ_4 的第二配极一定分解成为两平面束, 其一束的轴是 $A_s(s \neq r)$, 而且其余一束的轴和 A_r 决定一平面 η_r, 两平面 η_1 和 η_2 相交于射影法线.

实际上, β_1 的坐标是 $u_1 : u_2 : u_3 = 0 : 1 : \frac{1}{2}\varphi$, 它关于 Γ_4 的第二配极决定于方程

$$\frac{\partial^2 \Gamma_4}{\partial u_2^2} + \varphi \frac{\partial^2 \Gamma_4}{\partial u_2 \partial u_3} = 0.$$

简化后,

$$u_2(2u_3 - \psi u_1) = 0.$$

所以 η_1 的方程是 $y = 0$. 同样, η_2 的方程是 $x = 0$.

j) 过 A_r 的所有平面关于 Γ_4 的第一配极有三个共通平面(各各通过 D_ρ). 这三平面相会于直线 a_r. 设 T''' 是平面 $[a_1 a_2]$ 和 π 的交线, 那么 T''' 关于 a_1, a_2 的共轭直线是第一轴线.

按照上述方法不仅可证明定理j) , 而且还可验证下列一些结果:

k) 在过一条 S_ρ 的平面关于 Γ_6 的第一配极中, 有一个过 D_ρ 的共通切平面 θ_ρ. 切平面 π 关于三面体 $\{\theta_0 \theta_1 \theta_2\}$ 的极线是第一轴线.

l) 过一条 D_ρ 的平面关于 Γ_4 的第一配极, 一定有各各过 D_σ, $D_\tau(\rho, \sigma, \tau \neq 0)$ 的两共通切平面 $\lambda_{\rho\sigma}$, $\lambda_{\rho\tau}$. 每组 $(\lambda_{01}, \lambda_{12}, \lambda_{20})$, $(\lambda_{10}, \lambda_{21}, \lambda_{02})$ 都是共线的; 以 b_1, b_2 表示其轴, 并以 T^{IV} 表示 π 与平面 $[b_1 b_2]$ 的交线, 那么 T^{IV} 关于 b_1, b_2 的调和共轭是第一轴线.

m) 过各 S_ρ 的平面关于 Γ_4 的极线全部在一平面 μ_ρ 上, 而且三平面 μ_0, μ_1, μ_2 相会于射影法线.

n) 上述的 μ_ρ 关于 Γ_4 的第一配极分解成为一个锥面和一个以 S_ρ 为轴的平面束, 并且在过 D_ρ 的平面中只有 μ_ρ 是这样的. 分解后的锥面有一个过 S_ρ 的切平面 ν_ρ, 而且三平面 ν_0, ν_1, ν_2 相会于第一棱线.

详细研究还可参考山尼亚的另一篇论文(G. Sannia, Rend. dei Lincei (VI) 9, 1929, 1081~1085).

1.18　射影测地线

按照另外的方法也可把普通曲面的线素拓广到射影微分几何里, 下面就要叙述这个方法.

设 $r_i (i = 1, 2, 3, 4)$ 是空间四条直线. 取平面 α 和每条直线都相交, 并且从另一直线 ρ 射影这四个交点, 就得到同一束的四平面, 从而作出交比. 一般地, 这交比和所取的直线 ρ 与平面 α 都有关系, 但是当四直线 r_i 在某阶微小范围内可以看成是同一线束的直线时, 这个交比则和 ρ 与 α 没有关系. 我们将用四直线的交比来表达它.

现在, 在曲面 σ 上一点 $O(u, v)$ 引主切曲线 $u = \mathrm{const}$ 和 $v = \mathrm{const}$ 的两主切线, 并在点 $O'(u + du, v)$ 引主切曲线 $v = \mathrm{const}$ 的切线, 在点 $O''(u, v + dv)$ 引主切曲线 $u = \mathrm{const}$ 的切线. 我们将计算这四切线的交比如下.

这四条直线的勃吕格坐标分别是

$$(x, x_u), (x, x_v),$$

$$(x, x_u) + (x, x_{uu})du = (1 + \theta_u du)(x, x_u) + (\beta du)(x, x_v),$$

$$(x, x_v) + (x, x_{vv})dv = (\gamma dv)(x, x_u) + (1 + \theta_v dv)(x, x_v),$$

所以交比等于

$$\frac{\beta du}{1 + \theta_u du} : \frac{1 + \theta_v dv}{\gamma dv},$$

从而其主要部分是 $\beta\gamma\, du\, dv$. 因此, 齐式

$$\varphi_2 = 2\beta\gamma\, du\, dv$$

是所引四主切线的交比的二倍.

作为普通曲面上测地线的扩充, 考查下列变分问题:

$$\delta \int \sqrt{\varphi_2} = 0,$$

就是

$$\delta \int \sqrt{\beta\gamma u'v'}\, dt = 0 \quad \left(u' = \frac{du}{dt}, \ \ v' = \frac{dv}{dt} \right). \tag{18.1}$$

这时的曲线 $u = u(t)$, $v = v(t)$ 是射影共变的, 称它为射影测地线.

从 (17.3) 容易导出欧拉方程, 即

$$v'' = \frac{\partial \log \beta\gamma}{\partial u} v' - \frac{\partial \log \beta\gamma}{\partial v} v'^2, \tag{18.2}$$

式中

$$v' = \frac{dv}{du}, \quad v'' = \frac{d^2 v}{du^2}.$$

设 x 是富比尼的法坐标, 而且

$$x_1 x + x_2 x_u + x_3 x_v + x_4 x_{uv}$$

表示点的坐标, 那么射影测地线的密切平面是

$$x_4\beta - 2x_3v' + 2x_2v'^2 - \gamma x_4 v'^3 = 0. \tag{18.3}$$

当 v' 变动时, 这平面包络成一个四次锥面 C_4:

$$27\beta^2\gamma^2 x_4^4 - 16x_2^2 x_3^3 + 32(\beta x_2^3 + \gamma x_3^3)x_4 - 72\beta\gamma x_2 x_3 x_4^2 = 0. \tag{18.4}$$

射影法线 $x_2 = x_3 = 0$ 关于 C_4 的第一、第二、第三配极顺次是下列两锥面:

$$27\beta^2\gamma^2 x_4^2 + 8(\beta x_2^3 + \gamma x_3^3) - 36\beta\gamma x_2 x_3 x_4 = 0, \tag{18.5}$$

$$9\beta\gamma x_4^2 = 4x_2 x_3$$

和切平面 $x_4 = 0$. 第一配极锥面和切平面沿三条达布切线相切, 而第二配极锥面则沿两主切线相切.

反过来, 假设一直线 $x_2 : x_3 : x_4 = x_2' : x_3' : x_4'$ 关于锥面 C_4 的第一配极通过三条达布切线, 或者它的第二配极通过两主切线, 并且第三配极是切平面, 那么这直线一定是射影法线.

实际上, 这直线的第一配极是

$$x_2'(-32x_2 x_3^2 + 96\beta x_2^2 x_4 - 72\beta\gamma x_3 x_4^2)$$
$$+ x_3'(-32x_2^2 x_3 + 96\gamma x_3^2 x_4 - 72\beta\gamma x_2 x_4^2)$$
$$+ x_4'(108\beta^2\gamma^2 x_4^3 + 32\beta x_2^3 + 32\gamma x_3^3 - 144\beta\gamma x_2 x_3 x_4) = 0.$$

如果三条达布切线在它的上面, 那么 $x_4 = 0$ 和 $\beta x_2^3 + \gamma x_3^3 = 0$ 必须满足上列方程, 从而

$$x_2 x_3(x_2' x_3 + x_3' x_2) = 0$$

对于 $\beta x_2^3 + \gamma x_3^3 = 0$ 的三个根都要成立, 因此

$$x_2' = 0, \quad x_3' = 0,$$

就是说, 所提的直线是射影法线.

其次, 假定直线 $x_2 : x_3 : x_4 = x_2' : x_3' : x_4'$ 关于 C_4 的第二配极要通过两主切线, 那么 $x_4 = 0$, $x_2 = 0$ 和 $x_4 = 0$, $x_3 = 0$ 都要满足第二配极的方程

$$x_2^2(-32x_3'^2 + 192\beta x_2' x_4') + 2x_2 x_3(-64x_2' x_3' - 72\beta\gamma x_4'^2)$$
$$+ x_3^2(-32x_2'^2 + 192\gamma x_3' x_4') + x_4[\cdots] = 0.$$

容易看出, 充要条件是

$$6x_2' x_3' x_4' = \frac{x_2'^3}{\gamma} = \frac{x_3'^3}{\beta}.$$

另外, 第三配极和切平面要重合的条件是

$$-32x_2'x_3'^2 + 96\beta x_2'^2 x_4' - 72\beta\gamma x_3' x_4'^2 = 0,$$

$$-32x_2'^2 x_3' + 96\gamma x_3'^2 x_4' - 72\beta\gamma x_2' x_4'^2 = 0.$$

从此导出 $x_2' = 0$, $x_3' = 0$.

综合起来, 获得下列定理(E. Bompiani, Rend. dei Lincei, (VI) 24, 1926, 323~332):

定理　过曲面上一点引曲面的所有射影测地线, 它在这点的密切平面包络成一个四次锥面 C_4, 并且曲面在这点的射影法线决定于下列两性质的任何一个:

(1) 它关于 C_4 的第一配极通过三条达布切线;

(2) 它关于 C_4 的第二配极通过两主切线, 而且第三配极和曲面在这点的切平面重合.

傍匹阿尼还根据这个结果导出了射影法线的尺度几何型.

设 r_1, r_2 是两主切曲线 u, v 在交点的曲率半径, ω 是交角, 而且高斯曲率是 $K = -\dfrac{1}{\rho^2}$, 那么射影法线的方向余弦与

$$\frac{\partial}{\partial v} \log \frac{\rho^{\frac{3}{2}}}{r_1 r_2 \sin^3 \omega} x_u + \frac{\partial}{\partial u} \log \frac{\rho^{\frac{3}{2}}}{r_1 r_2 \sin^3 \omega} x_v + 2\frac{\sqrt{EG - F^2}}{\rho} X$$

等三数成比例.

按照射影法线汇的可展面, 当然可以作出射影曲率线的定义, 但是因为表示复杂, 迄今还没有获得显著的性质.

最后必须补充地指出, 锥面 C_4 和射影法线、达布切线、塞格雷切线之间除了上述的性质外, 还有一些简单关系未为傍匹阿尼所提出. 为此, 将证

定理　锥面 C_4 有三条尖点直线 c_0, c_1, c_2, 并且三尖点切平面相会于射影法线. 这三切平面与曲面的切平面相交于塞格雷切线, 而且三面体 $\{c_0\ c_1\ c_2\}$ 的三面与曲面的切平面相交于达布切线. 曲面的切平面关于这三面体的极线是射影法线.

证　以 f 表示 (18.4) 的左边; 从

$$\frac{\partial f}{\partial x_2} = 0, \quad \frac{\partial f}{\partial x_3} = 0, \quad \frac{\partial f}{\partial x_4} = 0$$

容易导出

$$x_2 : x_3 : x_4 = 1 : \varepsilon^\rho P : \frac{2}{3}\frac{\varepsilon^{2\rho}}{\gamma P}, \tag{18.6}$$

其中 $\rho = 0, 1, 2$, 而且

$$\varepsilon^3 = 1, \quad \varepsilon \neq 1, \quad P = \sqrt[3]{\frac{\beta}{\gamma}}. \tag{18.7}$$

可是对于 (18.6) 成立

$$\frac{\partial^2 f}{\partial x_2^2} \frac{\partial^2 f}{\partial x_3^2} - \left(\frac{\partial^2 f}{\partial x_2\, \partial x_3}\right)^2 = 0,$$

所以 (18.6) 表示 C_4 的三条尖点直线 c_ρ ($\rho = 0, 1, 2$). 它的尖点切平面是

$$\varepsilon^\rho P x_2 - x_3 = 0, \tag{18.8}$$

从而它们相交于射影法线. 平面 (18.8) 和 $x_4 = 0$ 相交于塞格雷切线 S_ρ.

两直线 $c_{\rho+1}$, $c_{\rho+2}$ 决定一平面:

$$\begin{vmatrix} x_2 & x_3 & x_4 \\ 1 & \varepsilon^{\rho+1}P & \dfrac{2}{3}\varepsilon^{2\rho+2}\dfrac{1}{\gamma P} \\ 1 & \varepsilon^{\rho+2}P & \dfrac{2}{3}\varepsilon^{2\rho+1}\dfrac{1}{\gamma P} \end{vmatrix} = 0,$$

这平面和 $x_4 = 0$ 相交于达布切线 D_ρ. (证毕)

从 (18.6) 还可导出

定理 由两主切线和射影法线等三条中任意选出两条, 并以这两条和 c_0, c_1, c_2 决定一个二次锥面, 那么这两条所在的平面关于所决定的二次锥面的极线是第三条直线.

实际上, 改写 (18.6)

$$\varepsilon^\rho P x_2 - x_3 = 0,$$

$$x_4 - \frac{2}{3}\frac{\varepsilon^{2\rho}}{P\gamma}x_2 = 0,$$

$$P x_4 - \frac{2}{3}\frac{\varepsilon^\rho}{P\gamma}x_3 = 0.$$

从其中的两个方程消去 ε, 便得到

$$9\beta\gamma x_4^2 = 4 x_2 x_3,$$

$$3\beta x_2 x_4 = 2 x_3^2,$$

$$3\gamma x_3 x_4 = 2 x_2^2,$$

就是表示定理中的三个锥面的方程.

1.19 洼田锥面和有关的一些构图

在非直纹的曲面σ上一点O任意引一条非主切的切线t_n, 并且用过t_n的平面作出σ的截线C. 在O考查C的某些射影共变密切机构, 而研究这个机构随着过t_n的平面的变动而产生的轨迹, 是一个有趣的课题. 姆塔儿定理(1.14节)是其中的一例. 这时, 每条平截线C在点O的4阶邻域决定了密切二次曲线, 从而给出属于t_n的姆塔儿织面. 再进一步取C在O的更高阶邻域来决定密切机构, 且从而讨论密切机构的轨迹, 是自然地产生的问题. 洼田忠彦首先采用C在O的射影法线为密切机构, 并证明了它的轨迹是三次代数锥面(参看T. Kubota und B. Su[2]). 在本节里将用另外方法导出洼田锥面的方程, 并且对这锥面与塞格雷锥面间的关系作出重要补充(参看苏步青[1]).

如前(1.10节)所述, 设曲面σ在点O的规范展开是

$$z = xy - \frac{1}{3}(\beta x^3 + \gamma y^3) + \varphi_4(x, \ y) + \varphi_5(x, \ y) + \varphi_6(x, \ y) + \cdots, \tag{19.1}$$

式中$\varphi_4(x, y)$和$\varphi_5(x, y)$的表达式是(10.2)和(10.3), 且一般地, $\varphi_n(x, y)$是x, y的n次齐式.

考查σ在O的一条切线t_n (非主切线):

$$z = y - nx = 0 \tag{19.2}$$

和过t_n的一平面π_ρ:

$$z = \rho(y - nx), \tag{19.3}$$

其中ρ是参变数.

容易导出σ由π_ρ截成的平截线C_ρ在O的展开式:

$$\begin{cases} y = nx + \alpha x^2 + \overline{\beta} x^3 + \overline{\gamma} x^4 + \delta x^5 + \varepsilon x^6 + \cdots, \\ z = \rho(\alpha x^2 + \overline{\beta} x^3 + \overline{\gamma} x^4 + \delta x^5 + \varepsilon x^6 + \cdots), \end{cases} \tag{19.4}$$

其中略去的项关于x都是7次和更高次的, 而且

$$\begin{cases} \alpha = \dfrac{n}{\rho}, \\[2mm] \overline{\beta} = \dfrac{n}{\rho^2} - \dfrac{1}{3\rho}(\beta + \gamma n^3), \\[2mm] \overline{\gamma} = \dfrac{n}{\rho^3} - \dfrac{1}{3\rho^2}(\beta + 4\gamma n^3) + \dfrac{1}{\rho}\varphi_4(1,\, n), \\[2mm] \delta = \dfrac{n}{\rho^4} - \dfrac{1}{3\rho^3}(\beta + 10\gamma n^3) + \dfrac{1}{\rho^2}\left[\varphi_4(1,\, n) + n\varphi_4'(1,\; n) + \dfrac{1}{3}\gamma n^2(\beta + \gamma n^3)\right] \\[2mm] \qquad + \dfrac{1}{\rho}\varphi_5(1,\, n), \\[2mm] \varepsilon = \dfrac{n}{\rho^5} - \dfrac{1}{3\rho^4}(\beta + 20\gamma n^3) + \dfrac{1}{\rho^3}\left[\varphi_4(1,\; n) + 2n\varphi_4'(1,\, n)\right. \\[2mm] \qquad + \dfrac{1}{3}\gamma n^2(4\beta + 7\gamma n^3) - \dfrac{1}{2}n^2(\theta_{uv} + 2\gamma\varphi n - \gamma\psi n^2)\bigg] \\[2mm] \qquad + \dfrac{1}{\rho^2}\left[\varphi_5(1,\, n) + n\varphi_5'(1,\, n) - \gamma n^2 \varphi_4(1,\, n)\right. \\[2mm] \qquad \left. - \dfrac{1}{3}\varphi_4'(1,\; n)(\beta + \gamma n^3)\right] + \dfrac{1}{\rho}\varphi_6(1,\, n); \end{cases} \tag{19.5}$$

这里已置

$$\varphi_4'(1,\, n) = \frac{d}{dn}\varphi_4(1,\, n), \quad \varphi_5'(1,\, n) = \frac{d}{dn}\varphi_5(1,\, n).$$

为了导出平截线 C_ρ 在 O 的射影法线, 将应用 C_ρ 的维尔清斯基三次曲线(参看苏步青, 射影曲线概论, 19页) 到这里. 设它在 xz 平面上的射影是

$$z(a_1 x + a_2 z) + b_1 x^3 + b_2 z^3 + b_3 x^2 z + b_4 x z^2 = 0, \tag{19.6}$$

那么所要的射影法线决定于两方程

$$a_1 x + a_2 z = 0, \quad z = \rho(y - nx). \tag{19.7}$$

以(19.4) 的第二方程代入(19.6) 的左边, 我们要求的是: 把这左边展开为 x 的幂级数时, 必须恒等地成立到 x^7 的项为止. 演算的结果如下:

$$\begin{cases} \alpha\rho a_1 + b_1 = 0, \\[1mm] \overline{\beta} a_1 + a^2\rho a_2 \qquad\qquad * \qquad\qquad + \alpha b_3 \quad * \qquad\qquad = 0, \\[1mm] \overline{\gamma} a_1 + 2\alpha\overline{\beta}\rho a_2 \qquad\qquad * \qquad\qquad + \overline{\beta} b_3 + \alpha^2 \rho b_4 \qquad = 0, \\[1mm] \delta a_1 + (2\alpha\overline{\gamma} + \overline{\beta}^2)\rho a_2 + \alpha^3\rho^2 b_2 \quad + \overline{\gamma} b_3 + 2\alpha\overline{\beta}\rho b_4 \qquad = 0, \\[1mm] \varepsilon a_1 + 2(\alpha\delta + \overline{\beta}\gamma)\rho a_2 + 3\alpha^2\overline{\beta}\rho^2 b_2 + \delta b_3 + (2\alpha\overline{\gamma} + \overline{\beta}^2)\rho b_4 = 0, \end{cases} \tag{19.8}$$

从此容易导出 a_1 与 a_2 的比值. 实际上, 经过一些计算, 便得到

$$a_1 : a_2 = n\alpha[3\alpha\overline{\beta}\overline{\gamma} - 2\overline{\beta}^3 - \alpha^2\delta] : [\alpha^3\varepsilon - 2\alpha^2\overline{\gamma}^2 + 10\alpha\overline{\beta}^2\overline{\gamma} - 5\overline{\beta}^4 - 4\alpha^2\overline{\beta}\delta]. \tag{19.9}$$

这一来, 我们获得所论平截线 C_ρ 在 O 的射影法线的方程:

$$\begin{cases} n\alpha(3\alpha\overline{\beta}\overline{\gamma} - 2\overline{\beta}^3 - \alpha^2\delta)x \\ \quad + (\alpha^3\varepsilon - 2\alpha^2\overline{\gamma}^2 + 10\alpha\overline{\beta}^2\overline{\gamma} - 5\overline{\beta}^4 - 4\alpha^2\overline{\beta}\delta)z = 0, \\ z = \rho(y - nx). \end{cases} \tag{19.10}$$

如果考查到由 (19.5) 给定的表达式 $\alpha, \overline{\beta}, \cdots, \varepsilon$, 便可断定: 方程 $(19.10)_1$ 的两个系数除了一个共通因子 ρ^{-7} 而外, 都是 ρ 的三次多项式, 而且其中第一个系数不含有常数项. 所以, 当从 (19.10) 消去 ρ 时, 终结式是由一个因式 z 和另一个关于 x, y, z 的三次多项式构成的. 后者等于 0, 恰恰表示属于切线 t_n 的洼田锥面.

在写出洼田锥面的具体方程之前, 将应用方程 (19.9) 到下列课题的研究, 就是: 在曲面 σ 的一点 O 有没有这样的切线, 使得 σ 由过这切线和射影法线的平面截成的平截线, 在 O 是以曲面的射影法线为其射影法线的?

过切线 t_n 和曲面的射影法线所引的平面决定于方程 $y - nx = 0$. 从 (19.1) 得到上述平截线在 xz 平面上的射影:

$$z = nx^2 - \frac{1}{3}(\beta + \gamma n^3)x^3 + \varphi_4(1, n)x^4 + \varphi_5(1, n)x^5 + \varphi_6(1, n)x^6 + \cdots.$$

为了曲面 σ 和平截线在点 O 要有重合的射影法线, 充要条件是 (19.9) 中的 $a_1 = 0$, 就是

$$n^3\varphi_6(1, n) - 2n^2[\varphi_4(1, n)]^2 + \frac{10}{9}n(\beta + \gamma n^3)^2\varphi_4(1, n)$$

$$-\frac{4}{3}n^2(\beta + \gamma n^3)\varphi_5(1, n) - \frac{5}{81}(\beta + \gamma n^3)^4 = 0.$$

由于这代数方程一般是十二次的, 我们证明了下列定理:

定理　在曲面的一点 O, 一般有十二条这样的切线, 使曲面由过其一条和射影法线的平面截成的平截线, 在 O 是以曲面的射影法线为其射影法线的.

如果在点 O 采用曲面的某一条第一规范直线 $C(k)$ 以代射影法线, 如富比尼 (G. Fubini, Rend. Lombardo (II) 59, 1926, 69~81) 所指出, 曲面在 O 的规范展开变为类似式. 因此, 在上列定理中可把曲面在 O 的射影法线改成 $C(k)$ 而不影响结论.

现在, 为写出洼田锥面的具体方程, 先按照 (19.5) 计算 $(19.10)_1$ 的各系数, 而后从 $(19.10)_2$ 消去参变数 ρ 就够了. 推导的结果如下:

$$\left[\frac{n^2}{3}(\beta + \gamma n^3)(y - nx)^2 + \left\{ \frac{n^2}{6}(\varphi(\beta + 2\gamma n^3) - n\psi(2\beta + \gamma n^3)) \right. \right.$$

$$\left. - \frac{n}{3}(\beta^2 - \gamma^2 n^6) \right\}(y - nx)z + \left\{ \frac{2}{27}(\beta + \gamma n^3)^3 - n(\beta + \gamma n^3)\varphi_4(1, n) \right.$$

$$\left. \left. - n^2\varphi_5(1, n) \right\}z^2 \right] x + \frac{1}{3}\beta n^3(y - nx)^3 + \frac{1}{12}An^2(y - nx)^2 z$$

$$+ Bn(y - nx)z^2 + Cz^3 = 0, \tag{19.11}$$

式中

$$A = 3\beta\varphi - 4\beta\psi n + \gamma\psi n^4 - 4(2\beta^2 + 40\beta\gamma n^3 + 101\gamma^2 n^6),$$

$$B = -3n^2\varphi_5(1,\ n) + n^3\varphi_5'(1, n) + \frac{1}{3}n(-2\beta + 9\gamma n^3)\varphi_4(1, n)$$
$$+ n^2(\beta + \gamma n^3)\varphi_4'(1, n) + \frac{2}{27}(\beta + \gamma n^3)^2(5\beta - 4\gamma n^3),$$

$$C = n^3\varphi_6(1, n) - 2n^2[\varphi_4(1, n)]^2 + \frac{10}{9}n(\beta + \gamma n^3)^2\varphi_4(1, n)$$
$$- \frac{5}{81}(\beta + \gamma n^3)^4 + \frac{4}{3}n^2(\beta + \gamma n^3)\varphi_5(1,\ n).$$

这个锥面是以对应切线 t_n 为其二重直线的; 它具有沿 t_n 的两切平面, 其方程就是把 (19.11) 的方括号内的表达式等于 0 的二次齐次方程. 一般地, 这两切平面和曲面的切平面不重合, 但是当 $\beta + \gamma n^3 = 0$ 时, 其中的一切平面和 $z = 0$ 重合. 换言之:

定理 当且仅当 t_n 是一条达布切线时, 属于 t_n 的洼田锥面和曲面相切.

在这情况下, 两切平面是

$$z\left\{\frac{1}{6}(\varphi + n\psi)(y - nx) + \varphi_5(1, n)z\right\} = 0,$$

其中 n 是 $\beta + \gamma n^3 = 0$ 的一根. 仅仅在 $\varphi + n\psi = 0$ 的时候, 这两切平面才会重合一致. 这表明了, 所论的达布曲线必须是一条规范曲线, 而且所须满足的条件可以写成

$$\beta^{\frac{1}{3}}\frac{\partial\log\beta^2\gamma}{\partial v} = \gamma^{\frac{1}{3}}\frac{\partial\log\ \beta\gamma^2}{\partial u}. \tag{19.12}$$

这个特殊曲面族最初是傍匹阿尼 (E. Bompiani, Annali di Mat. (IV) 3, 1926, 171~188) 所研究的, 它的特征是: 一系的达布曲线是泛测地线 (1.17 节).

在一般情况下, 考查曲面 σ 在 O 的切平面 $z = 0$ 关于洼田锥面沿切线 t_n 的两切平面的调和共轭平面. 这两切平面的方程是

$$y - nx - \sigma_1 z = 0, \quad y - nx - \sigma_2 z = 0, \tag{19.13}$$

其中 σ_1, σ_2 是下列二次方程的根:

$$\frac{1}{3}n^2(\beta + \gamma n^3)\sigma^2 + \left\{\frac{n^2}{6}(\varphi(\beta + 2\gamma n^3) - n\psi(2\beta + \gamma n^3))\right.$$
$$\left. - \frac{1}{3}n(\beta^2 - \gamma^2 n^6)\right\}\sigma + \frac{2}{27}(\beta + \gamma n^3)^3 - n(\beta + \gamma n^3)\varphi_4(1, n)$$
$$- n^2\varphi_5(1,\ n) = 0. \tag{19.14}$$

从此得出调和共轭平面的方程:

$$y - nx - \frac{1}{2}(\sigma_1 + \sigma_2)z = 0,$$

即

$$2n(\beta + \gamma n^3)(y - nx)$$
$$+ \left[\frac{n}{2}\{(\beta + 2\gamma n^3)\varphi - n(2\beta + \gamma n^3)\psi\} - (\beta^2 - \gamma^2 n^6)\right] z = 0. \tag{19.15}$$

可是最后方程表示曲面上从点 O 发出的泛测地线在点 O 的密切平面(1.17节), 所以成立

定理 属于一条曲线 t_n 的洼田锥面沿 t_n 一般有两张不同的切平面. 当 t_n 在点 O 变动时, 曲面的切平面关于这两切平面的调和共轭平面包络成塞格雷锥面, 而且这两切平面本身都包络成同一个九阶代数锥面 Γ_9.

实际上, Γ_9 的方程是

$$u_1^2 u_2^2 u_3^2 (\beta u_2^3 - \gamma u_1^3) - \left\{\frac{1}{2}\varphi u_1^2 u_3^2 (\beta u_2^3 - 2\gamma u_1^3) + \frac{1}{2}\psi u_1^3 u_2^2 (2\beta u_2^3\right.$$
$$\left. - \gamma u_1^3) - u_1 u_2 (\beta^2 u_2^6 - \gamma^2 u_1^6)\right\} u_3 + \frac{2}{9}(\beta u_2^3 - \gamma u_1^3)^3$$
$$+ u_1 u_2 (\beta u_2^3 - \gamma u_1^3)\varphi_4(u_2, -u_1) - u_1^2 u_2^2 \varphi_5(u_2, \ -u_1) = 0. \tag{19.16}$$

很明显, 这锥面 Γ_9 沿三条达布切线和曲面的切平面 $z = 0$ 相切, 并且它是以各主切线为其拐线的.

我们对这两张过 t_n 的切平面将给出另外的几何特征. 为这目的, 考查在点 O 的平截线 C_ρ 和其在 O 的密切二次曲线. 如在(15.2) 中所置, $Y = y - nx$, 这二次曲线决定于

$$- x^2 + Y\left[\left\{\frac{\rho}{3n^2}(\beta + \gamma n^3) - \frac{1}{n}\right\} x + \frac{\rho}{n}\right.$$
$$\left. - \frac{\rho^2}{n^2}\left\{\frac{1}{3n\rho}(\beta - 2\gamma n^3) + \frac{1}{n}\varphi_4(1, n) - \frac{1}{9n^2}(\beta + \gamma n^3)^2\right\} Y\right] = 0.$$

以展开式 $(19.4)_1$ 代入上式的左边, 把它展开为 x 的幂级数; 根据定义, 这展开当然是从 x^5 的项开始的. 如果 C_ρ 在 O 的密切二次曲线要有超密切, 充要条件是在这展开里 x^5 的系数等于0:

$$\frac{\rho}{n}\delta + \left\{\frac{\rho}{3n^2}(\beta + \gamma n^3) - \frac{1}{n}\right\}\overline{\gamma}$$
$$- 2\frac{\rho}{n}\overline{\beta}\left\{\frac{1}{3n\rho}(\beta - 2\gamma n^3) + \frac{1}{n}\varphi_4(1, n) - \frac{1}{9n^2}(\beta + \gamma n^3)^2\right\} = 0.$$

将(19.5) 的值代入这里并简化, 容易得到(19.14) , 其中 $\sigma = \frac{1}{\rho}$.

这一来, 获得朗的结果(E. P. Lane, Trans. Amer. Math. Soc.37, 1935, 463~482):

定理 在曲面上一点 O 存在过其切线 t_n 的这样的两平面, 使曲面由各平面截成的平截线与密切二次曲线超阶密切, 并且这两平面就是属于 t_n 的洼田锥面沿 t_n 的两切平面.

第 2 章　所有主切曲线全属于线性丛的曲面

(简称 S 曲面)

2.1　S 曲面的伴随织面[①]

在非直纹、非退缩的曲面 σ 上一点 O 常可决定伴随二次曲线 K_2 和伴随织面 Q_1，它们的在嘉当规范标形下的表达式已见于 1.8 节 [参见第 1 章 (8.5)，(8.9)]. 这些伴随构图的重要性，特别是在两系主切曲线全属于线性丛的曲面 (以下简称 S 曲面) 论中见到的，就是: 如果伴随织面 Q_1 是固定的，或者伴随二次曲线 K_2 常在固定织面上，那么 σ 必须是 S 曲面，而且反过来也成立. 根据定义，织面 Q_1 是过 K_2 和德穆兰四边形 (1.7 节) 的织面，从而 S 曲面的四个德穆兰变换全在固定织面 Q_1 上. 因此，我们首先要从德穆兰变换 (就是 D 变换) 的方面进行 S 曲面的研究.

设 $x^i(u,v)(i=1,2,3,4)$ 是曲面 σ 上一点的射影法坐标 (1.10 节)，而且 u,v 是 σ 的主切线参数，那么这些函数 x 都是富比尼法式微分方程组的解:

$$\begin{cases} x_{uu} = \theta_u x_u + \beta x_v + p_1 x, \\ x_{vv} = \theta_v x_v + \gamma x_u + p_2 x, \end{cases} \tag{1.1}$$

其中 $\theta = \log \beta\gamma$. 这组的可积分条件是

$$\gamma L_v + (\beta\gamma^2)_u = 0, \quad \beta M_u + (\beta^2\gamma)_v = 0, \tag{1.2}$$

$$\gamma L_u + 2L\gamma_u + \gamma_{uuu} = \beta M_v + 2M\beta_v + \beta_{vvv}, \tag{1.3}$$

式中已置

$$\begin{cases} L = \theta_{uu} - \dfrac{1}{2}\theta_u^2 - \beta_v - \beta\theta_v - 2p_1, \\ M = \theta_{vv} - \dfrac{1}{2}\theta_v^2 - \gamma_u - \gamma\theta_u - 2p_2. \end{cases} \tag{1.4}$$

为省便起见，采用下列符号 (参见 O. Mayer, Bull. Sci. Math. (2) 56, 1932, 146~168; 188~200):

$$\begin{cases} \Delta^2 = -(2\beta^2 M + 2\beta\beta_{vv} - \beta_v^2), \\ \Delta'^2 = -(2\gamma^2 L + 2\gamma\gamma_{uu} - \gamma_u^2), \end{cases} \tag{1.5}$$

[①]参见苏步青[9]I.

$$P = \beta(\log \beta)_{uv} - \beta^2\gamma, \quad Q = \gamma(\log \gamma)_{uv} - \beta\gamma^2, \tag{1.6}$$

从而改写上列可积分条件为

$$P_v + \Delta\left(\frac{\Delta}{\beta}\right)_u = 0, \quad Q_u + \Delta'\left(\frac{\Delta'}{\gamma}\right)_v = 0, \tag{1.2}'$$

$$N \equiv \frac{\Delta\Delta_v}{\beta} = \frac{\Delta'\Delta'_u}{\gamma}. \tag{1.3}'$$

考查沿一条曲线v 所引主切曲线u 的一些切线构成的直纹面, 即简称主切曲面Σ_v, 而且同样地考查主切曲线Σ_u. 设y_i 和$z_k(i, k = 1,2)$分别是曲面Σ_u 上主切线$u = \text{const}$ 和曲面Σ_v 上主切线$v = \text{const}$ 的弯节点, 容易导出

$$y = \rho x + x_v, \quad z = \rho'x + x_u, \tag{1.7}$$

式中

$$\rho = -\frac{1}{2}\left(\varphi + \varepsilon\frac{\Delta}{\beta}\right), \quad \rho' = -\frac{1}{2}\left(\psi + \varepsilon'\frac{\Delta'}{\gamma}\right), \tag{1.8}$$

而且

$$\varepsilon = \pm 1, \quad \varepsilon' = \pm 1; \quad \varphi = (\log \beta^2\gamma)_v, \quad \psi = (\log \beta\gamma^2)_u.$$

如所知, Σ_u 和Σ_v 的弯节点切线形成在点(x) 的德穆兰四边形, 从而它的顶点是李织面的特征点, 也就是点(x) 的D 变换(1.7节), 记作$\overline{x}_{ik}$. 更确切地, 以$\overline{x}_{ik}$ 表示由y_i 和z_k 引出的弯节点切线的交点, 便得到

$$\overline{x} = \left\{\rho\rho' - \frac{1}{2}(\theta_{uv} + \beta\gamma)\right\}x + \rho x_u + \rho'x_v + x_{uv}. \tag{1.9}$$

这些点决不重合于x, 但是在下列情况下其中两点重合:

$$\text{当}\Delta = 0 \text{ 时}, \quad \overline{x}_{1k} = \overline{x}_{2k};$$
$$\text{当}\Delta' = 0 \text{ 时}, \quad \overline{x}_{i1} = \overline{x}_{i2}.$$

如果$\Delta = \Delta' = 0$, 所有D 变换都重合. 以下除去这些情况.

现在, 可把$x, y, z, \overline{x}$ 的导数表达成为这些量的线性组合. 演算的结果如下:

$$\begin{cases} x_u = z - \rho'x, & x_v = y - \rho x, \\ y_u = \mu x - \rho'y + x, & y_v = (\lambda' + \varepsilon'\Delta')x + \nu'y + \gamma z, \\ z_u = (\lambda + \varepsilon\Delta)x + \beta y + \nu z, & z_v = \mu'x - \rho z + \overline{x}, \\ \overline{x}_u = \lambda y + \mu z + \nu\overline{x}, & \overline{x}_v = \mu'y + \lambda'z + \nu'\overline{x}, \end{cases} \tag{1.10}$$

式中已置

$$
\begin{cases}
\lambda = \rho'_u - \rho'\nu + \beta\nu' + \beta_v + p_1 = -\dfrac{\varepsilon}{2}\Delta - \dfrac{\varepsilon'}{2\gamma}\Delta'_u, \\[2mm]
\lambda' = \rho_v - \rho\nu' + \gamma\nu + \gamma_u + p_2 = -\dfrac{\varepsilon'}{2}\Delta' - \dfrac{\varepsilon}{2\beta}\Delta_v, \\[2mm]
\mu = \rho_u + \dfrac{1}{2}(\theta_{uv} + \beta\gamma) = -\dfrac{P}{2\beta} - \dfrac{\varepsilon}{2}\left(\dfrac{\Delta}{\beta}\right)_u, \\[2mm]
\mu' - \rho'_v + \dfrac{1}{2}(\theta_{uv} + \beta_{\cdot}\gamma) = -\dfrac{Q}{2\gamma} - \dfrac{\varepsilon'}{2}\left(\dfrac{\Delta'}{\gamma}\right)_v, \\[2mm]
\nu = \rho' + \theta_u, \quad \nu' = \rho + \theta_v.
\end{cases}
\tag{1.11}
$$

从 (1.10) 还可导出 $x,y,z,\overline{x}$ 的各阶导数, 特别是把 $\overline{x}$ 的二阶导数表达为 $x,y,z,\overline{x}$ 的线性组合. 实际上, 置

$$
S = \lambda\lambda' + \mu\mu' + \varepsilon\Delta\lambda',
$$

$$
T = \frac{1}{2}(\theta_{uv} - \beta\gamma) + \mu + \mu',
$$

便获得

$$
\begin{cases}
\overline{x}_{uu} = (2\lambda + \varepsilon\Delta)\mu x + (\lambda_u + \lambda\theta_u + \beta\mu)y + (\mu_u + 2\mu\nu)z \\
\qquad + (\nu_u + \nu^2 + \lambda)\overline{x}, \\[2mm]
\overline{x}_{uv} = Sx + (\lambda_v + \lambda\nu' + \mu'\nu)y + (\lambda'_u + \lambda'\nu + \mu\nu')z \\
\qquad + (\nu\nu' + T)\overline{x}, \\[2mm]
\overline{x}_{vv} = (2\lambda' + \varepsilon'\Delta')\mu'x + (\mu'_v + 2\mu'\nu')y + (\lambda'_v + \lambda'\theta_v + \gamma\mu')z \\
\qquad + (\nu'_v + \nu' + \lambda')\overline{x}.
\end{cases}
\tag{1.12}
$$

当

$$
R = \mu\mu' - \lambda\lambda'
\tag{1.13}
$$

等于 0 时, 这 D 变换退缩为曲线. 在以下讨论中除去这种情况, 并且假定曲面 σ 具有四个不重合的、非退缩的 D 变换 $(\overline{x}_{ik}), i,k = 1,2$.

对于空间任何点 (X) 导入它的关于活动标形 $\{x\ x_u\ x_v\ x_{uv}\}$ 的局部坐标 $(t_i)(i = 1,2,3,4)$:

$$
X = t_1 x + t_2 x_u + t_3 x_v + t_4 x_{uv};
\tag{1.14}
$$

如在 1.8 节所推导的一样, 伴随二次曲线 K_2 的方程是

$$
\begin{cases}
t_1^2 + \dfrac{1}{4}\left\{\psi^2 - \left(\dfrac{\Delta'}{\gamma}\right)^2\right\}t_2^2 + \dfrac{1}{4}\left\{\varphi^2 - \left(\dfrac{\Delta}{\beta}\right)^2\right\}t_3^2 \\[3mm]
\qquad + \psi t_1 t_2 + \varphi t_1 t_3 + \dfrac{1}{2}\left(\varphi\psi - \dfrac{N}{\beta\gamma}\right)t_2 t_3 = 0, \\[3mm]
t_4 = 0.
\end{cases}
\tag{1.15}
$$

同样, 伴随织面 Q_1 决定于方程

$$t_1^2 + \frac{1}{4}\left\{\psi^2 - \left(\frac{\Delta'}{\gamma}\right)^2\right\}t_2^2 + \frac{1}{4}\left\{\varphi^2 - \left(\frac{\Delta}{\beta}\right)^2\right\}t_3^2$$

$$+ \left[\frac{1}{4}(\theta_{uv} + \beta\gamma)\left\{\theta_{uv} + \beta\gamma + \frac{N}{\beta\gamma} + \varphi\psi\right\}\right.$$

$$+ \frac{1}{16}\left\{\varphi^2 - \left(\frac{\Delta}{\beta}\right)^2\right\}\left\{\psi^2 - \left(\frac{\Delta'}{\gamma}\right)^2\right\}\right]t_4^2 + \psi t_1 t_2 + \varphi t_1 t_3$$

$$+ \left(\frac{1}{2}\frac{N}{\beta\gamma} + \frac{1}{2}\varphi\psi + \theta_{uv} + \beta\gamma\right)t_1 t_4 + \frac{1}{2}\left(\varphi\psi - \frac{N}{\beta\gamma}\right)t_2 t_3$$

$$+ \left[\frac{1}{2}\varphi\left\{\psi^2 - \left(\frac{\Delta'}{\gamma}\right)^2\right\} + \psi(\theta_{uv} + \beta\gamma)\right]t_2 t_4$$

$$+ \left[\frac{1}{2}\psi\left\{\varphi^2 - \left(\frac{\Delta}{\beta}\right)^2\right\} + \varphi(\theta_{uv} + \beta\gamma)\right]t_3 t_4 = 0. \tag{1.16}$$

我们考查直线汇 $x\overline{x}$, 其中 $\overline{x}$ 是由 (1.9) 给定的一个 D 变换. 这汇的两焦叶是

$$x + l\overline{x}, \tag{1.17}$$

其中 l 是方程

$$(x_u + l\overline{x}_u,\ x_v + l\overline{x}_v,\ x,\ \overline{x}) = 0$$

的一根. 从 (1.10) 改写这方程,

$$Rl^2 + (\mu + \mu')l + 1 = 0. \tag{1.18}$$

如果两焦点共轭于 x 和 $\overline{x}$, 那么 $\mu + \mu' = 0$, 就是

$$\frac{P}{\beta} + \frac{Q}{\gamma} + \varepsilon\left(\frac{\Delta}{\beta}\right)_u + \varepsilon'\left(\frac{\Delta'}{\gamma}\right)_v = 0, \tag{1.19}$$

而且反过来也成立.

假定四直线汇 $x\overline{x}$ 中有三个汇具备上述性质, 那么

$$\frac{P}{\beta} + \frac{Q}{\gamma} = 0,\quad \left(\frac{\Delta}{\beta}\right)_u = 0,\quad \left(\frac{\Delta'}{\gamma}\right)_v = 0, \tag{1.20}$$

从而 (1.19) 对于 $\varepsilon = \pm 1$ 和 $\varepsilon' = \pm 1$ 的所有可能值都成立. 换言之, 其余一个线汇 $x\overline{x}$ 也具备同一性质.

从 (1.2)′ 和 (1.20) 导出

$$P_v = 0,\quad Q_u = 0,$$

即

$$P = U, \quad Q = V, \tag{1.21}$$

式中U, V 分别表示单是u, v 的函数. 如果两函数U, V 中有一个是0, 由(1.20) 可见其余一个也是0, 从而(1.21) 变为

$$P = 0, \quad Q = 0, \tag{1.22}$$

就是说: σ 必须是S 曲面.

容易看出, $UV \neq 0$ 的情况是不可能的. 实际上, $(1.20)_1$可以写成

$$\frac{U}{\beta} + \frac{V}{\gamma} = 0.$$

经参数u, v 的适当变换后, 可把最后方程化为$\beta = \gamma$, 从而$P = Q$. 因此, 必须成立(1.22). 这是与$UV \neq 0$ 的假设不相容的.

这一来, 得到了下列定理:

定理 设$\overline{x}_{ik}(i, k = 1, 2)$是一曲面$x$ 的四个不同的D 变换; 如果这些线汇$x\overline{x}$ 中的任何三个的一对焦点关于x 和$\overline{x}$ 是调和共轭的, 那么其余一个线汇也有同一性质, 而且曲面x 必须是S 曲面, 并且反过来也成立.

这定理即使在$\Delta\Delta' = 0$ 的情况下也成立. 特别当$\Delta = \Delta' = 0$ 时, 对应的曲面是射影等价于东姆逊的仿射而且同时是射影极小曲面(G. Thomsen, Annali di Mat. (IV) 5, 1928, 169~184).

在一个S 曲面上, 关系式

$$\mu = 0, \quad \mu' = 0 \tag{1.23}$$

对于$\varepsilon = \pm 1$ 和$\varepsilon' = \pm 1$ 都成立, 并且反过来也成立. 曲面$\overline{x}$ 的主切曲线的方程

$$(2\lambda + \varepsilon\Delta)\mu \, du^2 + 2(\lambda\lambda' + \mu\mu' + \varepsilon\Delta\lambda')du \, dv + (2\lambda' + \varepsilon'\Delta')\mu'dv^2 = 0 \tag{1.24}$$

变为$du \, dv = 0$. 这就是说, 两曲面x 和$\overline{x}$ 的主切曲线互相对应.

设$\overline{\theta}, \overline{\beta}, \overline{\gamma}, \overline{p}_1, \overline{p}_2$ 是曲面$\overline{x}$ 的基本量,

$$\begin{cases} \overline{x}_{uu} = \overline{\theta}_u\overline{x}_u + \overline{\beta}\overline{x}_v + \overline{p}_1\overline{x}, \\ \overline{x}_{vv} = \overline{\theta}_v\overline{x}_v + \overline{\gamma}\,\overline{x}_u + \overline{p}_2\overline{x}. \end{cases} \tag{1.25}$$

以(1.10), (1.12) 代入(1.25), 并比较两边y 和z 的系数, 容易获得

$$\overline{\beta}\lambda' = 0, \quad \overline{\gamma}\lambda = 0.$$

可是$R = -\lambda\lambda' \neq 0$, 所以

$$\overline{\beta} = \overline{\gamma} = 0. \tag{1.26}$$

因此, 任何 D 变换是一个织面.

根据(1.10) 和(1.23) 我们得到

$$\overline{x}_u = \lambda y + \nu \overline{x}, \quad \overline{x}_v = \lambda' z + \nu' \overline{x}. \tag{1.27}$$

这表明, 过点 $(\overline{x})$ 的两条织面母线重合于两条弯节点切线. 所以四个 D 变换都在同一织面 Q_1 上, 且从而各个德穆兰四边形的任何两条对边都是 Q_1 的同一系中的母线.

反过来, 如果一个曲面的德穆兰四边形常在一个给定的织面 Q_1 上, 任何两 D 变换互相以主切曲线对应. 所以曲面是 S 曲面或射影极小曲面(参见3.1节). 可是在 $R \neq 0$ 的假定下可以证明, 射影极小曲面的 D 变换不可能是直纹面, 因此, 曲面必须是 S 曲面.

至于织面 Q_1 就是伴随织面的证明是这样: 如上所述, 这织面不但通过德穆兰四边形, 而且还含有伴随二次曲线 K_2, 因为 K_2 过每个弯节点 $F_{\varepsilon'}$ 或 $\overline{F}_s$, 并且和 $(F_{\varepsilon'})$ 的 u 曲线相切或和 $(\overline{F}_\varepsilon)$ 的 v 曲线相切(1.8节), 而这些切线都是所在织面的母线的缘故. 这一来, 得到下列定理:

定理　如果一曲面的德穆兰四边形常在一个固定织面上, 那么这个织面一定是伴随织面 Q_1, 并且曲面是 S 曲面. 反过来, 一个 S 曲面的德穆兰四边形常在固定织面上, 而且这织面就是伴随织面.

现在, 取这个织面 Q_1 为非欧几里得尺度的绝对形, 而且讨论一个 S 曲面和非欧几里得几何间的联系.

按照(1.23) 简化(1.10) 中的 y_u 和 z_v 的表达式,

$$y_u = -\rho' y + \overline{x}, \quad z_v = -\rho z + \overline{x}. \tag{1.28}$$

因而, 而当点 (x) 沿主切曲线 u 变动时, 两弯节点 $y_i (i = 1, 2)$ 沿着对应的弯节点切线上变动. 同样, 当点 (x) 沿主切曲线 v 变动时, 两弯节点 $z_k (k = 1, 2)$ 也沿着对应的弯节点切线上变动. 这一来, 我们证明了下列定理:

定理　当采取一个 S 曲面的(固定) 伴随织面 Q_1 为非欧几里得尺度绝对形时, 在曲面的一系主切曲线中一条上的各点所引的另一系主切线, 都和 Q_1 上同系的两条母线相交, 从而这些主切线是克里福得平行线, 并且曲面在各点的第一准线是它的非欧几里得法线.

为证明定理后半, 需要下列

引理　设 g_1, g_2 是一个织面 Q_1 的同系两母线; l_1, l_2 是另一系两母线. 从一点 P 各引一直线使和 g_1, g_2 或和 l_1, l_2 都相交, 设 π 是过所引两直线的平面, 那么 π 关于 Q_1 的极点和 P 的连线一定和 g_1, g_2, l_1, l_2 构成的四边形的两条对角线相交.

实际上, 取点 P 作为一个自共轭参考四面体的顶点 $(0, 0, 0, 1)$, 织面 Q_1 的方程是

$$x_1^2 + x_2^2 + x_3^2 + x_4^2 = 0,$$

而且它的母线决定于方程

$$-\frac{x_1 + ix_2}{x_3 + ix_4} = \frac{x_3 - ix_4}{x_1 - ix_2} = \lambda,$$

$$\frac{x_1 + ix_2}{x_3 - ix_4} = -\frac{x_3 + ix_4}{x_1 - ix_2} = \mu,$$

从此导出这些直线的交点

$$x_1 : x_2 : x_3 : x_4 = \lambda\mu + 1 : i(-\lambda\mu + 1) : \lambda - \mu : i(\lambda + \mu).$$

设 g_k, l_k 顺次对应于值 λ_k, $\mu_k(k = 1, 2)$, 容易算出平面 π 的方程

$$\rho\{(1 - \lambda_1^2)x_1 + i(1 + \lambda_1^2)x_2 + 2\lambda_1 x_3\}$$
$$+ \sigma\{(1 - \lambda_2^2)x_1 + i(1 + \lambda_2^2)x_2 + 2\lambda_2 x_3\} = 0,$$

式中

$$\rho = (\lambda_2 + \mu_2)(\lambda_2 + \mu_1), \quad \sigma = -(\lambda_1 + \mu_1)(\lambda_1 + \mu_2).$$

从而 π 的极点是

$$x_1 : x_2 : x_3 : x_4$$
$$= \{\rho(1 - \lambda_1^2) + \sigma(1 - \lambda_2^2)\} : i\{\rho(1 + \lambda_1^2) + \sigma(1 + \lambda_2^2)\} : 2(\rho\lambda_1 + \sigma\lambda_2) : 0.$$

由此可见, 两行列式

$$\begin{vmatrix} \lambda_1\mu_1 + 1 & 1 - \lambda_1\mu_1 & \lambda_1 - \mu_1 \\ \lambda_2\mu_2 + 1 & 1 - \lambda_2\mu_2 & \lambda_2 - \mu_2 \\ \rho(1 - \lambda_1^2) + \sigma(1 - \lambda_2^2) & \rho(1 + \lambda_1^2) + \sigma(1 + \lambda_2^2) & 2\rho\lambda_1 + 2\sigma\lambda_2 \end{vmatrix},$$

$$\begin{vmatrix} \lambda_1\mu_2 + 1 & 1 - \lambda_1\mu_2 & \lambda_1 - \mu_2 \\ \lambda_2\mu_1 + 1 & 1 - \lambda_2\mu_1 & \lambda_2 - \mu_1 \\ \rho(1 - \lambda_1^2) + \sigma(1 - \lambda_2^2) & \rho(1 + \lambda_1^2) + \sigma(1 + \lambda_2^2) & 2\rho\lambda_1 + 2\sigma\lambda_2 \end{vmatrix}$$

都是 0, 这就是所欲证明的.

应用这引理到德穆兰四边形, 并且借助第1章(7.9) 的第一方程, 便立刻补充了定理后半的证明.

以前(1.8节) 曾经决定了曲面的以 Q_1 即 K_2 为绝对形的非欧几里得线素[参见第1章(8.6)]

$$ds^2 = \left(\frac{\Delta'}{\gamma}\right)^2 du^2 + 2\frac{N}{\beta\gamma} du\, dv + \left(\frac{\Delta}{\beta}\right)^2 dv^2. \tag{1.29}$$

在这里将算出一个 S 曲面的非欧几里得线素的具体形式. 对于 S 曲面要成立[参见第 1 章 (2.23)]

$$
\begin{cases}
\beta = \gamma = \dfrac{\sqrt{U'V'}}{U+V}, \\
L + (\log \beta)_{uu} + \dfrac{1}{2}\overline{(\log \beta)_u^2} = U_1, \\
M + (\log \beta)_{vv} + \dfrac{1}{2}\overline{(\log \beta)_v^2} = V_1
\end{cases}
\tag{1.30}
$$

和

$$
\begin{cases}
U_1 = \dfrac{kU^2 + (l-h)U + p}{U'}, \\
V_1 = \dfrac{kV^2 + (h-l)V + p}{V'},
\end{cases}
\tag{1.31}
$$

其中 U 单是 u 的函数, V 单是 v 的函数; $U' = \dfrac{dU}{du}$, $V' = \dfrac{dV}{dv}$, 而且 k,l,h,p 都是常数.

从 (1.5) 和 (1.30) 导出

$$
\Delta'^2 = -2\beta^2 U_1, \quad \Delta^2 = -2\beta^2 V_1,
\tag{1.32}
$$

且因而

$$
\frac{\Delta \Delta_v}{\beta^3} = -\frac{2kUV + (h-l)(U-V) - 2p}{\sqrt{U'V'}}.
\tag{1.33}
$$

这一来, 我们有

$$
ds^2 = -2\left[\frac{kU^2 + (l-h)U + p}{U'}du^2 + \frac{2kUV + (h-l)(U-V) - 2p}{\sqrt{U'V'}}du\,dv \right.
$$
$$
\left. + \frac{kV^2 + (h-l)V + p}{V'}dv^2 \right].
\tag{1.34}
$$

置 $P^2 = (h-l)^2 - 4pk$, 便得到

$$
ds^2 = -\frac{1}{2k}\left\{ \frac{2kU - (h-l-P)}{\sqrt{U'}}du - \frac{2kV + (h-l-P)}{\sqrt{V'}}dv \right\}
$$
$$
\times \left\{ \frac{2kU - (h-l+P)}{\sqrt{U'}}du - \frac{2kV + (h-l+P)}{\sqrt{V'}}dv \right\}.
\tag{1.35}
$$

　　由于各因式都是一个全微分, S 曲面的以其 D 变换(织面) 为绝对形的非欧几里得线素是零曲率的.

　　另外, 从点 (x) 向织面 Q_1 引出的两共通切线, 很明显地和二次曲线 K_2 相切, 从而是过点 (x) 的非欧几里得极小曲线的切线. 根据线素是零曲率的事实和富比尼的一个定理(参见富-切, 射影微分几何 I, 270 页) 可以断定: 这些切线形成两个 W 线汇. 换言之, 一个 S 曲面的 D 变换也是它的 W 变换.

　　综合以上所述, 得到

定理　决定这样的曲面, 使其德穆兰四边形常在一个固定的织面Q_1上的问题是等价于另一问题: 决定在以Q_1为绝对形的非欧几里得尺度下具有零曲率的曲面, 且从而也是以Q 为其D 变换的S 曲面.

最后还须指出

定理　一个S 曲面的D 变换和其准线汇的任何一焦曲面的D 变换是重合一致的.

实际上, 从上述得知, 一个S 曲面的第一准线是非欧儿里得法线, 所以准线汇的两个焦曲面关于织面Q 是有零曲率的. 因此, 从前一定理导出本定理.

2.2　*S* 曲面与射影极小曲面[①]

我们从上节的一个定理的扩充开始.

定理　设一个非直纹、非退缩的曲面σ 具有四个不同的非退缩D 变换; 如果其中三个D 变换在各点的二阶密接织面都通过对应的弯节点(从而也通过弯节点切线), 那么其余一个D 变换也有同一性质, 而且σ 必须是S 曲面.

证　如在2.1节中所述, 一个D 变换的点$(\overline{x})$ 决定于(1.9); 其上无限靠近$(\overline{x})$ 的一点的坐标按照(1.10) 和(1.12) 可以写成$x_1 x + x_2 y + x_3 z + x_4 \overline{x}$, 其中

$$\begin{cases} x_1 = \dfrac{1}{2}(2\lambda + \varepsilon\Delta)\mu \, du^2 + S \, du \, dv \\[2mm] \qquad + \dfrac{1}{2}(2\lambda' + \varepsilon'\Delta')\mu' \, dv^2 + (3), \\[2mm] x_2 = \lambda \, du + \mu' dv + (2), \\[1mm] x_3 = \mu \, du + \lambda' dv + (2), \\[1mm] x_4 = 1 + (1); \end{cases} \tag{2.1}$$

这里(n) 表示关于du和dv的次数$\geqslant n$的所有项.

很明显, 曲面$\overline{x}$ 在点$(\overline{x})$ 的切平面决定于方程$x_1 = 0$, 从而在这点和曲面$\overline{x}$ 相切的织面的方程是

$$a_{11}x_1^2 + a_{22}x_2^2 + a_{33}x_3^2 + 2a_{12}x_1 x_2 + 2a_{13}x_1 x_3 + 2a_{14}x_1 x_4 + 2a_{23}x_2 x_3 = 0. \tag{2.2}$$

为它们要有二阶接触, 把(2.1) 代入(2.2) 的左边, 并展开为du和dv的幂级数, 到二次为止的所有项的系数全等于0, 就是充要条件. 演算的结果如下:

$$\begin{cases} a_{22}\lambda^2 + 2a_{23}\lambda\mu + a_{33}\mu^2 + a_{14}(2\lambda + \varepsilon\Delta)\mu = 0, \\[1mm] a_{22}\lambda\mu' + a_{23}(\lambda\lambda' + \mu\mu') + a_{33}\mu\lambda' + a_{14}S = 0, \\[1mm] a_{22}\mu'^2 + 2a_{23}\lambda'\mu' + a_{33}\lambda'^2 + a_{14}(2\lambda' + \varepsilon'\Delta')\mu' = 0. \end{cases} \tag{2.3}$$

[①]参见苏步青[9]II.

由于前三列系数构成的三阶行列式等于$-R^3$, 从而不等于0, 在(2.3) 中a_{14} 也不能等于0, 否则(2.3) 将给出$a_{22} = a_{23} = a_{33} = 0$, 而这是不可能的. 另一方面, 只有$a_{ik}$ 的比值是主要的, 所以可置$a_{14} = -R$, 并从(2.3) 解出a_{22}, a_{23}, a_{33}:

$$a_{22} = \varepsilon' \Delta' \mu, \quad a_{23} = R - \varepsilon \Delta \lambda', \quad a_{33} = \varepsilon \Delta \mu'. \tag{2.4}$$

根据定理中的假设, 两点(y) 和(z) 都在织面(2.2) 上, 所以$a_{22} = 0$, $a_{33} = 0$. 可是$\Delta \Delta' \neq 0$, 只能成立

$$\mu = 0, \quad \mu' = 0. \tag{2.5}$$

这两方程对于三个D 变换必须成立, 根据(1.11) 便得到

$$P = 0, \quad Q = 0. \tag{证毕}$$

其次, 将对等温主切曲面即F 曲面给出一个简单特征, 并由此导出S 曲面的一个特征.

定理　设一曲面σ 的D 变换都是不同而且非退缩的; 为了σ 变成F 曲面的充要条件是, 四个弯节点曲面在对应的弯节点所引的四张切平面相会于一点.

证　例如, 取弯节点曲面y 来讨论. 我们有

$$y = x_v + \rho x,$$
$$y_u = \left\{ \mu - \frac{1}{2}(\theta_{uv} + \beta\gamma) \right\} x + \rho x_u + x_{uv},$$
$$y_v = (\lambda' + \varepsilon' \Delta' + \rho\nu' + \gamma\rho')x + \gamma x_u + \nu' x_v.$$

任何一点的坐标可以写成$t_1 x + t_2 x_u + t_3 x_v + t_4 x_{uv}$. 在这局部坐标系下, 曲面$y$ 在点(y) 的切平面的方程是

$$\gamma t_1 - \gamma \rho t_3 - (\lambda' + \varepsilon' \Delta' + \gamma\rho')t_2$$
$$- \left[\gamma \left\{ \mu - \frac{1}{2}(\theta_{uv} + \beta\gamma) \right\} - \rho(\lambda' + \varepsilon' \Delta' + \gamma\rho') \right] t_4 = 0. \tag{2.6}$$

同样, 曲面z 在点(z) 的切平面决定于方程

$$\beta t_1 - \beta\rho' t_2 - (\lambda + \varepsilon \Delta + \beta\rho)t_3$$
$$- \left[\beta \left\{ \mu' - \frac{1}{2}(\theta_{uv} + \beta\gamma) \right\} - \rho'(\lambda + \varepsilon \Delta + \beta\rho) \right] t_4 = 0. \tag{2.7}$$

在方程(2.6) 中ε' 必须固定下来, 但是$\varepsilon = +1$ 或-1; 同样, 在方程(2.7) 中ε 要固定而$\varepsilon' = +1$ 或-1.

从(1.11) 导出

$$\lambda + \varepsilon \Delta + \beta\rho = -\frac{1}{2}\beta\varphi - \frac{\varepsilon'}{2\gamma}\Delta'_u,$$

$$\lambda' + \varepsilon'\Delta' + \gamma\rho' = -\frac{1}{2}\gamma\psi - \frac{\varepsilon}{2\beta}\Delta_v,$$

$$\rho(\lambda' + \varepsilon'\Delta' + \gamma\rho') = \frac{\gamma}{4}\left\{\varphi\psi + \frac{N}{\beta\gamma} + \varepsilon\left(\frac{\Delta}{\beta}\psi + \frac{\Delta_v}{\beta\gamma}\varphi\right)\right\},$$

$$\rho'(\lambda + \varepsilon\Delta + \beta\rho) = \frac{\beta}{4}\left\{\varphi\psi + \frac{N}{\beta\gamma} + \varepsilon'\left(\frac{\Delta'}{\gamma}\varphi + \frac{\Delta'_u}{\beta\gamma}\psi\right)\right\}.$$

定理中的条件可以归结到下列四方程的相容性, 就是:

$$(2.8) \quad \begin{cases} 2t_1 + \psi t_2 + \varphi t_3 + \left(\dfrac{Q}{\gamma} + \overline{S}\right)t_4 = 0, \\ \Delta_v t_2 + \gamma\Delta t_3 + \quad (*) \quad t_4 = 0, \\ 2t_1 + \psi t_2 + \varphi t_3 + \left(\dfrac{P}{\beta} + \overline{S}\right)t_4 = 0, \\ \beta\Delta' t_2 + \Delta'_u t_3 + \quad (*) \quad t_4 = 0, \end{cases}$$

式中$(*)$ 表示暂不需要的系数, 而且

$$\overline{S} = \theta_{uv} + \beta\gamma + \frac{1}{2}\left(\varphi\psi + \frac{N}{\beta\gamma}\right).$$

把组(2.8) 的行列式等于0并且简化它, 便获得

$$(\Delta_v\Delta'_u - \beta\gamma\Delta\Delta')\left(\log\frac{\beta}{\gamma}\right)_{uv} = 0. \quad (2.9)$$

如果第一因式是0, 由于$\Delta\Delta' \neq 0$, 便有

$$(\Delta\Delta')^2 - N^2 = 0,$$

从而由点(x) 向伴随二次曲线K_2 引出的两切线必须重合(参见1.8节). 可是这种情况限于弯节点中一个(y) 或(z) 重合(x) 的时候, 也就是曲面σ 是直纹的时候才发生, 而这是例外, 所以唯一的可能情况是

$$\left(\log\frac{\beta}{\gamma}\right)_{uv} = 0. \quad (2.10)$$

这样, 证明了定理.

对于一个F 曲面, 所论的四切平面相会于一点, 所以有无穷多这样的织面, 每个和四弯节点曲面在对应的弯节点相切, 但是一般地没有一个能够含有对应的德穆兰四边形. 这样, 发生下面的问题: 在什么时候这系织面中才有一个能够含有对应的德穆兰四边形呢? 对这我们将用下列定理作回答:

定理 如果在一曲面的各点常有这样一个织面: 它不仅通过对应的德穆兰四边形, 而且还在对应的弯节点和四弯节点曲面相切, 那么这曲面必须是S 曲面.

证   首先回顾一下伴随二次曲线 K_2 在局部坐标系 (t_1, t_2, t_3, t_4) 下的方程 (1.15). 对于空间各点有两组对应的局部坐标, 一组是本节的 (x_1, x_2, x_3, x_4), 一组是上节的 (t_1, t_2, t_3, t_4); 其间存在下列关系:

$$t_1 = x_1 + \rho x_2 + \rho' x_3 + \left\{ \rho\rho' - \frac{1}{2}(\theta_{uv} + \beta\gamma) \right\} x_4,$$

$$t_2 = x_3 + \rho x_4, \quad t_3 = x_2 + \rho' x_4, \quad t_4 = x_4.$$

特别是, 对于曲面在点 (x) 的切平面上一点, 我们有 $t_4 = x_4 = 0$ 和

$$\begin{cases} t_1 = x_1 + \rho x_2 + \rho' x_3, \\ t_2 = x_3, \\ t_3 = x_2. \end{cases} \tag{2.11}$$

假设所论的织面决定于下列方程:

$$\sum_{i,k=1}^{4} \alpha_{ik} x_i x_k = 0 \quad (\alpha_{ik} = \alpha_{ki}); \tag{2.12}$$

根据定理中的假设和二次曲线 K_2 的定义 (1.8 节) 得知, 织面 (2.12) 和切平面 $x_4 = 0$ 的交线是 K_2. 结合 $(1.15)_1$ 和 (2.11) , 便导出

$$\alpha_{11} = 1, \quad \alpha_{22} = 0, \quad \alpha_{33} = 0,$$

$$\alpha_{12} = -\frac{\varepsilon\Delta}{2\beta}, \quad \alpha_{13} = -\frac{\varepsilon'\Delta'}{2\gamma},$$

$$\alpha_{23} = \frac{1}{4} \left(\varepsilon\varepsilon' \frac{\Delta\Delta'}{\beta\gamma} - \frac{N}{\beta\gamma} \right),$$

从而方程 (2.12) 可以写成

$$x_1^2 - \frac{\varepsilon\Delta}{\beta} x_1 x_2 - \frac{\varepsilon'\Delta'}{\gamma'} x_1 x_3 + \frac{1}{2} \left(\varepsilon\varepsilon' \frac{\Delta\Delta'}{\beta\gamma} - \frac{N}{\beta\gamma} \right) x_2 x_3$$

$$+ x_4(2\alpha_{14} x_1 + 2\alpha_{24} x_2 + 2\alpha_{34} x_3 + \alpha_{44} x_4) = 0. \tag{2.12}'$$

这织面在点 (y) 和 (z) 还要分别和两曲面 y, z 相切. 从 (1.10) 容易算出曲面 y 在点 (y) 的邻点的坐标:

$$\begin{cases} x_1 = \mu \, du + (\lambda' + \varepsilon'\Delta') dv + (2), \\ x_2 = 1 + (1), \quad x_3 = \gamma \, dv + (2), \\ x_4 = du + (2). \end{cases} \tag{2.13}$$

以(2.13) 代入(2.12)′的左边并加以展开, 必须恒等地满足到du, dv的一次项为止. 这就导致到两个条件, 其一由于(1.8) , (1.11) 变为恒等式, 而另一个是

$$2\alpha_{24} = \frac{\varepsilon\Delta}{\beta}\mu. \tag{2.14}$$

同样, 得出

$$2\alpha_{34} = \frac{\varepsilon'\Delta'}{\gamma}\mu'. \tag{2.15}$$

剩下的是使用织面(2.12)′必须过两弯节点切线$(y\bar{x})$ 和$(z\bar{x})$ 的两条件. 可是, 这些是

$$\alpha_{44} = \alpha_{24} = \alpha_{34} = 0,$$

而且$\Delta\Delta' \neq 0$, 所以$\mu = \mu' = 0$, 其中$\varepsilon = \pm 1$, $\varepsilon' = \pm 1$. 因此, $P = Q = 0$.　　(证毕)

很明显, 上定理之逆也成立.

上述的几个定理指出了S 曲面的一些特征, 而且它们的共通点在于伴随织面Q_1 的利用. 以前(1.8节) 曾经得到射影极小曲面的一个特征, 就是射影极小曲线要构成共轭网. 我们利用伴随二次曲线K_2 来推导这个特征. 如果采用伴随织面Q_1, 又可以简单地导出射影极小曲面的类似结果. 现在叙述于下.

定理　　射影极小曲面的一个特征是: (1) 曲面的切平面关于对应的伴随织面Q_1 的极点常在对应的李织面上; 或者对偶地(2) 曲面的一点关于对应的伴随织面Q_1 的配极平面和对应的李织面相切.

证　　设一点(X) 的坐标是(1.14), 那么Q_1 的方程是(1.16). 切平面$t_4 = 0$ 关于Q_1 的极点的坐标是

$$\begin{cases} t_1' = \dfrac{1}{4}\left(\dfrac{N}{\beta\gamma} - \varphi\psi\right) + \dfrac{1}{2}(\theta_{uv} + \beta\gamma), \\ t_2' = \dfrac{1}{2}\varphi, \qquad t_3' = \dfrac{1}{2}\psi, \qquad t_4' = -1. \end{cases} \tag{2.16}$$

为了这极点在对应的李织面上, 充要条件是

$$t_1't_4' - t_2't_3' + \frac{1}{2}(\theta_{uv} + \beta\gamma)t_4'^2 = 0,$$

即$N = 0$.

又点(x) 关于Q_1 的配极平面的坐标是

$$\left(1, \ \frac{1}{2}\psi, \ \frac{1}{2}\varphi, \ \frac{1}{4}\frac{N}{\beta\gamma} + \frac{1}{4}\varphi\psi + \frac{1}{2}(\theta_{uv} + \beta\gamma)\right);$$

它要和李织面相切的条件也可表成为$N = 0$.　　(证毕)

最后, 我们将解决下列课题: 决定这样的曲面, 使其四弯节点曲面在各弯节点的切平面相会于第一准线上的一点.

如果问题的曲面存在, 从本节最初定理得知: 它必须是 F 曲面, 所以从头不妨假定

$$\beta = \gamma. \tag{2.17}$$

这时, 方程组(2.8) 决定所提的四张切平面的共通点, 从而这点所在的一条直线的方程可以写成下列形式:

$$\begin{cases} \dfrac{\Delta_v}{\beta\gamma}\left\{t_2 + \dfrac{1}{2}\left(\dfrac{\beta_v}{\beta} + \theta_v\right)t_4\right\} \\ \quad + \dfrac{\Delta}{\beta}\left\{t_3 + \dfrac{1}{2}\left(\dfrac{\gamma_u}{\gamma} + \theta_u\right)t_4\right\} + \left(\dfrac{\Delta}{\beta}\right)_u t_4 = 0, \\ \dfrac{\Delta'}{\gamma}\left\{t_2 + \dfrac{1}{2}\left(\dfrac{\beta_v}{\beta} + \theta_v\right)t_4\right\} \\ \quad + \dfrac{\Delta'_u}{\beta\gamma}\left\{t_3 + \dfrac{1}{2}\left(\dfrac{\gamma_u}{\gamma} + \theta_u\right)t_4\right\} + \left(\dfrac{\Delta'}{\gamma}\right)_v t_4 = 0. \end{cases} \tag{2.18}$$

可是这条直线由于过点(x) 就必须是第一准线, 所以导出两个条件

$$\left(\frac{\Delta}{\beta}\right)_u = 0, \quad \left(\frac{\Delta'}{\gamma}\right)_v = 0. \tag{2.19}$$

按照(1.6) 和(2.17) 我们写下

$$P = Q = \beta\{(\log\beta)_{uv} - \beta^2\}, \tag{2.20}$$

因此改写可积分条件(1.2)′和(1.3)′为

$$P_u = P_v = 0, \tag{2.21}$$

$$\Delta\Delta_v = \Delta'\Delta'_u. \tag{2.22}$$

由(2.21) 得出$P = k$ (k 是常数) , 从而

$$(\log\beta)_{uv} = \beta^2 - \frac{k}{\beta}. \tag{2.23}$$

(2.19) 又给出

$$\Delta = \beta V, \quad \Delta' = \beta U, \tag{2.24}$$

式中$U = U(u)$, $V = V(v)$.

以(2.24) 代入(2.22) 并除去非零的因子β^2, 便有

$$VV' + V^2(\log\beta)_v = UU' + U^2(\log\beta)_u, \tag{2.25}$$

这里已置$U' = \dfrac{dU}{du}$, $V' = \dfrac{dV}{dv}$.

把上列方程两边关于 *u* 和 *v* 微分两次, 并利用(2.23) 来简化, 就得到

$$2\left(\beta^2 - \frac{k}{\beta}\right)VV' + V^2\left\{2\beta^2 + \frac{k}{\beta}\right\}(\log\beta)_v$$
$$=2\left(\beta^2 - \frac{k}{\beta}\right)UU' + U^2\left\{2\beta^2 + \frac{k}{\beta}\right\}(\log\beta)_u.$$

又用(2.25) 改写,

$$k\{-2VV' + V^2(\log\beta)_v\} = k\{-2UU' + U^2(\log\beta)_u\}. \tag{2.26}$$

如果 *k* = 0, 最后方程变为恒等式; (2.17) 和(2.23) 表示了所论的是 *S* 曲面. 很明显, 反过来也成立.

这一来, 我们仅需考查 *k* ≠ 0 的情况. 从关系式(2.26) 导出

$$-2VV' + V^2(\log\beta)_v = -2UU' + U^2(\log\beta)_u. \tag{2.27}$$

这与(2.25) 相比较, 容易看出

$$V^2(\log\beta)_v = U^2(\log\beta)_u, \tag{2.28}$$

$$2VV' = 2UU' = k', \tag{2.29}$$

其中 *k'* 是常数.

在这里还需区别 *k'* ≠ 0 和 *k'* = 0 的两种情况. 当 *k'* = 0 时, *U* = *V* = *c*; *c* 是不等于0的常数, 否则 *U* = *V* = 0, 将引起 Δ = Δ' = 0. (2.28) 的一般解具有下列形式:

$$\log\beta = f(u + v), \tag{2.30}$$

式中 *u* + *v* 的函数 *f* 决定于微分方程

$$f'' = \exp(2f) - k\,\exp(-f). \tag{2.31}$$

如果 *f* 是常数, 那么富比尼的几个齐式的系数也全是常数, 从而所论的曲面是特殊的射影极小曲面

$$x^i = \exp\left[\mu_i u + \left(\frac{\mu_i^2}{a} - \mu_i - \frac{c}{a}\right)v\right] \quad (i = 1, 2, 3, 4), \tag{2.32}$$

式中 *a*, *b*, *c* 都是常数, 并且 *μ_i* 是四次方程

$$\mu^4 - 2a\mu^3 + (a^2 - 2c - ab)\mu^2 + 2ac\mu + c^2 + abc - a^2c + 4a^2 = 0$$

的根. 这类曲面见于菲尼可夫的研究(参见S. Finikoff, Buff. Sci. Math. (2) 56, 1932, 第一部分, 117~136).

现在假定 $f' \neq 0$, 就可把(2.31) 积分而获得

$$f' = -\sqrt{\exp(2f) + 2k\exp(-f) + k} \quad (k\text{是常数}). \qquad (2.31)'$$

置

$$\exp(-f) = mz - \frac{k_1}{6k}, \quad m^3 = \frac{2}{k},$$

从而改写(2.31)$'$为

$$mz' = \sqrt{4z^3 - g_2 z - g_3},$$

其中已置

$$g_2 = \frac{k_1^2}{6k}m, \quad g_3 = -\left(1 + \frac{k_1^3}{54k^2}\right);$$

那么我们导出

$$z = \mathscr{P}\left(\frac{u+v}{m}\right), \qquad (2.33)$$

这里$\mathscr{P}$表示魏尔斯特拉斯的椭圆函数.

这一来, 曲面的基本量被完全决定了, 就是:

$$\begin{cases} \beta = \gamma = \left[m\mathscr{P}\left(\dfrac{u+v}{m}\right) - \dfrac{k_1}{6k}\right]^{-1}, \\ \Delta = \Delta' = c\left[m\mathscr{P}\left(\dfrac{u+v}{m}\right) - \dfrac{k_1}{6k}\right]^{-1}. \end{cases} \qquad (2.34)$$

我们将讨论剩下的情况$k' \neq 0$ 作为结束. 这时, 方程(2.29) 给出关系

$$U^2 = k'u, \quad V^2 = k'v;$$

因此, 方程组(2.28) 的解变为

$$\beta = f(\kappa), \quad \kappa = uv, \qquad (2.35)$$

式中函数f 满足方程

$$\kappa(\log f)'' + (\log f)' = f^2 - \frac{k}{f}. \qquad (2.36)$$

由此得到所论曲面的基本量如下:

$$\begin{cases} \beta = \gamma = f(uv), \\ \Delta = k'vf(uv), \quad \Delta' = k'uf(uv). \end{cases} \qquad (2.37)$$

综合起来, 得到

定理　如果一曲面σ 在其一点的四个弯节点曲面的四个对应切平面相会于第一准线上的一点, 那么σ 必须是射影极小曲面(2.32), 或者是具有基本量(2.34) 或(2.37) 的曲面, 或者是S 曲面.

2.3 *S* 曲面与*W* 线汇[①]

根据上面两节所述, 我们已经明确了下列三个问题的等价性:

(1) 决定以给定织面*Q* 为共通*W* 变换的曲面.

(2) 决定各个德穆兰四边形常在给定织面*Q* 上的曲面.

(3) 决定在以织面*Q* 为绝对形的非欧几里得尺度下具有零曲率线素的曲面.

在这里自然地发生这样的一个问题: 当在一个织面*Q* 上的双重无穷多四边形的一族给定时, 究竟有多少*S* 曲面与这族对应, 使任何一曲面的德穆兰四边形重合于族中的四边形呢?

为完全解决这个问题, 设织面*Q* 决定于方程

$$xt - yz = 0; \tag{3.1}$$

那么在主切参数u, v 下*Q* 的参数表示是

$$x = uv, \quad y = u, \quad z = v, \quad t = 1. \tag{3.2}$$

根据塞格雷的结果, *Q* 的任何*W* 变换必须是*S* 曲面(参见富-切, 射影微分几何I, 266~267) . 对应的*S* 曲面上任何一点的坐标如下:

$$\begin{cases} x = -(U' + V')uv + 2(vU + uV), \\ y = -(U' + V')u + 2U, \\ z = -(U' + V')v + 2V, \\ t = -(U' + V'), \end{cases} \tag{3.3}$$

其中$U = U(u), V = V(v)$ 表示任意函数.

首先将导出*S* 曲面的李织面的方程. 为这目的, 考查沿一条主切曲线, 如$u = $ const 的主切直纹面*R* (1.12节); 它的方程是

$$\begin{cases} \overline{x} = x + \lambda x_u, \\ \overline{y} = y + \lambda y_u, \\ \overline{z} = z + \lambda z_u, \\ \overline{t} = t + \lambda t_u, \end{cases} \tag{3.4}$$

式中λ 和v 表示两参数, 而u 则被看成常数. *R* 的非直线式的主切曲线决定于微分方程

$$(x_{vv} + \lambda x_{uvv}, \ x_u + \lambda x_{uv}, \ x_u, \ x)dv + 2(x_{uv}, \ x_v, \ x_u, \ x)d\lambda = 0. \tag{3.5}$$

[①]参见苏步青[9]III.

可是曲线 u, v 是曲面 (3.3) 的主切曲线, 所以

$$(x_{uu}x_ux_vx) = (x_{vv}x_ux_vx) = 0,$$

而且

$$(x_{uv}x_ux_vx) = [U'^2 - V'^2 - 2(UU'' - VV'')]^2$$

不是 0. 按照 (3.3) 可以验证: 对于所有值 λ

$$(x_{vv} + \lambda x_{uvv}, \ x_v + \lambda x_{uv}, \ x_u, \ x) = 0,$$

从而曲线 $\lambda = \mathrm{const}$ 是直纹面 R 上的非直线式的主切曲线.

这一来, 我们获得在点 (u, v) 的李织面的方程如下:

$$\begin{cases} \overline{x} = x + \lambda x_u + w(x_v + \lambda x_{uv}), \\ \overline{y} = y + \lambda y_u + w(y_v + \lambda y_{uv}), \\ \overline{z} = z + \lambda z_u + w(z_v + \lambda z_{uv}), \\ \overline{t} = t + \lambda t_u + w(t_v + \lambda t_{uv}). \end{cases} \tag{3.6}$$

从此消去 λ 和 w, 并且置

$$\begin{cases} \Delta_1 = (x_ux_vx_{uv}\overline{x}), \ \ \Delta_2 = (xx_ux_v\overline{x}), \\ \Delta_3 = (xx_vx_{uv}\overline{x}), \ \ \ \Delta_4 = (xx_ux_{uv}\overline{x}), \end{cases} \tag{3.7}$$

便导出李织面的方程

$$\Delta_1\Delta_2 - \Delta_3\Delta_4 = 0, \tag{3.8}$$

其中 $(\overline{x}, \overline{y}, \overline{z}, \overline{t})$ 表示一点的流动坐标.

从 (3.3) 和其导数容易算出

$$\begin{cases} \Delta_1 = N\{-U''(\overline{y} - u\overline{t}) + V''(\overline{z} - v\overline{t}) - (U' - V')\overline{t}\}, \\ \Delta_2 = N\{-(U' - V')[(\overline{x} - u\overline{z}) - v(\overline{y} - u\overline{t})] \\ \qquad +2V(\overline{y} - u\overline{t}) - 2U(\overline{z} - v\overline{t})\}, \\ \Delta_3 = N\{-V''[(\overline{x} - u\overline{z}) - v(\overline{y} - u\overline{t})] \\ \qquad -(U' + V')(\overline{y} - u\overline{t}) - 2U\overline{t}\}, \\ \Delta_4 = N\{-U''[(\overline{x} - u\overline{z}) - v(\overline{y} - u\overline{t})] \\ \qquad -(U' + V')(\overline{z} - v\overline{t}) - 2V\overline{t}\}, \end{cases} \tag{3.9}$$

这里为省便, 已置

$$N = U'^2 - V'^2 - 2(UU'' - VV''). \tag{3.10}$$

以 (3.9) 代入 (3.8), 并且挨次用 $x, \cdots, t$ 代替 $\overline{x}, \cdots, \overline{t}$, 我们获得李织面的方程

$$x^2 + \frac{1}{V''}(vV'' + 2V - 2vV')y^2 + \frac{1}{U''}(u^2U'' + 2U - 2uU')z^2$$

$$+ \frac{1}{U''V''}(u^2U'' + 2U - 2uU')(v^2V'' + 2V - 2vV')t^2$$

$$- \frac{1}{V''}(2vV'' - 2V')xy - \frac{1}{U''}(2uU'' - 2U')xz$$

$$+ \left\{ 2uv - 2v\frac{U'}{U''} - 2u\frac{V'}{V''} + 2\frac{V}{U''} + 2\frac{U}{V''} - \frac{(U' - V')^2}{U''V''} \right\} xt$$

$$+ \left\{ \frac{1}{U''V''}(2uU'' - 2U')(2vV'' - 2V') - 2uv \right.$$

$$\left. +2v\frac{U'}{U''} + 2u\frac{V'}{V''} - 2\frac{V}{U''} - 2\frac{U}{V''} + \frac{(U' - V')^2}{U''V''} \right\} yz$$

$$- \frac{1}{U''V''}(2uU'' - 2U')(v^2V'' + 2V - 2vV')yt$$

$$- \frac{1}{U''V''}(2vV'' - 2V')(u^2U'' + 2U - 2uU')zt = 0. \tag{3.11}$$

为简化这个方程的表达形式, 导入单独是 u 的两函数 U_1, U_2 和单独是 v 的两函数 V_1, V_2:

$$U_1 + U_2 = \frac{1}{U''}(2uU'' - 2U'), \tag{3.12}$$

$$U_1 U_2 = \frac{1}{U''}(u^2U'' + 2U - 2uU'), \tag{3.13}$$

$$V_1 + V_2 = \frac{1}{V''}(2vV'' - 2V'), \tag{3.14}$$

$$V_1 V_2 = \frac{1}{V''}(v^2V'' + 2V - 2vV'), \tag{3.15}$$

或更确切地,

$$\begin{cases} U_1 = \dfrac{1}{U''}[uU'' - U' + \sqrt{U'^2 - 2UU''}], \\ U_2 = \dfrac{1}{U''}[uU'' - U' - \sqrt{U'^2 - 2UU''}], \end{cases} \tag{3.16}$$

$$\begin{cases} V_1 = \dfrac{1}{V''}[vV'' - V' + \sqrt{V'^2 - 2VV''}], \\ V_2 = \dfrac{1}{V''}[vV'' - V' - \sqrt{V'^2 - 2VV''}]. \end{cases} \tag{3.17}$$

又置

$$\varphi_0 = 2uv - 2v\frac{U'}{U''} - 2u\frac{V'}{V''} + 2\frac{V}{U''} + 2\frac{U}{V''} - \frac{(U' - V')^2}{U''V''}, \tag{3.18}$$

便可改写方程(3.11) 为

$$x^2 + V_1 V_2 y^2 + U_1 U_2 z^2 + V_1 V_2 U_1 U_2 t^2$$

$$- (V_1 + V_2)xy - (U_1 + U_2)xz + \varphi_0 xt$$

$$+ \{(U_1 + U_2)(V_1 + V_2) - \varphi_0\}yz$$

$$- (U_1 + U_2)V_1 V_2 yt - (V_1 + V_2)U_1 U_2 zt = 0. \tag{3.19}$$

我们将阐明 S 曲面(3.3) 的德穆兰四边形常在织面(3.1) 上. 为此, 必须按照

$$\xi = x - V_1 y, \quad \eta = x - V_2 y, \quad \zeta = z - V_1 t, \quad \tau = z - V_2 t \tag{3.20}$$

定义新坐标, 而且把(3.19) 写成较简单的形式

$$(V_1 - V_2)(\xi\eta + U_1 U_2 \zeta\tau) - (U_1 + U_2)(V_1\xi\tau - V_2\eta\zeta) + \varphi_0(\xi\tau - \eta\zeta) = 0. \tag{3.21}$$

当点(u, v) 沿一条主切曲线 $v = \text{const}$ 变动时, 织面(3.21) 和其邻近织面的交线决定于(3.21) 和

$$\left\{\frac{\partial\varphi_0}{\partial u} - V_1(U_1' + U_2')\right\}\xi\tau + \left\{V_2(U_1' + U_2') - \frac{\partial\varphi_0}{\partial u}\right\}\eta\zeta + (V_1 - V_2)(U_1'U_2 + U_1 U_2')\zeta\tau = 0, \tag{3.22}$$

从此导出两条对应的弯节点切线

$$\xi = \zeta = 0, \quad \eta = \tau = 0,$$

即

$$\frac{x}{y} = \frac{z}{t} = V_1, \quad \frac{x}{y} = \frac{z}{t} = V_2. \tag{3.23}$$

同样, 另外两弯节点切线决定于方程

$$\frac{x}{z} = \frac{y}{t} = U_1, \quad \frac{x}{z} = \frac{y}{t} = U_2. \tag{3.24}$$

这一来, 证明了

定理　如果一个非退缩、非直纹的曲面是一个织面Q 的W 变换, 那么它的德穆兰四边形必须在Q 上.

反过来, 我们将讨论逆问题: 在织面(3.1) 上给出了四边形的一族F; 寻找以F 的四边形为德穆兰四边形的曲面.

假设这族决定于方程

$$\frac{x}{z} = \frac{y}{t} = U_1, \quad \frac{x}{z} = \frac{y}{t} = U_2; \tag{3.25}$$

$$\frac{x}{y} = \frac{z}{t} = V_1, \quad \frac{x}{y} = \frac{z}{t} = V_2, \tag{3.26}$$

式中U_1, U_2; V_1, V_2 顺次是由(3.16) , (3.17) 给定的. 设$\overline{Q}$ 是过四边(3.25) 和(3.26) 的一个织面, 按照(3.19) 可以把$\overline{Q}$ 的方程写成形式

$$x^2 + V_1 V_2 y^2 + U_1 U_2 z^2 + V_1 V_2 U_1 U_2 t^2$$
$$- (V_1 + V_2)xy - (U_1 + U_2)xz + \varphi xt$$
$$+ \{(U_1 + U_2)(V_1 + V_2) - \varphi\}yz$$

$$- (U_1 + U_2)V_1V_2yt - (V_1 + V_2)U_1U_2zt = 0, \tag{3.27}$$

这里$\varphi = \varphi(u,\ v)$ 是u 和v 的任意函数.

我们必须决定这函数φ, 使对应于u 和v 的所有值的织面(3.27) 形成一个李系统.

为这目的, 考查当变量u 和v 中之一固定时, (3.27) 与其邻近者的交线分解为两直线(3.25) 或(3.26) , 以及另一条和前两条都相交的双重直线.

现在假定v 是固定的. 导入新坐标系

$$\begin{cases} \xi = x - V_1y, \quad \zeta = z - V_1t, \\ \eta = x - V_2y, \quad \tau = z - V_2t, \end{cases} \tag{3.28}$$

便容易看出: (3.27) 和其邻近者的交曲线决定于下列两方程:

$$(V_1 - V_2)(\xi\eta + U_1U_2\zeta\tau) - (U_1 + U_2)(V_1\xi\tau - V_2\eta\zeta) + \varphi(\xi\tau - \eta\zeta) = 0, \tag{3.29}$$

$$(V_1 - V_2)(U_1'U_2 + U_1U_2')\zeta\tau - (U_1' + U_2')(V_1\xi\tau - V_2\eta\zeta) + \varphi_u(\xi\tau - \eta\zeta) = 0. \tag{3.30}$$

方便上, 置

$$\begin{cases} A = \varphi - V_1(U_1 + U_2) - \lambda\{\varphi_u - V_1(U_1' + U_2')\}, \\ B = \varphi - V_2(U_1 + U_2) - \lambda\{\varphi_u - V_2(U_1' + U_2')\}, \\ C = U_1U_2 - \lambda(U_1'U_2 + U_1U_2'). \end{cases} \tag{3.31}$$

所必须的条件是: (3.29) 和(3.30) 的λ 方阵即

$$\begin{pmatrix} 0 & V_1 - V_2 & 0 & A \\ V_1 - V_2 & 0 & -B & 0 \\ 0 & -B & 0 & (V_1 - V_2)C \\ A & 0 & (V_1 - V_2)C & 0 \end{pmatrix} \tag{3.32}$$

是有特征[(22)]的.

容易看出: (3.32) 的行列式等于

$$[AB + (V_1 - V_2)^2C]^2;$$

方阵(3.32) 的所有第一余因式的最高公因数是$AB + (V_1 - V_2)^2C$, 而且第二余因式之一是$(V_1 - V_2)^2$. 所以条件如下述: 关于λ 的二次代数方程

$$AB + (V_1 - V_2)^2C = 0,$$

即

$$\{\varphi_u - V_1(U_1' + U_2')\}\{\varphi_u - V_2(U_1' + U_2')\}\lambda^2$$

$$- [\{\varphi - V_1(U_1 + U_2)\}\{\varphi_u - V_2(U_1' + U_2')\}$$
$$+ \{\varphi - V_2(U_1 + U_2)\}\{\varphi_u - V_1(U_1' + U_2')\}$$
$$+ (V_1 - V_2)^2(U_1'U_2 + U_1U_2')]\lambda$$
$$+ \{\varphi - V_1(U_1 + U_2)\}\{\varphi - V_2(U_1 + U_2)\}$$
$$+ U_1U_2(V_1 - V_2)^2 = 0 \tag{3.33}$$

具有等根.

置

$$\varphi = \frac{1}{2}(U_1 + U_2)(V_1 + V_2) + \psi, \tag{3.34}$$

且从而改写(3.33),

$$\left\{\psi_u^2 - \frac{1}{4}(V_1 - V_2)^2(U_1' + U_2')^2\right\}\lambda^2$$
$$- 2\left\{\psi\psi_u - \frac{1}{4}(V_1 - V_2)^2(U_1 - U_2)(U_1' - U_2')\right\}\lambda$$
$$+ \left\{\psi^2 - \frac{1}{4}(V_1 - V_2)^2(U_1 - U_2)^2\right\} = 0. \tag{3.35}$$

因此, 得到所论的条件

$$\left\{\psi_u^2 - \frac{1}{4}(V_1 - V_2)^2(U_1' + U_2')^2\right\}\left\{\psi^2 - \frac{1}{4}(V_1 - V_2)^2(U_1 - U_2)^2\right\}$$
$$- \left\{\psi\psi_u - \frac{1}{4}(V_1 - V_2)^2(U_1 - U_2)(U_1' - U_2')\right\}^2 = 0. \tag{3.36}$$

同样, 如果变量u代替v而被固定, 那么获得另外条件:

$$\left\{\psi_v^2 - \frac{1}{4}(U_1 - U_2)^2(V_1' + V_2')^2\right\}\left\{\psi^2 - \frac{1}{4}(V_1 - V_2)^2(U_1 - U_2)^2\right\}$$
$$- \left\{\psi\psi_v - \frac{1}{4}(U_1 - U_2)^2(V_1 - V_2)(V_1' - V_2')\right\}^2 = 0. \tag{3.37}$$

综合以上所述, 我们的问题已被归结为关于ψ的微分方程组(3.36)~(3.37)的积分.

方程(3.36)可以写成

$$(U_1 - U_2)^2\psi_u^2 - 2(U_1 - U_2)(U_1' - U_2')\varphi\psi_u + (U_1' + U_2')^2\psi^2$$
$$- (V_1 - V_2)^2(U_1 - U_2)^2U_1'U_2' = 0.$$

以(3.16)和(3.17)代入各系数, 演算的结果是

$$(U'^2 - 2UU'')\psi_u^2 - 2\frac{U'''}{U''}(UU'' - U'^2)\psi\psi_u + \left(\frac{U'U'''}{U''}\right)^2\psi^2$$

$$+ 4 \frac{V'^2 - 2VV''}{V''^2 U''^2} U^2 U'''^2 = 0. \tag{3.38}$$

同样, 方程(3.37) 采取下列形式:

$$(V'^2 - 2VV'')\psi_v^2 - 2\frac{V'''}{V''}(VV'' - V'^2)\psi\psi_v + \left(\frac{V'V'''}{V''}\right)^2 \psi^2$$

$$+ 4\frac{U'^2 - 2UU''}{U''^2 V''^2} V^2 V'''^2 = 0. \tag{3.39}$$

现在, 又把因变量 ψ 按照下面变换移作 χ:

$$\psi = \frac{\chi}{U''V''}; \tag{3.40}$$

两方程(3.38) 和(3.39) 就变为

$$(U'^2 - 2UU'')\chi_u^2 + 2UU'''\chi\chi_u + 4U^2 U''^2 (V'^2 - 2VV'') = 0, \tag{3.41}$$

$$(V'^2 - 2VV'')\chi_v^2 + 2VV'''\chi\chi_v + 4V^2 V''^2 (U'^2 - 2UU'') = 0. \tag{3.42}$$

作出第一方程关于 v 的导微和第二方程关于 u 的导微, 立即得到

$$4UVU'''V''' - (\chi\chi_{uv} + \chi_u\chi_v) = \frac{U'^2 - 2UU''}{VV'''}\chi_u\chi_{uv} = \frac{V'^2 - 2VV''}{UU'''}\chi_v\chi_{uv}. \tag{3.43}$$

在这里将根据 $\chi_{uv} = 0$ 或 $\chi_{uv} \neq 0$ 区分为两种情况.

在第一种情况下,

$$\chi = f(u) + \varphi(v). \tag{3.44}$$

代入(3.41) , 便有

$$(U'^2 - 2UU'')f'^2 + 2UU'''f'(f + \varphi) + 4U^2 U''^2 (V'^2 - 2VV'') = 0. \tag{3.45}$$

关于 v 导微左边,

$$f'\varphi' = 2UU''' \cdot 2VV''',$$

即

$$\frac{f'}{2UU'''} = \frac{2VV'''}{\varphi'}, \tag{3.46}$$

从而两边都要等于常数 k. 因此, 我们获得

$$f' = 2kUU''', \quad \varphi' = \frac{1}{k}2VV'''. \tag{3.47}$$

积分的结果如下:

$$\begin{cases} f = k(2UU'' - U'^2) + l, \\ \varphi = \dfrac{1}{k}(2VV'' - V'^2) + m, \end{cases} \tag{3.48}$$

式中 l, m 表示积分常数.

将 (3.47) 和 (3.48) 代入 (3.45) 并予简化, 就得出

$$l + m = 0,$$

由此可知,

$$\chi = k(2UU'' - U'^2) + \frac{1}{k}(2VV'' - V'^2). \tag{3.49}$$

容易验证: 这函数 χ 也满足方程 (3.42).

在第二种情况下, $\chi_{uv} \neq 0$; 从关系式 (3.43) 导出

$$\chi_u \frac{U'^2 - 2UU''}{-2UU''} = \chi_v \frac{V'^2 - 2VV''}{-2VV'''}. \tag{3.50}$$

这方程的积分是

$$\chi = f(\xi), \tag{3.51}$$

其中已置 $\xi = (U'^2 - 2UU'')(V'^2 - 2VV'')$, 并且必须决定函数 f, 使两方程 (3.41) 和 (3.42) 成立.

以 (3.50) 代入 (3.41) 或 (3.42) 并简化它, 就导致第一阶微分方程:

$$\xi\{f'(\xi)\}^2 - f(\xi)f'(\xi) + 1 = 0. \tag{3.52}$$

最后方程容有一个通解

$$f = l\xi + \frac{1}{l} \quad (l : 不等于0的常数) \tag{3.53}$$

和两个奇异解

$$f = 2\varepsilon\sqrt{\xi}, \tag{3.54}$$

式中 $\varepsilon = \pm 1$.

参照 (3.40), 便可以综合上述结果为

定理 设函数 U_1, U_2 和 V_1, V_2 顺次是由 (3.16) 和 (3.17) 给定的, 那么微分方程组 (3.36)~(3.37) 的积分具有三种类型:

(I) $\psi = k\dfrac{2UU'' - U'^2}{U''V''} + \dfrac{1}{k}\dfrac{2VV'' - V'^2}{U''V''}$;

(II) $\psi = l\dfrac{U'^2 - 2UU''}{U''} \cdot \dfrac{V'^2 - 2VV''}{V''} + \dfrac{1}{lU''V''}$;

(III) $\psi = 2\varepsilon\sqrt{\dfrac{U'^2 - 2UU''}{U''^2} \cdot \dfrac{V'^2 - 2VV''}{V''^2}}$,

其中 k, l 是不等于0的任意常数, 而且 $\varepsilon = \pm 1$.

从 (3.34) 还可明确, 由 (3.18) 定义的函数 φ_0 是对应于 $k = 1$ 的类型 (I).

2.4 S 曲面的方程

在本节将继续研究以(3.25) 和(3.26) 为两对对边的四边形作为德穆兰四边形的曲面. 这类曲面一定是S 曲面, 已在2.1节和2.2节证明了. 现在, 按照ψ 的三种类型(I), (II), (III) 来作出S 曲面的分类.

先从第一族曲面开始.

从(I) 得到

$$\psi_u = \left(\frac{U'''}{U''^2 V''}\right)^2 \left\{ kU'^2 - \frac{1}{k}(2VV'' - V'^2) \right\}^2,$$

且因而

$$\psi_u^2 - \frac{1}{4}(V_1 - V_2)^2(U_1' + U_2')^2 = \left(\frac{U'''}{U''^2 V''}\right)^2 \left\{ kU'^2 - \frac{1}{k}(2VV'' - V'^2) \right\},$$

$$\psi\psi_u - \frac{1}{4}(V_1 - V_2)^2(U_1 - U_2)(U_1' - U_2') = \frac{U'''}{U''^2 V''} \left\{ kU'^2 + \frac{1}{k}(2VV'' - V'^2) \right\}$$
$$\times \left\{ k(2UU'' - U'^2) - \frac{1}{k}(2VV'' - V'^2) \right\}.$$

方程(3.35) 的根是

$$\lambda = \frac{U''}{U'''} \frac{k(2UU'' - U'^2) - k^{-1}(2VV'' - V'^2)}{kU'^2 + k^{-1}(2VV'' - V'^2)}. \tag{4.1}$$

从(I), (3.40), (3.16)和(3.17)容易算出

$$\varphi - V_1(U_1 + U_2) = k\frac{2UU'' - U'^2}{U''V''} + \frac{1}{k}\frac{2VV'' - V'^2}{U''V''}$$
$$- \frac{\sqrt{V'^2 - 2VV''}}{U''V''}(2uU'' - 2U'),$$

$$\varphi - V_2(U_1 + U_2) = k\frac{2UU'' - U'^2}{U''V''} + \frac{1}{k}\frac{2VV'' - V'^2}{U''V''}$$
$$+ \frac{\sqrt{V'^2 - 2VV''}}{U''V''}(2uU'' - 2U'),$$

$$\varphi_u - V_1(U_1' + U_2') = \frac{U'''}{U''^2 V''} \left\{ \sqrt{k}U' - \frac{1}{\sqrt{k}}\sqrt{V'^2 - 2VV''} \right\}^2,$$

$$\varphi_u - V_2(U_1' + U_2') = \frac{U'''}{U''^2 V''} \left\{ \sqrt{k}U' + \frac{1}{\sqrt{k}}\sqrt{V'^2 - 2VV''} \right\}^2.$$

以由(4.1) 给定的值λ 代入(3.31), 就有

$$
\begin{cases}
A = \dfrac{2\sqrt{V'^2 - 2VV''}}{V''} \dfrac{k(2U - uU') - u\sqrt{V'^2 - 2VV''}}{kU' + \sqrt{V'^2 - 2VV''}}, \\[3mm]
B = -\dfrac{2\sqrt{V'^2 - 2VV''}}{V''} \dfrac{k(2U - uU') + u\sqrt{V'^2 - 2VV''}}{kU' - \sqrt{V'^2 - 2VV''}}, \\[3mm]
C = \dfrac{k^2(2U - uU')^2 - u^2(V'^2 - 2VV'')}{k^2 U'^2 - (V'^2 - 2VV'')}.
\end{cases}
\tag{4.2}
$$

在织面(3.29) 和(3.30) 的束中, 唯一的平面偶决定于方程

$$(V_1 - V_2)\xi\eta + A\xi\tau - B\eta\zeta + (V_1 - V_2)C\zeta\tau = 0.$$

这两平面的交线是对应的S 曲面上的一条主切线.

设(x, y, z, t) 是这S 曲面上对应点的坐标. 由(3.28) 导出

$$
\begin{aligned}
&kU'x - \frac{1}{V''}\{kU'(vV'' - V') - (V'^2 - 2VV'')\}y \\
&+ k(2U - uU')z - \frac{1}{V''}\{k(2U - uU')(vV'' - V') \\
&+ u(V'^2 - 2VV'')\}t = 0,
\end{aligned}
\tag{4.3}
$$

$$
\begin{aligned}
&x + \frac{1}{V''}\{kU' - (vV'' - V')\}y - uz \\
&+ \frac{1}{V''}\{k(2U - uU') + u(vV'' - V')\}t = 0.
\end{aligned}
\tag{4.4}
$$

同样, 我们获得所论S 曲面的另一条主切线的方程:

$$
\begin{aligned}
&V'x + (2V - vV')y - \frac{1}{U''}\{V'(uU'' - U') - k(U'^2 - 2UU'')\}z \\
&- \frac{1}{U''}\{(2V - vV')(uU'' - U') + kv(U'^2 - 2UU'')\}t = 0,
\end{aligned}
\tag{4.5}
$$

$$
\begin{aligned}
&x + \frac{1}{U''}\{V' - k(uU'' - U')\}z - vy \\
&+ \frac{1}{U''}\{(2V - vV') + kv(uU'' - U')\}t = 0.
\end{aligned}
\tag{4.6}
$$

容易验证, 四个方程(4.3)$\sim$(4.6) 是线性无关的, 从而容有下面一组解:

$$
\begin{cases}
x = k(-U'uv + 2vU) + 2uV - V'uv, \\
y = k(-U'u + 2U) - V'u, \\
z = k(-U'v) + 2V - V'v, \\
t = k(-U') - V'.
\end{cases}
\tag{4.7}
$$

对于函数 U 和 V 的每一对, 随着参数 k 的不同值, 导出方程 (4.7) 所表示的 $\infty^1 S$ 曲面. 特别是, 当 $k = 1$ 时, 这些方程重合于 (3.3).

总之, 我们获得了 S 曲面的单参数族, 记作 Σ 族. 关于这族的一些显著的性质和构图将在后文中加以研究.

其次, 转入讨论第二种类型:

(II) $\psi = l \dfrac{U'^2 - 2UU''}{U''} \cdot \dfrac{V'^2 - 2VV''}{V''} + \dfrac{1}{lU''V''}.$

经过简单的演算后, 得到

$$\psi_u^2 - \frac{1}{4}(V_1 - V_2)^2(U_1' + U_2')^2 = \left(\frac{U'''}{U''^2 V''}\right)^2 \left\{ l(V'^2 - 2VV'')U'^2 - \frac{1}{l} \right\}^2,$$

$$\psi\psi_u - \frac{1}{4}(V_1 - V_2)^2(U_1 - U_2)(U_1' - U_2')$$
$$= -\frac{U'''}{U''^2 V''} \left\{ l(V'^2 - 2VV'')U'^2 - \frac{1}{l} \right\}$$
$$\times \left\{ l(U'^2 - 2UU'')(V'^2 - 2VV'') - \frac{1}{l} \right\},$$

从此算出 (3.35) 的对应根:

$$\lambda = -\frac{U''}{U'''} \frac{l^2(U'^2 - 2UU'')(V'^2 - 2VV'') - 1}{l^2(V'^2 - 2VV'')U'^2 - 1}. \tag{4.8}$$

按照 (II), (3.34), (3.16), (3.17), (4.8) 和 (3.31) 可以容易地算出 A, B, C 的表示:

$$\begin{cases} A = \dfrac{2\sqrt{V'^2 - 2VV''}}{V''} \cdot \dfrac{u - l(uU' - 2U)\sqrt{V'^2 - 2VV''}}{lU'\sqrt{V'^2 - 2VV''} - 1}, \\[3mm] B = \dfrac{2\sqrt{V'^2 - 2VV''}}{V''} \cdot \dfrac{u + l(uU' - 2U)\sqrt{V'^2 - 2VV''}}{lU'\sqrt{V'^2 - 2VV''} + 1}, \\[3mm] C = \dfrac{l^2(uU' - 2U)^2(V'^2 - 2VV'') - u^2}{l^2 U'^2(V'^2 - 2VV'') - 1}. \end{cases} \tag{4.9}$$

在这时候的织面 (3.29) 和 (3.30) 的束中, 唯一的平面偶决定于方程

$$\begin{cases} \{lU'\sqrt{V'^2 - 2VV''} + 1\}\xi \\ \quad -\{u + l(uU' - 2U)\sqrt{V'^2 - 2VV''}\}\zeta = 0, \\ \{lU'\sqrt{V'^2 - 2VV''} - 1\}\eta \\ \quad +\{u - l(uU' - 2U)\sqrt{V'^2 - 2VV''}\}\tau = 0. \end{cases} \tag{4.10}$$

把 (3.28) 代入这里, 并按照 (3.16) 和 (3.17) 简化, 便获得所论曲面在其对应点的一条主切线的两方程:

$$x - \frac{1}{V''}\{lU'(V'^2 - 2VV'') + (vV'' - V')\}y - uz$$
$$+ \frac{1}{V''}\{u(vV'' - V') + l(uU' - 2U)(V'^2 - 2VV'')\}t = 0, \tag{4.11}$$

$$lU'x - \frac{1}{V''}\{lU'(vV''-V')+1\}y - l(uU'-2U)z$$

$$+ \frac{1}{V''}\{u + l(uU'-2U)(vV''-V')\}t = 0. \tag{4.12}$$

如果对调(4.11) 与(4.12) 中的 u 和 v, U 和 V, y 和 z, 所导出的两个新方程将表示这曲面在点 (u,v) 的另外一条主切线, 就是

$$x - vy - \frac{1}{U''}\{lV'(U'^2-2UU'')+(uU''-U')\}z$$

$$+ \frac{1}{U''}\{v(uU''-U')+l(vV'-2V)(U'^2-2UU'')\}t = 0, \tag{4.13}$$

$$lV'x - l(vV'-2V)y - \frac{1}{U''}\{lV'(uU''-U')+1\}z$$

$$+ \frac{1}{U''}\{v + l(vV'-2V)(uU''-U')\}t = 0. \tag{4.14}$$

可以证明: 四个方程(4.11) ∼ (4.14) 是线性无关的, 从而决定一点的坐标, 并且其轨迹就是所寻找的 S 曲面:

$$\begin{cases} x = l\{-uvU'V' + 2(uU'V + vV'U) - 4UV\} + uv, \\ y = l\{-uU'V' + 2UV'\} + u, \\ z = l\{-vU'V' + 2VU'\} + v, \\ t = l\{-U'V'\} + 1. \end{cases} \tag{4.15}$$

给定两个任意函数 U, V; 随着参数 l 的不同值得到对应的 $\infty^1 S$ 曲面. 记这一族为 Σ'.

至于 Σ' 的曲面与 Σ 的曲面间的构图将在后文中阐述.

再其次, 要研究剩下的第三种类型:

(III) $\psi = 2\varepsilon\sqrt{\dfrac{(U'^2-2UU'')(V'^2-2VV'')}{U''^2V''^2}}$ $(\varepsilon = \pm 1)$.

这时,

$$\psi_u^2 - \frac{1}{4}(V_1-V_2)^2(U_1'+U_2')^2 = 4\left(\frac{U'''U}{U''V''}\right)^2 \frac{V'^2-2VV''}{U'^2-2UU''} \tag{4.16}$$

一般不等于 0, 而

$$\psi\psi_u - \frac{1}{4}(V_1-V_2)^2(U_1-U_2)(U_1'-U_2') = 0, \tag{4.17}$$

由此可见, 方程(3.35) 的根 λ 是 0.

因而,

$$\varphi - V_1(U_1+U_2) = 2\frac{\sqrt{V'^2-2VV''}}{U''V''}\{\varepsilon\sqrt{U'^2-2UU''}-(uU''-U')\},$$

$$\varphi - V_2(U_1 + U_2) = 2\frac{\sqrt{V'^2 - 2VV''}}{U''V''}\{\varepsilon\sqrt{U'^2 - 2UU''} + (uU'' - U')\}.$$

这一来, 得到织面(3.29) 和(3.30) 的束中的唯一平面偶. 就是: 对于$\varepsilon = 1$ 的方程

$$\xi\eta - U_2\xi\tau - U_1\eta\zeta + U_1U_2\zeta\tau = 0 \tag{4.18}$$

和对于$\varepsilon = -1$ 的方程

$$\xi\eta - U_1\xi\tau - U_2\eta\zeta + U_1U_2\zeta\tau = 0 \tag{4.19}$$

所决定的.

按照(3.28) 把这两方程改写成为

$$\begin{cases} x - V_1y - U_1z + U_1V_1t = 0, \\ x - V_2y - U_2z + U_2V_2t = 0, \end{cases} \tag{4.20}$$

其中$\varepsilon = 1$; 以及

$$\begin{cases} x - V_1y - U_2z + U_2V_1t = 0, \\ x - V_2y - U_1z + U_1V_2t = 0, \end{cases} \tag{4.21}$$

其中$\varepsilon = -1$.

可是当对调u 和v, U_i 和$V_i(i = 1, 2)$, y和z时, 这些方程仍不改变, 所以对应于$\varepsilon = 1$ 或$\varepsilon = -1$ 的织面(3.27) , 除了由直线(4.20) 或(4.21) 所构成的线汇C_1 或C_{-1} 而外, 并没有任何包络面.

还容易表明, 各直线(4.20)和(4.21)与方程(3.1)的织面Q相交于以(3.25)和(3.26)为对边的四边形的对顶点. 这就是说, C_1 和C_{-1} 是所给定的德穆兰四边形的两对角线线汇.

综合起来, 就有

定理   在一个织面上给定四边形的一族; 存在S 曲面的两个单参数族, 使各曲面的德穆兰四边形形成给定族.

最后, 来阐明两族Σ 和Σ' 的S 曲面与S 曲面之间、线汇C_1 与线汇C_{-1} 之间的关系. 为省便, 需要一个定义: 设织面Q 的一条母线决定于方程

$$\frac{x}{z} = \frac{y}{t} = f(u), \tag{4.22}$$

或者方程

$$\frac{x}{y} = \frac{z}{t} = \varphi(v), \tag{4.23}$$

称这条为母线$f(u)$ 或者母线$\varphi(v)$.

按照这定义得知, 以(3.25) 和(3.26) 为对边的四边形族是由四条母线$U_1, U_2; V_1, V_2$ 形成的.

先取由(4.7)给出的Σ族中的S曲面来讨论.

置

$$\begin{cases} x_1 = -U'uv + 2vU, & x_2 = -V'uv + 2uV, \\ y_1 = -U'u + 2U, & y_2 = -V'u, \\ z_1 = -U'v, & z_2 = -V'v + 2V, \\ t_1 = -U', & t_2 = -V', \end{cases} \tag{4.24}$$

以表示织面Q上的两点Q_1和Q_2的坐标, 我们就可改写方程(4.7)为下列形式:

$$\begin{cases} x = kx_1 + x_2, \\ y = ky_1 + y_2, \\ z = kz_1 + z_2, \\ t = kt_1 + t_2. \end{cases} \tag{4.25}$$

设P_m, P_n分别是对应于$k = m$, $k = n$的两点, 从(4.24), (4.25)导出交比

$$(P_m P_n, \ Q_1 Q_2) = \frac{m}{n}. \tag{4.26}$$

换言之:

定理 Σ族中的所有的S曲面都是以主切曲线互相对应的, 而且所有的对应点在一条直线g上. 族中任何两个S曲面的对应点在以织面Q为绝对形的非欧几里得尺度下, 是有常数距离的.

这个定理对于族Σ'的S曲面也是成立的. 实际上, 如果置

$$\begin{cases} x_3 = -uvU'V' + 2(uU'V + vV'U) - 4UV, & x_4 = uv, \\ y_3 = -uU'V' + 2UV', & y_4 = u, \\ z_3 = -vU'V' + 2VU', & z_4 = v, \\ t_3 = -U'V', & t_4 = 1, \end{cases} \tag{4.27}$$

以表示织面Q上的两点Q_3和Q_4, 方程(4.15)可以写成

$$\begin{cases} x = lx_3 + x_4, \\ y = ly_3 + y_4, \\ z = lz_3 + z_4, \\ t = lt_3 + t_4. \end{cases} \tag{4.28}$$

这些S曲面的对应点全在一条直线g'上, 而g'是Q_3和Q_4的连线.

从(4.24)和(4.27)容易验证: 四直线Q_2Q_3, Q_1Q_4; Q_1Q_3, Q_2Q_4分别是织面Q的四条母线u, $u - \dfrac{2U}{U'}$; v, $v - \dfrac{2V}{V'}$. 因此, 两直线g和g'构成四边形$Q_3Q_2Q_4Q_1$的对角线线汇.

现在, 将证明: 这两线汇形成一个可分层偶(关于可分层线汇概念, 可参见G. Fubini, Annali di Mat. (4) 1 (1924) , 241~257. 更阅S. Finikoff, Rend. Circ. Mat. Palermo 53, 1929, 313 ~ 364).

实际上, 根据(4.7) 和(4.27) 容易看出: 对于任何的k, 在以(4.7) 为坐标的点P_k 所引Σ 族中一曲面的切平面, 一定通过对应的直线g'. 同样, 对于任何的l, 在以(4.15) 为坐标的点P_l' 所引Σ' 族中一曲面的切平面, 必通过对应的直线g. 这表明了, Σ 和Σ' 两族的S 曲面是把偶(g, g') 分层出来的包络曲面.

可是Σ 和Σ' 的S 曲面的主切曲线互相对应着, 所以对于任何的k 和l 直线汇$P_k P_l'$ 是以曲面(P_k) 和(P_l') 为其两焦叶曲面的W 线汇. 按照德拉齐尼的定义(参见A. Terracini, Rend. dei Lincei (VI) 4, 1926, 348~352. 也可参阅前面引用的菲尼可夫文章), 就可写出下列定理:

定理 Σ 族和Σ' 族的S 曲面全体形成一个比安基系统.

在这里我们还可证这定理之逆.

定理 在一个织面Q 上任意给定的∞^2 四边形的一族的对角线线汇形成一个可分层偶, 它的两族包络曲面都是S 曲面, 而且形成一个比安基系统. 这些曲面在织面Q 上有德穆兰四边形的一个共通族.

证 设Q 是由方程(3.1) 给定的, 并且设Q 上的四边形族是由母线$u, u-\dfrac{2U}{U'}; v, v-\dfrac{2V}{V'}$ 构成的, 其中$U = U(u)$, $V = V(v)$ 表示任意函数, 而且$U' = \dfrac{dU}{du}$, $V' = \dfrac{dV}{dv}$. 这个给定的族中任何一个四边形的一条对角线上的点具有下列坐标:

$$\begin{cases} x = k(-U'uv + 2vU) + (-V'uv + 2uV), \\ y = k(-U'u + 2U) - V'u, \\ z = k(-U'v) - V'v + 2V, \\ t = k(-U') - V', \end{cases} \tag{4.29}$$

式中$k(u, v)$ 表示一个函数.

为了曲面(4.29) 要过四边形的另一条对角线, 充要条件是

$$(x\ x_u\ x_v\ x_3) = 0, \quad (x\ x_u\ x_v\ x_4) = 0, \tag{4.30}$$

其中$x_3, \cdots, t_3; x_4, \cdots, t_4$ 决定于(4.27).

用(4.29) 和(4.27) 改写这两条件,

$$k_u = 0, \quad k_v = 0, \tag{4.31}$$

就是$k = \text{const}$. 因此, 曲面(4.29) 都是S 曲面, 而且它们的主切曲线都是u, v. 根据德拉齐尼的一定理得知: 两对角线形成一个可分层偶, 且从而把这偶分层出来的包络曲面形成一个比安基系统. (证毕)

2.5 李织面的某些系统[①]

如在2.1节中所述, S 曲面的一个简单特征是: 所有的德穆兰四边形都在一个织面上. 由此发生这样的问题: 决定这样的曲面σ, 使它的每个李织面常和一个固定织面Q 相交于四边形. 可以想象这样的曲面族将会比S 曲面族来得广泛些, 但是我们所得到的仍是同一族曲面, 就是说:

定理 如果一曲面σ 在其各点的李织面和一个固定织面常相交于四边形, 那么σ 必须是S 曲面.

证 设Q 是一个非奇异的织面; 在射影点坐标系(x, y, z, t) 下, 它的方程可以写为(3.1) , 即

$$xt - yz = 0. \tag{5.1}$$

在Q 上指定四边形的任意∞^2 系统, 每个是由下列的两对母线形成的:

$$\begin{cases} \dfrac{x}{z} = \dfrac{y}{t} = U_1, & \dfrac{x}{z} = \dfrac{y}{t} = U_2, \\ \dfrac{x}{y} = \dfrac{z}{t} = V_1, & \dfrac{x}{y} = \dfrac{z}{t} = V_2, \end{cases} \tag{5.2}$$

式中U_1, U_2 单是u 的任意函数, 而且V_1, V_2 单是v 的任意函数. 四边形(5.2) 的四顶点$P_{ij}(i, j = 1, 2)$是

$$x = U_i V_j, \quad y = U_i, \quad z = V_j, \quad t = 1.$$

取四面体$\{P_{11}P_{12}P_{22}P_{21}\}$ 和一个适当的单位点作为局部标形, 便可按照下列方程表达空间任何一点P 的坐标(x, y, z, t) :

$$\begin{cases} x = \xi U_1 V_1 + \eta U_1 V_2 + \zeta U_2 V_1 + \tau U_2 V_2, \\ y = \xi U_1 + \eta U_1 + \zeta U_2 + \tau U_2, \\ z = \xi V_1 + \eta V_2 + \zeta V_1 + \tau V_2, \\ t = \xi + \eta + \zeta + \tau. \end{cases} \tag{5.3}$$

一点(x, y, z, t) 在空间里要是不动的条件

$$\frac{\partial x}{\partial u} = \frac{\partial y}{\partial u} = \frac{\partial z}{\partial u} = \frac{\partial t}{\partial u} = 0,$$

$$\frac{\partial x}{\partial v} = \frac{\partial y}{\partial v} = \frac{\partial z}{\partial v} = \frac{\partial t}{\partial v} = 0,$$

[①]参见苏步青[10].

可以写成如下的形式:

$$
\begin{cases}
\dfrac{\partial \xi}{\partial u} = -\mathfrak{u}_1\xi + \mathfrak{u}_2\zeta, \quad & \dfrac{\partial \xi}{\partial v} = -\mathfrak{v}_1\xi + \mathfrak{v}_2\eta, \\[2mm]
\dfrac{\partial \eta}{\partial u} = -\mathfrak{u}_1\eta + \mathfrak{u}_2\tau, \quad & \dfrac{\partial \eta}{\partial v} = +\mathfrak{v}_1\xi - \mathfrak{v}_2\eta, \\[2mm]
\dfrac{\partial \zeta}{\partial u} = \mid \mathfrak{u}_1\xi \quad \mathfrak{u}_2\zeta, \quad & \dfrac{\partial \zeta}{\partial v} = \quad \mathfrak{v}_1\zeta \mid \mathfrak{v}_2\tau, \\[2mm]
\dfrac{\partial \tau}{\partial u} = +\mathfrak{u}_1\eta - \mathfrak{u}_2\tau, \quad & \dfrac{\partial \tau}{\partial v} = +\mathfrak{v}_1\zeta - \mathfrak{v}_2\tau,
\end{cases}
\tag{5.4}
$$

式中已置

$$
\mathfrak{u}_1 = \frac{U_1'}{U_1 - U_2}, \quad \mathfrak{u}_2 = \frac{U_2'}{U_2 - U_1},
\tag{5.5}
$$

且同样地,

$$
\mathfrak{v}_1 = \frac{V_1'}{V_1 - V_2}, \quad \mathfrak{v}_2 = \frac{V_2'}{V_2 - V_1}.
\tag{5.6}
$$

为了要决定这样的一个曲面, 使它的李织面和织面Q 相交于给定系统的四边形(5.2), 就须过系统的每一个四边形作出一个织面F, 并且要求这些织面F 的系统变为李织面系统.

可是过四边形(5.2) 的任何织面在局部坐标系(ξ, η, ζ, τ) 下决定于方程

$$
F \equiv \xi\tau - \varphi\eta\zeta = 0,
\tag{5.7}
$$

其中φ 是u 和v 的函数.

假定局部坐标(ξ, η, ζ, τ) 的点在空间里是固定不动的, 那么从(5.4) 容易导出

$$
\begin{cases}
\dfrac{\partial F}{\partial u} = -(\mathfrak{u}_1 + \mathfrak{u}_2)F + (1 - \varphi)(\mathfrak{u}_1\xi\eta + \mathfrak{u}_2\zeta\tau) - \dfrac{\partial \varphi}{\partial u}\eta\zeta, \\[3mm]
\dfrac{\partial F}{\partial v} = -(\mathfrak{v}_1 + \mathfrak{v}_2)F + (1 - \varphi)(\mathfrak{v}_1\xi\zeta + \mathfrak{v}_2\eta\tau) - \dfrac{\partial \varphi}{\partial v}\eta\zeta.
\end{cases}
\tag{5.8}
$$

现在假设存在这么一个曲面σ, 它是参考于参数曲线u, v 的, 而且在点(u, v) 的有关李织面重合于(5.7).

以记号d 表示沿σ 的一条主切曲线的变动而产生的有关变化; 那么织面(5.7) 和其沿所述主切曲线的邻近者的交线, 决定于方程

$$
\begin{cases}
F \equiv \xi\tau - \varphi\eta\zeta = 0, \\[2mm]
dF \equiv \dfrac{\partial F}{\partial u}du + \dfrac{\partial F}{\partial v}dv = 0,
\end{cases}
\tag{5.9}
$$

式中$\dfrac{\partial F}{\partial u}$ 和$\dfrac{\partial F}{\partial v}$ 则由(5.8) 决定.

由于按照假设, 织面(5.7) 是σ 的李织面, 就必须成立下述事项: 由(5.9) 给定的曲线包含看做双重直线的σ 的一条主切线以及其余两直线即弯节点切线. 这是等于说, 关于ξ, η, ζ, τ 的二次齐式的λ 方阵

$$\overline{Q} = \lambda(\xi\tau - \varphi\eta\zeta) + (1 - \varphi)(\mathfrak{u}_1\xi\eta + \mathfrak{u}_2\zeta\tau)du$$

$$+ (1 - \varphi)(\mathfrak{B}_1\zeta\xi + \mathfrak{B}_2\eta\tau)dv - \eta\zeta\, d\varphi \tag{5.10}$$

必须有特征$[(22)]$. 这里详细地写下这个方阵,

$$\mathfrak{M} = \begin{pmatrix} 0 & \mathfrak{u}_1(1 - \varphi)du & \mathfrak{v}_1(1 - \varphi)dv & \lambda \\ \mathfrak{u}_1(1 - \varphi)du & 0 & -\lambda\varphi - d\varphi & \mathfrak{v}_2(1 - \varphi)dv \\ \mathfrak{v}_1(1 - \varphi)dv & -\lambda\varphi - d\varphi & 0 & \mathfrak{u}_2(1 - \varphi)du \\ \lambda & \mathfrak{u}_2(1 - \varphi)dv & \mathfrak{v}_2(1 - \varphi)dv & 0 \end{pmatrix},$$

并注意到$\mathfrak{M}$的三个余因式除了一个和λ 无关的因数外, 是

$$\lambda(\lambda\varphi + d\varphi) + \mathfrak{u}_1\mathfrak{u}_2(1 - \varphi)^2 du^2 - \mathfrak{v}_1\mathfrak{v}_2(1 - \varphi)^2 dv^2,$$

$$\lambda(\lambda\varphi + d\varphi) - \mathfrak{u}_1\mathfrak{u}_2(1 - \varphi)^2 du^2 + \mathfrak{v}_1\mathfrak{v}_2(1 - \varphi)^2 dv^2,$$

$$\lambda\{\lambda(\lambda\varphi + d\varphi) + \mathfrak{u}_1\mathfrak{u}_2(1 - \varphi)^2 du^2 + \mathfrak{v}_1\mathfrak{v}_2(1 - \varphi)^2 dv^2\},$$

便容易作出结论: 这些余因子除非

$$du\, dv = 0 \tag{5.11}$$

或$1 - \varphi = 0$, 绝不可能具有λ 的一个二次多项式为公约式. 后者只当织面(5.7) 和给定的织面(5.1) 重合一致时才会发生, 而这是平凡的. 这一来, 从(5.11) 看出: 曲线u, v 在曲面σ 上构成主切曲线网.

现在, 仅仅要决定函数$\varphi = \varphi(u,\ v)$, 使满足两个条件, 就是沿主切曲线u, v 的有关方阵$\mathfrak{M}_u, \mathfrak{M}_v$ 都具有特征$[(22)]$. 例如, 取方阵$\mathfrak{M}_u$:

$$\mathfrak{M}_u = \begin{pmatrix} 0 & \mathfrak{u}_1(1 - \varphi)du & 0 & \lambda \\ \mathfrak{u}_1(1 - \varphi)du & 0 & -\dfrac{\partial\varphi}{\partial u}du - \lambda\varphi & 0 \\ 0 & -\dfrac{\partial\varphi}{\partial u}du - \lambda\varphi & 0 & \mathfrak{u}_2(1 - \varphi)du \\ \lambda & 0 & \mathfrak{u}_2(1 - \varphi)du & 0 \end{pmatrix}.$$

$\mathfrak{M}_u$ 的行列式等于

$$\left[\mathfrak{u}_1\mathfrak{u}_2(1 - \varphi)^2 du^2 + \lambda\left(\frac{\partial\varphi}{\partial u}du + \lambda\varphi\right)\right]^2;$$

而且 λ 的多项式

$$u_1 u_2 (1-\varphi)^2 du^2 + \lambda \left(\frac{\partial \varphi}{\partial u} du + \lambda \varphi \right) \tag{5.12}$$

是 $\mathfrak{M}_u$ 中所有第一余因式的公约式. 由此可见, 当且仅当多项式 (5.12) 变为完全平方时, 即当

$$\left(\frac{\partial \varphi}{\partial u} \right)^2 - 4 u_1 u_2 (1-\varphi)^2 \varphi = 0 \tag{5.13}$$

的时候, $\mathfrak{M}_u$ 的 λ 方阵才是有特征 [(22)] 的.

同样, 对于 $\mathfrak{M}_v$ 得出有关的条件:

$$\left(\frac{\partial \varphi}{\partial v} \right)^2 - 4 u_1 u_2 (1-\varphi)^2 \varphi = 0. \tag{5.14}$$

对于微分方程组 (5.13), (5.14) 的每一个解 φ, 必有对应的李织面 (5.7) 的一个系统, 从而便有所论的曲面. 至于这样得到的曲面是 S 曲面的事实, 从 (5.7) 和 (5.8) 可以容易看出. 实际上, 根据 (5.13) 和 (5.14) 立刻可以断定, 曲面在 (u, v) 的有关德穆兰四边形重合 (5.2). 因此, 从 2.1 节的定理得知 σ 是 S 曲面. (证毕)

在这里顺便导出有关 S 曲面的、从 (5.13) 和 (5.14) 的解出发的参数表示, 这是比较简单而方便的表示.

除了平凡的情况 $\varphi = 0$ 和 $\varphi = 1$ 而外, 可以置 (5.13) 和 (5.14) 为简便形式:

$$\varphi^{-\frac{1}{2}} (1-\varphi)^{-1} \frac{\partial \varphi}{\partial u} = \pm 2 \sqrt{u_1 u_2}, \tag{5.13$'$}$$

$$\varphi^{-\frac{1}{2}} (1-\varphi)^{-1} \frac{\partial \varphi}{\partial v} = \pm 2 \sqrt{u_1 u_2}. \tag{5.14$'$}$$

这些方程是很容易积分的, 而且一般积分决定于

$$\varphi = \tanh^2 \Theta, \tag{5.15}$$

其中

$$\Theta = \int \sqrt{u_1 u_2} du + \varepsilon \int \sqrt{u_1 u_2} dv + c, \tag{5.16}$$

而且 $\varepsilon = \pm 1$, c 是积分常数.

现在, 置 (5.12) 为 0 而且利用 (5.13), 便获得这方程的根, 就是

$$\lambda = -\frac{1}{2} \frac{1}{\varphi} \frac{\partial \varphi}{\partial u} du = -\frac{2 \sqrt{u_1 u_2}}{\sinh (2\Theta)} du.$$

由 (5.10) 给定的方程 $\overline{Q} = 0$, λ 的上列表示式以及条件 $dv = 0$ 是足够地用以决定 σ 上曲线 u 的主切线的. 其实, 这时 $\overline{Q}$ 变为两个线性式的积; 所述的主切线的方程经演算后, 可以写成

$$\begin{cases} \sqrt{u_1} \xi - \sqrt{u_2} \tanh \Theta \cdot \zeta = 0, \\ \sqrt{u_1} \tanh \Theta \cdot \eta - \sqrt{u_2} \tau = 0. \end{cases} \tag{5.17}$$

完全同样地, 可以验证: 另外一条主切线的方程是

$$
\begin{cases}
\sqrt{u_1}\tanh\Theta\cdot\xi - \varepsilon\sqrt{u_2}\tau = 0, \\
\sqrt{u_1}\xi - \varepsilon\sqrt{u_2}\tanh\Theta\cdot\eta = 0.
\end{cases}
\tag{5.18}
$$

两主切线(5.17) 和(5.18) 的交点画成有关的曲面. 从(5.17) 和(5.18) 获得 S 曲面上一点的坐标(ξ, η, ζ, τ):

$$
\begin{cases}
\xi = \varepsilon\sqrt{u_2 u_2}\tanh\Theta, \\
\eta = \sqrt{u_2 u_1}, \\
\zeta = \varepsilon\sqrt{u_1 u_2}, \\
\tau = \sqrt{u_1 u_1}\cdot\tanh\Theta.
\end{cases}
\tag{5.19}
$$

因为Θ 含有一个任意常数c, 而且$\varepsilon = \pm 1$, 我们这样获得了 S 曲面的两族Σ 和Σ'. 如在2.4节所述, Σ 族和Σ' 族的 S 曲面都是四边形(5.2) 的两对角线线汇的可分层曲面.

最后, 将用原先的坐系(x, y, z, t) 下的方程来表达 S 曲面.

以(5.19) 代入(5.3) , 并注意到由(5.5) 和(5.6) 给定的u_1, u_2, u_1, u_2, 便可导出所求的方程:

$$
\begin{cases}
x = (U_1\sqrt{-U_2'} + U_2\sqrt{U_1'})(V_1\sqrt{-V_2'} + \varepsilon V_2\sqrt{V_1'}) \\
\quad - (U_1\sqrt{-U_2'} - U_2\sqrt{U_1'})(V_1\sqrt{-V_2'} - \varepsilon V_2\sqrt{V_1'})e^{-2\Theta}, \\
y = (U_1\sqrt{-U_2'} + U_2\sqrt{U_1'})(\sqrt{-V_2'} + \varepsilon\sqrt{V_1'}) \\
\quad - (U_1\sqrt{-U_2'} - U_2\sqrt{U_1'})(\sqrt{-V_2'} - \varepsilon\sqrt{V_1'})e^{-2\Theta}, \\
z = (\sqrt{-U_2'} + \sqrt{U_1'})(V_1\sqrt{-V_2'} + \varepsilon V_2\sqrt{V_1'}) \\
\quad - (\sqrt{-U_2'} - \sqrt{U_1'})(V_1\sqrt{-V_2'} - \varepsilon V_2\sqrt{V_1'})e^{-2\Theta}, \\
t = (\sqrt{-U_2'} + \sqrt{U_1'})(\sqrt{-V_2'} + \varepsilon\sqrt{V_1'}) \\
\quad - (\sqrt{-U_2'} - \sqrt{U_1'})(\sqrt{-V_2'} - \varepsilon\sqrt{V_1'})e^{-2\Theta}.
\end{cases}
\tag{5.20}
$$

2.6　S 曲 面 偶[①]

在2.4节里已经指出, Σ 族和Σ' 族的任何两个 S 曲面在每一对对应点的李织面, 相交于双方曲面的德穆兰四边形. 从这事实联想到这样一个问题: 这个性质是不是 S 曲面偶的特征呢? 为完全解决这个问题, 将分为三个阶段进行讨论, 就是: 第一, 假定两曲面各有四个不同的D 变换, 在对应点的主切曲线互相对应, 而且对应的两个德穆兰四边形在同一方向下重合, 就是在对应点的主切直纹面的有关弯节点切线偶各各重合; 第二, 为了除去两个德穆兰四边形在同一方向下重合, 而仅保留

---

①参见苏步青[9]IV, VI; [11].

重合的假定, 将导出两个定理以便于下一阶段的应用; 第三, 再除去主切曲面互相对应的假定.

我们引用1.8节中的假设、记法和公式, 除了公式号码前冠以"I"外, 对一切假设和记法不再另行说明.

第一阶段 设两个曲面(M) 和(N) 在对应点M 和N 的主切曲线u, v 互相对应, 并且在对应点的德穆兰四边形在同一方向下重合. 分别采用β', γ', A', B', K', $\overline{K}'$ 表示(N) 的有关数量$\beta, \gamma, A, B, K, \overline{K}$; 又用$n, n_1, n_2, n_3$ 表达(N) 的有关坐标m, m_1, m_2, m_3 [参见I.(8.12)]. 另外, 对于曲面(N) 也成立类似I. (8.13) 一组方程, 我们记它为I.(8.13)$'$.

即使假定曲面(M) 的弯节点切线f_ε, $g_{\varepsilon'}$ 分别和曲面(N) 的弯节点切线f'_ε, $g'_{\varepsilon'}$ 重合, 也不失去问题的一般性, 这是因为适当调整A' 和B' 就可做到, 而这些调整并不影响到方程组I·(8.13)$'$和有关的可积分条件的缘故. 这样, 对于ε 和ε' 的所有值, 曲面(M) 的D 变换$D_{\varepsilon\varepsilon'}$ 和曲面(N) 的D 变换$D'_{\varepsilon\varepsilon'}$ 重合一致.

可是

$$D_{\varepsilon\varepsilon'} = \varepsilon\varepsilon'm + \varepsilon m_1 + \varepsilon'm_2 + m_3, \tag{6.1}$$

$$D'_{\varepsilon\varepsilon'} = \varepsilon\varepsilon'n + \varepsilon n_1 + \varepsilon'n_2 + n_3, \tag{6.1$'$}$$

而且必须有这样的四个函数a, b, c, d, 使得

$$\varepsilon\varepsilon'n + \varepsilon n_1 + \varepsilon'n_2 + n_3 \equiv (\varepsilon\varepsilon'a + \varepsilon b + \varepsilon'c + d)(\varepsilon\varepsilon'm + \varepsilon m_1 + \varepsilon'm_2 + m_3),$$

其中$\varepsilon = \pm 1$, $\varepsilon' = \pm 1$, 所以

$$\begin{cases} n = dm + cm_1 + bm_2 + am_3, \\ n_1 = cm + dm_1 + am_2 + bm_3, \\ n_2 = bm + am_1 + dm_2 + cm_3, \\ n_3 = am + bm_1 + cm_2 + dm_3. \end{cases} \tag{6.2}$$

现在, 将决定为函数a, b, c, d要存在的条件. 因为由(6.2) 给定的n, n_1, n_2, n_3 必须满足I.(8.13)$'$, 把(6.2) 的两边关于u 和v 进行导微, 从I.(8.13) 代入m, m_1, m_2, m_3 的偏导数, 并且把这样得出的结果和(6.2) 一齐代入I.(8.13)$'$. 经过一些对应系数的比较, 容易得到下列四组方程:

$$\begin{cases} \dfrac{\partial a}{\partial u} = \left\{ \dfrac{1}{2}\dfrac{\partial}{\partial u}\log(\gamma\gamma'A'^2B'^2) \right\}a + (B' - B)b, \\[2mm] \dfrac{\partial b}{\partial u} = (B' - B)a + \left\{ \dfrac{1}{2}\dfrac{\partial}{\partial u}\log\left(\dfrac{\gamma'A'^2B'^2}{\gamma B^2}\right) \right\}b - \dfrac{A\beta}{B}c, \\[2mm] \dfrac{\partial c}{\partial u} = -\dfrac{K}{A}a + \left\{ \dfrac{1}{2}\dfrac{\partial}{\partial u}\log\left(\dfrac{\gamma\gamma'A'^2B'^2}{A^2}\right) \right\}c + (B' - B)d, \\[2mm] \dfrac{\partial d}{\partial u} = -\dfrac{A\beta}{B}a - \dfrac{K}{A}b + (B' - B)c + \left\{ \dfrac{1}{2}\dfrac{\partial}{\partial u}\log\left(\dfrac{\gamma'A'^2B'^2}{\gamma A^2B^2}\right) \right\}d; \end{cases} \tag{I}$$

$$\frac{\partial a}{\partial v} = \left\{ \frac{1}{2} \frac{\partial}{\partial v} \log(\beta\beta' A'^2 B'^2) \right\} a + (A' - A)c,$$

$$\frac{\partial b}{\partial v} = -\frac{\overline{K}}{B} a + \left\{ \frac{1}{2} \frac{\partial}{\partial v} \log\left(\frac{\beta\beta' A'^2 B'^2}{B^2} \right) \right\} b + (A' - A)d,$$

$$\frac{\partial c}{\partial v} = (A' - A)a - \frac{B\gamma}{A} b + \left\{ \frac{1}{2} \frac{\partial}{\partial v} \log\left(\frac{\beta' A'^2 B'^2}{\beta A^2} \right) \right\} c, \tag{I'}$$

$$\frac{\partial d}{\partial v} = -\frac{B\gamma}{A} a + (A' - A)b - \frac{\overline{K}}{B} c + \left\{ \frac{1}{2} \frac{\partial}{\partial v} \log\left(\frac{\beta' A'^2 B'^2}{\beta A^2 B^2} \right) \right\} d;$$

$$\left\{ \begin{aligned}
\frac{\partial a}{\partial u} &= \left\{ -\frac{1}{2} \frac{\partial}{\partial u} \log\left(\frac{\gamma\gamma' B^2}{A^2} \right) \right\} a + (B' - B)b + \left(\frac{A'\beta'}{B'} - \frac{A\beta}{B} \right) d, \\
\frac{\partial b}{\partial u} &= (B' - B)a + \left\{ \frac{1}{2} \frac{\partial}{\partial u} \log\left(\frac{\gamma A'^2}{\gamma'} \right) \right\} b + \frac{A'\beta'}{B'} c, \\
\frac{\partial c}{\partial u} &= -\frac{K}{A} a + \left(\frac{A'\beta'}{B'} - \frac{A\beta}{B} \right) b + \left\{ \frac{1}{2} \frac{\partial}{\partial u} \log\left(\frac{A'^2}{\gamma\gamma' A^2 B^2} \right) \right\} c + (B' - B)d, \\
\frac{\partial d}{\partial u} &= \frac{A'\beta'}{B'} a - \frac{K}{A} b + (B' - B)c + \left\{ \frac{1}{2} \frac{\partial}{\partial u} \log\left(\frac{\gamma A'^2}{\gamma' A^2} \right) \right\} d;
\end{aligned} \right. \tag{II}$$

$$\left\{ \begin{aligned}
\frac{\partial a}{\partial v} &= \left\{ \frac{1}{2} \frac{\partial}{\partial v} \log\left(\frac{\beta\beta' A'^2}{B^2} \right) \right\} a + \left(\frac{\overline{K}'}{B'} - \frac{\overline{K}}{B} \right) b + (A' - A)c, \\
\frac{\partial b}{\partial v} &= \frac{\overline{K}'}{B'} a + \left\{ \frac{1}{2} \frac{\partial}{\partial v} \log\left(\beta\beta' A'^2 \right) \right\} b + (A' - A)d, \\
\frac{\partial c}{\partial v} &= (A' - A)a - \frac{B\gamma}{A} b \\
&\quad + \left\{ \frac{1}{2} \frac{\partial}{\partial v} \log\left(\frac{\beta' A'^2}{\beta A^2 B^2} \right) \right\} c + \left(\frac{\overline{K}'}{B'} - \frac{K}{B} \right) d, \\
\frac{\partial d}{\partial v} &= -\frac{B\gamma}{A} a + (A' - A)b + \frac{\overline{K}'}{B'} c + \left\{ \frac{1}{2} \frac{\partial}{\partial v} \log\left(\frac{\beta' A'^2}{\beta A^2} \right) \right\} d;
\end{aligned} \right. \tag{II'}$$

$$\left\{ \begin{aligned}
\frac{\partial a}{\partial u} &= \left\{ \frac{1}{2} \frac{\partial}{\partial u} \log\left(\frac{\gamma\gamma' B'^2}{A^2} \right) \right\} a + (B' - B)b + \left(\frac{K'}{A'} - \frac{K}{A} \right) c, \\
\frac{\partial b}{\partial u} &= (B' - B)a + \left\{ \frac{1}{2} \frac{\partial}{\partial u} \log\left(\frac{\gamma' B'^2}{\gamma A^2 B^2} \right) \right\} b - \frac{A\beta}{B} c + \left(\frac{K'}{A'} - \frac{K}{A} \right) d, \\
\frac{\partial c}{\partial u} &= \frac{K'}{A'} a + \left\{ \frac{1}{2} \frac{\partial}{\partial u} \log(\gamma\gamma' B'^2) \right\} c + (B' - B)d, \\
\frac{\partial d}{\partial u} &= -\frac{A\beta}{B} a + \frac{K'}{A'} b + (B' - B)c + \left\{ \frac{1}{2} \frac{\partial}{\partial u} \log\left(\frac{\gamma' B'^2}{\gamma B^2} \right) \right\} d;
\end{aligned} \right. \tag{III}$$

$$\begin{cases} \dfrac{\partial a}{\partial v} = -\left\{\dfrac{1}{2}\dfrac{\partial}{\partial v}\log\left(\dfrac{\beta\beta'A^2}{B'^2}\right)\right\}a + (A'-A)c + \left(\dfrac{B'\gamma'}{A'} - \dfrac{B\gamma}{A}\right)d, \\[2mm] \dfrac{\partial b}{\partial v} = -\dfrac{\overline{K}}{B}a - \left\{\dfrac{1}{2}\dfrac{\partial}{\partial v}\log\left(\dfrac{\beta\beta'A^2B^2}{B'^2}\right)\right\}b \\[2mm] \qquad + \left(\dfrac{B'\gamma'}{A'} - \dfrac{B\gamma}{A}\right)c + (A'-A)d, \\[2mm] \dfrac{\partial c}{\partial v} = (A'-A)a + \dfrac{B'\gamma'}{A'}b + \left\{\dfrac{1}{2}\dfrac{\partial}{\partial v}\log\left(\dfrac{\beta B'^2}{\beta'}\right)\right\}c, \\[2mm] \dfrac{\partial d}{\partial v} = \dfrac{B'\gamma'}{A'}a + (A'-A)b - \dfrac{\overline{K}}{B}c + \left\{\dfrac{1}{2}\dfrac{\partial}{\partial v}\log\left(\dfrac{\beta B'^2}{\beta'B^2}\right)\right\}d; \end{cases} \quad \text{(III)}'$$

$$\begin{cases} \dfrac{\partial a}{\partial u} = -\left\{\dfrac{1}{2}\dfrac{\partial}{\partial u}\log(\gamma\gamma'A^2B^2)\right\}a + (B'-B)b \\[2mm] \qquad + \left(\dfrac{K'}{A'} - \dfrac{K}{A}\right)c + \left(\dfrac{A'\beta'}{B'} - \dfrac{A\beta}{B}\right)d, \\[2mm] \dfrac{\partial b}{\partial u} = (B'-B)a + \left\{\dfrac{1}{2}\dfrac{\partial}{\partial u}\log\left(\dfrac{\gamma}{\gamma'A^2}\right)\right\}b + \dfrac{A'\beta'}{B'}c + \left(\dfrac{K'}{A'} - \dfrac{K}{A}\right)d, \\[2mm] \dfrac{\partial c}{\partial u} = \dfrac{K'}{A'}a + \left(\dfrac{A'\beta'}{B'} - \dfrac{A\beta}{B}\right)b - \left\{\dfrac{1}{2}\dfrac{\partial}{\partial u}\log(\gamma\gamma'B^2)\right\}c + (B'-B)d, \\[2mm] \dfrac{\partial d}{\partial u} = \dfrac{A'\beta'}{B'}a + \dfrac{K'}{A'}b + (B'-B)c + \left\{\dfrac{1}{2}\dfrac{\partial}{\partial u}\log\left(\dfrac{\gamma}{\gamma'}\right)\right\}d; \end{cases} \quad \text{(IV)}$$

$$\begin{cases} \dfrac{\partial a}{\partial v} = -\left\{\dfrac{1}{2}\dfrac{\partial}{\partial v}\log(\beta\beta'A^2B^2)\right\}a + \left(\dfrac{\overline{K'}}{B'} - \dfrac{\overline{K}}{B}\right)b \\[2mm] \qquad + (A'-A)c + \left(\dfrac{B'\gamma'}{A'} - \dfrac{B\gamma}{A}\right)d, \\[2mm] \dfrac{\partial b}{\partial v} = \dfrac{\overline{K'}}{B'}a - \left\{\dfrac{1}{2}\dfrac{\partial}{\partial v}\log(\beta\beta'A^2)\right\}b + \left(\dfrac{B'\gamma'}{A'} - \dfrac{B\gamma}{A}\right)c + (A'-A)d, \\[2mm] \dfrac{\partial c}{\partial v} = (A'-A)a + \dfrac{B'\gamma'}{A'}b + \left\{\dfrac{1}{2}\dfrac{\partial}{\partial v}\log\left(\dfrac{\beta}{\beta'B^2}\right)\right\}c + \left(\dfrac{\overline{K'}}{B'} - \dfrac{K}{B}\right)d, \\[2mm] \dfrac{\partial d}{\partial v} = \dfrac{B'\gamma'}{A'}a + (A'-A)b + \dfrac{\overline{K'}}{B'}c + \left\{\dfrac{1}{2}\dfrac{\partial}{\partial v}\log\left(\dfrac{\beta}{\beta'}\right)\right\}d. \end{cases} \quad \text{(IV)}'$$

容易验证: 组(IV) 是(I) , (II) 和(III) 的推论, 而且后三组又可归结为下列两组方程:

$$\begin{cases} \dfrac{\partial a}{\partial u} = \left\{\dfrac{1}{2}\dfrac{\partial}{\partial u}\log(\gamma\gamma'A'^2B'^2)\right\}a + (B'-B)b, \\[2mm] \dfrac{\partial b}{\partial u} = (B'-B)a + \left\{\dfrac{1}{2}\dfrac{\partial}{\partial u}\log\left(\dfrac{\gamma'A'^2B'^2}{\gamma B^2}\right)\right\}b - \dfrac{A\beta}{B}c, \\[2mm] \dfrac{\partial c}{\partial u} = -\dfrac{K}{A}a + \left\{\dfrac{1}{2}\dfrac{\partial}{\partial u}\log\left(\dfrac{\gamma\gamma'A'^2B'^2}{A^2}\right)\right\}c + (B'-B)d, \\[2mm] \dfrac{\partial d}{\partial u} = \dfrac{A'\beta'}{B'}a + \dfrac{K'}{A'}b + (B'-B)c + \left\{\dfrac{1}{2}\dfrac{\partial}{\partial u}\log\left(\dfrac{\gamma}{\gamma'}\right)\right\}d; \end{cases} \quad \text{(6.3)}$$

$$\begin{cases} \left\{\dfrac{\partial}{\partial u}\log(\gamma\gamma' BB')\right\}a = \left(\dfrac{A'\beta'}{B'} - \dfrac{A\beta}{B}\right)d, \\[2mm] \left\{\dfrac{\partial}{\partial u}\log(AA')\right\}a = \left(\dfrac{K'}{A'} - \dfrac{K}{A}\right)c, \\[2mm] \left\{\dfrac{\partial}{\partial u}\log\left(\dfrac{\gamma' B'}{\gamma B}\right)\right\}b = \left(\dfrac{A'\beta'}{B'} + \dfrac{A\beta}{B}\right)c, \\[2mm] \left\{\dfrac{\partial}{\partial u}\log(AA')\right\}b = \left(\dfrac{K'}{A'} - \dfrac{K}{A}\right)d, \\[2mm] \left\{\dfrac{\partial}{\partial u}\log(\gamma\gamma' BB')\right\}c = \left(\dfrac{A'\beta'}{B'} - \dfrac{A\beta}{B}\right)b, \\[2mm] \left\{\dfrac{\partial}{\partial u}\log\left(\dfrac{A'}{A}\right)\right\}c = \left(\dfrac{K'}{A'} + \dfrac{K}{A}\right)a, \\[2mm] \left\{\dfrac{\partial}{\partial u}\log\left(\dfrac{A'}{A}\right)\right\}d = \left(\dfrac{K'}{A'} + \dfrac{K}{A}\right)b, \\[2mm] \left\{\dfrac{\partial}{\partial u}\log\left(\dfrac{\gamma' B'}{\gamma B}\right)\right\}d = \left(\dfrac{A'\beta'}{B'} + \dfrac{A\beta}{B}\right)a. \end{cases} \tag{6.4}$$

同样, 从 (I)′, (II)′, (III)′ 和 (IV)′ 获得下列关系式:

$$\begin{cases} \dfrac{\partial a}{\partial v} = \left\{\dfrac{1}{2}\dfrac{\partial}{\partial v}\log(\beta\beta' A'^2 B'^2)\right\}a + (A' - A)c, \\[2mm] \dfrac{\partial v}{\partial v} = -\dfrac{\overline{K}}{B}a + \left\{\dfrac{1}{2}\dfrac{\partial}{\partial v}\log\left(\dfrac{\beta\beta' A'^2 B'^2}{B^2}\right)\right\}b + (A' - A)d, \\[2mm] \dfrac{\partial c}{\partial v} = (A' - A)a - \dfrac{B\gamma}{A}b + \left\{\dfrac{1}{2}\dfrac{\partial}{\partial v}\log\left(\dfrac{\beta' A'^2 B'^2}{\beta A^2}\right)\right\}c, \\[2mm] \dfrac{\partial d}{\partial v} = \dfrac{B'\gamma'}{A'}a + (A' - A)b + \dfrac{\overline{K}'}{B'}c + \left\{\dfrac{1}{2}\dfrac{\partial}{\partial v}\log\left(\dfrac{\beta}{\beta'}\right)\right\}d; \end{cases} \tag{6.3$'$}$$

$$\begin{cases} \left\{\dfrac{\partial}{\partial v}\log(\beta\beta' AA')\right\}a = \left(\dfrac{B'\gamma'}{A'} - \dfrac{B\gamma}{A}\right)d, \\[2mm] \left\{\dfrac{\partial}{\partial v}\log(BB')\right\}a = \left(\dfrac{\overline{K}'}{B'} - \dfrac{\overline{K}}{B}\right)b, \\[2mm] \left\{\dfrac{\partial}{\partial v}\log\left(\dfrac{B'}{B}\right)\right\}b = \left(\dfrac{\overline{K}'}{B'} + \dfrac{\overline{K}}{B}\right)a, \\[2mm] \left\{\dfrac{\partial}{\partial v}\log(\beta\beta' AA')\right\}b = \left(\dfrac{B'\gamma'}{A'} - \dfrac{B\gamma}{A}\right)c, \\[2mm] \left\{\dfrac{\partial}{\partial v}\log(BB')\right\}c = \left(\dfrac{\overline{K}'}{B'} - \dfrac{\overline{K}}{B}\right)d, \\[2mm] \left\{\dfrac{\partial}{\partial v}\log\left(\dfrac{\beta' A'}{\beta A}\right)\right\}c = \left(\dfrac{B'\gamma'}{A'} + \dfrac{B\gamma}{A}\right)b, \\[2mm] \left\{\dfrac{\partial}{\partial v}\log\left(\dfrac{B'}{B}\right)\right\}d = \left(\dfrac{\overline{K}'}{B'} + \dfrac{\overline{K}}{B}\right)c, \\[2mm] \left\{\dfrac{\partial}{\partial v}\log\left(\dfrac{\beta' A'}{\beta A}\right)\right\}d = \left(\dfrac{B'\gamma'}{A'} + \dfrac{B\gamma}{A}\right)a. \end{cases} \tag{6.4$'$}$$

总之, 如果函数 a, b, c, d 存在, 就必须满足方程(6.3), (6.3)'; (6.4), (6.4)'. 为讨论存在性问题, 将按照函数 a, b, c, d 中的一个是 0, 和其中没有等于 0 的情况分头进行研究.

先从前一情况开始, 并分为四种细目.

情况1.1 $a = 0$: 这时, 得到

$$\begin{cases} \left(\dfrac{A'\beta'}{B'} - \dfrac{A\beta}{B} \right) d = 0, \\[2mm] \left(\dfrac{K'}{A'} - \dfrac{K}{A} \right) c = 0, \\[2mm] \left(\dfrac{\partial}{\partial u} \log \dfrac{A'}{A} \right) c = 0, \\[2mm] \left(\dfrac{\partial}{\partial u} \log \dfrac{\gamma' B'}{\gamma B} \right) d = 0, \\[2mm] (B' - B) b = 0, \\[2mm] (A' - A) c = 0. \end{cases} \tag{6.5}$$

假如 $c = 0$ 的话, 从 $(6.3)'_3$ 将导出(因为 $B\gamma \neq 0$)

$$b = 0,$$

从而 $(6.2)_1$ 会变成

$$n = dm.$$

就是说, 两曲面 (M) 和 (N) 重合一致, 而这是平凡的.

因此, 可以假定 $c \neq 0$. 从 $(6.5)_2$ 和 $(6.5)_6$ 导出

$$\frac{K'}{A'} - \frac{K}{A} = 0, \tag{6.6}$$

$$A' - A = 0. \tag{6.7}$$

根据(6.7) 和 $(6.4)_7$ 得知

$$\left(\frac{K'}{A'} + \frac{K}{A} \right) b = 0, \tag{6.8}$$

假如 $b = 0$ 的话, 从 $(6.3)_2$ 将导致到 $c = 0$, 从而获得平凡的情况 $n = dm$. 所以我们仅需考查这样的情况,

$$\frac{K'}{A'} + \frac{K}{A} = 0. \tag{6.9}$$

由(6.6) 和(6.9) 立刻得到

$$K = 0, \quad K' = 0. \tag{6.10}$$

同样, 还可导出

$$\overline{K} = 0, \quad \overline{K}' = 0. \tag{6.11}$$

方程(6.10) 和(6.11) 表明, (M) 和 (N) 都必须是 S 曲面.

情况1.2 $b = 0$: 从$(6.4)_{3,4,7}$和$(6.4)'_{3,4}$ 分别得出

$$\begin{cases} \left(\dfrac{A'\beta'}{B'} + \dfrac{A\beta}{B}\right) c = 0, \\ \left(\dfrac{K'}{A'} - \dfrac{K}{A}\right) d = 0, \\ \left(\dfrac{\partial}{\partial u} \log \dfrac{A'}{A}\right) d = 0, \\ \left(\dfrac{\overline{K}'}{B'} + \dfrac{\overline{K}}{B}\right) a = 0, \\ \left(\dfrac{B'\gamma'}{A'} - \dfrac{B\gamma}{A}\right) c = 0. \end{cases} \tag{6.12}$$

在这情况下不妨假定$a \neq 0$. $(6.12)_4$给出

$$\frac{\overline{K}'}{B'} + \frac{\overline{K}}{B} = 0. \tag{6.13}$$

这里又需按照$c = 0$ 或$c \neq 0$ 而分为两种.

如果$c = 0$, 从$(6.3)'_3$ 和$(6.3)_2$分别得到

$$A = A', \quad B = B'. \tag{6.14}$$

利用$(6.3)_3$, $(6.3)'_2$ 和(6.14) 容易导出

$$K = 0, \quad \overline{K} = 0. \tag{6.15}$$

且因而

$$K' = 0, \quad \overline{K}' = 0. \tag{6.16}$$

如果相反, $c \neq 0$, 那么$(6.12)_{1,5}$ 给出

$$\frac{A'\beta'}{B'} + \frac{A\beta}{B} = 0, \tag{6.17}$$

$$\frac{B'\gamma'}{A'} - \frac{B\gamma}{A} = 0. \tag{6.18}$$

现在将证: d 不能是0. 实际上, 假如$d = 0$, 从$(6.4)'_8$ 将导出

$$\frac{B'\gamma'}{A'} + \frac{B\gamma}{A} = 0,$$

而且这与(6.18) 就给出

$$B\gamma = B'\gamma' = 0,$$

但是这是除外的.

这一来, 从$(6.12)_{2,3}$ 获得下列关系:

$$\frac{K'}{A'} - \frac{K}{A} = 0, \quad \frac{\partial}{\partial u} \log \frac{A'}{A} = 0, \tag{6.19}$$

并且从$(6.4)_6$ 和$(6.19)_2$ 便得出

$$\frac{K'}{A'} + \frac{K}{A} = 0. \tag{6.20}$$

因此, 终于达到下列结果:

$$K = 0, \quad K' = 0 \tag{6.21}$$

和类似关系

$$\overline{K} = 0, \quad \overline{K}' = 0. \tag{6.22}$$

情况1.3 $\quad c = 0$: 从$(6.4)_{3,5}$ 导出

$$\left(\frac{A'\beta'}{B'} - \frac{A\beta}{B} \right) b = 0, \tag{6.23}$$

$$\left(\frac{\partial}{\partial u} \log \frac{\gamma' B'}{\gamma B} \right) b = 0. \tag{6.24}$$

这里可以假定$ab \neq 0$, 否则将变为前两个情况. 从(6.23), (6.24) 得到

$$\frac{A'\beta'}{B'} - \frac{A\beta}{B} = 0, \tag{6.25}$$

$$\frac{\partial}{\partial u} \log \frac{\gamma' B'}{\gamma B} = 0. \tag{6.26}$$

根据$(6.4)_8$和(6.26) 便有

$$\frac{A'\beta'}{B'} + \frac{A\beta}{B} = 0. \tag{6.27}$$

这一来, (6.25) 和(6.27) 将给出除外的情况

$$A'\beta' = A\beta = 0.$$

情况1.4 $\quad d = 0$: 这里只需考查$abc \neq 0$ 的情况. 从$(6.4)_{1,8}$ 分别导出

$$\frac{\partial}{\partial u} \log(\gamma\gamma' BB') = 0, \quad \frac{A'\beta'}{B'} + \frac{A\beta}{B} = 0. \tag{6.28}$$

合用$(6.28)_1$与$(6.4)_5$就有

$$\frac{A'\beta'}{B'} - \frac{A\beta}{B} = 0,$$

而这将导致除外的情况

$$A'\beta' = A\beta = 0.$$

现在转入讨论$abcd \neq 0$ 的情况.

因为

$$\frac{A'\beta'}{B'} - \frac{A\beta}{B}, \quad \frac{A'\beta'}{B'} + \frac{A\beta}{B}$$

不能同时是0, 不妨假定

$$\frac{A'\beta'}{B'} + \frac{A\beta}{B} \neq 0. \tag{6.29}$$

同样, 假设

$$\frac{B'\gamma'}{A'} + \frac{B\gamma}{A} \neq 0 \tag{6.30}$$

并不限制一般性.

从$(6.4)_{2,8}$ 和$(6.4)'_{6,8}$ 容易得到

$$ab - cd = 0, \quad ac - bd = 0. \tag{6.31}$$

假如四个函数

$$\begin{cases} \dfrac{K'}{A'} + \dfrac{K}{A}, \quad \dfrac{K'}{A'} - \dfrac{K}{A}, \\ \dfrac{K'}{B'} + \dfrac{K}{B}, \quad \dfrac{K'}{B'} - \dfrac{K}{B} \end{cases} \tag{6.32}$$

都是0, 那么$K = K' = \overline{K} = \overline{K}' = 0$, 从而$(M)$ 和(N) 都是S 曲面.

相反, 如果函数(6.32) 中至少有一个不恒等于0的, 那么就从$(6.4)_{6,7}$ 或$(6.4)_{2,4}$ 或$(6.4)'_{3,7}$ 或$(6.4)'_{2,5}$ 常能导出

$$ad - bc = 0, \tag{6.33}$$

而且由(6.31) 和(6.33) 便可写出

$$a = \varepsilon d, \quad b = \varepsilon\varepsilon' d, \quad c = \varepsilon' d, \tag{6.34}$$

式中$\varepsilon = \pm 1$, $\varepsilon' = \pm 1$. 又决定$\bar{\varepsilon} = \varepsilon\varepsilon'$, 就可改写$(6.2)_1$如下:

$$n = d\bar{\varepsilon}\varepsilon'(\bar{\varepsilon}\varepsilon' m + \bar{\varepsilon} m_1 + \varepsilon' m_2 + m_3). \tag{6.35}$$

这一来, 可以断定曲面(N) 是曲面(M) 的一个D 变换$D_{\bar{\varepsilon}\varepsilon'}$.

可是(M) 和(N) 的主切曲线互相对应, 而且(M), (N) 又都不是S 曲面, 所以按照东姆逊的定理(参见3.1节) (M) 和(N) 都必须是射影极小曲面. 因此(参见S. Finikoff, Rend. dei Lincei (VI) 9, 1929, 493~498)

$$\beta A = f(u), \quad \gamma B = g(v); \tag{6.36}$$

$$\beta' A' = f_1(u), \quad \gamma' B' = g_1(v), \tag{6.37}$$

式中 $f(u), g(v); f_1(u), g_1(v)$ 表示有关变量的函数. 实际上, 从(1.3)′ (其中 $\Delta = A\beta$, $\Delta' = B\gamma$) 和 $N = 0$ (曲面(M) 变为射影极小曲面的条件) 容易导出(6.36). 同样, 获得(6.37).

两方程(6.36)$_1$ 和(6.37)$_1$ 给出

$$\frac{\partial}{\partial v} \log \frac{\beta' A'}{\beta A} = 0. \tag{6.38}$$

由于 $a \neq 0$, 从(6.38) 和(6.4)$'_8$ 将导出

$$\frac{B'\gamma'}{A'} + \frac{B\gamma}{A} = 0,$$

而这显然和(6.30) 是不相容的.

综合这个阶段的讨论, 便有下列定理:

定理 如果两曲面以其主切线互相对应, 而且在对应点的德穆兰四边形在同一方向下重合, 那么两曲面都必须是 S 曲面.

第二阶段 为要在最一般的条件下导出 S 曲面偶的特征, 我们将证明下列两定理作为准备事项:

定理A 设 σ 与 σ' 是两个非退缩、非直纹的而且具有四个不同 D 变换的曲面; 如果 σ 和 σ' 的主切曲线互相对应, 并且在对应点的有关伴随织面 Q_1 和 Q'_1 重合, 那么 σ 和 σ' 都必须是 S 曲面.

定理B 如果 σ 和 σ' 的主切曲线互相对应, 而且 σ 在任何点 m 的伴随织面和 σ' 在对应点 n 的李织面重合, 那么 σ 必须是 S 曲面且从而 σ' 必须是织面, 或者 σ 是戈德序列具有周期8的曲面(简称八角曲面).

定理A的证明很简单. 实际上, 从1.8节得知: σ 和 σ' 在对应点的德穆兰四边形是在同一方向下重合一致的, 所以根据第一阶段的定理立刻看出定理A的成立.

为证明定理B, 我们沿用1.8节中的公式和记号, 特别是其中(8.12)~(8.24), 并且对于曲面 σ' 以 n, n_1, n_2, n_3 表示有关的嘉当规范标形顶点坐标. 另外, 分别以 $\beta', \gamma', A', B', K', \overline{K}'$ 表示 σ' 的有关数量. 可是一般地

$$\begin{cases} n = am + bm_1 + cm_2 + dm_3, \\ n_1 = a_1 m + b_1 m_1 + c_1 m_2 + d_1 m_3, \\ n_2 = a_2 m + b_2 m_1 + c_2 m_2 + d_2 m_3, \\ n_3 = a_3 m + b_3 m_1 + c_3 m_2 + d_3 m_3, \end{cases} \tag{6.39}$$

其中系数行列式 $|a\ b_1\ c_2\ d_3| \neq 0$, 所以把它们代入类似I. (8.13) 的微分方程的结果,

得到这些系数所满足的方程:

$$\begin{cases} \dfrac{\partial a}{\partial u} = \dfrac{1}{2}a\dfrac{\partial}{\partial u}\log\dfrac{\gamma' A'^2 B'^2}{\gamma A^2 B^2} - Bb - \dfrac{K}{A}c - \dfrac{A\beta}{B}d + B'a_1, \\[2mm] \dfrac{\partial b}{\partial u} = -Ba + \dfrac{1}{2}b\dfrac{\partial}{\partial u}\log\dfrac{\gamma\gamma' A'^2 B'^2}{A^2} - \dfrac{K}{A}d + B'b_1, \\[2mm] \dfrac{\partial c}{\partial u} = -\dfrac{A\beta}{B}b + \dfrac{1}{2}c\dfrac{\partial}{\partial u}\log\dfrac{\gamma' A'^2 B'^2}{\gamma B^2} - Bd + B'c_1, \\[2mm] \dfrac{\partial d}{\partial u} = -Bc + \dfrac{1}{2}d\dfrac{\partial}{\partial u}\log(\gamma\gamma' A'^2 B'^2) + B'd_1; \end{cases} \tag{6.40}$$

$$\begin{cases} \dfrac{\partial a_1}{\partial u} = -\dfrac{1}{2}a_1\dfrac{\partial}{\partial u}\log\dfrac{\gamma\gamma' A^2 B^2}{A'^2} - Bb_1 - \dfrac{K}{A}c_1 - \dfrac{A\beta}{B}d_1 + B'a + \dfrac{A'\beta'}{B'}a_2, \\[2mm] \dfrac{\partial b_1}{\partial u} = -Ba_1 - \dfrac{1}{2}b_1\dfrac{\partial}{\partial u}\log\dfrac{\gamma' A^2}{\gamma A'^2} - \dfrac{K}{A}d_1 + B'b + \dfrac{A'\beta'}{B'}b_2, \\[2mm] \dfrac{\partial c_1}{\partial u} = -\dfrac{A\beta}{B}b_1 - \dfrac{1}{2}c_1\dfrac{\partial}{\partial u}\log\dfrac{\gamma\gamma' B^2}{A'^2} - Bd_1 + B'c + \dfrac{A'\beta'}{B'}c_2, \\[2mm] \dfrac{\partial d_1}{\partial u} = -Bc_1 - \dfrac{1}{2}d_1\dfrac{\partial}{\partial u}\log\dfrac{\gamma'}{\gamma A'^2} + B'd + \dfrac{A'\beta'}{B'}d_2; \end{cases} \tag{6.41}$$

$$\begin{cases} \dfrac{\partial a_2}{\partial u} = \dfrac{1}{2}a_2\dfrac{\partial}{\partial u}\log\dfrac{\gamma' B'^2}{\gamma A^2 B^2} - Bb_2 - \dfrac{K}{A}c_2 - \dfrac{A\beta}{B}d_2 + \dfrac{K'}{A'}a + B'a_3, \\[2mm] \dfrac{\partial b_2}{\partial u} = -Ba_2 + \dfrac{1}{2}b_2\dfrac{\partial}{\partial u}\log\dfrac{\gamma\gamma' B'^2}{A^2} - \dfrac{K}{A}d_2 + \dfrac{K'}{A'}b + B'b_3, \\[2mm] \dfrac{\partial c_2}{\partial u} = -\dfrac{A\beta}{B}b_2 + \dfrac{1}{2}c_2\dfrac{\partial}{\partial u}\log\dfrac{\gamma' B'^2}{\gamma B^2} - Bd_2 + \dfrac{K'}{A'}c + B'c_3, \\[2mm] \dfrac{\partial d_2}{\partial u} = -Bc_2 + \dfrac{1}{2}d_2\dfrac{\partial}{\partial u}\log(\gamma\gamma' B'^2) + \dfrac{K'}{A'}d + B'd_3; \end{cases} \tag{6.42}$$

$$\begin{cases} \dfrac{\partial a_3}{\partial u} = -\dfrac{1}{2}a_3\dfrac{\partial}{\partial u}\log(\gamma\gamma' A^2 B^2) - Bb_3 - \dfrac{K}{A}c_3 - \dfrac{A\beta}{B}d_3 \\[2mm] \qquad\qquad + \dfrac{A'\beta'}{B'}a + \dfrac{K'}{A'}a_1 + B'a_2, \\[2mm] \dfrac{\partial b_3}{\partial u} = -Ba_3 - \dfrac{1}{2}b_3\dfrac{\partial}{\partial u}\log\dfrac{\gamma' A^2}{\gamma} - \dfrac{K}{A}d_3 + \dfrac{A'\beta'}{B'}b + \dfrac{K'}{A'}b_1 + B'b_2, \\[2mm] \dfrac{\partial c_3}{\partial u} = -\dfrac{A\beta}{B}b_3 - \dfrac{1}{2}c_3\dfrac{\partial}{\partial u}\log(\gamma\gamma' B^2) - Bd_3 + \dfrac{A'\beta'}{B'}c + \dfrac{K'}{A'}c_1 + B'c_2, \\[2mm] \dfrac{\partial d_3}{\partial u} = -Bc_3 - \dfrac{1}{2}d_3\dfrac{\partial}{\partial u}\log\dfrac{\gamma'}{\gamma} + \dfrac{A'\beta'}{B'}d + \dfrac{K'}{A'}d_1 + B'd_2 \end{cases} \tag{6.43}$$

以及这些函数关于v的类似偏微分方程组[把它们分别记作$(6.40)'$, $(6.41)'$, $(6.42)'$, $(6.43)'$].

现在, 假定 σ 上任何一点 m 的伴随织面 Q_1 和 σ' 在对应点 n 的李织面 Q 重合一致, 那么成立如下的恒等式:

$$\xi^2 - \eta^2 - \zeta^2 + \tau^2 + \mathscr{N}(\xi\tau - \eta\zeta) \equiv \rho(\xi'\tau' - \eta'\zeta'), \tag{6.44}$$

其中坐标 $(\xi', \eta', \zeta', \tau')$ 是参考于点 n 的规范标形 $\{n\, n_1\, n_2\, n_3\}$ 的, 且从 (6.39) 就有

$$\begin{cases} \zeta - a\xi' + u_1\eta' + u_2\zeta' + a_3\tau', \\ \eta = b\xi' + b_1\eta' + b_2\zeta' + b_3\tau', \\ \zeta = c\xi' + c_1\eta' + c_2\zeta' + c_3\tau', \\ \tau = d\xi' + d_1\eta' + d_2\zeta' + d_3\tau'. \end{cases} \tag{6.45}$$

把 (6.45) 代入 (6.44) 里, 而且比较两边的有关系数, 立刻获得

$$\begin{cases} a^2 - b^2 - c^2 + d^2 + \mathscr{N}(ad - bc) = 0, \\ a_1^2 - b_1^2 - c_1^2 + d_1^2 + \mathscr{N}(a_1d_1 - b_1c_1) = 0, \\ a_2^2 - b_2^2 - c_2^2 + d_2^2 + \mathscr{N}(a_2d_2 - b_2c_2) = 0, \\ a_3^2 - b_3^2 - c_3^2 + d_3^2 + \mathscr{N}(a_3d_3 - b_3c_3) = 0, \\ 2(aa_1 - bb_1 - cc_1 + dd_1) + \mathscr{N}(ad_1 + a_1d - bc_1 - b_1c) = 0, \\ 2(aa_2 - bb_2 - cc_2 + dd_2) + \mathscr{N}(ad_2 + a_2d - bc_2 - b_2c) = 0, \\ 2(a_1a_3 - b_1b_3 - c_1c_3 + d_1d_3) + \mathscr{N}(a_1d_3 + a_3d_1 - b_1c_3 - b_3c_1) = 0, \\ 2(a_2a_3 - b_2b_3 - c_2c_3 + d_2d_3) + \mathscr{N}(a_2d_3 + a_3d_2 - b_2c_3 - b_3c_2) = 0, \\ 2(aa_3 - bb_3 - cc_3 + dd_3) + \mathscr{N}(ad_3 + a_3d - bc_3 - b_3c) = \rho, \\ 2(a_1a_2 - b_1b_2 - c_1c_2 + d_1d_2) + \mathscr{N}(a_1d_2 + a_2d_1 - b_1c_2 - b_2c_1) = -\rho. \end{cases} \tag{6.46}$$

把 (6.46) 关于 u 导微一次, 并且利用 (6.40) $\sim$ (6.43) 和 (6.46) 本身. 经过一些演算之后, 容易得到八个关系式, 就是, 如 I. (8.23) 所表示的, 置

$$\begin{cases} \mathfrak{A}^* = -(\log A)_u, \\ \mathfrak{B}^* = \dfrac{A}{\gamma B}\{(\log A)_{uv} - 2K\}, \\ \mathfrak{C}^* = \dfrac{K}{A}; \end{cases}$$

那么这些关系式可以写成

$$
\begin{cases}
\mathfrak{A}^*(a^2 - b^2) + \mathfrak{B}^*(ad - bc) + \mathfrak{C}^*(bd - ac) = 0, \\
\mathfrak{A}^*(a_1^2 - b_1^2) + \mathfrak{B}^*(a_1 d_1 - b_1 c_1) + \mathfrak{C}^*(b_1 d_1 - a_1 c_1) = 0, \\
\mathfrak{A}^*(a_2^2 - b_2^2) + \mathfrak{B}^*(a_2 d_2 - b_2 c_2) + \mathfrak{C}^*(b_2 d_2 - a_2 c_2) = 0, \\
\mathfrak{A}^*(a_3^2 - b_3^2) + \mathfrak{B}^*(a_3 d_3 - b_3 c_3) + \mathfrak{C}^*(b_3 d_3 - a_3 c_3) = 0, \\
2\mathfrak{A}^*(aa_1 - bb_1) + \mathfrak{B}^*(ad_1 + a_1 d - bc_1 - b_1 c) \\
\qquad\qquad + \mathfrak{C}^*(b_1 d + bd_1 - a_1 c - ac_1) = 0, \\
2\mathfrak{A}^*(aa_2 - bb_2) + \mathfrak{B}^*(ad_2 + a_2 d - bc_2 - b_2 c) \\
\qquad\qquad + \mathfrak{C}^*(b_2 d + bd_2 - a_2 c - ac_2) = 0, \\
2\mathfrak{A}^*(a_1 a_3 + b_1 b_3) + \mathfrak{B}^*(a_1 d_3 + a_3 d_1 - b_1 c_3 - b_3 c_1) \\
\qquad\qquad + \mathfrak{C}^*(b_1 d_3 + b_3 d_1 - a_1 c_3 - a_3 c_1) = 0, \\
2\mathfrak{A}^*(a_2 a_3 - b_2 b_3) + \mathfrak{B}^*(a_2 d_3 + a_3 d_2 - b_2 c_3 - b_3 c_2) \\
\qquad\qquad + \mathfrak{C}^*(b_2 d_3 + b_3 d_2 - a_2 c_3 - a_3 c_2) = 0.
\end{cases}
\tag{6.47}
$$

这些方程和(6.46) 一齐表明了, 两织面

$$
\begin{cases}
\xi^2 - \eta^2 - \zeta^2 + \tau^2 + \mathscr{N}(\xi\tau - \eta\zeta) = 0, \\
\mathfrak{A}^*(\xi^2 - \eta^2) + \mathfrak{B}^*(\xi\tau - \eta\zeta) + \mathfrak{C}^*(\eta\tau - \xi\zeta) = 0
\end{cases}
\tag{6.48}
$$

相交于一个四边形$\{P\ P_1\ P_2\ P_3\}$, 其顶点是$P(a,\ b,\ c,\ d)$, $P_1(a_1,\ b_1,\ c_1,\ d_1)$, $P_2(a_2,\ b_2,\ c_2,\ d_2)$, $P_3(a_3,\ b_3,\ c_3,\ d_3)$.

可是织面Q_1 必须是曲面σ' 的李织面, 从而两织面(6.48) 决定了特征$[(22)]$的一束. 如果σ 是S 曲面, 那么$\mathfrak{A}^* = \mathfrak{B}^* = \mathfrak{C}^* = 0$, 从而(6.48)$_2$变为恒等式. 这时, σ' 也是S 曲面.

当σ 不是S 曲面时, $K\overline{K} \neq 0$. 为了束(6.48) 具有特征$[(22)]$的充要条件是, 曲面σ 的戈德序列(1.9节): $\cdots, U_1, U, V, V_1, \cdots$ 变成周期8的闭拉普拉斯序列. 这个结果的证明从略, 读者可参见戈德的论文(Godeaux, Bull. Acad. Roy. Belgique, 39, 1953, $245 \sim 254, 363 \sim 368$). 这种曲面$\sigma$ 简称八角曲面 (参见G. Bol, Archiv der Math. 4, 1953, $61 \sim 74$), 它的存在自由度是单变量的六个任意函数.

这一来, 证明了定理B. 还须指出: 这时,

$$
U_4 \equiv V_3;
\tag{6.49}
$$

$$
V_4 \equiv U_3.
\tag{6.50}
$$

第三阶段 设一点$P(\xi, \eta, \zeta, \tau)$ 的关于曲面σ 的德穆兰四边形$\{D_{1,\,1}, D_{1,\,-1},$

$D_{-1,\,1}$, $D_{-1,\,-1}$} 的局部坐标是(Ξ, H, Z, T):

$$\begin{cases} \xi = \Xi - H - Z + T, \\ \eta = \Xi + H - Z - T, \\ \zeta = \Xi - H + Z - T, \\ \tau = \Xi + H + Z + T \end{cases} \tag{6.51}$$

或

$$\begin{cases} 4\Xi = \xi + \eta + \zeta + \tau, \\ 4H = -\xi + \eta - \zeta + \tau, \\ 4Z = -\xi - \eta + \zeta + \tau, \\ 4T = \xi - \eta - \zeta + \tau. \end{cases} \tag{6.51'}$$

容易验证, 李织面的方程是

$$Q \equiv \Xi T - HZ = 0; \tag{6.52}$$

伴随织面的方程是

$$Q_1 \equiv (\mathcal{N} + 2)\Xi T - (\mathcal{N} - 2)HZ = 0, \tag{6.53}$$

式中$\mathcal{N}$是由I. (8.19) 决定的.

在局部坐标系(Ξ, H, Z, T) 下, 点P 的不动条件[参见I. (8.20) 和I. (8.20)']变为

$$\begin{cases} 4\dfrac{\partial \Xi}{\partial u} = \left\{ -4B - 2\dfrac{A\beta}{B} - 2\dfrac{K}{A} - \dfrac{\partial}{\partial u}\log(A^2B^2) \right\} \Xi \\ \qquad + \left\{ -2\dfrac{A\beta}{B} + 2\dfrac{\partial}{\partial u}\log(\gamma B) \right\} H + \left\{ -2\dfrac{K}{A} + \dfrac{\partial}{\partial u}\log A^2 \right\} Z, \\ 4\dfrac{\partial H}{\partial u} = \left\{ 2\dfrac{A\beta}{B} + 2\dfrac{\partial}{\partial u}\log(\gamma B) \right\} \Xi \\ \qquad + \left\{ 4B - 2\dfrac{K}{A} + 2\dfrac{A\beta}{B} - \dfrac{\partial}{\partial u}\log(A^2B^2) \right\} H + \left\{ -2\dfrac{K}{A} + \dfrac{\partial}{\partial u}\log A^2 \right\} T, \\ 4\dfrac{\partial Z}{\partial u} = \left\{ 2\dfrac{K}{A} + \dfrac{\partial}{\partial u}\log A^2 \right\} \Xi + \left\{ -4B + 2\dfrac{K}{A} + 2\dfrac{A\beta}{B} - \dfrac{\partial}{\partial u}\log(A^2B^2) \right\} Z \\ \qquad + \left\{ 2\dfrac{A\beta}{B} + 2\dfrac{\partial}{\partial u}\log(\gamma B) \right\} T, \\ 4\dfrac{\partial T}{\partial u} = \left\{ 2\dfrac{K}{A} + \dfrac{\partial}{\partial u}\log A^2 \right\} H + \left\{ -2\dfrac{A\beta}{B} + 2\dfrac{\partial}{\partial u}\log(\gamma B) \right\} Z \\ \qquad + \left\{ 4B + 2\dfrac{K}{A} - 2\dfrac{A\beta}{B} - \dfrac{\partial}{\partial u}\log(A^2B^2) \right\} T; \end{cases}$$

$$\tag{6.54}$$

$$\begin{cases}
4\dfrac{\partial \Xi}{\partial v} = \left\{-4A - 2\dfrac{B\gamma}{A} - 2\dfrac{\overline{K}}{B} - \dfrac{\partial}{\partial v}\log(A^2B^2)\right\}\Xi \\
\qquad + \left\{-2\dfrac{\overline{K}}{A} + \dfrac{\partial}{\partial v}\log B^2\right\}H + \left\{-2\dfrac{\gamma B}{A} + 2\dfrac{\partial}{\partial v}\log(\beta A)\right\}Z, \\[4pt]
4\dfrac{\partial H}{\partial v} = \left\{2\dfrac{\overline{K}}{B} + \dfrac{\partial}{\partial v}\log B^2\right\}\Xi + \left\{-4A + 2\dfrac{\overline{K}}{B} + 2\dfrac{B\gamma}{A} - \dfrac{\partial}{\partial v}\log(A^2B^2)\right\}H \\
\qquad + \left\{2\dfrac{B\gamma}{A} + 2\dfrac{\partial}{\partial v}\log(\beta A)\right\}T, \\[4pt]
4\dfrac{\partial Z}{\partial v} = \left\{2\dfrac{B\gamma}{A} + 2\dfrac{\partial}{\partial v}\log(\beta A)\right\}\Xi \\
\qquad + \left\{4A - 2\dfrac{\overline{K}}{B} + 2\dfrac{B\gamma}{A} - \dfrac{\partial}{\partial v}\log(A^2B^2)\right\}Z + \left\{-2\dfrac{\overline{K}}{B} + \dfrac{\partial}{\partial v}\log B^2\right\}T, \\[4pt]
4\dfrac{\partial T}{\partial v} = \left\{-2\dfrac{B\gamma}{A} + 2\dfrac{\partial}{\partial v}\log(\beta A)\right\}H + \left\{2\dfrac{\overline{K}}{B} + \dfrac{\partial}{\partial v}\log B^2\right\}Z \\
\qquad + \left\{4A + 2\dfrac{\overline{K}}{B} - 2\dfrac{B\gamma}{A} - \dfrac{\partial}{\partial v}\log(A^2B^2)\right\}T.
\end{cases}$$

$$\text{(6.54)}'$$

现在, 假设两曲面σ 和σ' 的主切曲线互相对应; 需要决定这样的曲面偶, 使它们在对应点的李织面具有共通的德穆兰四边形.

不取曲面σ' 本身, 而代之以其李织面的系统进行研究, 往往有它的优点. 根据σ' 的李织面要通过σ 的德穆兰四边形$\{P_{1,1},\ \ P_{1,-1},\ \ P_{-1,1},\ \ P_{-1,-1}\}$ 这个假设, σ' 在点n 的李织面必须决定于局部坐标系$(\Xi,\, H,\, Z,\, T\,)$ 下的方程:

$$F \equiv \Xi T - \varphi H Z = 0, \tag{6.55}$$

其中$\varphi = \varphi(u,\ v)$ 是$u,\, v$ 的某函数.

又根据假设, 曲线$u,\, v$ 是σ 的主切曲线, 也是σ' 的主切曲线, 所以沿σ' 的曲线u 或v 两个邻近织面F 相交于一条双重直线和另外两条直线.

为省便起见, 置

$$\begin{cases}
\mathfrak{A} = (1-\varphi)\left\{\dfrac{K}{A} + \dfrac{\partial}{\partial u}\log A\right\}, \\[4pt]
\mathfrak{B} = -2\left(\dfrac{\partial \varphi}{\partial u} + 2\dfrac{A\beta}{B}\varphi\right), \\[4pt]
\mathfrak{C} = -(1+\varphi)\dfrac{A\beta}{B} + (1-\varphi)\dfrac{\partial}{\partial u}\log(\gamma B), \\[4pt]
\mathfrak{D} = (1-\varphi)\left\{-\dfrac{K}{A} + \dfrac{\partial}{\partial u}\log A\right\}
\end{cases} \tag{6.56}$$

和

$$\begin{cases} \overline{\mathfrak{A}} = (1-\varphi)\left\{\dfrac{\overline{K}}{B} + \dfrac{\partial}{\partial v}\log B\right\}, \\[2mm] \overline{\mathfrak{B}} = -2\left(\dfrac{\partial \varphi}{\partial v} + 2\dfrac{B\gamma}{A}\varphi\right), \\[2mm] \overline{\mathfrak{C}} = -(1+\varphi)\dfrac{B\gamma}{A} + (1-\varphi)\dfrac{\partial}{\partial v}\log(\beta A), \\[2mm] \overline{\mathfrak{D}} = (1-\varphi)\left\{-\dfrac{\overline{K}}{B} + \dfrac{\partial}{\partial v}\log B\right\}. \end{cases} \tag{6.56$'$}$$

从点 P 的不动条件 (6.54) 和 (6.54)$'$ 导出

$$2\lambda F + 4\frac{\partial F}{\partial u} + 4\left(\frac{A\beta}{B} + \frac{\partial}{\partial u}\log(AB)\right)F$$
$$= 2\mathfrak{A}\Xi H + 2\mathfrak{C}\Xi Z + 2\lambda\Xi T + 2(\mathfrak{B}-\lambda)HZ + 2\mathfrak{C}ZT + 2\mathfrak{D}ZT, \tag{6.57}$$

$$2\lambda F + 4\frac{\partial F}{\partial v} + 4\left(\frac{B\gamma}{A} + \frac{\partial}{\partial v}\log(AB)\right)F$$
$$= 2\overline{\mathfrak{A}}\Xi Z + 2\overline{\mathfrak{C}}\Xi H + 2\lambda\Xi T + 2(\overline{\mathfrak{B}}-\lambda)HZ + 2\overline{\mathfrak{C}}ZT + 2\overline{\mathfrak{D}}HT. \tag{6.57$'$}$$

上列两二次齐式的方阵都必须是有特征 [(22)] 的. 例如, 取 (6.57) 的方阵:

$$\begin{pmatrix} 0 & \mathfrak{A} & \mathfrak{C} & \lambda \\ \mathfrak{A} & 0 & \mathfrak{B}-\lambda & \mathfrak{C} \\ \mathfrak{C} & \mathfrak{B}-\lambda & 0 & \mathfrak{D} \\ \lambda & \mathfrak{C} & \mathfrak{D} & 0 \end{pmatrix},$$

并考查

$$\begin{vmatrix} 0 & \mathfrak{A} & \mathfrak{C} \\ \mathfrak{A} & 0 & \mathfrak{B}-\lambda \\ \mathfrak{C} & \mathfrak{B}-\lambda & 0 \end{vmatrix} = 2\mathfrak{A}\mathfrak{C}(\mathfrak{B}-\lambda),$$

$$\begin{vmatrix} 0 & \mathfrak{B}-\lambda & \mathfrak{C} \\ \mathfrak{B}-\lambda & 0 & \mathfrak{D} \\ \mathfrak{C} & \mathfrak{D} & 0 \end{vmatrix} = 2\mathfrak{D}\mathfrak{C}(\mathfrak{B}-\lambda).$$

由于它们都是所列方阵的第一余因式, 立刻得到

$$\mathfrak{A}\mathfrak{C} = 0, \quad \mathfrak{D}\mathfrak{C} = 0, \tag{6.58}$$

否则这些余因式就不可能具有 λ 的二次多项式做公约式了.

同样, 获得

$$\overline{\mathfrak{A}}\,\overline{\mathfrak{C}} = 0, \quad \overline{\mathfrak{D}}\,\overline{\mathfrak{C}} = 0, \tag{6.58$'$}$$

可是 $\mathfrak{C}$ 与 $\overline{\mathfrak{C}}$ 满足关系式

$$\frac{B}{A\beta}\mathfrak{C} = \frac{A}{B\gamma}\overline{\mathfrak{C}} = -(1+\varphi) + \frac{1}{2}\mathscr{N}(1-\varphi), \qquad (6.59)$$

两量同时是0或不是0, 所以当

$$\mathfrak{C} = 0 \qquad (6.60)$$

时, (6.58) 和(6.58)′都成立, 从而

$$\varphi = \frac{\mathscr{N}-2}{\mathscr{N}+2},$$

就是说, (6.55) 变为 σ 的伴随织面 Q_1. 根据第二阶段定理B断定 σ 是 S 曲面, 或者是八角曲面.

我们仅需考查 $C\overline{\mathfrak{C}} \neq 0$ 的情况. 从(6.58) 和(6.58)′ 看出:

$$\mathfrak{A} = \mathfrak{D} = \overline{\mathfrak{A}} = \overline{\mathfrak{C}} = 0. \qquad (6.61)$$

因为 $\varphi = 1$ 只给出 σ' 与 σ 重合的情况, 由最后等式容易导出

$$K = 0, \quad \overline{K} = 0.$$

这一来, σ 从而 σ' 都是 S 曲面.

最后, 我们对两曲面 σ 和 σ' 除去主切曲线对应的假设, 再用记号 d 表示沿 σ' 的一条主切曲线的移动的有关变化; 那么由(6.57) 和(6.57)′形成的二次齐式

$$2(\mathfrak{A}du + \mathfrak{C}dv)\Xi H + 2(\mathfrak{C}du + \mathfrak{A}dv)\Xi Z + 2\lambda\Xi T$$
$$+ 2(\mathfrak{B}du + \overline{\mathfrak{B}}dv - \lambda)HZ + 2(\mathfrak{C}du + \overline{\mathfrak{D}}du)HT + 2(\mathfrak{D}du + \overline{\mathfrak{C}}dv)ZT$$

必具有特征 $[(22)]$ 的 λ 方阵 M:

$$M = \begin{pmatrix} 0 & \mathfrak{A}du + \overline{\mathfrak{C}}dv & \mathfrak{C}du + \overline{\mathfrak{A}}dv & \lambda \\ \mathfrak{A}du + \overline{\mathfrak{C}}dv & 0 & \mathfrak{B}du + \overline{\mathfrak{B}}dv - \lambda & \mathfrak{C}du + \overline{\mathfrak{D}}dv \\ \mathfrak{C}du + \overline{\mathfrak{A}}dv & \mathfrak{B}du + \overline{\mathfrak{B}}dv - \lambda & 0 & \mathfrak{D}du + \overline{\mathfrak{C}}dv \\ \lambda & \mathfrak{C}du + \overline{\mathfrak{D}}dv & \mathfrak{D}du + \overline{\mathfrak{C}}dv & 0 \end{pmatrix}.$$

注意到 M 的两个第一余因式, 就是

$$\begin{vmatrix} 0 & \mathfrak{A}du + \overline{\mathfrak{C}}dv & \mathfrak{C}du + \overline{\mathfrak{A}}dv \\ \mathfrak{A}du + \overline{\mathfrak{C}}dv & 0 & \mathfrak{B}du + \overline{\mathfrak{B}}dv - \lambda \\ \mathfrak{C}du + \overline{\mathfrak{A}}dv & \mathfrak{B}du + \overline{\mathfrak{B}}dv - \lambda & 0 \end{vmatrix}$$
$$= 2(\mathfrak{A}du + \overline{\mathfrak{C}}dv)(\mathfrak{C}du + \overline{\mathfrak{A}}dv)(\mathfrak{B}du + \overline{\mathfrak{B}}dv - \lambda),$$

$$\begin{vmatrix} 0 & \mathfrak{B}du + \overline{\mathfrak{B}}dv - \lambda & \mathfrak{C}du + \overline{\mathfrak{D}}dv \\ \mathfrak{B}du + \overline{\mathfrak{B}}dv - \lambda & 0 & \mathfrak{D}du + \overline{\mathfrak{C}}dv \\ \mathfrak{C}du + \overline{\mathfrak{D}}dv & \mathfrak{D}du + \overline{\mathfrak{C}}dv & 0 \end{vmatrix}$$
$$= 2(\mathfrak{D}du + \overline{\mathfrak{C}}dv)(\mathfrak{C}du + \overline{\mathfrak{D}}dv)(\mathfrak{B}du + \overline{\mathfrak{B}}dv - \lambda),$$

便获得

$$(\mathfrak{A}du + \overline{\mathfrak{C}}dv)(\mathfrak{C}du + \overline{\mathfrak{A}}dv) = 0, \tag{6.62}$$

$$(\mathfrak{D}du + \overline{\mathfrak{C}}dv)(\mathfrak{C}du + \overline{\mathfrak{D}}dv) = 0, \tag{6.63}$$

否则上列两余因式不可能有 λ 的二次多项式作公约式了.

在一方面, 如果 (6.62) 和 (6.63) 都是恒等式, 那么 (6.61) 要成立, 从而导出前述的结果. 在另一方面, 如果 (6.62) 和 (6.63) 中的一个不是恒等式, 它必须表示 σ' 的两系主切曲线.

假如 $\mathfrak{C} = 0$ 从而 $\overline{\mathfrak{C}} = 0$ 的话, (6.62) 和 (6.63) 都变为

$$du\, dv = 0, \tag{6.64}$$

这表明了, 两曲面 σ 与 σ' 是在主切曲线对应下的. 因此, 问题归结到前面讨论过的情况, 而也就被解决了.

所以我们仅需考查 $\mathfrak{C}\overline{\mathfrak{C}} \neq 0$ 的情况.

这时, 由于 (6.62) 和 (6.63) 都表示 σ' 的主切曲线网, 必须成立

$$\frac{\mathfrak{A}}{\mathfrak{D}} = \frac{\mathfrak{C}\overline{\mathfrak{C}} + \mathfrak{A}\overline{\mathfrak{A}}}{\mathfrak{C}\overline{\mathfrak{C}} + \mathfrak{D}\overline{\mathfrak{D}}} = \frac{\overline{\mathfrak{A}}}{\overline{\mathfrak{D}}}. \tag{6.65}$$

以 ρ 表示公比, 又可写成

$$\mathfrak{A} = \rho\mathfrak{D}, \quad \overline{\mathfrak{A}} = \rho\overline{\mathfrak{D}}, \quad (\rho - 1)\mathfrak{C}\overline{\mathfrak{C}} = \rho(\rho - 1)\mathfrak{D}\overline{\mathfrak{D}}. \tag{6.66}$$

如果 $\rho = 1$, 那么 $\mathfrak{A} = \mathfrak{D}, \overline{\mathfrak{A}} = \overline{\mathfrak{D}}$. 又应用 (6.56) 和 (6.56)′ 到这里, 便得出

$$K = 0, \quad \overline{K} = 0.$$

如果相反, $\rho \neq 1$, 那么

$$\mathfrak{C}\overline{\mathfrak{C}} = \rho\mathfrak{D}\overline{\mathfrak{D}},$$

从而

$$\frac{\mathfrak{A}}{\mathfrak{C}} = \frac{\overline{\mathfrak{C}}}{\overline{\mathfrak{D}}}, \quad \frac{\mathfrak{C}}{\mathfrak{D}} = \frac{\overline{\mathfrak{A}}}{\overline{\mathfrak{C}}}, \quad \frac{\overline{\mathfrak{C}}}{\overline{\mathfrak{D}}} \neq \frac{\mathfrak{D}}{\mathfrak{C}}. \tag{6.67}$$

这一来, σ' 的主切曲线决定于方程

$$(\mathfrak{A}du + \overline{\mathfrak{C}}dv)(\mathfrak{C}du + \overline{\mathfrak{A}}dv) = 0. \tag{6.68}$$

沿一族, 例如由

$$\mathfrak{A}du + \overline{\mathfrak{C}}dv = 0 \tag{6.69}$$

决定的一族中的一条主切曲线作出有关的方阵M:

$$\begin{pmatrix} 0 & 0 & \mathfrak{C}du + \mathfrak{A}dv & \lambda \\ 0 & 0 & \mathfrak{B}du + \overline{\mathfrak{B}}dv - \lambda & 0 \\ \mathfrak{C}du + \overline{\mathfrak{A}}dv & \mathfrak{B}du + \overline{\mathfrak{B}}dv - \lambda & 0 & \mathfrak{D}du + \overline{\mathfrak{C}}dv \\ \lambda & 0 & \mathfrak{D}du + \overline{\mathfrak{C}}dv & 0 \end{pmatrix}.$$

其一个第一余因式是

$$\begin{vmatrix} 0 & \mathbb{C}du + \overline{\mathfrak{A}}dv & \lambda \\ \mathfrak{C}du + \overline{\mathfrak{A}}dv & 0 & \mathfrak{D}du + \overline{\mathfrak{C}}dv \\ \lambda & \mathfrak{D}du + \overline{\mathfrak{C}}dv & 0 \end{vmatrix} = 2\lambda(\mathbb{C}du + \overline{\mathfrak{A}}dv)(\mathfrak{D}du + \overline{\mathfrak{C}}dv),$$

而且必须是0, 即

$$\mathbb{C}du + \overline{\mathfrak{A}}dv = 0.$$

可是这样, σ' 的两族主切曲线重合一致, 所以这种情况不可能发生.

综合起来, 就有了最一般的结果:

定理　如果曲面σ 和σ' 都有四个不重合的D 变换, 而且在对应点具有共通的德穆兰四边形, 那么σ 和σ' 都必须是S 曲面或八角曲面.

2.7　S曲面的变换和有关构图[①]

给定一个S 曲面; 它的所有的德穆兰四边形全在一个织面Q 上, 而且以Q 上的这四边形族为德穆兰四边形的S 曲面全体构成比安基系统的两族Σ, Σ' (2.4节). Σ 和Σ' 的曲面的对应点分别在直线g 和g' 上, 并且有关的两线汇形成可分层偶. Σ 和Σ' 的曲面是这偶的分层曲面. 这样, 在Q 上就导出了以这两直线g 和g' 为对角线的四边形的另一族. 我们称它为原来一族的导来族. 如下文所阐述, 在Q 上一个德穆兰四边形族与其导来族间的关系是可逆的, 也就是说: 存在以导来族的四边形为德穆兰四边形的S 曲面的两新族$\overline{\Sigma}$ 和$\overline{\Sigma}'$, 使得它们的可分层线汇是由原四边形族的两对角线线汇形成的.

设$\overline{g}$和$\overline{g}'$ 是$\overline{\Sigma}$ 和$\overline{\Sigma}'$ 的曲面的对应点所在直线; 如下文所证, 这四直线$g, g', \overline{g}, \overline{g}'$ 构成菲尼可夫的可分层共轭四线图(参见S. Finikoff, Rend. Circ. Mat. Palermo, 53, 1929, 313~364, 特别是2.7节). 其中还有伴随的线汇偶, 它的分层曲面也都是S 曲面, 从而在同一织面Q 上又获得了一个德穆兰四边形族. 我们将称这个新四边形族

---

①参见苏步青[9]Ⅵ.

为伴随族. 因此, 从一个 S 曲面出发, 可以导出 $6\infty^1$ 个 S 曲面. 以下将叙述它们的显著性质以及有关的各种构图.

如前所述, 设织面 Q 的方程是

$$xt - yz = 0; \tag{7.1}$$

从此得出 Q 的主切参数 u, v 的表示:

$$x = uv, \quad y = u, \quad z = v, \quad t = 1. \tag{7.2}$$

Q 的任意母线常可表成为方程

$$\frac{x}{z} = \frac{y}{t} = f(u), \tag{7.3}$$

或

$$\frac{x}{y} = \frac{z}{t} = \varphi(v). \tag{7.4}$$

为省便起见, 称直线 (7.3) 为母线 $f(u)$ 而称 (7.4) 为母线 $\varphi(v)$. 另外, 采用写法 U 以表单是 u 的一个任意函数, 并且 V 以表单是 v 的一个任意函数; 还置

$$\mathfrak{u} = \sqrt{U'^2 - 2UU''}, \quad \mathfrak{v} = \sqrt{V'^2 - 2VV''}; \tag{7.5}$$

$$\begin{cases} U_1 = \dfrac{1}{U''}\{uU'' - U' + \mathfrak{u}\}, \\ U_2 = \dfrac{1}{U''}\{uU'' - U' - \mathfrak{u}\}; \end{cases} \tag{7.6}$$

$$\begin{cases} V_1 = \dfrac{1}{V''}\{vV'' - V' + \mathfrak{v}\}, \\ V_2 = \dfrac{1}{V''}\{vV'' - V' - \mathfrak{v}\}. \end{cases} \tag{7.7}$$

在 2.3 节已经阐明曲面

$$\begin{cases} x = -(U' + V')uv + 2(vU + uV), \\ y = -(U' + V')u + 2U, \\ z = -(U' + V')v + 2V, \\ t = -(U' + V') \end{cases} \tag{7.8}$$

在其一点 (u, v) 的德穆兰四边形是由四条母线 $U_1, U_2; V_1, V_2$ 形成的. 反过来, 凡和曲面 (7.8) 具有共通德穆兰四边形族的最一般曲面, 决定于下列方程:

$$\Sigma : \begin{cases} x = kx_1 + x_2, \quad z = kz_1 + z_2, \\ y = ky_1 + y_2, \quad t = kt_1 + t_2, \end{cases} \tag{7.9}$$

或

$$\Sigma': \begin{cases} x' = lx_3 + x_4, & z' = lz_3 + z_4, \\ y' = ly_3 + y_4, & t' = lt_3 + t_4, \end{cases} \tag{7.10}$$

式中k, l 是任意常数, 而且点$Q_i(x_i, y_i, z_i, t_i)(i = 1, 2, 3, 4)$都在织面$Q$ 上. 更详细地写出来,

$$\begin{cases} x_1 = -U'uv + 2vU, & z_1 = -U'v, \\ y_1 = -U'u + 2U, & t_1 = -U'; \end{cases} \tag{7.11}$$

$$\begin{cases} x_2 = -V'uv + 2uV, & z_2 = -V'v + 2V, \\ y_2 = -V'u + 2V, & t_2 = -V'; \end{cases} \tag{7.12}$$

$$\begin{cases} x_3 = -U'V'uv + 2(uU'V + vV'U) - 4UV, \\ y_3 = -uU'V' + 2UV', \\ z_3 = -vU'V' + 2VU', \\ t_3 = -U'V'; \end{cases} \tag{7.13}$$

$$x_4 = uv, \quad y_4 = u, \quad z_4 = v, \quad t_4 = 1. \tag{7.14}$$

直线Q_2Q_4, Q_1Q_3, Q_1Q_4, Q_2Q_3 分别是母线u, $u - \dfrac{2U}{U'}$, v, $v - \dfrac{2V}{V'}$. 曲面(7.9) 和(7.10) 是把$g = Q_1Q_2$ 和$g' = Q_3Q_4$ 生成的直线汇偶分层出来的曲面.

以下采用记法

$$[f_1(u), f_2(u); \varphi_1(v), \varphi_2(v)] \tag{7.15}$$

来表示四条母线$f_1(u)$, $f_2(u)$, $\varphi_1(v)$, $\varphi_2(v)$ 所形成的四边形. 这样, 在织面Q 上$\left[u, u - \dfrac{2U}{U'}; v, v - \dfrac{2V}{V'}\right]$ 和$[U_1, U_2; V_1, V_2]$ 做成一个对应, 使后者是把前者的对角线线汇偶分层出来的曲面的共通德穆兰四边形. 现在, 简称

$$\left[u, \quad u - \frac{2U}{U'}; \quad v, \quad v - \frac{2V}{V'}\right]$$

为$[U_1, U_2; V_1, V_2]$ 的导来四边形.

我们将计算x_k, y_k, z_k, t_k $(k = 1, 2, 3, 4)$ 关于u 和v 的偏导数. 例如, 取点Q_1 ; 容易看出, 点$\dfrac{\partial Q_1}{\partial u}$ 必须在直线Q_1Q_4 上, 从而

$$\frac{\partial x_1}{\partial u} = Ax_1 + Bx_4$$

和y_1, z_1, t_1 有关的类似方程. 以(7.11) , (7.14) 代入这些方程, 便获得A 和B.

这个想法导致下列结果:

$$
\begin{cases}
\dfrac{\partial x_1}{\partial u} = \dfrac{U'}{2U}x_1 + \dfrac{\mathfrak{u}^2}{2U}x_4, & \dfrac{\partial x_1}{\partial v} = \dfrac{V'}{2V}x_1 - \dfrac{1}{2V}x_3; \\[2mm]
\dfrac{\partial x_2}{\partial u} = \dfrac{U'}{2U}x_2 - \dfrac{1}{2U}x_3, & \dfrac{\partial x_2}{\partial v} = \dfrac{V'}{2V}x_2 + \dfrac{\mathfrak{v}^2}{2V}x_4; \\[2mm]
\dfrac{\partial x_3}{\partial u} = \dfrac{U'}{2U}x_3 - \dfrac{\mathfrak{u}^2}{2U}x_2, & \dfrac{\partial x_3}{\partial v} = \dfrac{V'}{2V}x_3 - \dfrac{\mathfrak{v}^2}{2V}x_1; \\[2mm]
\dfrac{\partial x_4}{\partial u} = \dfrac{U'}{2U}x_4 + \dfrac{1}{2U}x_1, & \dfrac{\partial x_4}{\partial v} = \dfrac{V'}{2V}x_4 + \dfrac{1}{2V}x_2;
\end{cases} \tag{7.16}
$$

以及 y_k, z_k, t_k $(k = 1, 2, 3, 4)$ 有关的类似方程.

可以验证, 两直线 $g \equiv Q_1 Q_2$ 和 $g' \equiv Q_3 Q_4$ 是曲面(7.9) 和(7.10) 共有的两条准线. 如果 X 是线汇(g) 的一个焦叶曲面, 那么

$$
X = \lambda x_1 + x_2
$$

必须满足方程

$$
\left(\frac{\partial X}{\partial u}, \ \frac{\partial X}{\partial v}, \ x_1, \ x_2 \right) = 0,
$$

即

$$
\left(\lambda \frac{\partial x_1}{\partial u} + \frac{\partial x_2}{\partial u}, \ \lambda \frac{\partial x_1}{\partial v} + \frac{\partial x_2}{\partial v}, \ x_1, \ x_2 \right) = 0. \tag{7.17}
$$

以(7.16) 代入(7.17) , 并注意到 $(x_1 \ x_2 \ x_3 \ x_4) \neq 0$, 便得出

$$
\lambda^2 \mathfrak{u}^2 - \mathfrak{v}^2 = 0,
$$

从而

$$
\lambda = \varepsilon \frac{\mathfrak{v}}{\mathfrak{u}} (\varepsilon = \pm 1).
$$

所以线汇(g) 的两焦叶曲面决定于方程

$$
X_\varepsilon = \mathfrak{v} x_1 + \varepsilon \mathfrak{u} x_2 \quad (\varepsilon = \pm 1). \tag{7.18}
$$

因此, 获得: g 的两焦点是织面 Q 的共轭点. 如在2.1节所述, 取 Q 为绝对形而作非欧几里得尺度, 那么所论的 S 曲面的第一准线是它的非欧几里得法线, 从而这结果不外乎是比安基的一个定理(参见 L. Bianchi, Lezioni di geometria differenziale, 卷II, 2部, Bologna, 1924, 597页).

线汇(g) 的可展面决定于方程

$$
\left(\frac{\partial x_1}{\partial u} du + \frac{\partial x_1}{\partial v} dv, \ \frac{\partial x_2}{\partial u} du + \frac{\partial x_2}{\partial v} dv, \ x_1, \ x_2 \right) = 0.
$$

根据(7.16) 改写它,

$$
V^2 \mathfrak{u}^2 du^2 - U^2 \mathfrak{v}^2 dv^2 = 0. \tag{7.19}
$$

同样地可以证明, 由直线 $g' \equiv Q_3Q_4$ 形成的线汇 (g') 的两焦叶曲面是

$$\Xi_\varepsilon = x_3 + \varepsilon \mathfrak{u}\mathfrak{v} x_4 \quad (\varepsilon = \pm 1), \tag{7.20}$$

并且 (g') 的可展面也决定于方程(7.19).

由于曲面(7.9) 和(7.10) 是线汇偶 (g) 和 (g') 的分层曲面, 而且它们以主切曲线 u, v 互相对应, 按菲尼可夫的说法, 线汇偶 (g) 和 (g') 是共轭可分层的.

从(7.18) 和(7.16) 得到

$$\begin{cases} \dfrac{\partial X_\varepsilon}{\partial u} = \dfrac{U'}{2U} X_\varepsilon + \varepsilon \mathfrak{u}' x_2 - \dfrac{\varepsilon \mathfrak{u}}{2U} x_3 + \dfrac{\mathfrak{u}^2 \mathfrak{v}}{2U} x_4, \\[3mm] \dfrac{\partial X_\varepsilon}{\partial v} = \dfrac{V'}{2V} X_\varepsilon - \dfrac{\mathfrak{v}}{2V} x_3 + \mathfrak{v}' x_1 + \dfrac{\varepsilon \mathfrak{u}\mathfrak{v}}{2V} x_4, \end{cases} \tag{7.21}$$

从此导出

$$\left(X_\varepsilon, \ \frac{\partial X_\varepsilon}{\partial u}, \ \frac{\partial X_\varepsilon}{\partial v}, \ \Xi_{\varepsilon'} \right) = -(x_1, x_2, x_3, x_4)(\varepsilon + \varepsilon') \left(\frac{\mathfrak{u}\mathfrak{v}^3 \mathfrak{u}'}{2V} + \frac{\mathfrak{u}^3 \mathfrak{v}\mathfrak{u}'}{2U} \right).$$

所以对于 $\varepsilon = 1$ 或 -1,

$$\left(X_\varepsilon, \ \frac{\partial X_\varepsilon}{\partial u}, \ \frac{\partial X_\varepsilon}{\partial v}, \ \Xi_{-\varepsilon} \right) = 0. \tag{7.22}$$

同样, 从(7.20) 和(7.16) 获得下列方程:

$$\begin{cases} \dfrac{\partial \Xi_\varepsilon}{\partial u} = \dfrac{U'}{2U} \Xi_\varepsilon + \dfrac{\varepsilon \mathfrak{u}\mathfrak{v}}{2U} x_1 - \dfrac{\mathfrak{u}^2}{2U} x_2 + \varepsilon \mathfrak{u}' \mathfrak{v} x_4, \\[3mm] \dfrac{\partial \Xi_\varepsilon}{\partial v} = \dfrac{V'}{2V} \Xi_\varepsilon - \dfrac{\mathfrak{v}^2}{2V} x_1 + \dfrac{\varepsilon \mathfrak{u}\mathfrak{v}}{2V} x_2 + \varepsilon \mathfrak{u}\mathfrak{v}' x_4 \end{cases} \tag{7.23}$$

和

$$\left(\Xi_\varepsilon, \ \frac{\partial \Xi_\varepsilon}{\partial u}, \ \frac{\partial \Xi_\varepsilon}{\partial v}, \ X_{-\varepsilon} \right) = 0 \quad (\varepsilon = \pm 1). \tag{7.24}$$

因此, 曲面 (X_ε) 和 (Ξ_ε) 是线汇 $(X_\varepsilon \Xi_\varepsilon)$ 的两焦叶曲面.

现在, 将证明 (X_ε) 和 $(\Xi_\varepsilon)(\varepsilon = \pm 1)$ 的主切曲线互相对应. 为此, 首先要算出 X_ε 和 Ξ_ε 的第二阶导数. 从(7.21), (7.18) 和(7.16) 便有

$$\frac{\partial^2 X_\varepsilon}{\partial u^2} = \left\{ \frac{1}{2} \left(\frac{U'}{U} \right)' + \frac{1}{4} \frac{\mathfrak{u}^2}{U^2} + \frac{1}{4} \frac{U'^2}{U^2} - \frac{U'}{U} \frac{\mathfrak{u}'}{\mathfrak{u}} \right\} X_\varepsilon$$

$$+ 2 \frac{\mathfrak{u}'}{\mathfrak{u}} \frac{\partial X_\varepsilon}{\partial u} + \varepsilon \left(\mathfrak{u}'' + \frac{U'\mathfrak{u}'}{U} - \frac{2\mathfrak{u}'^2}{\mathfrak{u}} \right) x_2. \tag{7.25}$$

可是按照(7.18) 和(7.21) 又得到

$$(\mathfrak{u}'\mathfrak{v}^2 U + \varepsilon \mathfrak{v}'\mathfrak{u}^2 V) x_2 = \left(\frac{1}{2} \mathfrak{u}\mathfrak{v} V' - \frac{1}{2} \varepsilon \mathfrak{v}^2 U' + \mathfrak{u}\mathfrak{v}' V \right) X_\varepsilon + \varepsilon U \mathfrak{v}^2 \frac{\partial X_\varepsilon}{\partial u} - V \mathfrak{u}\mathfrak{v} \frac{\partial X_\varepsilon}{\partial v}, \tag{7.26}$$

所以由(7.25) 和(7.26) 消去 x_2 之后便获得所要的 $\dfrac{\partial^2 X_\varepsilon}{\partial u^2}$. 对 $\dfrac{\partial^2 X_\varepsilon}{\partial v^2}$ 也得到类似式. 演算的结果如下:

$$\begin{cases} \dfrac{\partial^2 X_\varepsilon}{\partial u^2} = \theta_u^{(\varepsilon)} \dfrac{\partial X_\varepsilon}{\partial u} + \beta_\varepsilon \dfrac{\partial X_\varepsilon}{\partial v} + p_\varepsilon X_\varepsilon, \\[2mm] \dfrac{\partial^2 X_\varepsilon}{\partial v^2} = \theta_v^{(\varepsilon)} \dfrac{\partial X_\varepsilon}{\partial v} + \gamma_\varepsilon \dfrac{\partial X_\varepsilon}{\partial u} + q_\varepsilon X_\varepsilon, \end{cases} \tag{7.27}$$

式中尸置

$$\begin{cases} \theta_u^{(\varepsilon)} = 2\dfrac{u'}{u} + \dfrac{v^2(Uuu'' + uu'U' - 2U'u'^2)}{u(u'v^2U + \varepsilon v'u'^2V)}, \\[3mm] \theta_v^{(\varepsilon)} = 2\dfrac{v'}{v} + \dfrac{\varepsilon u^2(Vvv'' + vv'V' - 2V v'^2)}{v(u'v^2U + \varepsilon v'u'^2V)}, \\[3mm] \beta_\varepsilon = -\dfrac{\varepsilon Vv(uu''U + uu'U' - 2Uu'^2)}{U(u'v^2U + \varepsilon v'u^2V)}, \\[3mm] \gamma_\varepsilon = -\dfrac{Uu(vv''V + vv'V' + 2Vv'^2)}{V(u'v^2U + \varepsilon v'u^2V)}; \end{cases} \tag{7.28}$$

$$\begin{cases} p_\varepsilon = -\dfrac{U'}{U}\dfrac{u'}{u} \\[3mm] \qquad + \dfrac{\varepsilon\left(u'' + \dfrac{u'u'}{U} - \dfrac{2u'^2}{u}\right)\left(\dfrac{1}{2}uvV' - \dfrac{1}{2}\varepsilon v^2U' + uv'V\right)}{u'v^2U + \varepsilon v'u^2V}, \\[3mm] q_\varepsilon = -\dfrac{V'}{V}\dfrac{v'}{v} \\[3mm] \qquad + \dfrac{\left(v'' + \dfrac{V'v'}{V} - \dfrac{2u'^2}{v}\right)\left(\dfrac{1}{2}uvU' - \dfrac{1}{2}\varepsilon u^2V' + vu'U\right)}{u'v^2U + \varepsilon v'u^2V}. \end{cases} \tag{7.29}$$

同样地, 按照(7.20) 和(7.23) 可以算出:

$$\begin{cases} \dfrac{\partial^2 \Xi_\varepsilon}{\partial u^2} = \Theta_u^{(\varepsilon)} \dfrac{\partial \Xi_\varepsilon}{\partial u} + B_\varepsilon \dfrac{\partial \Xi_\varepsilon}{\partial v} + P_\varepsilon \Xi_\varepsilon, \\[2mm] \dfrac{\partial^2 \Xi_\varepsilon}{\partial v^2} = \Theta_v^{(\varepsilon)} \dfrac{\partial \Xi_\varepsilon}{\partial v} + \Gamma_\varepsilon \dfrac{\partial \Xi_\varepsilon}{\partial u} + \Theta_\varepsilon \Xi_\varepsilon, \end{cases} \tag{7.30}$$

式中

$$\begin{cases} \Theta_u^{(\varepsilon)} = 2\dfrac{u'}{u} + \dfrac{Uv^2\left(u'' + \dfrac{u'U'}{U} - \dfrac{2u'^2}{u}\right)}{u'v^2U + \varepsilon v'u^2V}, \\[3mm] \Theta_v^{(\varepsilon)} = 2\dfrac{v'}{v} + \dfrac{\varepsilon Vu^2\left(v'' + \dfrac{v'V'}{V} - \dfrac{2v'^2}{v}\right)}{u'v^2U + \varepsilon v'u^2V}, \\[3mm] B_\varepsilon = \dfrac{\varepsilon vV(uu''U + uu'U' - 2uu'^2U)}{U(uv'^2U + \varepsilon v'u^2V)} = -\beta_\varepsilon, \\[3mm] \Gamma_\varepsilon = \dfrac{uU(vv''V + vv'V' - 2vv'^2V)}{V(u'v^2U + \varepsilon v'u^2V)} = -\gamma_\varepsilon; \end{cases} \tag{7.31}$$

$$\begin{cases} P_\varepsilon = -\dfrac{u'}{u}\dfrac{U'}{U} - \dfrac{\varepsilon v\left(u'' + \dfrac{U''u'}{U} - \dfrac{2u'^2}{u}\right)(\varepsilon U'v + V'u)}{2(u'v^2 U + \varepsilon v'u^2 V)}, \\[4mm] Q_\varepsilon = -\dfrac{v'}{v}\dfrac{V'}{V} - \dfrac{\varepsilon u\left(v'' + \dfrac{V'v'}{V} - \dfrac{2v'^2}{v}\right)(\varepsilon U'v + V'u)}{2(u'v^2 U + \varepsilon v'u^2 V)}. \end{cases} \tag{7.32}$$

从(7.27) 和(7.30) 看出, 参数曲线u, v 是所有的曲面(X_ε) 和(Ξ_ε) ($\varepsilon = \pm 1$) 的主切曲线, 因而两线汇$(X_1 \Xi_{-1})$ 和$(X_{-1} \Xi_1)$ 都是W 线汇, 而且各线汇的两焦叶曲面是(X_ε) 和$(\Xi_{-\varepsilon})$.

经过简单的演算可以验证下列关系式:

$$\begin{cases} \dfrac{\partial^2 \log \beta_\varepsilon}{\partial u \partial v} = \dfrac{\partial^2 \log \gamma_\varepsilon}{\partial u \partial v} = \beta_\varepsilon \gamma_\varepsilon, \\[4mm] \dfrac{\partial^2 \log B_\varepsilon}{\partial u \partial v} = \dfrac{\partial^2 \log \Gamma_\varepsilon}{\partial u \partial v} = B_\varepsilon \Gamma_\varepsilon. \end{cases} \tag{7.33}$$

所以(X_ε) 和(Ξ_ε) 都是S 曲面(参见2.1节).

另外, (7.28) 和(7.31) 表明: 曲面(X_ε) 和(Ξ_ε) 的达布曲线或塞格雷曲线互相对应, 而且(X_ε) 的达布曲线和塞格雷曲线分别对应于$(\Xi_{-\varepsilon})$ 的塞格雷曲线和达布曲线.

从(7.28) 得到

$$\begin{cases} \theta_v^{(\varepsilon)} + \dfrac{\partial \log \beta_\varepsilon}{\partial v} = \dfrac{V'}{V} + \dfrac{v'}{v}, \\[4mm] \theta_u^{(\varepsilon)} + \dfrac{\partial \log \gamma_\varepsilon}{\partial u} = \dfrac{U'}{U} + \dfrac{u'}{u}, \end{cases} \tag{7.34}$$

因而导出曲面(X_ε) 的第一准线所通过的点

$$\overline{X}_\varepsilon = \frac{\partial^2 X_\varepsilon}{\partial u \partial v} - \frac{1}{2}\left(\frac{\partial \log \beta_\varepsilon}{\partial v} + \theta_v^{(\varepsilon)}\right)\frac{\partial X_\varepsilon}{\partial u} - \frac{1}{2}\left(\frac{\partial \log \gamma_\varepsilon}{\partial u} + \theta_u^{(\varepsilon)}\right)\frac{\partial X_\varepsilon}{\partial v}.$$

根据(7.16), (7.21) 和(7.34) 容易证明

$$\overline{X}_\varepsilon = \left\{-\frac{1}{4}\left(\frac{U'v'}{Uv} + \frac{V'u'}{Vu} + \frac{U'V'}{UV}\right) + \frac{\varepsilon uv}{UV} - \frac{1}{2}\frac{u'v'}{uv}\right\} X_\varepsilon + \left(\frac{\varepsilon uv'}{4Uv} + \frac{u'v}{4Vu}\right)\Xi_\varepsilon. \tag{7.35}$$

这就是说, 曲面(X_ε) 在点X_ε 的第一准线通过对应点Ξ_ε.

类似计算足以表明: 曲面(Ξ_ε) 在点Ξ_ε 的第一准线通过对应点X_ε.

我们还可看出, 直线$(X_{-\varepsilon}\Xi_{-\varepsilon})$ 是曲面(X_ε) 和(Ξ_ε) 分别在点X_ε 和Ξ_ε 的第二准线. 实际上, 按照(7.18) , (7.20) , (7.21) , (7.23) , (7.28) 和(7.31) 便有下列关系式:

$$\begin{cases} \dfrac{\partial X_\varepsilon}{\partial u} - \dfrac{1}{2}\left(\dfrac{\partial \log \gamma_\varepsilon}{\partial u} + \theta_u^{(\varepsilon)}\right) X_\varepsilon = -\dfrac{u'}{2u} X_{-\varepsilon} - \dfrac{\varepsilon u}{2U}\Xi_{-\varepsilon}, \\[4mm] \dfrac{\partial X_\varepsilon}{\partial v} - \dfrac{1}{2}\left(\dfrac{\partial \log \beta_\varepsilon}{\partial v} + \theta_v^{(\varepsilon)}\right) X_\varepsilon = \dfrac{v'}{2v} X_{-\varepsilon} - \dfrac{v}{2V}\Xi_{-\varepsilon}; \end{cases} \tag{7.36}$$

$$\begin{cases} \dfrac{\partial \Xi_\varepsilon}{\partial u} - \dfrac{1}{2}\left(\dfrac{\partial \log \Gamma_\varepsilon}{\partial u} + \Theta_u^{(\varepsilon)}\right)\Xi_\varepsilon = \dfrac{\varepsilon \mathfrak{u}}{2U}X_{-\varepsilon} - \dfrac{\mathfrak{u}'}{2\mathfrak{u}}\Xi_{-\varepsilon}, \\[3mm] \dfrac{\partial \Xi_\varepsilon}{\partial v} - \dfrac{1}{2}\left(\dfrac{\partial \log B_\varepsilon}{\partial v} + \Theta_v^{(\varepsilon)}\right)\Xi_\varepsilon = -\dfrac{\mathfrak{v}}{2V}X_{-\varepsilon} - \dfrac{\mathfrak{v}'}{2\mathfrak{v}}\Xi_{-\varepsilon}. \end{cases} \tag{7.37}$$

这一来, 证明了

定理 曲面(X_ε) 和(Ξ_ε) $(\varepsilon = \pm 1)$ 在对应点有共通的第一和第二准线.

其次, 来决定把线汇$(X_1\Xi_1)$ 和$(X_{-1}\Xi_{-1})$ 的偶分层出来的一些曲面. 为此, 置

$$Z_\varepsilon = X_\varepsilon + K_\varepsilon \Xi_\varepsilon; \tag{7.38}$$

我们必须使函数$K_\varepsilon = K_\varepsilon(u,\ v)$ 满足方程

$$\begin{cases} \left(Z_\varepsilon,\ \dfrac{\partial Z_\varepsilon}{\partial u},\ \dfrac{\partial Z_\varepsilon}{\partial v},\ X_{-\varepsilon}\right) = 0, \\[3mm] \left(Z_\varepsilon,\ \dfrac{\partial Z_\varepsilon}{\partial u},\ \dfrac{\partial Z_\varepsilon}{\partial v},\ \Xi_{-\varepsilon}\right) = 0. \end{cases} \tag{7.39}$$

可是用(7.21) 和(7.23) 算出

$$\begin{cases} \dfrac{\partial Z_\varepsilon}{\partial u} = \dfrac{U'}{2U}Z_\varepsilon + \dfrac{\varepsilon \mathfrak{u}\mathfrak{v}}{2U}K_\varepsilon x_1 + \left(\varepsilon \mathfrak{u}' - \dfrac{\mathfrak{u}^2}{2U}K_\varepsilon\right)x_2 + \left(\dfrac{\partial K_\varepsilon}{\partial u} - \dfrac{\varepsilon \mathfrak{u}}{2U}\right)x_3 \\[3mm] \qquad + \left(\dfrac{\mathfrak{u}^2\mathfrak{v}}{2U} + \varepsilon \mathfrak{u}'\mathfrak{v}K_\varepsilon + \varepsilon \mathfrak{u}\mathfrak{v}\dfrac{\partial K_\varepsilon}{\partial u}\right)x_4, \\[3mm] \dfrac{\partial Z_\varepsilon}{\partial v} = \dfrac{V'}{2V}Z_\varepsilon + \left(\mathfrak{v}' - \dfrac{\mathfrak{v}^2}{2V}K_\varepsilon\right)x_1 + \dfrac{\varepsilon \mathfrak{u}\mathfrak{v}}{2V}K_\varepsilon x_2 + \left(\dfrac{\partial K_\varepsilon}{\partial v} - \dfrac{\mathfrak{v}}{2V}\right)x_3 \\[3mm] \qquad + \left(\dfrac{\varepsilon \mathfrak{u}\mathfrak{v}^2}{2V} + \varepsilon \mathfrak{u}\mathfrak{v}'K_\varepsilon + \varepsilon \mathfrak{u}\mathfrak{v}\dfrac{\partial K_\varepsilon}{\partial v}\right)x_4, \end{cases} \tag{7.40}$$

从而

$$\left(Z_\varepsilon,\ \dfrac{\partial Z_\varepsilon}{\partial u},\ \dfrac{\partial Z_\varepsilon}{\partial v},\ X_{-\varepsilon}\right) = -2\varepsilon \mathfrak{u}^2\mathfrak{v}^2(x_1, x_2, x_3, x_4)\begin{vmatrix} \dfrac{\partial K_\varepsilon}{\partial u} & \dfrac{\mathfrak{u}^2}{U} + \varepsilon \mathfrak{u}'K_\varepsilon \\[3mm] \dfrac{\partial K_\varepsilon}{\partial v} & \dfrac{\varepsilon \mathfrak{v}^2}{V} + \varepsilon \mathfrak{v}'K_\varepsilon \end{vmatrix},$$

$$\left(Z_\varepsilon,\ \dfrac{\partial Z_\varepsilon}{\partial u},\ \dfrac{\partial Z_\varepsilon}{\partial v},\ \Xi_{-\varepsilon}\right) = +2\varepsilon \mathfrak{u}^2\mathfrak{v}^2(x_1, x_2, x_3, x_4)\begin{vmatrix} \dfrac{\partial K_\varepsilon}{\partial u} & \varepsilon \mathfrak{u}' - \dfrac{\mathfrak{u}^2}{U}K_\varepsilon \\[3mm] \dfrac{\partial K_\varepsilon}{\partial v} & -\dfrac{\varepsilon \mathfrak{v}'}{\mathfrak{v}} + \dfrac{\varepsilon \mathfrak{u}\mathfrak{v}}{V}K_\varepsilon \end{vmatrix}.$$

所以两方程(7.39) 给出两关系式:

$$\dfrac{\partial K_\varepsilon}{\partial u} = \dfrac{\partial K_\varepsilon}{\partial v} = 0,$$

就是$K_\varepsilon = $ const. 因此, 对于$\varepsilon = +1$ 和-1的曲面(7.38) 的两族包含线汇偶$(X_1\Xi_1)$ 和$(X_1\Xi_{-1})$ 的分层曲面.

很明显, 两曲面 (X_ε) 和 (Ξ_ε) 属于族(7.38). 从此还可断定(2.4节): 所有的曲面 (Z_ε) 都是 S 曲面, 而且在它们的对应点具有共通的准线 $(X_\varepsilon \Xi_\varepsilon)$ 和 $(X_{-\varepsilon} \Xi_{-\varepsilon})$.

空间一点的坐标 X 可以表成

$$X = x'x_1 + y'x_2 + z'x_3 + t'x_4, \tag{7.41}$$

式中 $(x', \ y', \ z', \ t')$ 是参考于四面体 $\{Q_1 Q_2 Q_3 Q_4\}$ 的局部坐标.

为这点 X 要在织面 Q 上的充要条件是

$$x'y' + z't' = 0. \tag{7.42}$$

实际上, 除了(i) $h = 1, \ k = 2$ 和(ii) $h = 3, \ k = 4$ 两情况而外, 对于所有的 $h, k = 1, 2, 3, 4$ 成立

$$\begin{vmatrix} x_k & y_h \\ z_k & t_h \end{vmatrix} + \begin{vmatrix} x_h & y_k \\ z_h & t_k \end{vmatrix} = 0,$$

而相反地,

$$\begin{vmatrix} x_1 & y_2 \\ z_1 & t_2 \end{vmatrix} + \begin{vmatrix} x_2 & y_1 \\ z_2 & t_1 \end{vmatrix} = \begin{vmatrix} x_3 & y_4 \\ z_3 & t_4 \end{vmatrix} + \begin{vmatrix} x_4 & y_3 \\ z_4 & t_3 \end{vmatrix} = -4UV.$$

特别是, 当且仅当 $K_\varepsilon^2 + 1 = 0$ 时, 点

$$Z_\varepsilon = X_\varepsilon + K_\varepsilon \Xi_\varepsilon = \upsilon x_1 + \varepsilon \mathfrak{u} x_2 + K_\varepsilon(x_3 + \varepsilon \mathfrak{u} \upsilon x_4)$$

在 Q 上, 从而得到直线 $(X_\varepsilon \Xi_\varepsilon)$ 与 Q 的两个交点:

$$Z_{\varepsilon \varepsilon'} = \upsilon x_1 + \varepsilon \mathfrak{u} x_2 + i\varepsilon'(x_3 + \varepsilon \mathfrak{u} \upsilon x_4), \tag{7.43}$$

其中

$$\varepsilon' = \pm 1, \quad i = \sqrt{-1}.$$

从(7.11)～(7.14) 和(7.43) 得知, 四点 $Z_{1,\,1}$, $Z_{1,\,-1}$, $Z_{-1,\,1}$, $Z_{-1,\,-1}$ 是 Q 上的四边形的顶点; 这四边形可以表成

$$\left[u - \frac{2U}{U' + iu}, \ u - \frac{2U}{U' - iu}; \ v - \frac{2V}{V' + iv}, \ v - \frac{2V}{V' - iv} \right]. \tag{7.44}$$

它和四边形

$$\left[u, \ u - \frac{2U}{U'}; \ v, \ v - \frac{2V}{V'} \right] \tag{7.45}$$

间的关系是明显的. 我们将称(7.44) 为(7.45) 的伴随四边形.

按照 $\varepsilon = +1$ 或 -1 而分别把曲面族(7.38) 记作 A 或 A'. 这一来, 就得到了 S 曲面的一个变换, 使得族偶 $[\Sigma, \ \Sigma']$ 被移到类似族偶 $[A, \ A']$. 这变换对织面 Q 上的四边形

的影响是: (7.45) 被移到(7.44). 在2.6节已经阐明, 两族A 和A' 的所有曲面在Q 上具有共通的德穆兰四边形, 其全体构成(7.44) 的导来四边形族. 因为曲面(X_ε) 显然属于族A, 只需寻找(X_ε) 的德穆兰四边形就够了.

为此, 重新考查(7.28) 和(7.29) . 在以下的运算中, 置

$$u_1 = u'' + \frac{U'}{U} u' - 2 \frac{u'^2}{u},$$

$$v_1 = \varepsilon \left(v'' + \frac{V'}{V} v' - 2 \frac{v'^2}{v} \right)$$

来得方便, 且从此可以写出如下的表示:

$$\begin{cases} \beta_\varepsilon = -\dfrac{\varepsilon uv V u_1}{u'v^2 U + \varepsilon v' u^2 V}, \\ \gamma_\varepsilon = -\dfrac{\varepsilon uv U v_1}{u'v^2 U + \varepsilon v' u^2 V}, \\ \theta_u^{(\varepsilon)} = 2 \dfrac{u'}{u} + \dfrac{U v^2 u_1}{u'v^2 U + \varepsilon v' u^2 V}, \\ \theta_v^{(\varepsilon)} = 2 \dfrac{v'}{v} + \dfrac{V u^2 v_1}{u'v^2 U + \varepsilon v' u^2 V}, \\ 2p_\varepsilon = -2 \dfrac{U'}{U} \dfrac{u'}{u} + \dfrac{\varepsilon u_1 (uv V' - \varepsilon v^2 U' + 2uv' V)}{u'v^2 U + \varepsilon v' u^2 V}, \\ 2q_\varepsilon = -2 \dfrac{V'}{V} \dfrac{v'}{v} + \dfrac{\varepsilon v_1 (uv U' - \varepsilon u^2 V' + 2u' v U)}{u'v^2 U + \varepsilon v' u^2 V}. \end{cases} \tag{7.46}$$

由此可证,

$$\theta_{uv}^{(\varepsilon)} = -\frac{UV u^2 v^2 u_1 v_1}{(u'v^2 U + \varepsilon v' u^2 V)^2} = -\beta_\varepsilon \gamma_\varepsilon. \tag{7.47}$$

仿效(1.4) 和(1.5) , 置

$$\left(\frac{\Delta_\varepsilon}{\beta_\varepsilon} \right)^2 = 2 \left\{ -\theta_{vv}^{(\varepsilon)} + \frac{1}{2} (\theta_v^{(\varepsilon)})^2 + (\gamma_\varepsilon)_u + \gamma_\varepsilon \theta_u^{(\varepsilon)} + 2q_\varepsilon \right.$$
$$\left. - (\log \beta_\varepsilon)_{vv} - \frac{1}{2} (\log \beta_\varepsilon)_v^2 \right\},$$

$$\left(\frac{\Delta_\varepsilon'}{\gamma_\varepsilon} \right)^2 = 2 \left\{ -\theta_{uu}^{(\varepsilon)} + \frac{1}{2} (\theta_u^{(\varepsilon)})^2 + (\beta_\varepsilon)_v + \beta_\varepsilon \theta_v^{(\varepsilon)} + 2p_\varepsilon \right.$$
$$\left. - (\log \gamma_\varepsilon)_{uu} - \frac{1}{2} (\log \gamma_\varepsilon)_u^2 \right\},$$

并以(7.46) 给定的β_ε, γ_ε 等值代入这里, 可以算出下列结果:

$$\frac{\Delta_\varepsilon}{\beta_\varepsilon} = \sqrt{\left(\frac{v'}{v} \right)^2 + \left(\frac{v}{V} \right)^2}, \quad \frac{\Delta_\varepsilon'}{\gamma_\varepsilon} = \sqrt{\left(\frac{u'}{u} \right)^2 + \left(\frac{u}{U} \right)^2}. \tag{7.48}$$

如在1.9节中所导出的, 曲面(X_ε) 在点X_ε 的德穆兰四边形的四边决定于方程

$$y' = \rho t', \quad x' = \rho z' + (\theta_{uv}^{(\varepsilon)} + \beta_\varepsilon \gamma_\varepsilon)t'; \tag{7.49}$$

$$z' = \rho_1 t', \quad x' = \rho_1 y' + (\theta_{uv}^{(\varepsilon)} + \beta_\varepsilon \gamma_\varepsilon)t', \tag{7.50}$$

式中(x', y', z', t') 是一点关于四面体$\left\{X_\varepsilon \dfrac{\partial X_\varepsilon}{\partial u} \dfrac{\partial X_\varepsilon}{\partial v} \dfrac{\partial^2 X_\varepsilon}{\partial u \partial v}\right\}$ 的局部坐标, 而且

$$\begin{cases} \rho = -\dfrac{1}{2}\left\{\theta_v^{(\varepsilon)} + (\log \beta_\varepsilon)_v \pm \dfrac{\Delta_\varepsilon}{\beta_\varepsilon}\right\}, \\ \rho_1 = -\dfrac{1}{2}\left\{\theta_u^{(\varepsilon)} + (\log \gamma_\varepsilon)_u \pm \dfrac{\Delta_\varepsilon}{\gamma_\varepsilon}\right\}. \end{cases} \tag{7.51}$$

从(7.46) 和(7.48) 得到

$$\begin{cases} \rho = -\dfrac{1}{2}\left\{\dfrac{V'}{V} + \dfrac{\mathfrak{v}'}{\mathfrak{v}} \pm \sqrt{\left(\dfrac{\mathfrak{v}'}{\mathfrak{v}}\right)^2 + \left(\dfrac{\mathfrak{v}}{V}\right)^2}\right\}, \\ \rho_1 = -\dfrac{1}{2}\left\{\dfrac{U'}{U} + \dfrac{\mathfrak{u}'}{\mathfrak{u}} \pm \sqrt{\left(\dfrac{\mathfrak{u}'}{\mathfrak{u}}\right)^2 + \left(\dfrac{\mathfrak{u}}{U}\right)^2}\right\}. \end{cases} \tag{7.51}'$$

所以在边(7.49) 上一点的坐标具有如下的形式:

$$z'\left(\rho X_\varepsilon + \frac{\partial X_\varepsilon}{\partial v}\right) + t'\left(\rho \frac{\partial X_\varepsilon}{\partial u} + \frac{\partial^2 X_\varepsilon}{\partial u \partial v}\right)$$

$$= z'\left(\rho X_\varepsilon + \frac{\partial X_\varepsilon}{\partial v}\right) + t'\frac{\partial}{\partial u}\left(\rho X_\varepsilon + \frac{\partial X_\varepsilon}{\partial v}\right). \tag{7.52}$$

可是从(7.18) 和(7.21)$_2$容易算出

$$\rho X_\varepsilon + \frac{\partial X_\varepsilon}{\partial v} = \left\{\mathfrak{v}\left(\rho + \frac{V'}{2V}\right) + \mathfrak{v}'\right\}x_1 + \varepsilon \mathfrak{u}\left(\rho + \frac{V'}{2V}\right)x_2 - \frac{\mathfrak{v}}{2V}x_3 + \frac{\varepsilon \mathfrak{u} \mathfrak{v}^2}{2V}x_4, \tag{7.53}$$

就是这点的关于四面体$\{Q_1 \, Q_2 \, Q_3 \, Q_4\}$ 的局部坐标如下:

$$\begin{cases} x' = \mathfrak{v}\left(\rho + \dfrac{V'}{2V}\right) + \mathfrak{v}', \quad z' = -\dfrac{\mathfrak{v}}{2V}, \\ y' = \varepsilon \mathfrak{u}\left(\rho + \dfrac{V'}{2V}\right), \quad t' = \dfrac{\varepsilon \mathfrak{u} \mathfrak{v}^2}{2V}. \end{cases} \tag{7.54}$$

由于其中两个ρ 是代数方程

$$\left\{\left(\rho + \frac{V'}{2V}\right) + \frac{\mathfrak{v}'}{\mathfrak{v}}\right\}\left(\rho + \frac{V'}{2V}\right) - \frac{\mathfrak{v}^2}{4V^2} = 0$$

的两根, 从(7.54) 便有

$$x'y' + z't' = 0.$$

根据(7.42) 可以断定: 点(7.53) 在织面 Q 上, 且从而两点(7.52) 都在过这点的母线 v 上. 就是说, 由(7.49) 给定的两条直线属于 Q 的 v 母线族. 同样, 由(7.50) 给定的两条直线属于 Q 的 u 母线族. 因此, 证明了

定理 设 $[A, A']$ 是 $[\Sigma, \Sigma']$ 的变换, 那么 A 或 A' 族中任何一曲面的德穆兰四边形常在同一织面 Q 上.

2.1节的最后定理是这定理的一个特殊情况.

现在, 将进行计算来寻找母线偶(7.49) 和母线偶(7.50) 的有关函数 $f_1(u)$, $f_2(u)$; $g_1(v)$, $g_2(v)$. 设 T, Z 是点(7.53) 的第四和第三坐标, 那么

$$
\begin{cases}
T = \left\{ \mathfrak{v}\left(\rho + \dfrac{V'}{2V}\right) + \mathfrak{B}' \right\} t_1 + \varepsilon \mathfrak{u}\left(\rho + \dfrac{V'}{2V}\right) t_2 - \dfrac{\mathfrak{v}}{2V} t_3 + \dfrac{\varepsilon \mathfrak{u} \mathfrak{v}^2}{2V} t_4, \\
Z = \left\{ \mathfrak{v}\left(\rho + \dfrac{V'}{2V}\right) + \mathfrak{v}' \right\} z_1 + \varepsilon \mathfrak{u}\left(\rho + \dfrac{V'}{2V}\right) z_2 - \dfrac{\mathfrak{v}}{2V} z_3 + \dfrac{\varepsilon \mathfrak{u} \mathfrak{v}^2}{2V} z_4.
\end{cases}
\tag{7.55}
$$

从(7.11)~(7.14) 和(7.51)′容易推出: 此式 $\dfrac{Z}{T}$ 恰恰等于

$$
g_1(v) = v - \frac{V^2 \left\{ \dfrac{\mathfrak{v}'}{\mathfrak{v}} + \sqrt{\left(\dfrac{\mathfrak{v}'}{\mathfrak{v}}\right)^2 + \left(\dfrac{\mathfrak{v}}{V}\right)^2} \right\}}{\mathfrak{v}^2 + \dfrac{1}{2} VV' \left\{ \dfrac{\mathfrak{v}'}{\mathfrak{v}} + \sqrt{\left(\dfrac{\mathfrak{v}'}{\mathfrak{v}}\right)^2 + \left(\dfrac{\mathfrak{v}}{U}\right)^2} \right\}},
\tag{7.56}
$$

或

$$
g_2(v) = v - \frac{V^2 \left\{ \dfrac{\mathfrak{v}'}{\mathfrak{v}} - \sqrt{\left(\dfrac{\mathfrak{v}'}{\mathfrak{v}}\right)^2 + \left(\dfrac{\mathfrak{v}}{V}\right)^2} \right\}}{\mathfrak{v}^2 + \dfrac{1}{2} VV' \left\{ \dfrac{\mathfrak{v}'}{\mathfrak{v}} - \sqrt{\left(\dfrac{\mathfrak{v}'}{\mathfrak{v}}\right)^2 + \left(\dfrac{\mathfrak{v}}{v}\right)^2} \right\}}.
\tag{7.57}
$$

同样, 获得两母线(7.50) 的有关函数:

$$
f_1(u) = u - \frac{U^2 \left\{ \dfrac{\mathfrak{u}'}{\mathfrak{u}} + \sqrt{\left(\dfrac{\mathfrak{u}'}{\mathfrak{u}}\right)^2 + \left(\dfrac{\mathfrak{u}}{U}\right)^2} \right\}}{\mathfrak{u}^2 + \dfrac{1}{2} UU' \left\{ \dfrac{\mathfrak{u}'}{\mathfrak{u}} + \sqrt{\left(\dfrac{\mathfrak{u}'}{\mathfrak{u}}\right)^2 + \left(\dfrac{\mathfrak{u}}{U}\right)^2} \right\}},
\tag{7.58}
$$

$$
f_2(u) = u - \frac{U^2 \left\{ \dfrac{\mathfrak{u}'}{\mathfrak{u}} - \sqrt{\left(\dfrac{\mathfrak{u}'}{\mathfrak{u}}\right)^2 + \left(\dfrac{\mathfrak{u}}{U}\right)^2} \right\}}{\mathfrak{u}^2 + \dfrac{1}{2} UU' \left\{ \dfrac{\mathfrak{u}'}{\mathfrak{u}} - \sqrt{\left(\dfrac{\mathfrak{u}'}{\mathfrak{u}}\right)^2 + \left(\dfrac{\mathfrak{u}}{U}\right)^2} \right\}}
\tag{7.59}
$$

这样, 终于获得了(7.44) 的导来四边形

$$[f_1(u), \ f_2(u); \ g_1(v), \ g_2(v)]. \tag{7.60}$$

我们要转到前面所提过的两个线汇($X_1\Xi_{-1}$) 和($X_{-1}\Xi_1$) 的研究. 在那里已经证明: 各线汇($X_\varepsilon\Xi_{-\varepsilon}$) 是以曲面($X_\varepsilon$) 和($\Xi_{-\varepsilon}$) 为两叶焦面的 W 线汇($\varepsilon = \pm1$). 现在, 首先来验证这两线汇形成一个可分层偶.

为此, 假设

$$W_\varepsilon = X_\varepsilon + K_\varepsilon \Xi_{-\varepsilon} = \mathfrak{v}x_1 + \varepsilon\mathfrak{u}x_2 + K_\varepsilon x_3 - \varepsilon\mathfrak{u}\mathfrak{v}K_\varepsilon x_4 \tag{7.61}$$

是把这线汇偶分层出来的一个曲面, 必须阐明的是: 能够决定这样的函数 $K_\varepsilon = K_\varepsilon(u, \ v)$ 使含有一个任意常数, 而且满足条件

$$\begin{cases} \left(W_\varepsilon, \ \dfrac{\partial W_\varepsilon}{\partial u}, \ \dfrac{\partial W_\varepsilon}{\partial v}, \ X_{-\varepsilon}\right) = 0, \\[3mm] \left(W_\varepsilon, \ \dfrac{\partial W_\varepsilon}{\partial u}, \ \dfrac{\partial W_\varepsilon}{\partial v}, \ \Xi_\varepsilon\right) = 0. \end{cases} \tag{7.62}$$

应用(7.16) 算出下列两式:

$$\begin{aligned} \frac{\partial W_\varepsilon}{\partial u} =& \frac{U'}{2U}W_\varepsilon - \frac{\varepsilon\mathfrak{u}\mathfrak{v}}{2U}K_\varepsilon x_1 + \left(\varepsilon\mathfrak{u}' - \frac{\mathfrak{u}^2}{2U}K_\varepsilon\right)x_2 + \left(\frac{\partial K_\varepsilon}{\partial u} - \frac{\varepsilon\mathfrak{u}}{2U}\right)x_3 \\ &+ \left(\frac{\mathfrak{u}^2\mathfrak{v}}{2U} - \varepsilon\mathfrak{u}'\mathfrak{v}K_\varepsilon - \varepsilon\mathfrak{u}\mathfrak{v}\frac{\partial K_\varepsilon}{\partial u}\right)x_4, \end{aligned} \tag{7.63}$$

$$\begin{aligned} \frac{\partial W_\varepsilon}{\partial v} =& \frac{V'}{2V}W_\varepsilon + \left(\mathfrak{v}' - K_\varepsilon\frac{\mathfrak{v}^2}{2V}\right)x_1 - \frac{\varepsilon\mathfrak{u}\mathfrak{v}}{2V}K_\varepsilon x_2 + \left(\frac{\partial K_\varepsilon}{\partial v} - \frac{\mathfrak{v}}{2V}\right)x_3 \\ &+ \left(\frac{\varepsilon\mathfrak{u}\mathfrak{v}^2}{2V} - \varepsilon\mathfrak{u}\mathfrak{v}'K_\varepsilon - \varepsilon\mathfrak{u}\mathfrak{v}\frac{\partial K_\varepsilon}{\partial v}\right)x_4, \end{aligned} \tag{7.64}$$

从而两条件(7.62) 可以归结到如下的方程:

$$\begin{vmatrix} \dfrac{\partial K_\varepsilon}{\partial u} + \dfrac{\varepsilon\mathfrak{u}}{2U}(K_\varepsilon^2 - 1) & \dfrac{\mathfrak{u}'}{\mathfrak{u}} \\[3mm] \dfrac{\partial K_\varepsilon}{\partial v} + \dfrac{\mathfrak{v}}{2V}(K_\varepsilon^2 - 1) & \dfrac{\mathfrak{v}'}{\mathfrak{v}} \end{vmatrix} = 0,$$

$$\begin{vmatrix} \dfrac{\partial K_\varepsilon}{\partial u} + \dfrac{\varepsilon\mathfrak{u}}{2U}(K_\varepsilon^2 - 1) & \dfrac{\mathfrak{u}'}{\mathfrak{u}} \\[3mm] \dfrac{\partial K_\varepsilon}{\partial v} + \dfrac{\mathfrak{v}}{2V}(K_\varepsilon^2 - 1) & -\dfrac{\mathfrak{v}'}{\mathfrak{v}} \end{vmatrix} = 0,$$

因此得出

$$\begin{cases} \dfrac{\partial K_\varepsilon}{\partial u} + \dfrac{\varepsilon\mathfrak{u}}{2U}(K_\varepsilon^2 - 1) = 0, \\[3mm] \dfrac{\partial K_\varepsilon}{\partial v} + \dfrac{\mathfrak{v}}{2V}(K_\varepsilon^2 - 1) = 0. \end{cases} \tag{7.65}$$

这组是完全可积分的, 而且容有一般解:

$$K_\varepsilon = \frac{\exp\left\{\varepsilon \int \dfrac{\mathfrak{u}du}{U} + \int \dfrac{\mathfrak{v}dv}{V}\right\} + c}{\exp\left\{\varepsilon \int \dfrac{\mathfrak{u}du}{U} + \int \dfrac{\mathfrak{v}dv}{V}\right\} - c}, \tag{7.66}$$

其中 c 表示任意常数.

这一来, 阐明了分层曲面 (W_ε) $(\varepsilon = \pm 1)$ 的两族的存在.

根据 (7.65) 改写 (7.63) 和 (7.64),

$$\frac{\partial W_\varepsilon}{\partial u} = \left(\frac{U'}{2U} - \frac{\varepsilon\mathfrak{u}}{2U}K_\varepsilon\right)W_\varepsilon + \varepsilon\mathfrak{u}'x_2 - \varepsilon\mathfrak{u}'\mathfrak{v}K_\varepsilon x_4, \tag{7.67}$$

$$\frac{\partial W_\varepsilon}{\partial v} = \left(\frac{V'}{2V} - \frac{\mathfrak{v}}{2V}K_\varepsilon\right)W_\varepsilon + \mathfrak{v}'x_1 - \varepsilon\mathfrak{u}\mathfrak{v}'K_\varepsilon x_4. \tag{7.68}$$

把各式两边再导微一次, 并且注意到

$$\begin{cases} \varepsilon\mathfrak{u}'(x_2 - \mathfrak{v}K_\varepsilon x_4) = \dfrac{\partial W_\varepsilon}{\partial u} - \left(\dfrac{U'}{2U} - \dfrac{\varepsilon\mathfrak{u}}{2U}K\right)W_\varepsilon, \\ \mathfrak{v}'(x_1 - \varepsilon\mathfrak{u}K_\varepsilon x_4) = \dfrac{\partial W_\varepsilon}{\partial v} - \left(\dfrac{V'}{2V} - \dfrac{\mathfrak{v}}{2V}K_\varepsilon\right)W_\varepsilon, \end{cases} \tag{7.69}$$

我们就容易获得下列方程组:

$$\begin{cases} \dfrac{\partial^2 W_\varepsilon}{\partial u^2} = \overline{\Theta}_u^{(\varepsilon)}\dfrac{\partial W_\varepsilon}{\partial u} + \overline{B}_\varepsilon\dfrac{\partial W_\varepsilon}{\partial v} + \overline{P}_\varepsilon W_\varepsilon, \\ \dfrac{\partial^2 W_\varepsilon}{\partial u^2} = \overline{\Theta}_v^{(\varepsilon)}\dfrac{\partial W_\varepsilon}{\partial v} + \overline{\Gamma}_\varepsilon\dfrac{\partial W_\varepsilon}{\partial u} + \overline{Q}_\varepsilon W_\varepsilon, \end{cases} \tag{7.70}$$

式中已置

$$\begin{cases} \overline{\Theta}_u^{(\varepsilon)} = \dfrac{\mathfrak{u}''}{\mathfrak{u}'} + \dfrac{U'}{U} - \dfrac{\varepsilon\mathfrak{u}}{2U}\left(K_\varepsilon - \dfrac{1}{K_\varepsilon}\right), \\ \overline{B}_\varepsilon = -\dfrac{\varepsilon\mathfrak{u}'\mathfrak{v}}{2U\mathfrak{v}'}\left(K_\varepsilon - \dfrac{1}{K_\varepsilon}\right), \\ \overline{P}_\varepsilon = \dfrac{1}{2}\left(\dfrac{U'}{U}\right)' - \dfrac{\mathfrak{u}^2}{4U^2} - \dfrac{\varepsilon\mathfrak{u}'}{2U}K_\varepsilon + \dfrac{\varepsilon\mathfrak{u}U'}{2U^2}K_\varepsilon + \dfrac{\mathfrak{u}^2}{4U^2}K_\varepsilon^2 - \dfrac{\varepsilon\mathfrak{u}'}{2UK_\varepsilon} \\ \qquad - \left(\dfrac{U'}{2U} - \dfrac{\varepsilon\mathfrak{u}}{2U}K_\varepsilon\right)\left(\dfrac{\mathfrak{u}''}{\mathfrak{u}'} + \dfrac{U'}{2U} + \dfrac{\varepsilon\mathfrak{u}}{2UK_\varepsilon}\right) \\ \qquad + \dfrac{\varepsilon\mathfrak{u}'\mathfrak{v}}{2U\mathfrak{v}'}\left(K_\varepsilon - \dfrac{1}{K_\varepsilon}\right)\left(\dfrac{V'}{2V} - \dfrac{\mathfrak{v}}{2V}K_\varepsilon\right); \end{cases} \tag{7.71}$$

$$\begin{cases} \overline{\Theta}_v^{(\varepsilon)} = \dfrac{\mathfrak{v}''}{\mathfrak{v}} + \dfrac{V'}{V} - \dfrac{\mathfrak{v}}{2V}\left(K_\varepsilon - \dfrac{1}{K_\varepsilon}\right), \\[2mm] \overline{\Gamma}_\varepsilon^{(\varepsilon)} = -\dfrac{\mathfrak{v}'\mathfrak{u}}{2V\mathfrak{u}'}\left(K_\varepsilon - \dfrac{1}{K_\varepsilon}\right), \\[2mm] \overline{Q} = \dfrac{1}{2}\left(\dfrac{V'}{V}\right)' - \dfrac{\mathfrak{v}^2}{4V^2} - \dfrac{\mathfrak{v}'}{2V}K_\varepsilon + \dfrac{\mathfrak{v}V'}{2V^2}K_\varepsilon + \dfrac{\mathfrak{v}^2}{4V^2}K_\varepsilon^2 - \dfrac{\mathfrak{v}'}{2VK_\varepsilon} \\[2mm] \qquad - \left(\dfrac{V'}{2V} - \dfrac{\mathfrak{v}}{2V}K_\varepsilon\right)\left(\dfrac{\mathfrak{v}''}{\mathfrak{v}'} + \dfrac{V'}{2V} + \dfrac{\mathfrak{v}}{2VK_\varepsilon}\right) + \dfrac{\mathfrak{v}'\mathfrak{u}}{2V\mathfrak{u}'}\left(K_\varepsilon - \dfrac{1}{K_\varepsilon}\right)\left(\dfrac{U'}{2U} - \dfrac{\varepsilon\mathfrak{u}}{2U}K_\varepsilon\right). \end{cases}$$

$$(7.72)$$

由基本方程(7.70) 可以导出各曲面(W_ε) 的一些显著性质. 首先看到, 这些曲面的主切曲线都是u, v. 按照$\varepsilon = +1$ 或-1来区分曲面(W_ε) 使成为$\overline{\Sigma}$ 族或$\overline{\Sigma'}$ 族, 同一族里的任何两曲面的达布曲线互相对应, 塞格雷曲线也互相对应. 对于不同族的两曲面, 其一的达布曲线和另一个的塞格雷曲线互相对应.

另外, 从(7.71), (7.72) 和(7.65) 得到一些关系式:

$$\overline{\Theta}_{uv}^{(\varepsilon)} = \frac{\varepsilon\mathfrak{u}\mathfrak{v}}{4UV}\left(K_\varepsilon^2 - \frac{1}{K_\varepsilon^2}\right), \tag{7.73}$$

$$\overline{\Theta}_u^{(\varepsilon)} + (\log \overline{\Gamma}_\varepsilon)_u = \frac{\mathfrak{u}'}{\mathfrak{u}} + \frac{U'}{U} - \frac{\varepsilon\mathfrak{u}K_\varepsilon}{U}, \tag{7.74}$$

$$\overline{\Theta}_v^{(\varepsilon)} + (\log \overline{B}_\varepsilon)_v = \frac{\mathfrak{v}'}{\mathfrak{v}} + \frac{V'}{V} - \frac{\varepsilon\mathfrak{v}K_\varepsilon}{V}, \tag{7.75}$$

$$\frac{\partial^2 \log \overline{B}_\varepsilon}{\partial u \partial v} = \frac{\partial^2 \log \overline{\Gamma}_\varepsilon}{\partial u \partial v} = \overline{B}_\varepsilon \overline{\Gamma}_\varepsilon = \frac{\varepsilon\mathfrak{u}\mathfrak{v}}{4UV}\left(K_\varepsilon - \frac{1}{K_\varepsilon}\right). \tag{7.76}$$

所以所有的曲面(W_ε) 都是S 曲面. 因此, $\overline{\Sigma}$ 和$\overline{\Sigma'}$ 的所有曲面(W_ε) 在对应点具有相同的两条准线(参见2.4节).

这个事实也可以用下面的演算给出验证.

从(7.16), (7.65) 和(7.67) 得到

$$\begin{aligned} \frac{\partial^2 W_\varepsilon}{\partial u \partial v} = {} & (*)W_\varepsilon + \mathfrak{v}'\left(\frac{U'}{2U} - \frac{\varepsilon\mathfrak{u}}{2U}K_\varepsilon\right)x_1 + \varepsilon\mathfrak{u}'\left(\frac{V'}{2V} - \frac{\mathfrak{v}K_\varepsilon}{2V}\right)x_2 \\ & + \left\{-\varepsilon\mathfrak{u}'\mathfrak{v}'K_\varepsilon + \frac{\varepsilon\mathfrak{u}'\mathfrak{v}^2 K_\varepsilon^2}{2V} - \frac{\varepsilon\mathfrak{u}'\mathfrak{v}V'K_\varepsilon}{2V} - \frac{\varepsilon\mathfrak{u}\mathfrak{v}'U'K_\varepsilon}{2U} + \frac{\mathfrak{u}^2\mathfrak{v}'K_\varepsilon^2}{2U}\right\}x_4, \end{aligned}$$

因而

$$\frac{\partial^2 W_\varepsilon}{\partial u \partial v} - \frac{1}{2}(\overline{\Theta}_v^{(\varepsilon)} + (\log \overline{B}_\varepsilon)_v)\frac{\partial W_\varepsilon}{\partial u} - \frac{1}{2}(\overline{\Theta}_u^{(\varepsilon)} + (\log \overline{\Gamma}_\varepsilon)_u)\frac{\partial W_\varepsilon}{\partial v} = (*)W_\varepsilon - \frac{\mathfrak{u}'\mathfrak{v}'}{2\mathfrak{u}\mathfrak{v}}X_\varepsilon, \tag{7.77}$$

其中W_ε 的系数是没有必要写出的.

同样, 又可算出下列关系:

$$\begin{cases} \dfrac{\partial W_\varepsilon}{\partial v} - \dfrac{1}{2}(\overline{\Theta}_v^{(\varepsilon)} + (\log \overline{B}_\varepsilon)_v)W_\varepsilon = \dfrac{1}{2}\dfrac{\mathfrak{v}'}{\mathfrak{v}}(X_{-\varepsilon} - K_\varepsilon \Xi_\varepsilon), \\[3mm] \dfrac{\partial W_\varepsilon}{\partial u} - \dfrac{1}{2}(\overline{\Theta}_u^{(\varepsilon)} + (\log \overline{\Gamma}_\varepsilon)_u)W_\varepsilon = -\dfrac{1}{2}\dfrac{\mathfrak{u}'}{\mathfrak{u}}(X_{-\varepsilon} + K_\varepsilon \Xi_\varepsilon). \end{cases} \tag{7.78}$$

这一来, 得到了下列定理:

定理 任何一曲面(W_ε) 在点W_ε 的两主切线和第二准线的两交点, 关于对应的两点$X_{-\varepsilon}$ 与Ξ_ε 是调和点.

直线$(X_\varepsilon \Xi_{-\varepsilon})$ 与织面Q 相交于两点, 各交点的坐标是

$$X_\varepsilon + \lambda \Xi_{-\varepsilon} = \mathfrak{v} x_1 + \varepsilon \mathfrak{u} x_2 + \lambda x_3 - \lambda \varepsilon \mathfrak{u} \mathfrak{v} x_4, \qquad (7.79)$$

式中$\lambda^2 = 1$. 对应于$\varepsilon = \pm 1$, $\lambda = \pm 1$ 的四点(7.79) 恰恰是Q 上一个四边形的顶点. 实际上, 以Y, Z, T分别表示点(7.79) 的第二、第三和第四坐标, (7.11)$\sim$(7.14) 便给出

$$\frac{Z}{T} = \mathfrak{v} - \frac{2\lambda V}{\mathfrak{v} + \lambda V'}, \quad \frac{Y}{T} = \mathfrak{u} - \frac{2\lambda U}{\varepsilon \mathfrak{u} + \lambda U'},$$

从此就获得Q 上以直线$(X_1 \Xi_{-1})$ 和$(X_{-1} \Xi_1)$ 为对角线的四边形, 就是

$$\left[\mathfrak{v} - \frac{2V}{\mathfrak{v} + V'}, \quad \mathfrak{v} + \frac{2V}{\mathfrak{v} - V'}; \quad \mathfrak{u} - \frac{2U}{\mathfrak{u} + U'}, \quad \mathfrak{u} + \frac{2U}{\mathfrak{u} - U'} \right]. \qquad (7.80)$$

按照(7.5)$\sim$(7.7) 改写(7.80) , 便有

$$[V_1, \quad V_2; \quad U_1, \quad U_2]. \qquad (7.80)'$$

这就是两族Σ 和Σ' 的所有曲面的共通德穆兰四边形.

$\overline{\Sigma}$ 和$\overline{\Sigma'}$ 的曲面(W_ε) 在对应点也具有共通的德穆兰四边形. 为寻找它们的方程, 需要下列关系式:

$$\overline{\Theta}_{uv}^{(\varepsilon)} + \overline{B}_\varepsilon \overline{\Gamma}_\varepsilon = \frac{\varepsilon \mathfrak{u} \mathfrak{v}}{2UV}(K_\varepsilon^2 - 1) = -\frac{\partial}{\partial u}\left(\frac{\mathfrak{v}}{V} K_\varepsilon \right) = -\frac{\partial}{\partial v}\left(\frac{\varepsilon \mathfrak{u}}{U} K_\varepsilon \right). \qquad (7.81)$$

以$\dfrac{\overline{\Delta_\varepsilon}}{\overline{B}_\varepsilon}, \dfrac{\overline{\Delta}_\varepsilon'}{\overline{\Gamma}_\varepsilon}$ 分别表示曲面(W_ε) 的有关量$\dfrac{\Delta}{\beta}, \dfrac{\Delta'}{\gamma}$, 而且以

$$\overline{\rho} = -\frac{1}{2}\left(\overline{\Theta}_v^{(\varepsilon)} + (\log \overline{B}_\varepsilon)_v \pm \frac{\overline{\Delta_\varepsilon}}{\overline{B}_\varepsilon} \right),$$

$$\overline{\rho}_1 = -\frac{1}{2}\left(\overline{\Theta}_u^{(\varepsilon)} + (\log \overline{\Gamma}_\varepsilon)_u \pm \frac{\overline{\Delta}_\varepsilon'}{\overline{\Gamma}_\varepsilon} \right);$$

所寻找的四边形的各边上一点的坐标是

$$\overline{W}_\varepsilon^{(v)} = z'\left[\overline{\rho} W_\varepsilon + \frac{\partial W_\varepsilon}{\partial v} \right] + t'\left[\overline{\rho}\frac{\partial W_\varepsilon}{\partial u} - \frac{\varepsilon \mathfrak{u} \mathfrak{v}}{4UV}(K_\varepsilon^2 - 1)W_\varepsilon + \frac{\partial^2 W_\varepsilon}{\partial u \partial v} \right], \qquad (7.82)$$

或

$$\overline{W}_\varepsilon^{(u)} = y'\left[\overline{\rho}_1 W_\varepsilon + \frac{\partial W_\varepsilon}{\partial u} \right] + t'\left[\overline{\rho}_1\frac{\partial W_\varepsilon}{\partial v} - \frac{\varepsilon \mathfrak{u} \mathfrak{v}}{4UV}(K_\varepsilon^2 - 1)W_\varepsilon + \frac{\partial^2 W_\varepsilon}{\partial u \partial v} \right]. \qquad (7.83)$$

应用(7.71) 和(7.72) 来计算 $\dfrac{\overline{\Delta_\varepsilon}}{\overline{B_\varepsilon}}$, $\dfrac{\overline{\Delta'_\varepsilon}}{\overline{\Gamma_\varepsilon}}$:

$$\frac{\overline{\Delta_\varepsilon}}{\overline{B_\varepsilon}} = \frac{v'}{v}, \quad \frac{\overline{\Delta'_\varepsilon}}{\overline{\Gamma_\varepsilon}} = \frac{u'}{u}. \tag{7.84}$$

再根据(7.74) 和(7.75) 推导

$$\overline{\rho} = -\frac{1}{2}\left(\frac{v'}{v} + \frac{V'}{V} \pm \frac{v'}{v} - \frac{v}{V}K_\varepsilon\right), \tag{7.85}$$

$$\overline{\rho}_1 = -\frac{1}{2}\left(\frac{u'}{u} + \frac{U'}{U} \pm \frac{u'}{u} - \frac{\varepsilon u}{U}K_\varepsilon\right). \tag{7.86}$$

另外, 经过(7.81) , (7.85) 和(7.86) 的代入, 坐标(7.82) 和(7.83) 可以分别表成

$$\overline{W}_\varepsilon^{(v)} = z'\left(\overline{\rho}W_\varepsilon + \frac{\partial W_\varepsilon}{\partial v}\right) + t'\frac{\partial}{\partial u}\left(\overline{\rho}W_\varepsilon + \frac{\partial W_\varepsilon}{\partial v}\right), \tag{7.82$'$}$$

$$\overline{W}_\varepsilon^{(u)} = y'\left(\overline{\rho}_1 W_\varepsilon + \frac{\partial W_\varepsilon}{\partial u}\right) + t'\frac{\partial}{\partial v}\left(\overline{\rho}_1 W_\varepsilon + \frac{\partial W_\varepsilon}{\partial u}\right). \tag{7.83$'$}$$

可是从(7.61) 和(7.68) 容易看出, $\overline{\rho}W_\varepsilon + \dfrac{\partial W_\varepsilon}{\partial v}$ 关于四面体$\{Q_1\,Q_2\,Q_3\,Q_4\}$ 的局部坐标是

$$\begin{cases} x' = v\left(\overline{\rho} + \dfrac{V'}{2V} - \dfrac{v}{2V}K_\varepsilon\right) + v', \\[2mm] y' = \varepsilon u\left(\overline{\rho} + \dfrac{V'}{2V} - \dfrac{v}{2V}K_\varepsilon\right), \\[2mm] z' = K_\varepsilon\left(\overline{\rho} + \dfrac{V'}{2V} - \dfrac{v}{2V}K_\varepsilon\right), \\[2mm] t' = -\varepsilon u K_\varepsilon\left\{v\left(\overline{\rho} + \dfrac{V'}{2V} - \dfrac{v}{2V}K_\varepsilon\right) + v'\right\}, \end{cases} \tag{7.87}$$

而且它们按照(7.85), 即

$$\left(\overline{\rho} + \frac{V'}{2V} - \frac{v}{2V}K_\varepsilon\right)\left(\overline{\rho} + \frac{V'}{2V} + \frac{v'}{v} - \frac{v}{2V}K_\varepsilon\right) = 0$$

构成关系(7.42), 所以点(7.87) 在织面Q 上, 而且因此点(7.82)$'$是在过点(7.87) 的v母线上.

同样, 可以阐明点(7.83)$'$的轨迹是Q 的两条u 母线.

这一来, 我们获得了作为(W_ε) 在点(u,v) 的共通德穆兰四边形的一个四边形:

$$\left[u, \ u - \frac{2U}{U'}; \ v, \ v - \frac{2V}{V'}\right]. \tag{7.88}$$

如在本节前段中所述, 原来四边形(7.88) 是(7.80)$'$的导来四边形. 可是现在又看到(7.80)$'$反过来成为(7.88) 的导来四边形, 所以得出下列定理:

定理 在织面Q 上一个四边形族与其导来族间的关系是可逆的.

从以上所述得知, 对S 曲面族Σ 和Σ' 已作出了两种不同的变换, 其中一种是可逆的而其余一种则不是可逆的. 如果运用这些变换到伴随族, 又可获得另外两族S 曲面等. 所以我们有必要来阐明在织面Q 上的一般四边形族与其导来族或伴随族间的关系.

关于前者仅需考查这样的李织面系统, 使各织面通过Q 上给定族F 的一个四边形. 设

$$[U_1, \ U_2; \ V_1, \ V_2] \tag{7.89}$$

是F 的四这形, 其中U_1, U_2 表示单独u 的任意函数, 而且V_1, V_2 表示单独v 的任意函数. 这样, 过四边形(7.89) 的织面决定于方程:

$$x^2 + V_1V_2y^2 + U_1U_2z^2 + V_1V_2U_1U_2t^2 - (V_1 + V_2)xy - (U_1 + U_2)xz + \varphi xt$$
$$+ \{(U_1 + U_2)(V_1 + V_2) - \varphi\}yz - (U_1 + U_2)V_1V_2yt - (V_1 + V_2)U_1U_2zt = 0, \tag{7.90}$$

其中函数$\varphi = \varphi(u, v)$ 是要这样决定: 使得当u, v 变动时, 织面(7.90) 形成李系统的.

置

$$\varphi = \frac{1}{2}(U_1 + U_2)(V_1 + V_2) + \psi, \tag{7.91}$$

所论的问题便归结为下列微分方程组的积分(2.3节):

$$\begin{cases} (U_1 - U_2)^2\psi_u^2 - 2(U_1 - U_2)(U_1' - U_2')\psi\psi_u + (U_1' + U_2')^2\psi^2 \\ \quad -(V_1 - V_2)^2(U_1 - U_2)^2U_1'U_2' = 0, \\ (V_1 - V_2)^2\psi_v^2 - 2(V_1 - V_2)(V_1' - V_2')\psi\psi_v + (V_1' + V_2')^2\psi^2 \\ \quad -(U_1 - U_2)^2(V_1 - V_2)^2V_1'V_2' = 0. \end{cases} \tag{7.92}$$

对于每一个解ψ 就有一个对应的S 曲面, 它的德穆兰四边形恰是(7.89).

为解出ψ 的方程组(7.92), 又置

$$\psi = f_1(u)f_2(u)\chi, \tag{7.93}$$

式中

$$f_1(u) = \frac{1}{2}(U_1 - U_2) \exp\left(2\int \frac{\sqrt{-U_1'U_2'}}{U_1 - U_2} du\right), \tag{7.94}$$

$$f_2(u) = \frac{1}{2}(V_1 - V_2) \exp\left(2\int \frac{\sqrt{-V_1'\,V_2'}}{V_1 - V_2} dv\right). \tag{7.95}$$

这样, 组(7.92) 可以改写成为下列一组:

$$
\begin{cases}
(U_1 - U_2)^2 \chi_u^2 + 4(U_1 - U_2)\sqrt{-U_1'U_2'}\chi\chi_u \\
\quad -16U_1'U_2' \exp\left(-4\int \frac{\sqrt{-U_1'U_2'}}{U_1 - U_2}du - 4\int \frac{\sqrt{-V_1'\,V_2'}}{V_1 - V_2}dv\right) = 0, \\
(V_1 - V_2)^2 \chi_v^2 + 4(V_1 - V_2)\sqrt{-V_1'\,V_2'}\chi\chi_v \\
\quad -16V_1'\,V_2' \exp\left(-4\int \frac{\sqrt{-U_1'U_2'}}{U_1 - U_2}du - 4\int \frac{\sqrt{-V_1'\,V_2'}}{V_1 - V_2}dv\right) = 0.
\end{cases}
\tag{7.96}
$$

把这两方程顺次关于 v 和 u 各导微一次, 而且比较导微的结果, 便获得

$$
\frac{1}{2}\frac{U_1 - U_2}{\sqrt{-U_1'U_2'}}\chi_u\chi_{uv} = \frac{1}{2}\frac{V_1 - V_2}{\sqrt{-V_1'\,V_2'}}\chi_v\chi_{uv}
$$

$$
= -(\chi\chi_{uv} + \chi_u\chi_v) + 16\frac{\sqrt{-U_1'U_2'}\sqrt{-V_1'\,V_2'}}{(U_1 - U_2)(V_1 - V_2)}
$$

$$
\times \exp\left(-4\int \frac{\sqrt{-U_1'U_2'}}{U_1 - U_2}du - 4\int \frac{\sqrt{-V_1'\,V_2'}}{V_1 - V_2}dv\right). \tag{7.97}
$$

在这些等式里按照 χ_{uv} 等于或不等于0而区分为两种情况.

在前一情况下,

$$
\chi = \rho(u) + \sigma(v). \tag{7.98}
$$

从(7.97) 的第二等式得出

$$
\rho'(u)\sigma'(v) = 4\frac{\sqrt{-U_1'U_2'}}{U_1 - U_2}\exp\left(-4\int \frac{\sqrt{-U_1'U_2'}}{U_1 - U_2}du\right)
$$

$$
\times 4\frac{\sqrt{-V_1'\,V_2'}}{V_1 - V_2}\exp\left(-4\int \frac{\sqrt{-V_1'\,V_2'}}{V_1 - V_2}dv\right),
$$

且因而

$$
\rho'(u) = -4K\frac{\sqrt{-U_1'U_2'}}{U_1 - U_2}\exp\left(-4\int \frac{\sqrt{-U_1'U_2'}}{U_1 - U_2}du\right),
$$

$$
\sigma'(v) = -\frac{4}{K}\frac{\sqrt{-V_1'\,V_2'}}{V_1 - V_2}\exp\left(-4\int \frac{\sqrt{-V_1'\,V_2'}}{V_1 - V_2}dv\right),
$$

其中 K 表示一个异于0的常数.

这一来, 得到

$$
\chi = K\exp\left(-4\int \frac{\sqrt{-U_1'U_2'}}{U_1 - U_2}du\right) + \frac{1}{K}\exp\left(-4\int \frac{\sqrt{-V_1'\,V_2'}}{V_1 - V_2}dv\right) + c,
$$

式中 c 表示另一常数. 把这个 χ 代入 (7.96) 就会导致 $c = 0$. 因此, 在这情况下获得了积分 ψ:

$$\psi = \frac{1}{4}(U_1 - U_2)(V_1 - V_2)\left(\Theta + \frac{1}{\Theta}\right), \tag{7.99}$$

这里已置

$$\Theta = K \exp\left(-2\int \frac{\sqrt{-U_1' U_2'}}{U_1 - U_2}du + 2\int \frac{\sqrt{-V_1' \dot{V}_2'}}{V_1 - V_2}dv\right). \tag{7.100}$$

如果相反, χ_{uv} 不恒等于0, 从 (7.97) 的前面两式看出

$$\frac{U_1 - U_2}{\sqrt{-U_1' U_2'}}\chi_u = \frac{V_1 - V_2}{\sqrt{-V_1' V_2'}}\chi_v. \tag{7.101}$$

导入新变量

$$\xi = \int \frac{\sqrt{-U_1' U_2'}}{U_1 - U_2}du + \int \frac{\sqrt{-V_1' V_2'}}{V_1 - V_2}dv,$$

便获得

$$\chi = f(\xi). \tag{7.102}$$

至于函数 f 必须加以决定, 使 (7.102) 的 χ 满足原方程 (7.96). 经过简单计算之后, 就有 f 的微分方程:

$$\left(\frac{df}{d\xi}\right)^2 + 4f\frac{df}{d\xi} = -16e^{-4\xi}. \tag{7.103}$$

这方程容有型如

$$f = K + \frac{1}{K}e^{-4\xi} \quad (K \neq 0; 常数) \tag{7.104}$$

的通解以及两个奇解

$$f = 2\varepsilon e^{-2\xi} \quad (\varepsilon = \pm 1). \tag{7.105}$$

因此, 最后获得

$$\psi = \frac{1}{4}(U_1 - U_2)(V_1 - V_2)\left(\overline{\Theta} + \frac{1}{\overline{\Theta}}\right), \tag{7.106}$$

式中

$$\overline{\Theta} = L \exp\left(2\int \frac{\sqrt{-U_1' U_2'}}{U_1 - U_2}du + 2\int \frac{\sqrt{-V_1' V_2'}}{V_1 - V_2}dv\right); \tag{7.107}$$

或者

$$\psi = \frac{1}{2}\varepsilon(U_1 - U_2)(V_1 - V_2) \quad (\varepsilon = \pm 1). \tag{7.108}$$

这样, 我们已经解出了方程组 (7.92). 现在需要解决的是如何决定各个解 (7.99), (7.106) 或 (7.108) 所对应的 S 曲面. 不难验证, 解 (7.108) 所对应的并不是曲面, 而是由原四边形 (7.89) 的两对角线形成的线汇偶.

在决定所论曲面之前, 必须回顾一下一般注意事项(参见 2.3 节).

置

$$\lambda = \frac{\psi\psi_u - \frac{1}{2}(V_1 - V_2)^2(U_1 - U_2)(U_1' - U_2')}{\psi_u^2 - \frac{1}{4}(V_1 - V_2)^2(U_1' + U_2')^2}, \tag{7.109}$$

$$\begin{cases} A_1 = \dfrac{1}{V_2 - V_1}[\varphi - V_2(U_1 + U_2) - \lambda\{\varphi_u - V_2(U_1' + U_2')\}], \\ A_2 = \dfrac{1}{V_1 - V_2}[\varphi - V_1(U_1 + U_2) - \lambda\{\varphi_u - V_1(U_1' + U_2')\}]; \end{cases} \tag{7.110}$$

那么 ψ 所对应的曲面的一条主切线决定于下列两方程:

$$x - V_k y + A_k(z - V_k t) = 0 \quad (k = 1, \ 2). \tag{7.111}$$

完全同样地, 可以找出另一条主切线, 且从而得到曲面的解析表示.

现在专门讨论由解 (7.99) 决定的 S 曲面. 经简单演算, 便有下列表示:

$$\begin{aligned} \lambda = {} & [(U_1 - U_2)(\Theta^2 - 1)]/[\{(\sqrt{U_1'} - \sqrt{-U_2'})\Theta + (\sqrt{U_1'} + \sqrt{-U_2'})\} \\ & \times \{(\sqrt{U_1'} - \sqrt{-U_2'})\Theta - (\sqrt{U_1'} + \sqrt{-U_2'})\}], \end{aligned} \tag{7.109$'$}$$

$$A_k = \frac{(U_1\sqrt{-U_2'} - U_2\sqrt{U_1'})\Theta - (-1)^k(U_1\sqrt{-U_2'} + U_2\sqrt{U_1'})}{(\sqrt{U_1'} - \sqrt{-U_2'})\Theta + (-1)^k(\sqrt{U_1'} + \sqrt{-U_2'})} \quad (k = 1, 2), \tag{7.110$'$}$$

从此获得两方程 (7.111). 对调所有的 U 和 V, 又可导出 (7.111) 的类似方程. 容易看出, 这样得来的四个方程是线性无关的, 而且除了一个比例因数而外容有下列一组解:

$$\begin{cases} x = (U_1\sqrt{-U_2'} + U_2\sqrt{U_1'})(V_1\sqrt{-V_2'} - V_2\sqrt{V_1'}) \\ \quad - (U_1\sqrt{-U_2'} - U_2\sqrt{U_1'})(V_1\sqrt{-V_2'} + V_2\sqrt{V_1'})\Theta, \\ y = (U_1\sqrt{-U_2'} + U_2\sqrt{U_1'})(\sqrt{-V_2'} - \sqrt{V_1'}) \\ \quad - (U_1\sqrt{-U_2'} - U_2\sqrt{U_1'})(\sqrt{V_1'} + \sqrt{-V_2'})\Theta, \\ z = (V_1\sqrt{-V_2'} - V_2\sqrt{V_1'})(\sqrt{U_1'} + \sqrt{-U_2'}) \\ \quad + (\sqrt{U_1'} - \sqrt{-U_2'})(V_2\sqrt{V_1'} + V_1\sqrt{-V_2'})\Theta, \\ t = (\sqrt{U_1'} + \sqrt{-U_2'})(\sqrt{-V_2'} - \sqrt{V_1'}) \\ \quad + (\sqrt{U_1'} - \sqrt{-U_2'})(\sqrt{V_1'} + \sqrt{-V_2'})\Theta, \end{cases} \tag{7.112}$$

式中 Θ 决定于 (7.100).

具有 Θ 中的参变数 K 的曲面 (7.112), 恰恰构成了 S 曲面族 Σ.

按照 (7.112) 中 $\sqrt{-U_2'}$ 的符号更改, 立刻可以写出解 (7.106) 所决定的曲面, 由于在下面讨论中不需要这些曲面的方程, 这里从略. 仅仅注意的是, 这些曲面形成 Σ' 族, 而且同 Σ 的曲面一样, 都是可分层线汇偶 g, g' 的分层曲面.

我们终于获得以直线 g 和 g' 为两对角线的四边形的一族. 实际上, 从 (7.112) 得知所述的四边形是

$$[\mathfrak{u}_1, \ \mathfrak{u}_2; \ \mathfrak{v}_1, \ \mathfrak{v}_2], \tag{7.113}$$

式中

$$\begin{cases} \mathfrak{u}_k = \dfrac{U_1\sqrt{-U_2'} - (-1)^k U_2\sqrt{U_1'}}{\sqrt{-U_2'} - (-1)^k \sqrt{U_1'}}, \\[4mm] \mathfrak{v}_k = \dfrac{V_1\sqrt{-V_2'} - (-1)^k V_2\sqrt{V_1'}}{\sqrt{-V_2'} - (-1)^k \sqrt{V_1'}} \end{cases} \quad (k = 1, 2). \begin{array}{l} (7.114) \\[4mm] (7.115) \end{array}$$

这样, 证明了下列定理的前半:

定理 $[U_1, \ U_2; \ V_1, \ V_2]$ 的导来四边形是型如 $[\mathfrak{u}_1, \ \mathfrak{u}_2; \ \mathfrak{v}_1, \ \mathfrak{v}_2]$ 的, 其中 $\mathfrak{u}_k, \ \mathfrak{v}_k$ 决定于 (7.114), (7.115). $[U_1, \ U_2; \ V_1, \ V_2]$ 与 $[\mathfrak{u}_1, \ \mathfrak{u}_2; \ \mathfrak{v}_1, \ \mathfrak{v}_2]$ 间的对应是可逆的.

后半的证明 从 (7.114) 经过导微

$$\mathfrak{u}_k' = \frac{(-1)^{k+1}F}{(\sqrt{-U_2'} - (-1)^k \sqrt{U_1'})^2}, \tag{7.116}$$

式中

$$F = \sqrt{-U_1'U_2'}(U_1' + U_2') - \frac{1}{2}\frac{1}{\sqrt{-U_1'U_2'}}(U_1 - U_2)(U_1'U_2'' - U_1''U_2')$$

是关于指标 1 和 2 的对称式. 所以导出 (7.114) 的逆关系:

$$U_k = \frac{\mathfrak{u}_1\sqrt{-\mathfrak{u}_2'} - (-1)^k \mathfrak{u}_2\sqrt{\mathfrak{u}_1'}}{\sqrt{\mathfrak{u}_1'} - (-1)^k \sqrt{-\mathfrak{u}_2'}} \quad (k = 1, 2), \tag{7.117}$$

且类似地,

$$V_k = \frac{\mathfrak{v}_1\sqrt{-\mathfrak{v}_2'} - (-1)^k \mathfrak{v}_2\sqrt{\mathfrak{v}_1'}}{\sqrt{\mathfrak{v}_1'} - (-1)^k \sqrt{-\mathfrak{v}_2}} \quad (k = 1, 2). \tag{7.118}$$

这样, 完备了定理的证明.

最后, 仅仅要研究织面 Q 上一个给定四边形族的伴随族. 设原来的四边形是

$$[\mathfrak{u}_1, \ \mathfrak{u}_2; \ \mathfrak{v}_1, \ \mathfrak{v}_2], \tag{7.119}$$

式中 $\mathfrak{u}_k (k = 1, 2)$ 单是 u 的函数, 而且 $\mathfrak{v}_k (k = 1, 2)$ 单是 v 的函数. 因而, 各顶点的坐标如下:

$$\begin{cases} \xi_1 = \mathfrak{u}_1\mathfrak{v}_2, & \xi_2 = \mathfrak{u}_2\mathfrak{v}_1, & \xi_3 = \mathfrak{u}_2\mathfrak{v}_2, & \xi_4 = \mathfrak{u}_1\mathfrak{v}_1, \\ \eta_1 = \mathfrak{u}_1, & \eta_2 = \mathfrak{u}_2, & \eta_3 = \mathfrak{u}_2, & \eta_4 = \mathfrak{u}_1, \\ \zeta_1 = \mathfrak{v}_2, & \zeta_2 = \mathfrak{v}_1, & \zeta_3 = \mathfrak{v}_2, & \zeta_4 = \mathfrak{v}_1, \\ \tau_1 = 1; & \tau_2 = 1; & \tau_3 = 1; & \tau_4 = 1. \end{cases} \tag{7.120}$$

通过一些容易的运算导致下列方程:

$$\begin{cases}
\dfrac{\partial \xi_1}{\partial u} = +\dfrac{u_1'}{u_1 - u_2}(\xi_1 - \xi_2), \\[2mm]
\dfrac{\partial \xi_2}{\partial u} = -\dfrac{u_2'}{u_1 - u_2}(\xi_2 - \xi_4), \\[2mm]
\dfrac{\partial \xi_3}{\partial u} = +\dfrac{u_2'}{u_1 - u_2}(\xi_1 - \xi_3), \\[2mm]
\dfrac{\partial \xi_4}{\partial u} = -\dfrac{u_1'}{u_1 - u_2}(\xi_2 - \xi_4), \\[2mm]
\dfrac{\partial \xi_1}{\partial v} = -\dfrac{v_2'}{v_1 - v_2}(\xi_1 - \xi_4), \\[2mm]
\dfrac{\partial \xi_2}{\partial v} = +\dfrac{v_1'}{v_1 - v_2}(\xi_2 - \xi_3), \\[2mm]
\dfrac{\partial \xi_3}{\partial v} = +\dfrac{v_2'}{v_1 - v_2}(\xi_2 - \xi_3), \\[2mm]
\dfrac{\partial \xi_4}{\partial v} = -\dfrac{v_1'}{v_1 - v_2}(\xi_1 - \xi_4)
\end{cases} \tag{7.121}$$

以及 η, ζ, τ 有关的类似方程.

空间任何一点可以表示为坐标:

$$x'\xi_1 + y'\xi_2 + z'\xi_3 + t'\xi_4. \tag{7.122}$$

当且仅当这点的局部坐标满足

$$x'y' - z't' = 0 \tag{7.123}$$

时, 它才能在 Q 上.

设 $\xi_1 + k\xi_2$ 是线汇 $(\xi_1 \xi_2)$ 的一个焦点, 那么

$$\left(\frac{\partial \xi_1}{\partial u} + k\frac{\partial \xi_2}{\partial u}, \ \frac{\partial \xi_1}{\partial v} + k\frac{\partial \xi_2}{\partial v}, \ \xi_1, \ \xi_2 \right) = 0,$$

或按照 (7.121) 改写,

$$k^2 u_2' v_1' - u_1' v_2' = 0,$$

且从而 $(\xi_1 \xi_2)$ 的两焦叶曲面是

$$X_\varepsilon = \sqrt{u_2' v_1'}\,\xi_1 + \varepsilon\sqrt{u_1' v_2'}\,\xi_2 \quad (\varepsilon = \pm 1). \tag{7.124}$$

类似的演算表明, 线汇 $(\xi_3 \xi_4)$ 的两焦叶曲面是

$$\Xi_\varepsilon = \sqrt{u_1' v_1'}\,\xi_3 + \varepsilon\sqrt{u_2' v_2'}\,\xi_4 \quad (\varepsilon = \pm 1). \tag{7.125}$$

连线 $(X_\varepsilon \Xi_\varepsilon)$ 和织面 Q 相交于两点 $P_\varepsilon, P_\varepsilon'$; 这四点 $P_1, P_1', P_{-1}, P_{-1}'$ 恰恰是 $[u_1, u_2; v_1, v_2]$ 的伴随四边形的顶点.

利用(7.123) 于计算, 便得到结果如下:

定理 $[u_1, u_2; v_1, v_2]$的伴随四边形是

$$[\bar{u}_1, \bar{u}_2; \bar{v}_1, \bar{v}_2] \tag{7.126}$$

式中

$$\begin{cases} \bar{u}_k = \dfrac{u_1\sqrt{u_2'} - (-1)^k u_2\sqrt{u_1'}}{\sqrt{u_2'} - (-1)^k\sqrt{u_1'}}, & \\[4mm] \bar{v}_k = \dfrac{v_1\sqrt{v_2'} - (-1)^k v_2\sqrt{v_1'}}{\sqrt{v_2'} - (-1)^k\sqrt{v_1'}} & \end{cases} \quad (k=1,2). \tag{7.127} \tag{7.128}$$

当在Q 上给定一族四边形时, 我们将求出其导来族与伴随族间的关系作为本节的结束.

如果u_k 和v_k $(k=1,2)$ 分别是由(7.114) 和(7.115) 给定的, 立刻得到

$$\begin{cases} \bar{u}_k = \dfrac{U_1\sqrt{U_2'} - (-1)^k U_2\sqrt{U_1'}}{\sqrt{U_2'} - (-1)^k\sqrt{U_1'}}, & \\[4mm] \bar{u}_k = \dfrac{V_1\sqrt{V_2'} - (-1)^k V_2\sqrt{V_1'}}{\sqrt{V_2'} - (-1)^k\sqrt{V_1'}} & \end{cases} \quad (k=1,2). \tag{7.129} \tag{7.130}$$

所以$[u_1, u_2; \bar{v}_1, \bar{v}_2]$ 也是$[U_1, U_2; V_1, V_2]$ 的伴随四边形.

这一来, 导出了

定理 在织面Q 上任意给定的四边形族和它的导来族具有共通的伴随族.

2.8 单系主动曲线全属于线性丛的曲面[①]

如所知, 当一个直纹面σ 的非直线的主切曲线全属于线性丛时, 这些曲线是互为射影的(C. T. Sullivan, Trans. Amer. Math. Soc. 15, 1914, 167~196). 伯拉须凯曾经作了对非直纹的曲面的扩充(参见W. Blaschke, Hamburger Abhandlungen 4, 1926, 210页; 或E. P. Lane, Bull. Amer. Math. Soc. 46, 1940, 117~120). 另一方面, 对一个直纹面, 富比尼(G. Fubini, Bull. Amer. Math. Soc. 47, 1941, 448~451) 曾经建立这定理的逆. 但是, 他所提的一系主切曲线的"射影等价性"的涵义似乎是这样: 把这系中的一条主切曲线移到同系的另一条去的直射变换, 必须把前者的每点移到后者上面, 而使得变换后的点在另一系的同一条主切曲线上.

———————————
[①]参见白正国[1].

本节中凡是讲到"射影等价性"，都规定为上述的意义. 除了给出伯拉须凯定理的另外证明外，还要把富比尼定理扩充到非直纹的曲面. 在这个情况下获得的是单系主切曲线全属于线性丛的曲面以及 ∞^2 特殊射影极小曲面.

设 σ 是参考于其主切曲线网 (u, v) 的曲面. 对 σ 上一点 P 的齐次坐标 x 可以适当地予以规范化，使它们成为下列微分方程组的解[参见I.(3.5)]:

$$\begin{cases} x_{uu} = \beta x_v + px, \\ x_{vv} = \gamma x_u + qx, \end{cases} \tag{8.1}$$

式中系数 β, γ, p, q 满足某些可积分条件，就是

$$\begin{cases} (\beta_v + 2p)_v = (\beta\gamma)_u + \beta\gamma_u, \quad (\gamma_u + 2q)_u = (\beta\gamma)_v + \beta_v\gamma, \\ (p_v + \beta q)_v + \beta_v q = (q_u + \gamma p)_u + \gamma_u p. \end{cases} \tag{8.2}$$

借助 $(8.1)_1$ 可以表达 x_v 为

$$x_v = \frac{1}{\beta}(x_{uu} - px). \tag{8.1$'$}$$

关于 u 导微 $(8.1)_1$，便有

$$x_{uuu} = \beta_u x_v + \beta x_{uv} + p_u x + p x_u.$$

把 $(8.1)'$ 代入这里而归结到等价的方程:

$$x_{uv} = \frac{1}{\beta}(x_{uuu} - p_u x - p x_u) - \frac{\beta_u}{\beta_2}(x_{uu} - px). \tag{8.1$''$}$$

把 $(8.1)_1$ 关于 v 导微一次，得到

$$x_{uuv} = (\beta_v + p)x_v + \beta\gamma x_u + (\beta q + p_v)x.$$

利用这方程并把 $(8.1)_1$ 关于 u 导微两次，容易导出

$$\begin{aligned} x_{uuuu} =& \beta_{uu} x_v + 2\beta_u x_{uv} + \beta x_{uuv} + p_{uu} x + 2p_u x_u + p x_{uu} \\ =& [\beta_{uu} + \beta(\beta_v + p)]x_v + (2p_u + \beta^2\gamma)x_u + 2\beta_u x_{uv} \\ & + p x_{uu} + [p_{uu} + \beta(\beta q + p_v)]x. \end{aligned}$$

从 $(8.1)', (8.1)''$ 和最后方程消去 x_v 和 x_{uv}，共结果就是 σ 的主切曲线 $v = \text{const}$ 的微分方程:

$$x_{uuuu} - 2(\log\beta)_u x_{uuu} - \left[\frac{\beta_{uu}}{\beta} + \beta_v + 2p - 2\left(\frac{\beta_u}{\beta}\right)^2\right]x_{uu}$$

$$+ \left(2p\frac{\beta_u}{\beta} - \beta^2\gamma - 2p_u \right) x_u + \left[p\frac{\beta_{uu}}{\beta} + 2p_u\frac{\beta_u}{\beta} \right.$$

$$\left. -2p\left(\frac{\beta_u}{\beta}\right)^2 + p(\beta_v + p) - \beta(\beta q + p_v) - p_{uu} \right] x = 0.$$

如果置 $x = \beta^{\frac{1}{2}}X$, 就可改写这方程,

$$X_{uuuu} + lX_{uu} + mX_u + nX = 0, \tag{8.3}$$

式中已置

$$\begin{cases} l = 2(\log\beta)_{uu} - \frac{1}{2}(\log\beta)_u^2 - (\beta_v + 2p), \\ m = 2(\log\beta)_{uuu} - (\log\beta)_u[(\log\beta)_{uu} + \beta_v] - 2p_u - \beta^2\gamma, \\ n = \frac{1}{2}(\log\beta)_{uuuu} - \frac{1}{2}(\log\beta)_u^2(\log\beta)_{uu} + \frac{1}{4}(\log\beta)_{uu}^2 \\ \quad + \frac{1}{16}(\log\beta)_u^4 - \frac{\beta_v}{2}\left[(\log\beta)_{uu} + \frac{1}{2}(\log\beta)_u^2\right] \\ \quad - \frac{1}{2}\beta^2\gamma(\log\beta)_u + p\left[p + \beta_v - \frac{1}{2}(\log\beta)_u^2\right] \\ \quad + p_u(\log\beta)_u - \beta(\beta q + p_v) - p_{uu}. \end{cases} \tag{8.4}$$

由微分方程(8.3) 决定的曲线的三个射影不变量可以写成

$$U du^3, \quad V_1 du^2, \quad W du^4,$$

其中

$$\begin{cases} U = l_u - m_\lambda \ W = 20l_{uu} - 50m_u - 9l^2 + 100n, \\ V_1 = 6(\log U)_{uu} - (\log U)_u^2 - \frac{36}{5}l. \end{cases} \tag{8.5}$$

经简单计算之后, 获得

$$U = l_u - m = \beta^2\gamma - \beta(\log\beta)_{uv},$$

所以 $U = 0$ 是为了 σ 的主切曲线要属于线性丛的充要条件. 在这情况下,

$$l_v = 2(\beta\gamma)_u - \beta_u\gamma - (\beta_v + 2p)_v = 2(\beta\gamma)_u - \beta_u\gamma - \beta_u\gamma - 2\beta\gamma_u = 0,$$

$$l_u = m, \quad m_v = l_{uv} = 0.$$

在可积分条件(8.2) 的指引下, 经过相当繁长的演算, 可以证明 $n_v = 0$. 这一来, 得到了

定理A 如果一曲面的一系主切曲线全属于线性丛, 那么这系主切曲线在下述意义下是射影等价的, 就是说: 把这系一条主切曲线移到另一条去的直射变换, 常

把前者上每一点移到后者的那一点去, 使得变换后的点在另一系的同一主切曲线上.

这个定理的逆对于直纹面确是成立的, 就是富比尼证明的结果. 但是, 对于非直纹的曲面一般不成立这定理的逆. 实际上, 用下面的一个简单例子便可以验证.

考查下列完全可积分的微分方程组:

$$\begin{cases} x_{uu} = x_v, \\ x_{vv} = x_u; \end{cases}$$

它的解是一致曲面, 且其上一点的非齐次坐标是

$$x = e^{u+v}, \quad y = e^{\varepsilon u + \varepsilon^2 v}, \quad z = e^{\varepsilon v + \varepsilon^2 u}, \tag{8.6}$$

式中 $\varepsilon^3 = 1$, $\varepsilon \neq 1$. 这曲面的主切曲线 u, v 顺次决定于方程 $x_{uuuu} - x_u = 0$ 和 $x_{vvvv} - x_v = 0$. 很明显, 任何一系的主切曲线是射影等价的, 但是它们都不属于线性丛.

我们转入定理A的逆的讨论. 根据假设, 三个量 U, V_1, W 都必须和 v 无关, 就是说:

$$U_v = V_{1v} = W_v = 0,$$

从而 $l_v = 0$, $m_v = 0$, $n_v = 0$. 所以为了一曲面 σ 的主切曲线 $v = \text{const}$ 互为射影等价的充要条件是 $l_v = m_v = n_v = 0$ 恒成立.

我们仅需考查非直纹的曲面, 因而 $\beta\gamma \neq 0$. 从方程 (8.2) 和导来方程得到

$$l_v = 2(\log \beta)_{uuv} - (\log \beta)_u (\log \beta)_{uv} - 2\beta\gamma_u - \beta_u\gamma = 0, \tag{8.7}$$

$$\begin{aligned} m_v =& 2(\log \beta)_{uuuv} - (\log \beta)_{uv}[(\log \beta)_{uu} + \beta_v] \\ & - (\log \beta)_u[(\log \beta)_{uuv} + \beta_v(\log \beta)_v \\ & + \beta(\log \beta)_{vv}] - 2p_{uv} - 2\beta\gamma\beta_v - \beta^2\gamma_v = 0. \end{aligned} \tag{8.8}$$

条件 $U_v = 0$ 可以写为下列形式:

$$2\gamma\beta_v + \beta\gamma_v - (\log \beta)_v(\log \beta)_{uv} - (\log \beta)_{uvv} = 0. \tag{8.9}$$

这等式关于 u 的导微和 (8.7) 的应用给出了

$$\begin{aligned} & \gamma_u\beta_v + 2\gamma\beta_{uv} + \beta_u\gamma_v + \beta\gamma_{uv} - (\log \beta)_{uv}^2 - (\log \beta)_{uuvv} \\ & - \frac{1}{2}(\log \beta)_v[(\log \beta)_u(\log \beta)_{uv} + \beta_u\gamma] = 0. \end{aligned} \tag{8.10}$$

另外, 从条件 $l_{vv} = 0$ 又获得

$$-(\log \beta)_{uuvv} + \frac{1}{2}(\log \beta)_{uv}^2 + \beta_v\gamma_u + \beta\gamma_{uv} + \frac{1}{2}\beta_{uv}\gamma$$

$$+\beta_u \gamma_v + (\log \beta)_u \left[\gamma \beta_v - \frac{1}{2} (\log \beta)_v (\log \beta)_{uv} \right] = 0. \tag{8.11}$$

如果从(8.10) 和(8.11) 消去$(\log \beta)_{uuvv}$, 便导出

$$(\log \beta)_{uv} [\beta \gamma - (\log \beta)_{uv}] = 0. \tag{8.12}$$

当$\beta \gamma - (\log \beta)_{uv} = 0$ 时, σ 的主切曲线$v = \text{const}$ 全属于线性丛. 因此, 剩下的问题是讨论关系

$$(\log \beta)_{uv} = 0 \tag{8.13}$$

成立的情况.

从这关系和$l_v = 0$ 获得

$$(\beta \gamma^2)_u = 0.$$

借助可积分条件(8.2) 来改写, 便有

$$p_v = -\frac{1}{2} \beta_{vv} = -\frac{1}{2} \beta [(\log \beta)_{vv} + (\log \beta)_v^2],$$

$$p_{uv} = -\frac{1}{2} \beta_u [(\log \beta)_{vv} + (\log \beta)_v^2] = -\frac{1}{2} (\log \beta)_u \beta_{vv}.$$

把这些关系式代入$m_v = 0$, 容易看出

$$(\beta^2 \gamma)_v = 0,$$

且从而

$$(\log \beta)_{uv} = (\log \gamma)_{uv} = 0.$$

总之, 三条件$(\log \beta)_{uv} = 0$, $l_v = 0$, $m_v = 0$ 可以归结为下列两个:

$$(\beta \gamma^2)_u = 0, \quad (\beta^2 \gamma)_v = 0. \tag{8.14}$$

从$(8.2)_2$和$(8.14)_2$得到

$$q_u = -\frac{1}{2} \gamma_{uu}.$$

另一方面, 根据$(\log \beta)_{uv} = 0$ 又成立

$$\beta_{uv} = \frac{\beta_u \beta_v}{\beta}, \quad \beta_{uvv} = \frac{\beta_u \beta_{vv}}{\beta}, \quad \beta_{uuvv} = \frac{\beta_{uu} \beta_{vv}}{\beta}.$$

这些和条件$n_v = 0$ 一齐给出了

$$p_u \gamma + 2p \gamma_u - \frac{1}{2} \gamma_{uuu} = 0. \tag{8.15}$$

按照$(8.2)_3$改写(8.15) ,

$$q_v \beta + 2q \beta_v - \frac{1}{2} \beta_{vvv} = 0. \tag{8.15)'}$$

从(8.15) 我们有

$$p_u = -2p(\log\gamma)_u + \frac{1}{2}\frac{\gamma_{uuu}}{\gamma}$$
$$= -2p(\log\gamma)_u + \frac{1}{2}[(\log\gamma)_{uuu} + 3(\log\gamma)_u(\log\gamma)_{uu} + (\log\gamma)_u^3].$$

所以

$$p_{uv} = -2p_v(\log\gamma)_u = (\log\gamma)_u\beta_{vv}.$$

可是前面已经得出了

$$p_v = -\frac{1}{2}\beta_{vv} = -\frac{1}{2}\beta[(\log\beta)_{vv} + (\log\beta)_v^2],$$

从而

$$p_{vu} = -\frac{1}{2}\beta_{vvv} = -\frac{1}{2}(\log\beta)_u\beta_{vv} = (\log\gamma)_u\beta_{vv}.$$

这表明了, 三方程(8.14) 和(8.15) 是完全可积分的. 同样, 对三方程(8.14) 和(8.15)′也是如此. 因此, 所论的曲面决定于下列微分方程组:

$$\begin{cases} (\beta\gamma^2)_u = 0, \quad (\beta^2\gamma)_v = 0, \\ p_u\gamma + 2p\gamma_u - \frac{1}{2}\gamma_{uuu} = 0, \\ q_v\beta + 2q\beta_v - \frac{1}{2}\beta_{vvv} = 0. \end{cases} \tag{8.16}$$

只要适当地选取主切曲线参数u, v, 容易获得这组(8.16) 的一般解, 就是

$$\beta = \gamma = 1, \quad p = a, \quad q = b \quad (a, b：常数).$$

对应的曲面决定于完全可积分的方程组：

$$\begin{cases} x_{uu} = x_v + ax, \\ x_{vv} = x_u + bx. \end{cases} \tag{8.17}$$

这一来, 存在所述性质的∞^2曲面, 而且各曲面和曲面(8.6) 互为射影变形. (8.16) 的前两方程表明, 这些曲面是一致曲面, 而其后两方程恰恰是作为射影极小曲面的条件(参见(1.3)).

综上所述, 获得下列

定理B 除了单系或双系主切曲线全属于线性丛的曲面而外, 还有∞^2这样的曲面使其一系的主切曲线在定理A的意义下是射影等价的. 这种曲面只限于射影极小的一致曲面, 且从而其另外一系主切曲线也是射影等价的.

从定理A和定理B立刻获得

定理 如果一曲面上有一系且只有一系主切曲线是在定理A的意义下射影等价的, 那么这系主切曲线全属于线性丛, 而且反过来也成立.

第3章 射影极小曲面

3.1 根据 D 变换的几个特征

在1.8节曾经叙述射影极小曲面的一些特征, 其中使用的基本构图是伴随二次曲线和伴随织面. 用同样的方法也可以导出另外的类似定理(参见苏步青[32]). 例如, 第一或第二准线与对应的李织面和伴随织面各有两交点; 这四点形成调和点列, 是射影极小曲面的一个特征. 又如, 嘉当规范四面体(1.6节) 关于对应的伴随织面是自共轭四面体, 也是一个特征, 等等.

另一方面, 在一曲面 σ 具有四个不同的 D 变换这个假设下, 依照东姆逊的原来想法, 利用 D 变换来导出射影极小曲面的几个特征, 这就是本节的主要内容. (参见 O. Mayer, Bull. Sci. Math. (2) 56, 1932, 146~168; 188~200.) 这里多次应用2.1节中所述的记号和公式, 不另加说明.

定理 除了 S 曲面而外, 只有射影极小曲面具备下列性质: 在四个不同的 D 变换中至少有两叶的主切曲线互相对应.

证 从II. (1.10) 和II. (1.12) 容易得到

$$b_{11} = (\overline{x}\,\overline{x}_u\overline{x}_v\overline{x}_{uu}) = -a_{12}^2R(2\lambda + \varepsilon\Delta)\mu,$$
$$b_{12} = (\overline{x}\,\overline{x}_u\overline{x}_v\overline{x}_{uv}) = -a_{12}^2RS,$$
$$b_{22} = (\overline{x}\,\overline{x}_u\overline{x}_v\overline{x}_{vv}) = -a_{12}^2R(2\lambda' + \varepsilon'\Delta')\mu',$$

式中曲面 σ 的一个 D 变换 $\overline{x}$ 决定于II.(1.9). 根据假设, 曲面 $(\overline{x})$ 不退化为曲线 $(R \neq 0)$, 它的主切曲线的微分方程是

$$(2\lambda + \varepsilon\Delta)\mu du^2 + 2(\lambda\lambda' + \mu\mu' + \varepsilon\Delta\lambda')du\,dv + (2\lambda' + \varepsilon'\Delta')\mu'dv^2 = 0. \qquad (1.1)$$

对于同一符号例如 ε', 作出两个 D 变换 $(\overline{x})$ 使对应于 $\varepsilon = +1$ 和 $\varepsilon = -1$; 为了它们的主切曲线互相对应, 从(1.1) 获得 $2\lambda + \varepsilon\Delta = 0$, 即

$$\Delta'_u = 0, \qquad (1.2)$$

因为假定 σ 不是 S 曲面, 从而对于 $\varepsilon = \pm 1$ 的两个 μ 都不等于0的缘故.

这里还需指出, 条件(1.2) 按照II.(1.3)$'$又可改写为等价的条件

$$\Delta_v = 0, \qquad (1.2)'$$

而且这两条件恰恰表明了, σ 要是射影极小曲面:

$$N = 0. \tag{1.3}$$

反过来, 射影极小曲面的四个D 变换的主切曲线和原曲面的主切曲线u, v 互相对应. 这一来, 证明了定理.

用公式II.(1.10) 还可验证东姆逊的另一结果(参见G. Thomsen, Abh. d. Math. Sem. Hamburg 4, 1926, 265页) :

定理　除了S 曲面而外, 只有射影极小曲面具备下列性质: 由弯节点切线$y\overline{x}$, $z\overline{x}$ 所形成的两线汇的可展面都对应于共轭网.

实际上, 弯节点切线$y\overline{x}$ 所构成的线汇的可展面决定于方程

$$(y, \overline{x}, y_u, \overline{x}_u)du^2 + \{(y, \overline{x}, y_u, \overline{x}_v) + (y, \overline{x}, y_v, \overline{x}_u)\}du\,dv + (y, \overline{x}, y_v, \overline{x}_v)dv^2 = 0.$$

按照II.(1.10) 来计算各行列式, 而且用$(x, y, z, \overline{x})$ 来除它, 便获得

$$\mu^2 du^2 + \mu(2\lambda' + \varepsilon'\Delta')du\,dv + \lambda'(\lambda' + \varepsilon'\Delta')dv^2 = 0.$$

同样, 我们有线汇$z\overline{x}$ 的可展面的微分方程:

$$\mu'^2 dv^2 + \mu'(2\lambda + \varepsilon\Delta)du\,dv + \lambda(\lambda + \varepsilon\Delta)du^2 = 0.$$

假如

$$\mu(2\lambda' + \varepsilon'\Delta') = 0, \quad \mu'(2\lambda + \varepsilon\Delta) = 0$$

成立的话, 由于σ 不是S 曲面, 从而$\mu\mu' \neq 0$, 同前定理的证明一样地得到(1.3).　(证毕)

其次, 我们将研究射影极小曲面的另一特征. 就是假定曲面x 有四个不同的D 变换$\overline{x}_{ik}$, 研究在什么时候所引曲面$\overline{x}_{ik}$ 的曲线$v = \mathrm{const}$ 的四条切线会属于同一个织面的问题. 导入一点关于四面体$\{x\ x_u\ x_v\ x_{uv}\}$ 的局部坐标$t_i(i = 1, 2, 3, 4)$:

$$X = t_1 x + t_2 x_u + t_3 x_v + t_4 x_{uv},$$

从II.(1.7)~II.(1.10) 得知, 各点的局部坐标如下:

$$y_i(\rho_i, 0, 1, 0), \quad z_k(\rho'_k, 1, 0, 0),$$

$$\overline{x}_{ik}\left(\rho_i\rho'_k - \frac{1}{2}(\theta_{uv} + \beta\gamma), \rho_i, \rho'_k, 1\right),$$

$$\overline{x}_{iku}\left(\lambda_{ik}\rho_i + \nu_i\rho'_k + v_k\left\{\rho_i\rho'_k - \frac{1}{2}(\theta_{uv} + \beta\gamma)\right\}, \mu_i + \nu_k\rho_i, \lambda_{ik} + \nu_k\rho'_k, \nu_k\right).$$

如果上述的四条切线属于同一织面, 因为德穆兰四边形的每条对角线和这些切线都相交, 两对角线也必须属于这个织面. 可是过这两对角线的织面决定于方程

$$a\tau_{11}\tau_{12} + b\tau_{11}\tau_{21} + c\tau_{12}\tau_{22} + d\tau_{21}\tau_{22} = 0,$$

式中 $\tau_{ik} = 0$ $(i, k = 1, 2)$ 代表曲面 $\overline{x}_{ik}$ 的切平面, 而其实

$$\tau_{ik} = -t_1 + \rho_k' t_2 + \rho_l t_3 \quad \left\{ \rho_l \rho_k' + \frac{1}{2}(\theta_{uv} + \beta\gamma) \right\} t_4.$$

为了上列织面要通过各切线 $\overline{x}_{ik}\overline{x}_{iku}$ 的充要条件是, 这织面要过点 $\overline{x}_{iku}$. 把 $\overline{x}_{11u}$ 的局部坐标代入 τ_{ik}, 便有

$$(\tau_{11})_{11} = 0,$$
$$(\tau_{12})_{11} = \mu_1(\rho_2' - \rho_1') = \mu_1 \frac{\Delta'}{\gamma},$$
$$(\tau_{21})_{11} = \lambda_{11}(\rho_2 - \rho_1) = \lambda_{11} \frac{\Delta}{\beta},$$

从而导出条件:

$$c\beta\Delta'\mu_1 + d\gamma\Delta\lambda_{11} = 0.$$

调换指数 i, k, 又得到

$$b\beta\Delta'\mu_1 + d\gamma\Delta\lambda_{12} = 0,$$
$$c\beta\Delta'\mu_2 + a\gamma\Delta\lambda_{21} = 0,$$
$$b\beta\Delta'\mu_2 + a\gamma\Delta\lambda_{22} = 0.$$

这些方程相容的条件是

$$\mu_1\mu_2(\lambda_{11}\lambda_{22} - \lambda_{12}\lambda_{21}) = 0,$$

即

$$\mu_1\mu_2\Delta\Delta_u' = 0.$$

为解释这个结果, 作如下的考查. 从 II.(1.10) 看出,

$$\overline{x}_u = \lambda y + \mu z + \nu\overline{x}.$$

限于 $\lambda = \mu = 0$ 时, 切线 $\overline{x}\,\overline{x}_u$ 才成为不定. 如果这些切线中有两条重合, 那么必须重合德穆兰四边形的一边 $\overline{x}y$ 或 $\overline{x}z$, 从而 $\lambda = 0$ 或 $\mu = 0$. 所以在切线 $\overline{x}\,\overline{x}_u$ 不仅确定而且又不重合的条件下, $\mu_1\mu_2 \neq 0$, 因此曲面 x 是射影极小曲面. 反过来, 如果 x 是射影极小曲面, 而且有不同的 D 变换 $\overline{x}$, 那么所述的四条切线是确定的, 而且是不重合的. 实际上, 假如 $\lambda = 0$ 的话, 就有 $\Delta = 0$; 并且假如 $\mu = 0$ 的话, 根据恒等式

$$\mu_v = \mu(\nu' + \rho) - \gamma\lambda + \lambda_u', \quad \mu_u' = \mu'(\nu + \rho') - \beta\lambda' + \lambda_v \tag{1.4}$$

就必须成立 $\lambda = 0$ (因为曲面 x 是射影极小的, $\Delta_v = \Delta_u' = 0$, 从而 $\lambda_u' = -\dfrac{\varepsilon'}{2}\Delta_u' = 0$). 因此, 获得如下的结论:

定理 设曲面 x 具有不同 D 变换 $\overline{x}$. 为了它是射影极小曲面, 充要条件是这样: 在四个曲面 $\overline{x}$ 各引对应于原曲面 x 的同一系主切曲线的有关曲线的切线, 必须是确定的、不重合的, 而且在同一织面上.

再其次, 假定曲面 x 是射影极小曲面, 而且它的 D 变换都不退缩 ($\Delta = U(u)$, $\Delta' = V(v)$, $R \neq 0$). 我们将对 D 变换 $\overline{x}$ 计算它的有关函数 $\overline{\theta}$, $\overline{\beta}$, $\overline{\gamma}$, $\overline{p}_1$, $\overline{p}_2$. 因为 u, v 也是曲面 $\overline{x}$ 的主切曲线参数, 可以写下

$$\overline{x}_{uu} = \overline{\theta}_u \overline{x}_u + \overline{\beta}\,\overline{x}_v + \overline{p}_1 \overline{x},$$

$$\overline{x}_{vv} = \overline{\gamma}\,\overline{x}_u + \overline{\theta}_v \overline{x}_v + \overline{p}_2 \overline{x},$$

或者根据 II.(1.10) 写为

$$\overline{x}_{uu} = (\lambda\overline{\theta}_u + \mu'\overline{\beta})y + (\mu\overline{\theta}_u + \lambda'\overline{\beta})z + (\nu\overline{\theta}_u + \nu'\overline{\beta} + \overline{p}_1)\overline{x},$$

$$\overline{x}_{vv} = (\lambda\overline{\gamma} + \mu'\overline{\theta}_v)y + (\mu\overline{\gamma} + \lambda'\overline{\theta}_v)z + (\nu\overline{\gamma} + \nu'\overline{\theta}_v + \overline{p}_2)\overline{x}.$$

这些关系式同 II.(1.12) 相比较的结果, 获得六个等式. 又注意到恒等式 (1.4) 和

$$\nu_v - \mu' = \nu_u' - \mu = \frac{1}{2}(\theta_{uv} - \beta\gamma), \tag{1.5}$$

便导出下列方程:

$$\begin{cases} \overline{\theta}_u = \theta_u + \dfrac{R_u}{R}, \ \ \overline{\theta}_v = \theta_v + \dfrac{R_v}{R}, \\[2mm] \overline{\beta} = -\dfrac{1}{R}\{\lambda\mu_u + \lambda\mu(\nu + \rho') - \beta\mu^2\} = \dfrac{1}{\mu'}\left(\beta\mu - \lambda\dfrac{R_u}{R}\right), \\[2mm] \overline{\gamma} = -\dfrac{1}{R}\{\lambda'\mu_v' + \lambda'\mu'(\nu' + \rho) - \gamma\mu'^2\} = \dfrac{1}{\mu}\left(\gamma\mu' - \lambda'\dfrac{R_v}{R}\right), \\[2mm] \overline{p}_1 = \lambda + \nu^2 + \nu_u - \nu\overline{\theta}_u - \nu'\overline{\beta}, \\[2mm] \overline{p}_2 = \lambda' + \nu'^2 + \nu_v' - \nu'\overline{\theta}_v - \nu\overline{\gamma}. \end{cases} \tag{1.6}$$

为改写 $\overline{\beta}$, $\overline{\gamma}$ 为第二种表示, 先要注意到 μ, μ' 都不能够恒等于 0, 否则, 比如 $\mu = 0$ 和 (1.4) 就会导致 $\lambda = 0$ 从而 $R = 0$ 的矛盾.

又按照 (1.4) 算出

$$R_{uv} = \frac{1}{\mu\mu'}R_u R_v + \gamma\frac{\lambda}{\mu}R_u + \beta\frac{\lambda'}{\mu'}R_v + 2(\mu + \mu' - \beta\gamma)R. \tag{1.7}$$

利用这个关系, 便容易验证

$$\overline{\beta}_v = \left(\nu' + \rho - \frac{R_v}{R}\right)\overline{\beta} - 2\lambda, \quad \overline{\gamma}_u = \left(\nu + \rho' - \frac{R_u}{R}\right)\overline{\gamma} - 2\lambda' \tag{1.8}$$

和

$$\frac{1}{2}\overline{\Delta}^2 = \overline{\beta}^2\left(-\overline{\theta}_{vv} + \frac{1}{2}\theta_v^2 + \overline{\gamma}_u + \overline{\gamma}\overline{\theta}_u + 2\overline{p}_2\right) - \overline{\beta}\,\overline{\beta}_{vv} + \frac{1}{2}\overline{\beta}_v^2 - 2\lambda^2 = \frac{1}{2}\Delta^2,$$

因此, 我们得到

$$\Delta = \overline{\Delta}, \quad \Delta' = \overline{\Delta}'.$$

D 变换$\overline{x}$ 不能够变为织面, 否则, 比如$\overline{\beta} = 0$ 就会根据$(1.8)_1$和$(1.6)_3$导致$\lambda = 0$, $\mu = 0$ 从而$\overline{R} = 0$ 的矛盾.

综上所述, 获得

定理 如果一个射影极小曲面的任何D 变换都不退缩, 那么它们也都是射影极小曲面, 而且同原曲面的D 变换一样, 它们的D 变换也具有相同性质(实的、不同的、重合的).

以下称曲面$\overline{x}$ 的D 变换为原曲面x 的第二D 变换, 并记为$\overline{\overline{x}}$. 我们来讨论第二D 变换

$$\overline{\overline{x}} = \left\{\overline{\rho}\,\overline{\rho}' - \frac{1}{2}(\overline{\theta}_{uv} + \overline{\beta}\overline{\gamma})\right\}\overline{x} + \overline{\rho}\,\overline{x}_u + \overline{\rho}'\overline{x}_v + \overline{x}_{uv}.$$

按照$(1.6) \sim (1.8)$ 算出

$$\overline{\rho} = -\frac{1}{2\overline{\beta}}(\overline{\beta}\,\overline{\theta}_v + \overline{\beta}_v + \overline{\varepsilon}\overline{\Delta}) = -\left\{\nu' + (\varepsilon + \overline{\varepsilon})\frac{\Delta}{\overline{\beta}}\right\},$$

$$\overline{\rho}' = -\nu - (\varepsilon' + \overline{\varepsilon}')\frac{\Delta'}{\overline{\gamma}},$$

$$\overline{\theta}_{uv} + \overline{\beta}\overline{\gamma} = \theta_{uv} - \beta\gamma + 2(\mu + \mu') = 2T.$$

又根据II.(1.10) 和II.(1.12) 代入$\overline{x}_u, \overline{x}_v, \overline{x}_{uv}$ 等表示式, 就得到

$$\overline{\overline{x}} = (\varepsilon + \overline{\varepsilon})(\varepsilon' + \overline{\varepsilon}')\frac{\Delta\Delta'}{\overline{\beta}\overline{\gamma}}\overline{x} - (\varepsilon + \overline{\varepsilon})\frac{\Delta}{\overline{\beta}}(\lambda y + \mu z)$$

$$- (\varepsilon' + \overline{\varepsilon}')\frac{\Delta'}{\overline{\gamma}}(\mu'y + \lambda'z) + Rx.$$

从这个方程作出如下的结论.

先假定$\Delta = \Delta' = 0$: 这时, 仅有一个四重的第一D 变换, 而且后者的D 变换$\overline{\overline{x}}$ 也是四重的, 并与x 重合一致的.

其次, 假定$\Delta = 0$, $\Delta' \neq 0$: 这时, 得到两个二重的第一D 变换. 每一个变换也有两个二重的D 变换, 其中一个($\overline{\varepsilon}' = -\varepsilon'$) 重合于$x$, 而且其他一个($\overline{\varepsilon}' = \varepsilon'$) 在$x$ 的切平面上; 按照对偶原理它的切平面必须过点x. 从东姆逊定理得知, 这曲面是x 的一个W 变换. 我们容易看出, 与x 不重合的两个第二D 变换绝不重合.

最后假定$\Delta\Delta' \neq 0$: 这时, 有四个第一D 变换, 而且每一个又有四个D 变换; 其中一个($\overline{\varepsilon} = -\varepsilon, \overline{\varepsilon}' = -\varepsilon'$) 重合于$x$, 而且其余两个($\overline{\varepsilon} = -\varepsilon, \overline{\varepsilon}' = \varepsilon'$; $\overline{\varepsilon} = \varepsilon, \overline{\varepsilon}' = -\varepsilon'$) 都是$x$ 的W 变换.

　　总之, 无论在什么情况下, 只要 $\overline{x}$ 是 x 的不退缩 D 变换, x 必然是 $\overline{x}$ 的一个 D 变换. 换言之(更参见Godeaux, Bull. Acad. Belgique (5) 15, 1929, 943~952):

　　定理　对于射影极小曲面来说, 只要其 D 变换不是不定的话, 变换 D 是对称(对合) 的.

　　在下一节将证明这个性质是射影极小曲面的特征. 现在, 暂在 $\Delta\Delta' \neq 0$ 的假定下研究四个第二 D 变换间的构图. 设 $\overline{y}$, $\overline{z}$ 是 $\overline{x}$ 的有关主切曲面的弯节点:

$$\overline{y} = \overline{\rho}\,\overline{x} + \overline{x}_v = -\frac{\varepsilon + \overline{\varepsilon}}{\overline{\beta}}\overline{x} + \mu' y + \lambda' z,$$

$$\overline{z} = -\frac{\varepsilon' + \overline{\varepsilon}'}{\overline{\gamma}}\overline{x} + \lambda y + \mu z.$$

　　当 $\overline{\varepsilon} = -\varepsilon$, $\overline{\varepsilon}' = -\varepsilon'$ 时, $\overline{x}$ 的 D 变换与 x 重合, 而且根据上列公式, 对应的弯节点是

$$\overline{y} = \mu' y + \lambda' z, \quad \overline{z} = \lambda y + \mu z.$$

很明显, 这两点在直线 yz 上. 因此, 两直线 $x\overline{y}$, $x\overline{z}$ 是 $\overline{x}$ 的有关主切曲面 $\overline{\Sigma}_u$, $\overline{\Sigma}_v$ 的弯节点切线. 每条直线上各有一个第二 D 变换 $\overline{x}_1$, $\overline{x}_2$ (不重合于 x 的). 因为 $\overline{x}_1$, $\overline{x}_2$ 都在 x 的切平面上, 所以它们顺次是直线 $x\overline{y}$, $x\overline{z}$ 的 x 以外的焦点. 如果把 ε 换做 $-\varepsilon$, 那么 $\overline{x}$ 变到另一 D 变换 $\overline{x}_1$; 这时, λ', μ', y, z 各各变为

$$\lambda_1' = \lambda', \quad \mu_1' = \mu', \quad y_1 = y - \frac{\varepsilon}{\beta}x, \quad z_1 = z,$$

从而

$$\overline{y}_1 = \overline{y} - \frac{\varepsilon}{\beta}\mu' x.$$

就是说, 三点 $\overline{y}$, $\overline{y}_1$, x 是共直线的. 因此, 直线 $x\overline{y}_1$ 上必有一个第二 D 变换. 可是直线 $x\overline{y}_1$ 与 $x\overline{y}$ 重合, 所以这变换必须重合于 $\overline{x}_1$. 这一来, 得到

　　定理　设 $\overline{x}$, $\overline{x}_1$ 是 x 的这样两个 D 变换: 它们都在 x 的有关主切曲面 $\Sigma_u(\Sigma_v)$ 的同一条弯节点切线上. 那么, $\overline{x}$ 和 $\overline{x}_1$ 的有关同名主切曲面 $\overline{\Sigma}_u$, $\overline{\Sigma}_{1u}$ ($\overline{\Sigma}_v$, $\overline{\Sigma}_{1v}$) 具有共通的弯节点切线, 而且同时也是曲面 x 的切线; 这切线的第二焦点是 $\overline{x}$ 的一个 D 变换, 是 $\overline{x}_1$ 的一个 D 变换, 且同时也是 x 的一个 W 变换.

　　我们这样获得了 x 以外的八个第二 D 变换, 其中四个是根据直线汇

$$(x, \mu x_u + \lambda x_v), \quad (x, \lambda' x_u + \mu' x_v)$$

的 W 变换.

　　当 $\Delta = 0$ 时, 上述四切线中的两条重合于主切线 $v = \text{const}$, 从而它的焦点都重合于 x.

3.2 奥克塔夫 · 迈叶尔定理

在3.1节里已经证明, 射影极小曲面的变换D 是可逆(对合) 的. 那么, 还有没有别的曲面具备这个性质呢? 以下假定第二D 变换曲面的存在性, 就是第一D 变换曲面的不退缩性.

设x 是给定的曲面, $\overline{x}$ 是它的一个D 变换, 而且y 和z 是有关的弯节点. 在点$\overline{x}$ 的李织面$\overline{Q}$ 必须和曲面x 相切, 从此可以获得三个条件.

为表达李织面$\overline{Q}$, 按照

$$X = xx_1' + yx_2' + zx_3' + \overline{x}x_4' \tag{2.1}$$

定义一点X 的局部坐标.

在点$\overline{x}$ 的邻域里把曲面$(\overline{x})$ 的一点的坐标展开如下:

$$X = \overline{x} + \overline{x}_u du + \overline{x}_v dv + \frac{1}{2}(\overline{x}_{uu} du^2 + 2\overline{x}_{uv} du\, dv + \overline{x}_{vv} dv^2) + \cdots,$$

从II.(1.10) 和II.(1.12) 得到X 的局部坐标:

$$\begin{cases} x_1' = \dfrac{1}{2}(2\lambda + \varepsilon\Delta)\mu du^2 + (\mu\mu' + \lambda\lambda' + \varepsilon\Delta\lambda')du\,dv + \dfrac{1}{2}(2\lambda' + \varepsilon'\Delta')\mu' dv^2 + \cdots, \\ x_2' = \lambda du + \mu' dv + \cdots, \\ x_3' = \mu du + \lambda' dv + \cdots, \\ x_4' = 1 + \nu du + \nu' dv + \cdots. \end{cases} \tag{2.2}$$

织面$\overline{Q}$ 与曲面$(\overline{x})$ 互相密切而且与曲面(x) 相切, 所以$\overline{Q}$ 的方程必须具有如下的形式:

$$Ax_2'^2 + 2Bx_2'x_3' + Cx_3'^2 + 2x_1'x_4' = 0,$$

并且以(2.2)代入这方程的左边, 可以使它变为三次和更高次的展开式.

因此, 获得三个关系:

$$A\lambda^2 + 2B\lambda\mu + C\mu^2 + (2\lambda + \varepsilon\Delta)\mu = 0,$$
$$A\lambda\mu' + B(\lambda\lambda' + \mu\mu') + C\lambda'\mu + \lambda\lambda' + \mu\mu' + \varepsilon\Delta\lambda' = 0,$$
$$A\mu'^2 + 2B\lambda'\mu' + C\lambda'^2 + (2\lambda' + \varepsilon'\Delta')\mu' = 0.$$

从此解出A, B, C 而得到$\overline{Q}$ 的方程:

$$\varepsilon'\Delta'\mu x_2'^2 + 2(R - \varepsilon\Delta\lambda')x_2'x_3' + \varepsilon\Delta\mu' x_3'^2 - 2Rx_1'x_4' = 0. \tag{2.3}$$

可是$\overline{Q}$ 是曲面$(\overline{x})$ 的李织面, 当$\overline{Q}$ 向$(\overline{x})$ 的主切方向变动时, 它的特征曲线必须分解为(看成是两条的) 另一主切线和另外与它相交的两直线(即第二主切线画成的主切曲面的弯节点切线).

在 $X = \mathrm{const}$ 的假定下来计算各坐标 x' 的偏导数. 把 (2.1) 关于 u 偏导微一次, 从 II.(1.10) 代入 $x_u, y_u, z_u, \bar{x}_u$, 并且把导来方程化成 $x, y, z, \bar{x}$ 的线性齐次方程, 它的各系数等于 0, 便给出

$$x'_{1u} - \rho' x'_1 + \mu x'_2 + (\lambda + \varepsilon\Delta)x'_3 = 0,$$
$$x'_{2u} - \rho' x'_2 + \beta x'_3 + \lambda x'_4 = 0,$$
$$x'_{3u} + x'_1 + \nu x'_3 + \mu x'_4 = 0,$$
$$x'_{4u} + x'_2 + \nu x'_4 = 0.$$

同样, 关于 v 的偏导数也有类似的方程.

把 (2.3) 的左边关于 u 偏导数一次, 而且以上列的各 x' 的偏导数代入导来的方程里, 就可以找出织面 (2.3) 在 u 方向的特征线. 把这结果加上 (2.3) 乘以 $\rho' - \nu$ 的方程, 便有

$$\varepsilon'\{(\Delta'\mu)_u + (\nu + \rho')\Delta'\mu\}x_2'^2 - 2\{(R - \varepsilon\Delta\lambda')_u - \varepsilon'\beta\Delta'\mu\}x_2' x_3'$$
$$+ \varepsilon\{(\Delta\mu')_u - (\nu + \rho')\Delta\mu' - 2\varepsilon\beta(R - \varepsilon\Delta\lambda')\}x_3'^2$$
$$+ 2\varepsilon\Delta\lambda' x_1' x_2' - 2\varepsilon\Delta\mu' x_1' x_3' - 2R_u x_1' x_4' = 0. \tag{2.3'}$$

按照同理获得 (2.3) 在 v 方向的特征线

$$\varepsilon'\{(\Delta'\mu)_v + (\nu' + \rho)\Delta'\mu - 2\varepsilon'\gamma(R - \varepsilon'\Delta'\lambda)\}x_2'^2 + 2\{(R - \varepsilon'\Delta'\lambda)_v$$
$$- \varepsilon\gamma\Delta\mu'\}x_2' x_3' + \varepsilon\{(\Delta\mu')_v + (\nu' + \rho)\Delta\mu'\}x_3'^2$$
$$- 2\varepsilon'\Delta'\mu x_1' x_2' + 2\varepsilon'\Delta'\lambda x_1' x_3' - 2R_v x_1' x_4' = 0. \tag{2.3''}$$

为省便起见, 用

$$F = \sum A_{ik} x_i' x_k', \quad F' = \sum B_{ik} x_i' x_k', \quad F'' = \sum C_{ik} x_i' x_k'$$

顺次表示 (2.3), $(2.3)'$, $(2.3)''$ 的左边. (2.3) 在 $\bar{x}$ 的一个主切方向的特征线决定于下列两方程:

$$F = 0, \quad F'du + F''dv = 0, \tag{2.4}$$

式中 du, dv 是主切曲线方程 (1.1) 的一根. 这两个织面 (2.4) 的交线必须分解为一条二重直线和另外与这二重直线相交的两条直线. 所以必要条件是 h 的代数方程

$$\det|hA_{ik} + B_{ik}du + C_{ik}dv| = 0$$

对于方程 (1.1) 的每一个根都要有四重根. 可是 $A_{i4} = B_{i4} = C_{i4} = 0 \ (i = 2, 3, 4)$, h 的方程可以写成

$$(hA_{14} + B_{14}du + C_{14}dv)^2\{(hA_{22} + B_{22}du + C_{22}dv)(hA_{33} + B_{33}du + C_{33}dv)$$

$$- (hA_{23} + B_{23}du + C_{23}dv)^2\} = 0,$$

所以

$$h = -\frac{B_{14}du + C_{14}dv}{A_{14}}$$

必须是第二因式等于0的方程的二重根, 因此, 我们得到

$$A_{14}\{A_{22}(B_{33}du + C_{33}dv) - 2A_{23}(B_{23}du + C_{23}dv)$$
$$+ A_{33}(B_{22}du + C_{22}dv)\} - 2(A_{22}A_{33} - A_{23}^2)(B_{14}du + C_{14}dv) = 0,$$
$$(B_{14}du + C_{14}dv)\{A_{22}(B_{33}du + C_{33}dv) - 2A_{23}(B_{23}du + C_{23}dv)$$
$$+ A_{33}(B_{22}du + C_{22}dv)\} - 2A_{14}\{(B_{22}du + C_{22}dv)(B_{33}du + C_{33}dv)$$
$$- (B_{23}du + C_{23}dv)^2\} = 0.$$

因为第一方程是一次方程, 而其中的 $du : dv$ 是 (1.1) 的任何一根, 它的 du, dv 的系数都必须是0; 所以导出两条件:

$$\begin{cases} 2B_{14}(A_{22}A_{33} - A_{23}^2) - A_{14}(A_{22}B_{33} + A_{33}B_{22} - 2A_{23}B_{23}) = 0, \\ 2C_{14}(A_{22}A_{33} - A_{23}^2) - A_{14}(A_{22}C_{33} + A_{33}C_{22} - 2A_{23}C_{23}) = 0. \end{cases} \tag{2.5}$$

至于上列关于 du, dv 的第二方程是二次方程, 它的三个系数与 (1.1) 的三个系数必须成比例. 例如, 其中一个比例式是第三条件:

$$\varepsilon'\Delta'\mu'\{(B_{22}B_{33} - B_{23}^2)A_{14}^2 - (A_{22}B_{33} - A_{23}^2)B_{14}^2\}$$
$$= \varepsilon\Delta\mu\{(C_{22}C_{33} - C_{23}^2)A_{14}^2 - (A_{22}A_{33} - A_{23}^2)C_{14}^2\}. \tag{2.6}$$

这关系不但是与 (2.5) 两关系互相独立的, 而且从它们还可导出第二个比例式.

现在, 以原来的 A, B, C 代入 (2.5) 而进行计算. 实际上,

$$A_{22}A_{33} - A_{23}^2 = \varepsilon\varepsilon'\Delta\Delta'\mu\mu' - (R - \varepsilon\Delta\lambda')^2 = -R(R + N),$$

$$A_{22}B_{33} + A_{33}B_{22} - 2A_{23}B_{23}$$
$$= \varepsilon\varepsilon'\Delta'\mu(\Delta\mu')_u + \varepsilon\varepsilon'\Delta\mu'(\Delta'\mu)_u - 2(R - \varepsilon\Delta\lambda')(R - \varepsilon\Delta\lambda')_u$$
$$= (A_{22}A_{33} - A_{23}^2)_u = -\frac{\partial}{\partial u}\{R(R + N)\},$$

$$A_{22}C_{33} + A_{33}C_{22} - 2C_{23}A_{23} = -\frac{\partial}{\partial v}\{R(R + N)\}.$$

由此可改写条件 (2.5) 为

$$\left(\frac{N}{R}\right)_u = 0, \quad \left(\frac{N}{R}\right)_v = 0,$$

即

$$\frac{N}{R} = \text{const.}$$

这条件对于射影极小曲面当然成立($N = 0$). 以下假定 $N \neq 0$, 从而 $\Delta\Delta' \neq 0$. 我们可以表示所述的条件为

$$\frac{R}{N} = \frac{1}{N}\left(\frac{P}{\beta} - \varepsilon\frac{P_v}{\Delta}\right)\left(\frac{Q}{\gamma} - \varepsilon'\frac{Q_u}{\Delta'}\right) - \varepsilon\varepsilon'\left(\frac{N}{\Delta\Delta'} + \frac{\Delta\Delta'}{N} + 2\varepsilon\varepsilon'\right)$$
$$= \text{const} \quad (\neq 0).$$

因为这关系对于所有正负号 ε, ε' 都成立,

$$PQ = l\beta\gamma\Delta\Delta', \quad QP_v = m\gamma\Delta^2\Delta', \quad PQ_u = m'\beta\Delta\Delta'^2, \tag{2.7}$$

$$N = \frac{\Delta\Delta_v}{\beta} = \frac{\Delta'\Delta'_u}{\gamma} = n\Delta\Delta', \tag{2.8}$$

其中 l, m, m', n 都是常数而且 $n \neq 0$. 除了这些关系式外, 还有可积分条件 II.(1.2)′, 即

$$\left(\frac{\Delta}{\beta}\right)_u = -\frac{P_v}{\Delta}, \quad \left(\frac{\Delta'}{\gamma}\right)_v = -\frac{Q_u}{\Delta}. \tag{2.9}$$

首先, 假定 $l \neq 0$ 即 $PQ \neq 0$, 也不失一般性. 实际上, 如果 $P = 0$ 即 $(\log\beta)_{uv} = \beta\gamma$, 从 (2.9)$_1$ 得到 $\Delta = \beta$ (只要取适当的 v 的函数做新参数 v), 而且从 (2.8) 导出

$$(\log\beta)_v = n\Delta', \quad (\log\beta)_{uv} = n\Delta'_u = n^2\beta\gamma,$$

所以 $n = \pm 1$, 并且

$$\lambda = -\frac{\varepsilon}{2}\beta - \frac{\varepsilon'}{2}n\beta, \quad \mu = 0.$$

因此, 对于 $\varepsilon\varepsilon' = -n$ 的曲面 $\overline{x}$ 将成立 $R = 0$, 而对于 $\varepsilon\varepsilon' = +n$ 的曲面 $\overline{x}$ 将成立 $R^* \equiv R + N = 0$. 但是, 这是除外的. 一般地, 凡是 D 变换不退缩的条件可以表达为

$$\frac{R}{N} = \frac{R^*}{N} - 1 = \frac{1}{ln}(l - \varepsilon m)(l - \varepsilon'm') - \varepsilon\varepsilon'\left(n + \frac{1}{n}\right) - 2 \neq 0, -1. \tag{2.10}$$

从 (2.7)~(2.9) 容易得到

$$\Delta_u = \frac{\beta_u}{\beta}\Delta - \frac{m}{l}P, \quad \Delta_v = n\beta\Delta',$$

从而可积分条件 $\Delta_{uv} = \Delta_{vu}$ 可以写成

$$\left\{1 - \left(\frac{m}{l}\right)^2\right\}\frac{P}{\beta} = (n^2 - 1)\beta\gamma = \left\{1 - \left(\frac{m'}{l}\right)^2\right\}\frac{Q}{\gamma}.$$

倘使 $n^2 = 1$, 由于 $PQ \neq 0$ 就有 $l^2 = m^2 = m'^2$, 但是, 这是与 (2.10) 矛盾的. 所以可以假定 $n^2 \neq 1$, $m^2 \neq l^2$, $m'^2 \neq l^2$. 这一来,

$$P = p\beta^2\gamma, \quad Q = q\beta\gamma^2, \tag{2.11}$$

其中已置常数

$$p = \frac{l^2(n^2 - 1)}{l^2 - m^2}, \quad q - \frac{l^2(n^2 - 1)}{l^2 - m'^2}.$$

我们还可假定 $mm' \neq 0$ 而不失一般性. 按照 (2.7), (2.11) 获得

$$\frac{\Delta}{\beta} = \frac{l}{m}\frac{P_v}{P} = \frac{l}{m}(\log \beta^2\gamma)_v. \tag{2.12}$$

代入 $(2.9)_1$ 的结果,

$$(\log \beta^2\gamma)_{uv} = -\left(\frac{m}{l}\right)^2 p\beta\gamma. \tag{2.13}$$

另一方面, 改写 (2.11):

$$(\log \beta)_{uv} = (p+1)\beta\gamma, \quad (\log \gamma)_{uv} = (q+1)\beta\gamma. \tag{2.11'}$$

所以 (2.13) 和其类似方程变为

$$2(p+1) + q + 1 + \left(\frac{m}{l}\right)^2 p = 0,$$

$$p + 1 + 2(q+1) + \left(\frac{m'}{l}\right)^2 q = 0,$$

从而

$$\begin{cases} m^2 = m'^2 = \dfrac{3l^2 n^2}{4 - n^2} \quad (n^2 < 4), \\ p = q = \dfrac{n^2}{4} - 1. \end{cases} \tag{2.14}$$

在这里我们补充一下为什么 $mm' \neq 0$ 的理由. 如果 $m = m' = 0$, 那么 $P_v = Q_u = 0$. 从 (2.11) 便可看出

$$(\log \beta^2\gamma)_{uv} = (\log \beta\gamma^2)_{uv} = 0,$$

即

$$(\log \beta)_{uv} = (\log \gamma)_{uv} = 0.$$

可是按照 (2.11)′ 得知 $p + 1 = q + 1 = n^2 \neq 0$, 因而是不相容的.

如果 $m \neq 0$, $m' = 0$, 那么 $Q_u = 0$. 从此和 (2.11)′ 得到

$$(\log \beta\gamma^2)_{uv} = 0, \quad (\log \gamma)_{uv} = n^2\beta\gamma.$$

因此,

$$(\log \beta)_{uv} = -2n^2\beta\gamma = (p+1)\beta\gamma.$$

另一方面, 按照 (2.13)

$$-3n^2\beta\gamma = -\frac{m^2}{l^2}p\beta\gamma,$$

所以

$$p = \frac{3n^2l^2}{m^2} = -(2n^2+1) = \frac{l^2(n^2-1)}{l^2-m^2}.$$

但是, 这是与 $mn \neq 0$ 不相容的. 所以 $mm' \neq 0$.

从 (2.11)′ 和 (2.14) 看出

$$\left(\log\frac{\beta}{\gamma}\right)_{uv} = 0,$$

因而可置 $\beta = \gamma$. 根据 (2.12) 和类似式得到

$$\Delta = \frac{3l}{m}\beta_v, \quad \Delta' = \frac{3l}{m'}\beta_u, \tag{2.15}$$

而且条件 (2.7)~(2.9) 化为

$$\begin{cases} (\log \beta)_{uv} = \dfrac{n^2}{4}\beta^2, \quad \beta_{uu} = \delta n\beta\beta_v, \quad \beta_{vv} = \delta n\beta\beta_u, \\ \beta_u\beta_v = \delta\dfrac{n^2(4-n^2)}{48l}\beta^4 \quad (\delta = \pm 1 = \operatorname{sgn} mm'). \end{cases} \tag{2.16}$$

把最后方程导微一次并利用其余方程进行改写,

$$\beta_v^2 = \frac{n}{4}\left(\frac{4-n^2}{4l} - \delta\right)\beta^2\beta_u.$$

两边乘以 β_v, 便有

$$\beta_u = \beta_v = -\frac{\beta^2}{k}, \quad \beta = \frac{k}{u+v},$$

式中

$$\frac{1}{k^3} = \frac{n^3(4-n^2)}{3\cdot 4^3 l}\left(1 - \delta\frac{4-n^2}{4l}\right).$$

以这个 β 代入 (2.16), 又得到

$$\frac{1}{k} = -\frac{\delta}{2}n, \quad \frac{1}{k^2} = \delta\frac{n^2(4-n^2)}{48l}.$$

如果 $4-n^2 = 12\delta l$, 那么共通值 k 存在.

综上所述, 我们得到如下的结果: 凡满足两条件 (2.5), 而且具有不退缩的 D 变换的曲面, 只有射影极小曲面和下列方程所给出的曲面:

$$\beta = \gamma = -\frac{2\delta}{n}\frac{1}{u+v},$$

$$\Delta = \frac{3n}{2m_1}\beta^2, \quad \Delta' = \frac{3n}{2m_2}\beta^2, \tag{2.15}'$$

式中

$$m_1 = \delta m_2 = \pm\sqrt{\frac{3n^2}{4-n^2}} \quad (n^2 \neq 0,\,4)$$

$\left(\text{其实,}\ m_1 = \dfrac{\delta m}{l},\ m_2 = \dfrac{\delta m'}{l}\right)$.

现在来检查第二种曲面能不能满足条件(2.6) 的问题. 这个条件可以写成

$$\varepsilon'\Delta'\mu'\left\{\varepsilon'\Delta'\mu[(\log\Delta'\mu)_u + \nu + \rho'] \times [\varepsilon\Delta\mu'(\log\Delta\mu')_u - \varepsilon\Delta\mu'(\nu+\rho') - 2\beta(R-\varepsilon\Delta\lambda')]\right.$$

$$\left. - [(R-\varepsilon\Delta\lambda')_u - \varepsilon'\beta\Delta'\mu]^2 - \left(\frac{R_u}{R}\right)^2 [\varepsilon\varepsilon'\Delta\Delta'\mu\mu' - (R-\varepsilon\Delta\lambda')^2]\right\}$$

$$=\varepsilon\Delta\mu\left\{\varepsilon\Delta\mu'[(\log\Delta\mu')_v - \varepsilon'\Delta'\mu(\nu'+\rho) - 2\gamma(R-\varepsilon\Delta\lambda')]\right.$$

$$\left. - [(R-\varepsilon\Delta\lambda')_v - \varepsilon\gamma\Delta\mu']^2 - \left(\frac{R_v}{R}\right)^2 [\varepsilon\varepsilon'\Delta\Delta'\mu\mu' - (R-\varepsilon\Delta\lambda')^2]\right\}.$$

可是

$$\lambda = -\frac{3n}{4m_1}(\varepsilon+\varepsilon'n)\beta^2, \quad \lambda' = -\frac{3n^1}{4m_2}(\varepsilon'+\varepsilon n)\beta^2,$$

$$\mu = \frac{1}{2}\left(\frac{n^2}{4}-1\right)(\varepsilon m_2-1)\beta^2, \quad \mu' = \frac{1}{2}\left(\frac{n^2}{4}-1\right)(\varepsilon'm_1-1)\beta^2,$$

$$\nu+\rho' = -\frac{\delta}{2}n\left(1+\frac{3\varepsilon'}{m_1}\right)\beta, \quad \nu'+\rho = -\frac{1}{2}\delta n\left(1+\frac{3\varepsilon}{m_2}\right)\beta,$$

而且$\Delta'\mu$, $\Delta\mu'$, R, $R-\varepsilon\Delta\lambda'$ 都具有 $c\beta^4$ 的表示, 所以各式的对数微商都等于$2\delta n\beta$. 因此, 上列等式两边除以$\frac{1}{2}\varepsilon\varepsilon'\Delta\Delta'\mu\mu'\beta^2$, 便可改写成为

$$\varepsilon'\Delta'\mu'\left(n^2-4-3\varepsilon'\frac{n^2}{m_1}\right) - \varepsilon\Delta\mu\left(n^2-4-3\varepsilon\frac{n^2}{m_2}\right)$$

$$+ 6n\left(\frac{\varepsilon}{m_1} - \frac{\varepsilon'}{m_2}\right)(R-\varepsilon\Delta\lambda') = 0.$$

以λ, λ', μ, μ' 的值代入这里, 并除去因式$n\left(\dfrac{n^2}{4}-1\right)$, 便有

$$\left(\frac{\varepsilon}{m_1}-\frac{\varepsilon'}{m_2}\right)\left\{\left(\frac{n^2}{4}-1\right)(\varepsilon m_2-1)(\varepsilon'm_1-1) + 3\varepsilon\varepsilon'\delta(n^2-1)\right.$$

$$\left. + \frac{1}{2}(n^2-4-3\delta n^2)\right\} = 0.$$

当$\varepsilon\varepsilon' = \delta$ 时, 第一因式当然是0, 可是当$\varepsilon\varepsilon' = -\delta = -1$ 时, 不但第一因式不等于0, 而且第二因式等于$-n^2 \neq 0$.

归纳起来, 我们获得了奥克塔夫·迈叶尔所证明的

定理 在两个方向下都具有可逆的、确定的变换 D 的唯一种曲面是射影极小曲面.

3.3 戈德的伴随序列

在 1.3 节的末段里, 曾经采用曲面 σ 的一点 (x) 的维尔清斯基坐标 (x_1, x_2, x_3, x_4) 和戈德的书中的公式和记号(参见戈德, 曲面论和直纹空间), 以下仍旧继续使用这些来进行讨论. 这些坐标是下列完全可积分的微分方程组的解:

$$\begin{cases} x^{20} + 2bx^{01} + c_1 x = 0, \\ x^{02} + 2ax^{10} + c_2 x = 0, \end{cases} \tag{3.1}$$

式中这些系数满足可积分条件

$$\begin{cases} a^{20} + c_2^{10} + 2ba^{01} + 4ab^{01} = 0, \\ b^{02} + c_1^{01} + 2ab^{10} + 4ba^{10} = 0, \\ c_1^{02} + 2ac_1^{10} + 4a^{10}c_1 = c_2^{20} + 2bc_2^{01} + 4b^{01}c_2. \end{cases} \tag{3.2}$$

置

$$h_1 = -(\log b)^{11} + 4ab, \quad k_1 = -(\log a)^{11} + 4ab, \tag{3.3}$$

$$\begin{cases} \alpha = 2(\log a)^{20} + \overline{(\log a)^{10}}^2 + 4(b^{01} + c_1), \\ \beta = 2(\log b)^{02} + \overline{(\log b)^{01}}^2 + 4(a^{10} + c_2), \end{cases} \tag{3.4}$$

$$\begin{cases} \alpha_1 = \alpha + (\log ak_1)^{20} + (\log ak_1)^{10}(\log a^2 k_1)^{10}, \\ \beta_1 = \beta + (\log bh_1)^{02} + (\log bh_1)^{01}(\log b^2 h_1)^{01}, \end{cases} \tag{3.5}$$

便可改写 $(3.2)_3$ 为

$$a\alpha(\log a^2 \alpha)^{10} = b\beta(\log b^2 \beta)^{01}. \tag{3.6}$$

又如在 1.9 节所述, 以 U, V 顺次表示曲面 σ 在点 (x) 的两主切线 $|xx^{10}|$, $|xx^{01}|$ 在 S_5 的克莱因超织面 Ω 上的象. 我们有

$$U^{10} + 2bV = 0, \quad V^{01} + 2aU = 0,$$

并且两点 U, V 在戈德序列

(L) $\qquad\qquad\qquad\qquad \cdots, U_n, \cdots, U_1, U, V, V_1, \cdots, V_n, \cdots$

是相邻点, 其中每一点是其前面一点沿 u 方向的拉普拉斯变换.

这时, 成立

$$\begin{cases} U_n^{01} = U_{n+1} + U_n(\log bh_1h_2\cdots h_n)^{01}, \\ U_n^{10} = h_nU_{n-1}, \\ U_n^{11} - U_n^{10}(\log bh_1h_2\cdots h_n)^{01} - h_nU_n = 0, \end{cases} \tag{3.7}$$

式中已置

$$h_n = -(\log bh_1h_2\cdots h_{n-1})^{11} + h_{n-1} = -(\log b^n h_1^{n-1}\cdots h_{n-1})^{11} + 4ab.$$

同样, 我们有

$$\begin{cases} V_n^{10} = V_{n+1} + V_n(\log ak_1k_2\cdots k_n)^{10}, \\ V_n^{01} = k_nV_{n-1}, \\ V_n^{11} - V_n^{01}(\log ak_1\cdots k_{n-1})^{10} - k_nV_n = 0, \end{cases} \tag{3.8}$$

其中

$$k_n = -(\log ak_1k_2\cdots k_{n-1})^{11} + k_{n-1} = -(\log a^n k_1^{n-1}\cdots k_{n-1})^{11} + 4ab.$$

方程(3.7) 的两个不变量是h_n, h_{n+1}, 而且方程(3.8) 的两个不变量是k_n, k_{n+1}. 特别是, 方程

$$U^{11} - U^{10}(\log b)^{01} - 4abU = 0$$

的两不变量是$4ab$和h_1, 而方程

$$V^{11} - V^{01}(\log a)^{10} - 4abV = 0$$

的两不变量是$4ab$和k_1.

戈德序列L 关于Ω 是自共轭的. 更确切地说, U 关于Ω 的配极超平面是 $V_{n-2}V_{n-1}$ $V_nV_{n+1}V_{n+2}$, 而V 的是$U_{n-2}U_{n-1}U_nU_{n+1}U_{n+2}$.

共轭平面$U_nU_{n+1}U_{n+2}$ 和$V_nV_{n+1}V_{n+2}$ 与Ω 相交的两条二次曲线表示了具有同一基底Φ_n 的两个半织面, 从而全体形成了戈德织面序列Φ, Φ_1, Φ_2, $\cdots$ (参见1.9节). Φ 是李织面(1.5节) 而Φ_1是伴随织面(1.8节). 两相邻织面Φ_n, Φ_{n+1} 相交于四直线而且构成四边形, 其四顶点是这两织面的特征点.

假定曲面(x) 具有四个不同的D 变换(y_{ik}) $(i, k = 1, 2)$, 从而这四点y_{ik} 是李织面Φ 的特征点. 在3.1节已经证明, 曲面(y_{ik}) 上的主切曲线对应于原曲面(x) 的主切曲线u, v, 是曲面(x) 成为射影极小曲面的充要条件. 这条件可以写成两个等价方程:

$$(\log a^2\alpha)^{10} = 0, \quad (\log b^2\beta)^{01} = 0. \tag{3.9}$$

两点U_1, V_1 不可能属于Ω; 我们还假定U_2, V_2 也不属于Ω.

设 C', C'' 和 D', D'' 分别是直线 V_1V_2 和 U_1U_2 与 Ω 的交点. 四直线 $C'D'$, $C'D''$, $C''D'$, $C''D''$ 都属于 Ω, 而且表示各以 y_{11}, y_{12}, y_{21}, y_{22} 为心的线束. 特别是, 我们可以证明 (苏步青 [34])

定理　如果一个曲面 σ 的德穆兰四边形的一边在 Ω 上的象是和有关的线汇 (U_1U_2) 或 (V_1V_2) 共轭的, 那么其余任何一边的象也有同样的性质, 而且 σ 必须是射影极小曲面; 反过来也成立.

这里我们略去证明, 而只指出, 这结果是作为高维射影空间共轭网论的一个特殊情况得来的. 以下专门讨论射影极小曲面, 并将导出戈德的伴随序列 (L. Godeaux, Bull. Acad. Belgique (5) 39, 1953, 156~164).

两直线 $C'C'^{01}$, $C''C''^{01}$ 相交于一点 A, 而两直线 $D'D'^{10}$, $D''D''^{10}$ 相交于一点 B. 两直线 $C'C'^{10}$, $C''C''^{10}$ 都过 B, 而两直线 $D'D'^{01}$, $D''D''^{01}$ 都过 A. 我们置

$$\begin{cases} A = 2a[V_2 + V_1(\log ak_1)^{10} + \alpha V], \\ B = 2b[U_2 + U_1(\log bh_1)^{01} + \beta U]. \end{cases} \tag{3.10}$$

对所论曲面, 戈德已证 (参见戈德著书 9 页)

$$V_3 + V_2(\log a^3k_1^2k_2)^{10} + \alpha_1 V + 2b[U_2 + U_1(\log bh_1)^{01} + \beta U] = 0,$$

$$U_3 + U_2(\log b^3h_1^2h_2)^{01} + \beta_1 U + 2a[V_2 + V_1(\log ak_1)^{10} + \alpha V] = 0.$$

从此导出下列关系式:

$$\begin{cases} V_3 + V_2(\log a^3k_1^2k_2)^{10} + \alpha_1 V_1 + B = 0, \\ U_3 + U_2(\log b^3h_1^2h_2)^{01} + \beta_1 U_1 + A = 0. \end{cases} \tag{3.11}$$

对 $(3.10)_1$ 作出其关于 u 的偏微分, 并利用 $(3.11)_1$ 来改写, 就得到

$$A^{10} + 2aB = 0. \tag{3.12}$$

同样地,

$$B^{01} + 2bA = 0. \tag{3.12}'$$

所以两点 A, B 是一个拉普拉斯序列的邻点. 这里指出, 点 A 是两平面 VV_1V_2 和 $U_1U_2U_3$ 的交点, 而点 B 是两平面 UU_1U_2 和 $V_1V_2V_3$ 的交点.

以 A_1, A_2, $\cdots$ 表示点 A 沿 v 方向的逐次拉普拉斯变换, 而且以 B_1, B_2, $\cdots$ 表示点 B 沿 u 方向的逐次拉普拉斯变换. 从 (3.12) 和 $(3.12)'$ 看出, 两点 A, B 顺次满足拉普拉斯方程

$$\begin{cases} A^{11} - A^{10}(\log a)^{01} - 4abA = 0, \\ B^{11} - B^{01}(\log b)^{10} - 4abB = 0, \end{cases} \tag{3.13}$$

其不变量顺次是 $4ab$ 和 k_1, $4ab$ 和 h_1.

置

$$A_1 = A^{01} - A(\log a)^{01}, \tag{3.14}$$

就导出 $A_1^{10} = k_1 A$ 和

$$A_1^{11} - A_1^{10}(\log ak_1)^{01} - k_1 A_1 = 0. \tag{3.15}$$

同样, 置

$$B_1 = B^{10} - B(\log b)^{10}, \tag{3.14}'$$

便有 $B_1^{01} = h_1 B$ 和

$$B_1^{11} - B_1^{01}(\log bh_1)^{10} - h_1 B_1 = 0. \tag{3.15}'$$

一般地, 可以写出

$$\begin{cases} A_n = A_{n-1}^{01} - A_{n-1}(\log ak_1\cdots k_{n-1})^{01}, \\ A_n^{10} = k_n A_{n-1}, \\ A_n^{11} - A_n^{10}(\log ak_1\cdots k_n)^{01} - k_n A_n = 0 \end{cases} \tag{3.16}$$

和

$$\begin{cases} B_n = B_{n-1}^{10} - B_{n-1}(\log bh_1\cdots h_{n-1})^{10}, \\ B_n^{01} = h_n B_{n-1}, \\ B_n^{11} - B_n^{01}(\log bh_1\cdots h_n)^{10} - h_n B_n = 0. \end{cases} \tag{3.16}'$$

必须指出, 点 A_n 所满足的拉普拉斯方程的两不变量是 k_n 和 k_{n+1}, 而点 B_n 的有关不变量是 h_n 和 h_{n+1}.

点 A 属于两平面 VV_1V_2 和 $U_1U_2U_3$, 所以点 A_1 属于两平面 UVV_1 和 $U_2U_3U_4$, 点 A_2 属于两平面 U_1UV 和 $U_3U_4U_5$, 点 A_3 属于两平面 UU_1U_2 和 $U_4U_5U_6, \cdots$, 点 A_n 属于两平面 $U_{n-3}U_{n-2}U_{n-1}$ 和 $U_{n+1}U_{n+2}U_{n+3}$.

这里置

$$\begin{cases} H_n = \log \dfrac{b^{n+1}h_1^n\cdots h_n}{a^{n-2}k_1^{n-3}\cdots k_{n-3}}, \\ K_n = \log \dfrac{a^{n+1}k_1^n\cdots k_n}{b^{n-2}h_1^{n-3}\cdots h_{n-3}} \end{cases} \tag{3.17}$$

和

$$\begin{cases} \alpha_n = \alpha_{n-1} + K_n^{20} + K_n^{10}\left(\log \dfrac{ak_1\cdots k_n}{bh_1\cdots h_{n-2}}\right)^{10}, \\ \beta_n = \beta_{n-1} + H_n^{02} + H_n^{01}\left(\log \dfrac{bh_1\cdots h_n}{ak_1\cdots k_{n-2}}\right)^{01}. \end{cases} \tag{3.18}$$

对 $(3.11)_1$ 作出其关于 v 的微分, 便得到

$$U_4 + H_3^{01}U_3 + \beta_2 U_2 + \beta_1\left(\log \dfrac{\beta_1 bh_1}{a}\right)^{01}U_1 + A_1 = 0,$$

从而必须要成立

$$\beta_1^{01} + \beta_1 \left(\log \frac{bh_1}{a} \right)^{01} = 0, \tag{3.19}$$

这关系是我们即将遇到的.

更一般地, 获得

$$U_{n+3} + H_{n+2}^{01} U_{n+2} + \beta_{n+1} U_{n+1} + A_n = 0, \tag{3.20}$$

式中

$$\beta_n^{01} + \beta_n \left(\log \frac{bh_1 \cdots h_n}{ak_1 \cdots k_{n-1}} \right)^{01} = 0. \tag{3.21}$$

同样,

$$V_{n+3} + K_{n+2}^{10} V_{n+2} + \alpha_{n+1} V_{n+1} + B_n = 0, \tag{3.20}'$$

其中

$$\alpha_n^{10} + \alpha_n \left(\log \frac{ak_1 \cdots k_n}{bh_1 \cdots h_{n-1}} \right)^{10} = 0. \tag{3.21}'$$

如果从 (3.20) 出发, 并关于 u 进行导微, 就会得到

$$k_n U_{n+2} + [h_{n+2} H_{n+2}^{01} + \beta_{n+1}^{10}] U_{n+1} + h_{n+1} \beta_{n+1} U_n + K_n A_{n-1} = 0.$$

另一方面, 在 (3.20) 里以 $n-1$ 代替 n 而获得

$$U_{n+2} + H_{n+1}^{01} U_{n+1} + \beta_n U_n + A_{n-1} = 0.$$

所以断定

$$h_{n+2} H_{n+2}^{01} + \beta_{n+1}^{10} = k_n H_{n+1}^{01}, \tag{3.22}$$

$$h_{n+1} \beta_{n+1} = k_n \beta_n. \tag{3.23}$$

关系式 (3.22) 的成立可从公式

$$\beta^{10} = -2h_1 (\log bh_1)^{01} \tag{3.24}$$

来推导. 至于关系式 (3.23) , 顺次用 $n-1$, $n-2$, $\cdots$, 0 替代 n, 便有

$$\begin{cases} h_n \beta_n = k_{n-1} \beta_{n-1}, \\ h_{n-1} \beta_{n-1} = k_{n-2} \beta_{n-2}, \\ \cdots\cdots \\ h_1 \beta_1 = 4ab\beta. \end{cases} \tag{3.23}'$$

最后关系的获得来自两方程

$$\beta^{01} + 2\beta (\log b)^{01} = 0, \quad \beta^{10} + 2h_1 (\log bh_1)^{01} = 0$$

的可积分条件; 从这个最后关系式立刻导出上面的方程(3.19). 另外, 又得到

$$\beta_1^{10} = 4ab(\log bh_1)^{01} - h_2(\log b^3 h_1^2 h_2)^{01},$$

即

$$\beta_1^{10} = 4ab(\log bh_1)^{01} - h_2 H_2^{01}. \tag{3.25}$$

把从(3.19) 和(3.25) 推导出来的两个 β_1^{11} 等同起来, 便成立 $h_2\beta_2 - k_1\beta_1$. 以下类推. 这样证明了(3.23)′.

由此还导出

$$h_1 h_2 \cdots h_n \beta_n = 4ab k_1 \cdots k_{n-1} \beta. \tag{3.26}$$

因而, 我们得到(3.21) .

同样, 可以验证

$$k_{n+2} K_{n+2}^{10} + \alpha_{n+1}^{01} = h_n K_{n+1}^{10}, \tag{3.22}′$$

$$k_1 k_2 \cdots k_n \alpha_n = 4ab h_1 \cdots h_{n-1} \alpha. \tag{3.26}′$$

现在已经不难找出A_n, B_n $(n = 1, 2, \cdots)$ 的表示了. 实际上, 关于v 导微$(3.10)_1$, 便有

$$A_1 = 2ak_1 \left[V_1 - V(\log ak_1)^{10} - 2\frac{a}{k_1} U \right],$$

或改写它:

$$A_1 = -\frac{ak_1}{b} [\alpha_1 U + 2bV(\log ak_1)^{10} - 2bV_1].$$

关于v 导微两边, 得到

$$A_2 = -\frac{ak_1 k_2}{bh_1} [\alpha_2 U_1 - h_1 K_2^{10} U - 2bh_1 V].$$

第三次导微给出

$$A_3 = -\frac{ak_1 k_2 k_3}{bh_1 h_2} [\alpha_3 U_2 - h_2 K_3^{10} U_1 + h_1 h_2 U].$$

一般地, 获得

$$A_n = -\frac{ak_1 \cdots k_n}{bh_1 \cdots h_{n-1}} [\alpha_n U_{n-1} - h_{n-1} K_n^{10} U_{n-2} + h_{n-2} h_{n-1} U_{n-3}]. \tag{3.27}$$

同样, 成立

$$B_n = -\frac{bh_1 \cdots h_n}{ak_1 \cdots k_{n-1}} [\beta_n V_{n-1} - k_{n-1} H_n^{01} V_{n-2} + k_{n-2} k_{n-1} V_{n-3}]. \tag{3.27}′$$

当u, v 变动时, 如上面定理所述, 各点C', C'' 画成一个与线汇$(V_1 V_2)$ 共轭的共轭网, 从而它们各属于拉普拉斯序列. 以C_1', C_2', $\cdots$ 和C_1'', C_2'', $\cdots$ 顺次表示C' 和C''

沿 u 方向的拉普拉斯变换, 又以 $C'_{-1}, C'_{-2}, \cdots$ 和 $C''_{-1}, C''_{-2}, \cdots$ 顺次表示它们沿 v 方向的变换. 如所知, 两点 C'_1, C''_1 都在直线 V_2V_3 上; 两点 C'_2, C''_2 都在直线 V_3V_4 上, 等等; 两点 C'_n, C''_n 都在直线 $V_{n+1}V_{n+2}$ 上. 在另一头, 两点 C'_{-1}, C''_{-1} 都在直线 VV_1 上; 两点 C'_{-2}, C''_{-2} 都在直线 UV 上, 等等; 两点 C'_{-n}, C''_{-n} 都在直线 $U_{n-3}U_{n-2}$ 上.

同样, 以 $D'_1, D'_2, \cdots$ 表示点 D' 沿 v 方向的拉普拉斯变换; $D''_1, D''_2, \cdots$ 表示点 D'' 的有关变换, 又以 $D'_{-1}, D'_{-2}, \cdots$ 和 $D''_{-1}, D''_{-2}, \cdots$ 表示沿 u 方向的有关变换, 那么两点 D'_n, D''_n 都在直线 $U_{n+1}U_{n+2}$ 上, 而且两点 D'_{-n}, D''_{-n} 都在直线 $V_{n-3}V_{n-2}$ 上.

点 A 属于直线 $C'C'_{-1}$, $C''C''_{-1}$ 的同时, 也属于直线 $D'D'_1$, $D''D''_1$. 点 B 属于直线 $D'D'_{-1}$, $D''D''_{-1}$ 的同时, 也属于直线 $C'C'_1$, $C''C''_1$. 点 A_1 属于直线 $C'_{-1}C'_{-2}$, $C''_{-1}C''_{-2}$; $D'_1D'_2$, $D''_1D''_2$, 而点 B_1 属于直线 $D'_{-1}D'_{-2}$, $D''_{-1}D''_{-2}$; $C'_1C'_2$, $C''_1C''_2$. 一般地, 点 A_n 属于直线 $C'_{-n}C'_{-(n+1)}$, $C''_{-n}C''_{-(n+1)}$; $D'_nD'_{n+1}$, $D''_nD''_{n+1}$. 点 B_n 属于直线 $D'_{-n}D'_{-(n+1)}$, $D''_{-n}D''_{-(n+1)}$; $C'_nC'_{n+1}$, $C''_nC''_{n+1}$.

点 A 属于两平面 VV_1V_2 和 $U_1U_2U_3$, 点 A_1 属于两平面 UVV_1 和 $U_2U_3U_4$, 点 A_2 属于两平面 U_1UV 和 $U_3U_4U_5$, 点 A_3 属于两平面 U_2U_1U 和 $U_4U_5U_6, \cdots$, 点 A_n 属于两平面 $U_{n-1}U_{n-2}U_{n-3}$ 和 $U_{n+1}U_{n+2}U_{n+3}$.

同样, 点 B_n 属于两平面 $V_{n-1}V_{n-2}V_{n-3}$ 和 $V_{n+1}V_{n+2}V_{n+3}$.

点 A_n 关于 Ω 的配极超平面含有两平面 $V_{n-3}V_{n-2}V_{n-1}$ 和 $V_{n+1}V_{n+2}V_{n+3}$, 而点 B_n 关于 Ω 的配极超平面则含有两平面 $U_{n-3}U_{n-2}U_{n-1}$ 和 $U_{n+1}U_{n+2}U_{n+3}$. 考查两个织面 Φ_{n-3} 和 Φ_{n+1}. Ω 被两平面 $V_{n-3}V_{n-2}V_{n-1}$ 和 $U_{n+1}U_{n+2}U_{n+3}$ 的截线顺次对应于 Φ_{n-3}, Φ_{n+1} 的这样两个半织面, 使它们的母线属于一个以点 A_n 为第二象的同一线性丛.

同样, Ω 被两平面 $U_{n-3}U_{n-2}U_{n-1}$ 和 $U_{n+1}U_{n+2}U_{n+3}$ 的截线顺次对应于 Φ_{n-3}, Φ_{n+1} 的这样两个半织面, 使它们的母线属于一个以点 B_n 为第二象的同一线性丛.

平面 $U_{n+1}U_{n+2}U_{n+3}$ 含有两点 A_n 和 A_{n+4}. 同样, 平面 $V_{n+1}V_{n+2}V_{n+3}$ 含有两点 B_n 和 B_{n+4}. 两点 A_n 和 A_{n+4} 一般是不重合的. 如果它们重合一致, 那么由两点 A, B 决定的拉普拉斯序列是周期四的, 从而点 A_4 与 A 重合, 并且点 B_n 与 B_{n+4} 重合. 关于这个情况后文 (3.6 节) 将有详尽的研究, 这里就不多讲了.

这样, 称拉普拉斯序列

(G) $\qquad\qquad\qquad\qquad\cdots, A_n, \cdots, A_1, A, B, B_1, \cdots, B_n, \cdots$

为有关射影极小曲面的戈德的伴随序列. 它在射影极小曲面论中的重要性, 将重新出现在下面几节的内容里.

3.4　交 扭 定 理

在 3.1 节已经阐述了, 一个射影极小曲面 σ 和其一 D 变换 $\bar{\sigma}$ 互为主切曲线对应. 设 (u, v) 是 σ 的主切曲线参数; 设

(L) $\qquad \cdots, U_n, \cdots, U_1, U, V, V_1, \cdots, V_n, \cdots$

和

$(\overline{L})$ $\qquad \cdots, \overline{U}_n, \cdots, \overline{U}_1, \overline{U}, \overline{V}, \overline{V}_1, \cdots, \overline{V}_n, \cdots$

顺次是 σ 和 $\overline{\sigma}$ 的戈德序列, 其中各点是其前面一点沿 u 方向的拉普拉斯变换, 从而也是其后面一点沿 v 方向的拉普拉斯变换. 在一般曲面 σ 的情况下, 作为五维射影空间 S_5 的点 U_1 与 U_2 的连线, 和克莱因超织面 Ω 相交, 而且这两交点 C' 和 C'' 恰恰是 σ 的德穆兰四边形的一对对边在 Ω 上的象. 同样, 连线 (V_1V_2) 和 Ω 的两个交点 D' 和 D'' 是同一四边形的另一对对边在 Ω 上的象. 因此, $\overline{U}$ 与 $\overline{V}$ 的连线 $(\overline{U}\,\overline{V})$ 即 $\overline{\sigma}$ 在对应点的两主切线决定的线束的象必须和两连线 (U_1U_2), (V_1V_2) 都相交, 并且这些交点一般不重合于 $U_1, U_2, V_1, V_2, \overline{U}, \overline{V}$.

特别是, 当 σ 是射影极小曲面时, 上述的交扭性质还可扩大到下列矩阵:

$$
\begin{pmatrix}
U_3 & U_2 & U_1 & U \\
\overline{U}_1 & \overline{U} & \overline{V} & \overline{V}_1 \\
V & V_1 & V_2 & V_3
\end{pmatrix},
\tag{4.1}
$$

这里中间一行的任何两邻点的连线一定和上、下行中在同列上的两点的连线相交 (苏步青[32] I).

这个结果可用计算进行验证, 但是由于在下一节里将作出交点的具体表示, 这里从略.

我们可以证明: 这个性质是一个射影极小曲面和其 D 变换的特征 (苏步青[32] II, [33]). 更确切地说, 成立下面的

定理 设 σ 是具有四个不同 D 变换的非直纹和非退缩曲面. 如果有这样的一个曲面 $\overline{\sigma}$, 使得 σ 和 $\overline{\sigma}$ 在对应点的戈德序列具备矩阵 (4.1) 的性质, 那么 σ 必须是射影极小曲面, 而且 $\overline{\sigma}$ 是其一 D 变换.

证 沿用前节的记号和公式, 并假定 u, v 是曲面 σ 的主切曲线参数.

根据定理的假设, 存在一系列非零函数 $A, B, C, D, R, S, \lambda, \mu, \varepsilon, \tau, \rho, \sigma, \overline{\rho}, \overline{\sigma}, \overline{\lambda},$ $\overline{\mu}, \overline{\tau}$, 使得成立下面六个关系:

$$
\begin{cases}
\overline{U}_1 = \lambda\left(U_2 + \dfrac{A}{\lambda}U_3\right) + \mu(V + BV_1), \\[2mm]
\overline{U} = \overline{\lambda}U_2 + AU_3 + \overline{\mu}(V + BV_1), \\[2mm]
\overline{U} = \rho(U_1 + CU_2) + \sigma(V_1 + DV_2), \\[2mm]
\overline{V} = \overline{\rho}(U_1 + CU_2) + \overline{\sigma}(V_1 + DV_2), \\[2mm]
\overline{V} = \tau(U + RU_1) + \varepsilon V_2 + SV_3, \\[2mm]
\overline{V}_1 = \overline{\tau}(U + RU_1) + \overline{\varepsilon}\left(V_2 + \dfrac{S}{\varepsilon}V_2\right).
\end{cases}
\tag{4.2}
$$

容易看出, u 与 v 的对调将导致下列的置换:

$$\begin{pmatrix} A & B & C & D & \lambda & \mu & \bar{\lambda} & \bar{\mu} & \bar{\rho} & \bar{\sigma} \\ S & R & D & C & \bar{\varepsilon} & \bar{\tau} & \varepsilon & \tau & \sigma & \rho \end{pmatrix}. \tag{4.3}$$

把 $(4.2)_4$ 和 $(4.2)_5$ 的右边等同起来, 并利用公式(参见戈德著书9页)

$$2V_3 + 2V_2(\log a^3 k_1^2 k_2)^{10} + 2\alpha_1 V_1 + \alpha(\log a^2 \alpha)^{10} V$$
$$+ 4b[\beta U + U_1(\log bh_1)^{01} + U_2] = 0$$

来作比较, 便获得

$$(\log a^2 \alpha)^{10} = 0 \tag{4.4}$$

和

$$\begin{cases} \tau = 2b\beta S, & \bar{\rho} = 2bS[\beta R - (\log bh_1)^{01}], \\ \bar{\sigma} = -\alpha_1 S, & \dfrac{1}{C} = (\log bh_1)^{01} - \beta R. \end{cases} \tag{4.5}$$

按照(4.2) 导出

$$\Omega(U_1 + CU_2, \ U_1 + CU_2) = 0,$$

从而得到

$$\frac{1}{C} = (\log bh_1)^{01} + \omega\sqrt{-\beta} \quad (\omega = \pm 1), \tag{4.6}$$

即

$$R = \frac{\omega}{\sqrt{-\beta}}. \tag{4.7}$$

因此,

$$\frac{1}{D} = -(\log ak_1)^{10} + \omega'\sqrt{-\alpha} \quad (\omega' = \pm 1),$$
$$\bar{\rho} = -2bS[(\log bh_1)^{01} + \omega\sqrt{-\beta}],$$
$$\bar{\sigma} = -S\alpha_1,$$

并且删去不必要的因子之后,

$$\overline{V} = 2b[\{(\log bh_1)^{01} + \omega\sqrt{-\beta}\}U_1 + U_2]$$
$$+ \alpha_1 \left\{ V_1 + \frac{V_2}{(\log ak_1)^{10} + \omega'\sqrt{-\alpha}} \right\}. \tag{4.8}$$

同样地获得

$$\overline{U} = 2a[\{(\log ak_1)^{10} + \omega'\sqrt{-\alpha}\}V_1 + V_2]$$
$$+ \beta_1 \left\{ U_1 + \frac{U_2}{(\log bh_1)^{01} + \omega\sqrt{-\beta}} \right\}. \tag{4.9}$$

从(4.4), (4.8) 和(4.9) 便导出定理. (证毕)

现在应用奥克塔夫·迈叶尔定理(3.2节) 到射影极小曲面σ 的有关矩阵(4.1)，就可把交扭性质拓广到一个扩大矩阵

$$\begin{pmatrix} * & * & U_3 & U_2 & U_1 & U & V & V_1 \\ \overline{U}_3 & \overline{U}_2 & \overline{U}_1 & \overline{U} & \overline{V} & \overline{V}_1 & \overline{V}_2 & \overline{V}_3 \\ U_1 & U & V & V_1 & V_2 & V_3 & * & * \end{pmatrix}, \tag{4.10}$$

其中星号表明了那些没有对应点的地方.

用实际运算还可验证, 两条连线($\overline{V}_1\overline{V}_2$) 和($V_3V_4$) 必相交, 而且交点不同于连接点. 从此又可把矩阵(4.10) 扩大成为

$$\begin{pmatrix} * & * & U_4 & U_3 & U_2 & U_1 & U & V & V_1 & V_2 \\ \overline{U}_4 & \overline{U}_3 & \overline{U}_2 & \overline{U}_1 & \overline{U} & \overline{V} & \overline{V}_1 & \overline{V}_2 & \overline{V}_3 & \overline{V}_4 \\ U_2 & U_1 & U & V & V_1 & V_2 & V_3 & V_4 & * & * \end{pmatrix}, \tag{4.11}$$

其中星号如前表明缺乏对应点的意义.

但是, 由于实际计算的繁杂, 我们无法再继续运用这个方法. 在下一节将具体表达这些交点, 使它们和其他序列发生联系, 这里先应用戈德序列的一个基本性质来克服困难, 那就是: 对于一般曲面, 戈德序列关于克莱因超织面Ω 是自共轭的. 下面将运用几乎全部是几何的方法来证明交扭定理:

定理 假定一个射影极小曲面和其一德穆兰变换都具有两边无限伸长的戈德序列

(L) $\qquad\qquad \cdots, U_n, \cdots, U_1, U, V, V_1, \cdots, V_n, \cdots$

和

$(\overline{L})$ $\qquad\qquad \cdots, \overline{U}_n, \cdots, \overline{U}_1, \overline{U}, \overline{V}, \overline{V}_1, \cdots, \overline{V}_n, \cdots,$

其中各序列的进行方向是一致的, 那么在矩阵

$$\begin{pmatrix} \cdots & U_{n+1} & U_n & \cdots & U_3 & U_2 & U_1 & U & \cdots & V_n & V_{n+1} & \cdots \\ \cdots & \overline{U}_{n-1} & \overline{U}_{n-2} & \cdots & \overline{U}_1 & \overline{U} & \overline{V} & \overline{V}_1 & \cdots & \overline{V}_{n+2} & \overline{V}_{n+3} & \cdots \\ \cdots & U_{n-3} & U_{n-4} & \cdots & V & V_1 & V_2 & V_3 & \cdots & V_{n+4} & V_{n+5} & \cdots \end{pmatrix}$$

里中间一行任何两邻点的连线和上、下行排在同列上的两邻点的连线一定相交, 且因此这两曲面在对应点的戈德序列一般是由S_5 里每隔三边就有交点的、两边无限伸长的两条交扭折线所构成的.

证 我们采用数学归纳法. 为省便起见, 单就矩阵(4.11) 怎样扩大的问题进行讨论, 就是要证明: 在S_5 里, 两直线(U_4U_5) 与($\overline{U}_2\overline{U}_3$), 且从而两直线($V_4V_5$) 与($\overline{V}_2\overline{V}_3$) 必相交. 同样的方法也可用于一般情况.

如所知(1.9节), 点 U_n 关于 Ω 的配极超平面是 $V_{n-2}V_{n-1}V_nV_{n+1}V_{n+2}$, 而且点 V_n 的配极超平面是 $U_{n-2}U_{n-1}U_nU_{n+1}U_{n+2}$. 对于序列 $(\overline{L})$ 也有类似结果. 所以直线 (V_3V_4) 和 $(\overline{V}_1\overline{V}_2)$ 关于 Ω 的共轭三维平面顺次是三维空间 $\Sigma_3 \equiv U_2U_3U_4U_5$ 和 $\overline{\Sigma}_3 \equiv \overline{U}\,\overline{U}_1\overline{U}_2\overline{U}_3$. 可是按照假设这两直线相交, 以 P 表示交点, 我们容易看出: P 的配极超平面 S_4 必须含有 Σ_3 和 $\overline{\Sigma}_3$, 这就是说: 八个点 U_2, U_3, U_4, U_5; $\overline{U}$, $\overline{U}_1$, $\overline{U}_2$, $\overline{U}_3$ 属于同一超平面 S_4.

另一方面, 两直线 (U_2U_3) 和 $(\overline{U}\,\overline{U}_1)$ 相交, 所以它们决定一个二维平面 $\Sigma_2 \equiv U_2U_3\overline{U}\,\overline{U}_1$. 同样, 两直线 (U_3U_4) 和 $(\overline{U}_1\overline{U}_2)$ 也决定另一个二维平面 $\Sigma_2' \equiv U_3U_4\overline{U}_1\overline{U}_2$.

首先, 考查这两个二维平面 Σ_2 和 Σ_2' 重合的情况. 三点 U_2, U_3, U_4 以及三点 $\overline{U}$, $\overline{U}_1$, $\overline{U}_2$ 都在这平面上. 因为一个戈德序列的三个邻点不得共线, 这平面决定于 U_2, U_3, U_4 或 $\overline{U}$, $\overline{U}_1$, $\overline{U}_2$. 根据前节公式和类似公式, 即

$$\begin{cases} U_n^{01} = U_{n+1} + U_n(\log bh_1\cdots h_n)^{01}, \\ \overline{U}_n^{01} = \overline{U}_{n+1} + \overline{U}_n(\log \overline{b}\,\overline{h}_1\cdots\overline{h}_n)^{01} \end{cases} \tag{4.12}$$

可以验证: 点 U_5 和点 $\overline{U}_3$ 都必须在上述的二维平面上. 实际上, 因为 (U_2U_3) 和 $(\overline{U}\,\overline{U}_1)$ 的交点按假设不重合于 $\overline{U}$, 我们有

$$\overline{U}_2 = A\overline{U} + BU_2 + CU_3.$$

关于 v 导微两边, 并利用(4.12), 就导出

$$\overline{U}_3 = A'\overline{U} + B'\overline{U}_1 + C'U_2 + D'U_3 + E'U_4,$$

这表明点 $\overline{U}_3$ 与所论二维平面的衔接性. 同样, 点 U_5 也必须在同一个二维平面上. 这一来, 两直线 (U_4U_5) 与 $(\overline{U}_2\overline{U}_3)$ 在同一个二维平面上, 所以相交.

其次, 考查剩下的情况: 二维平面 Σ_2 和 Σ_2' 不重合的情况, 从而 $\overline{U}$ 和 U_2 绝不在二维平面 Σ_2' 上.

现在假设两直线 (U_4U_5) 和 $(\overline{U}_2\overline{U}_3)$ 是互错的. 我们将证明, 由 U_4, U_5, $\overline{U}_2$, $\overline{U}_3$ 决定的三维空间 S_3 必须含有二维平面 Σ_2'.

如果相反, 这 S_3 不含有 Σ_2', 那么 S_3 和 Σ_2' 必决定一个四维空间, 而且它很明显地是上述的点 P 的配极超平面 S_4. 因为 $\overline{U}$ 不在 Σ_2' 上, 而 $\overline{U}_3$ 属于 S_3, 容易看出:

$$\overline{U}_3 = A\overline{U} + C\overline{U}_2 + DU_4 + EU_5; \tag{4.13}$$

把两边关于 u 导微, 并利用前节公式和类似公式, 即

$$\begin{cases} U_n^{10} = h_nU_{n-1}, \\ \overline{U}_n^{10} = \overline{h}_n\overline{U}_{n-1}, \end{cases} \tag{4.14}$$

便得到下列关系式:

$$\overline{h}_3\overline{U}_2 = 2bA\overline{V} + B'\overline{U}_1 + C'\overline{U}_2 + D'U_3 + E'U_4 + F'U_5. \tag{4.15}$$

假定 $A \neq 0$, 从而(4.15) 给出点 $\overline{V}$ 作为属于超平面 S_4 的线性表示(因为 $b\overline{h}_3 \neq 0$). 因此, 由点 U_1, U_2, U_3, U_4; $\overline{V}$, $\overline{U}$, $\overline{U}_1$, $\overline{U}_2$ 决定的超平面 $\overline{S}_4$ 将重合于 S_4. 但是这是不可能的, 因为 $\overline{S}_4$ 是两直线 (V_2V_3) 和 $(\overline{V}\,\overline{V}_1)$ 的交点 $\overline{P}$ 的配极超平面, 而且一般地, $\overline{P}$ 和 P 不重合. 这一来, 我们获得 $A = 0$, 而且 $\overline{U}_3 = C\overline{U}_2 + DU_4 + EU_5$. 最后关系与 (U_4U_5), $(\overline{U}_2\overline{U}_3)$ 相错的假设有了矛盾.

所以现在断定, 三维空间 $S_3 \equiv U_4U_5U_2U_3$ 必须含有二维平面 $\Sigma_2' \equiv U_3U_4\overline{U}_1\overline{U}_2$, 且从而可以写下关系式:

$$\overline{U}_3 = B\overline{U}_1 + C\overline{U}_2 + DU_4 + EU_5. \tag{4.16}$$

关于 u 导微两边并用(4.14) 改写, 便有

$$\overline{h}_3\overline{U}_2 = \overline{h}_1B\overline{U} + B'\overline{U}_1 + C'\overline{U}_2 + D'U_3 + E'U_4 + F'U_5,$$

从此可以看出 $B = 0$. 实际上, 如果 $B \neq 0$, 最后关系将给出 $\overline{U}$, 从而 U_2 属于空间 $S_3 \equiv \overline{U}_1\overline{U}_2U_4U_5$, 即两空间 Σ_3 和 $\overline{\Sigma}$ 重合的结果, 而这和 Σ_3, $\overline{\Sigma}_3$ 的极线 (V_3V_4), $(\overline{V}_1\overline{V}_2)$ 互异的事实是不相容的.

从方程(4.16) 现在却得出, 两直线 $(\overline{U}_2\overline{U}_3)$ 和 (U_4U_5) 相交的结论, 这又和假设不相容.

综上所述, 到达了 (U_4U_5) 与 $(\overline{U}_2\overline{U}_3)$ 必相交的结论. 必须指出, 上述关于矩阵(4.11) 的讨论完全适用于一般矩阵. 这一来, 证明了定理.

3.5 交 点 序 列

在3.2节已经阐述一个射影极小曲面 σ 的一个 D 变换 $\overline{\sigma}$ 的 D 变换有四个曲面, 其中一个重合 σ, 而且其余三个中有两个曲面 $\sigma_{(1)}$ 和 $\sigma_{(2)}$ 同时也是 $\overline{\sigma}$ 的 W 变换. 如果用 J 和 $\overline{J}$ 表示有关的两个 W 线汇在 Ω 上的象, 经典的达布定理指出: J 和 $\overline{J}$ 顺次属于拉普拉斯序列

(J) $\qquad\qquad \cdots, J_n, \cdots, J_2, J_1, J, J_{-1}, J_{-2}, \cdots, J_{-n}, \cdots$

和

$(\overline{J})$ $\qquad\qquad \cdots, \overline{J}_n, \cdots, \overline{J}_2, \overline{J}_1, \overline{J}, \overline{J}_{-1}, \overline{J}_{-2} \cdots, \overline{J}_{-n}, \cdots,$

其中各序列的方向和 (L), $(\overline{L})$ 的方向是一致的.

如上节所述, (L) 和 $(\overline{L})$ 是相交的. 我们将证明: 这两序列的交点序列恰恰是 (J) 和 $(\overline{J})$ (参见苏步青[33]). 更确切地说, 两连线 $(U_{n+1}U_n)$ 和 $(\overline{U}_{n-1}\overline{U}_{n-2})$

相交于点 J_{n+1}, 两连线 $(V_n V_{n+1})$ 和 $(\overline{V}_{n+2}\overline{V}_{n+3})$ 相交于点 J_{-n-1}; 另外, 两连线 $(U_{n-3}U_{n-4})$ 和 $(\overline{U}_{n-1}\overline{U}_{n-2})$ 相交于点 $\overline{J}_{n-3}$, 且最后两连线 $(V_{n+4}V_{n+5})$ 和 $(\overline{V}_{n+2}\overline{V}_{n+3})$ 相交于点 $\overline{J}_{-n-5}$, 其中 $n = 0, 1, 2, \cdots$, 而且 $U_0 \equiv U$, $U_{-1} \equiv V$, $U_{-2} \equiv V_1$, 等等. 把这些关系列成如下的表格 (T):

$$
\left\|\left\|
\begin{array}{cccccccccccc}
\cdots U_{n+1} & U_n & \cdots U_4 & U_3 & U_2 & U_1 & U & V & \cdots & V_n & V_{n+1} & \cdots \\
\cdots J_{n+1} & \cdots & J_4 & J_3 & J_2 & J_1 & J & J_{-1} & \cdots & J_{-n-1} & \cdots \\
\cdots \overline{U}_{n-1} & \overline{U}_{n-2} & \cdots \overline{U}_2 & \overline{U}_1 & \overline{U} & \overline{V} & \overline{V}_1 & \overline{V}_2 & \cdots & \overline{V}_{n+2} & \overline{V}_{n+3} & \cdots \\
\cdots \overline{J}_{n-3} & \cdots & \overline{J} & \overline{J}_{-1} & \overline{J}_{-2} & \overline{J}_{-3} & \overline{J}_{-4} & \overline{J}_{-5} & \cdots & J_{-n-5} & \cdots \\
\cdots U_{n-3} & U_{n-4} & \cdots U & V & V_1 & V_2 & V_3 & V_4 & \cdots & V_{n+4} & V_{n+5} & \cdots
\end{array}
\right\|\right\|
$$

另外, 容易看出: (J) 和 $(\overline{J})$ 也相交, 交点形成的序列恰恰与戈德的伴随序列 (G) (3.3节) 重合(参见苏步青[35]). 实际上, 如前以

(G) $\qquad\qquad\qquad \cdots, A_n, \cdots, A_2, A_1, A, B, B_1, B_2, \cdots, B_n, \cdots$

表示戈德的伴随序列, 那么两连线 $(J_{n+3}J_{n+2})$ 和 $(\overline{J}_{n-1}\overline{J}_{n-2})$ 相交于 A_n, 而两连线 $(J_{-n+2}J_{-n+1})$ 和 $(\overline{J}_{-n-2}\overline{J}_{-n-3})$ 相交于 B_n.

为了阐明上述的一些关系与有关构图, 我们首先写出 $\overline{U}$, $\overline{V}$ 的表达式 (4.9) 和 (4.8):

$$
\begin{aligned}
\overline{U} = {} & 2a[\{(\log ak_1)^{10} + \omega'\sqrt{-\alpha}\}V_1 + V_2] \\
& + \beta_1\left\{U_1 + \frac{U_2}{(\log bh_1)^{01} + \omega\sqrt{-\beta}}\right\},
\end{aligned} \tag{5.1}
$$

$$
\begin{aligned}
\overline{V} = {} & 2b[\{(\log bh_1)^{01} + \omega\sqrt{-\beta}\}U_1 + U_2] \\
& + \alpha_1\left\{V_1 + \frac{V_2}{(\log ak_1)^{10} + \omega'\sqrt{-\alpha}}\right\},
\end{aligned} \tag{5.2}
$$

式中 $\omega = \pm 1$ 而且 $\omega' = \pm 1$.

从这两式立刻导出, 在 S_5 里两连线 (U_2U_1) 与 $(\overline{U}\,\overline{V})$ 相交, 其交点 J_2 的坐标是

$$
J_2 = U_2 + \{(\log bh_1)^{01} + \omega\sqrt{-\beta}\}U_1; \tag{5.3}
$$

这也是德穆兰四边形的一边的象.

又注意到 $(4.2)_5$ 和 (4.7), 便得到两连线 (U_1V) 和 $(\overline{V}\,\overline{V}_1)$ 的交点

$$
J_1 = U_1 + \omega\sqrt{-\beta}U. \tag{5.4}
$$

我们先来证明: J_1 和 J_2 是在一个拉普拉斯序列 (J) 中的两个拉普拉斯变换.
实际上, 从公式(3.3节)

$$
U^{10} + 2bV = 0, \quad V^{01} + 2aU = 0; \tag{5.5}
$$

$(4.12)_1$, $(4.14)_1$; (3.9), (3.24) 容易验证

$$\begin{cases} J_1^{01} = J_2, \\ J_2^{10} = \{h_1 + \omega(\sqrt{-\beta})^{10}\}J_1. \end{cases} \tag{5.6}$$

这表明了, $J_1(J_2)$ 是 $J_2(J_1)$ 沿 $u(v)$ 方向的拉普拉斯变换.

从 (5.4) 和 $(4.12)_1$, $(4.14)_1$ 看出

$$J_1^{10} = J, \tag{5.7}$$

式中已置

$$J \equiv \{h_1 + \omega(\sqrt{-\beta})^{10}\}U - 2\omega\sqrt{-\beta}bV. \tag{5.8}$$

在这里将阐明: J 是 J_1 沿 u 方向的拉普拉斯变换.

为这目的, 算出 J^{01}:

$$J^{01} = -(\log b)^{01}J + h_1\{\omega\sqrt{-\beta} + (\log bh_1)^{01}\}U_1 + EU, \tag{5.9}$$

式中

$$\begin{aligned} E \equiv &\omega\sqrt{-\beta}\{h_1 + \omega(\sqrt{-\beta})^{10}(\log b)^{01} - 4ab\,\beta\} \\ &+ \omega\sqrt{-\beta}\{h_1^{01} + \omega(\sqrt{-\beta})^{11}\}. \end{aligned} \tag{5.10}$$

根据 (3.24) 和关系式

$$h_1\{(\log bh_1)^{01} + \omega\sqrt{-\beta}\} = \omega\sqrt{-\beta}\{h_1 + \omega(\sqrt{-\beta})^{10}\} \tag{5.11}$$

改写 E,

$$E = -\beta\{h_1 + \omega(\sqrt{-\beta})^{10}\}, \tag{5.12}$$

且从而导出所求的结果:

$$J^{01} = -(\log b)^{01}J + \omega\sqrt{-\beta}\{h_1 + \omega(\sqrt{-\beta})^{10}\}J_1. \tag{5.13}$$

最后方程和 (5.7) 充分地表明, J 满足一个拉普拉斯方程. 又如 (5.8) 所表示, J 是原曲面 σ 的一条切线的象, 并按照经典的定理, J 形成一个 W 线汇, 而且 σ 被变换到另一个焦叶曲面 $\sigma_{(1)}$.

由以上所述得知, J, J_1, J_2 属于拉普拉斯序列 (J).

同样, 以 S_5 里的点

$$\overline{J} \equiv 2\omega\sqrt{-\alpha}aU - \{k_1 + \omega'(\sqrt{-\alpha})^{01}\}V \tag{5.14}$$

为象的直线形成另一 W 线汇, 而且 σ 被变换到其他一个焦叶曲面 $\sigma_{(2)}$. 在 S_5 里点 $\overline{J}$ 属于拉普拉斯序列 $(\overline{J})$.

这样得到的两拉普拉斯序列 (J) 和 $(\overline{J})$，称为交点序列。以下将寻找 (J) 的一般点 J_n，J_{-n} 和 $(\overline{J})$ 的一般点 $\overline{J}_n$，$\overline{J}_{-n}$ 的具体表示，借以阐明它们相互间的关系，以及它们与戈德的伴随序列 (G) 的关联问题。为此，改写 (5.8)：

$$J = \lambda U - \mu V, \tag{5.15}$$

其中已置

$$\lambda = h_1 \omega + (\sqrt{-\beta})^{10}, \quad \mu = 2b\omega\sqrt{-\beta}. \tag{5.16}$$

按照德穆兰定理，一定存在一个函数 $\rho(u, v)$，使得

$$(\rho\lambda)^{01} + 2a\rho\mu = 0, \quad (\rho\mu)^{10} + 2b\,\rho\lambda = 0. \tag{5.17}$$

如果参考 (3.9)，(5.11) 和 (5.16)，容易导出 ρ 的微分方程组：

$$\begin{cases} (\log b\beta\rho)^{10} = -\dfrac{h_1}{\omega\sqrt{-\beta}}, \\ (\log b\beta\rho)^{01} = -\omega\sqrt{-\beta}. \end{cases} \tag{5.18}$$

根据 (3.9) 和 (3.24) 可以验证，

$$\left(\frac{h_1}{\omega\sqrt{-\beta}}\right)^{01} = (\omega\sqrt{-\beta})^{10}, \tag{5.19}$$

从而微分方程组 (5.18) 是完全可积分的，而且

$$\rho = \frac{1}{b\beta} \exp\left(-\omega \int \left(\frac{h_1}{\sqrt{-\beta}}du + \sqrt{-\beta}dv\right)\right). \tag{5.20}$$

现在导入 J^* 以表示规范化的直线 J：

$$J^* = \lambda^* U - \mu^* V, \tag{5.21}$$

式中

$$\lambda^* = \rho\lambda, \quad \mu^* = \rho\mu, \tag{5.22}$$

而且对 (5.21) 运用一些已知的公式 (参考戈德著书22页)，便获得

$$\begin{cases} J_n^* = \mu_{n-1}^* U_n - \mu_n^* U_{n-1}, \\ J_{-n}^* = \lambda_{n-1}^* V_n - \lambda_n^* V_{n-1}, \end{cases} \tag{5.23}$$

式中

$$\begin{cases} \mu_n^* = \mu_{n-1}^{*01} - \mu_{n-1}^*(\log bh_1\cdots h_{n-1})^{01}, \quad \mu_n^{*10} = h_n\mu_{n-1}^*, \\ \lambda_n^* = \lambda_{n-1}^{*10} - \lambda_{n-1}^*(\log ak_1\cdots k_{n-1})^{10}, \quad \lambda_n^{*01} = k_n\lambda_{n-1}^*. \end{cases} \tag{5.24}$$

经过一些简单计算, 可以写出

$$J_n^* = \rho J_n, \quad J_{-n}^* = \rho J_{-n}, \tag{5.25}$$

这里

$$\begin{cases} J_n = \mu_{n-1} U_n - \mu_n U_{n-1}, \\ J_{-n} = \lambda_{n-1} V_n - \lambda_n U_{n-1}. \end{cases} \tag{5.26}$$

从 (5.18) 和 (5.24) 容易算出对 λ_n 和 μ_n 的递归公式如下:

$$\begin{cases} \lambda_n = \lambda_{n-1}^{10} - \lambda_{n-1}\left\{(\log ab\,\beta k_1 \cdots k_{n-1})^{10} + \dfrac{h_1}{\omega\sqrt{-\beta}}\right\}, \\ \lambda_n^{01} = k_n \lambda_{n-1} - \{(\log b)^{01} - \omega\sqrt{-\beta}\}\lambda_n; \\ \mu_n = \mu_{n-1}^{01} - \mu_{n-1}\{(\log h_1 \cdots h_{n-1})^{01} + \omega\sqrt{-\beta}\}, \\ \mu_n^{10} = h_n \mu_{n-1} + \left\{\dfrac{h_2}{\omega\sqrt{-\beta}} + (\log b\beta)^{10}\right\}\mu_n. \end{cases} \tag{5.27}$$

同样, 第二交点序列 $(\overline{J})$ 可以表成为方程

$$\overline{J} = \overline{\lambda} U - \overline{\mu} V, \tag{5.28}$$

其中

$$\overline{\lambda} = 2\omega'\sqrt{-\alpha}\,a, \quad \overline{\mu} = k_1 + \omega'(\sqrt{-\alpha})^{01}. \tag{5.29}$$

更一般地, 我们得到

$$\begin{cases} \overline{J}_n = \overline{\mu}_{n-1} U_n - \overline{\mu}_n U_{n-1}, \\ \overline{J}_{-n} = \overline{\lambda}_{n-1} V_n - \overline{\lambda}_n V_{n-1}. \end{cases} \tag{5.30}$$

式中 $\overline{\lambda}_0 = \overline{\lambda}$, $\overline{\mu}_0 = \overline{\mu}$, 而且

$$\begin{cases} \overline{\lambda}_n = \overline{\lambda}_{n-1}^{10} - \overline{\lambda}_{n-1}\{(\log k_1 \cdots k_{n-1})^{10} + \omega'\sqrt{-\alpha}\}, \\ \overline{\lambda}_n^{01} = k_n \overline{\lambda}_{n-1} + \left\{\dfrac{k_1}{\omega'\sqrt{-\alpha}} + (\log a\alpha)^{01}\right\}\overline{\lambda}_n; \\ \overline{\mu}_n = \overline{\mu}_{n-1}^{01} - \overline{\mu}_{n-1}\left\{(\log ab\,\alpha h_1 \cdots h_{n-1})^{01} + \dfrac{k_1}{\omega'\sqrt{-\alpha}}\right\}, \\ \overline{\mu}_n^{10} = h_n \overline{\mu}_{n-1} - \{(\log a)^{10} - \omega'\sqrt{-\alpha}\}. \end{cases} \tag{5.31}$$

现在, 转到两个交点序列 (J) 和 $(\overline{J})$ 的另一重要性质的讨论. 从 (5.1) 和 (5.2) 得到两个关系, 就是

$$\alpha_1 \overline{U} - 2a\{(\log ak_1)^{10} + \omega'\sqrt{-\alpha}\}\overline{V} = (*)U_1 + (*)U_2, \tag{5.32}$$

$$2b\{(\log bh_1)^{01} + \omega\sqrt{-\beta}\}\overline{U} - \beta_1 \overline{V} = (*)V_1 + (*)V_2, \tag{5.33}$$

其中右边各系数的表达式因为用处不大, 故从略. 左边恰恰表示德穆兰四边形的两边在 S_5 的象, 而且除了某因式而外顺次重合于 J_2 和 J_{-2}. 另一方面, 在 S_3 里它们代

表两直线, 而且按照所形成的两 W 线汇, 曲面 σ 被变换到其余焦叶 $\sigma_{(1)}$ 和 $\sigma_{(2)}$. 因此, 以 $\mathscr{T}$ 和 $\overline{\mathscr{T}}$ 分别表示这两点, 就有

$$
\begin{cases}
\mathscr{T} = \Lambda\overline{U} - M\overline{V}, \\
\overline{\mathscr{T}} = \overline{\Lambda}\,U - \overline{M}\,V,
\end{cases}
\tag{5.34}
$$

这里各系数满足德穆兰条件

$$
\begin{cases}
\Lambda^{01} + 2\overline{a}M = 0, \quad M^{10} + 2\overline{b}\Lambda = 0; \\
\overline{\Lambda}^{01} + 2\overline{a}\overline{M} = 0, \quad \overline{M}^{10} + 2\overline{b}\,\overline{\Lambda} = 0.
\end{cases}
\tag{5.35}
$$

同原曲面 σ 的情况相类似地, 有关的序列 $(\mathscr{T})$ 和 $(\overline{\mathscr{T}})$ 决定于方程

$$
\mathscr{T}_n = M_{n-1}\overline{U}_n - M_n\overline{U}_{n-1}, \quad \mathscr{T}_{-n} = \Lambda_{n-1}\overline{V}_n - \Lambda_n\overline{V}_{n-1};
\tag{5.36}
$$

$$
\overline{\mathscr{T}}_n = \overline{M}_{n-1}U_n - \overline{M}_n U_{n-1}, \quad \overline{\mathscr{T}}_{-n} = \overline{\Lambda}_{n-1}V_n - \overline{\Lambda}_n V_{n-1}.
\tag{5.37}
$$

式中 M_n, Λ_n 满足下列法则:

$$
\begin{cases}
M_n = M_{n-1}^{01} - M_{n-1}(\log \overline{b}\,\overline{h}_1 \cdots \overline{h}_{n-1})^{01}, \quad M_n^{10} = \overline{h}_n M_{n-1}, \\
\Lambda_n = \Lambda_{n-1}^{10} - \Lambda_{n-1}(\log \overline{a}\overline{k}_1 \cdots \overline{k}_{n-1})^{10}, \quad \Lambda_n^{01} = \overline{k}_n \Lambda_{n-1}.
\end{cases}
\tag{5.38}
$$

而且 $\overline{M}_n, \overline{\Lambda}_n$ 也满足类似法则.

可是 $\mathscr{T} = J_2, \overline{\mathscr{T}} = \overline{J}_{-2}$, 所以 $\mathscr{T}_n = J_{n+2}, \overline{\mathscr{T}}_n = \overline{J}_{n-2}; \mathscr{T}_{-n} = J_{-(n-2)}, \overline{\mathscr{T}}_{-n} = \overline{J}_{-(n+2)}$. 如 3.3 节所述, 戈德的伴随序列 (G) 的点 A_n 是两平面 $U_{n+3}U_{n+2}U_{n+1}$ 和 $U_{n-1}U_n$ 的共通点, 而且点 B_n 是两平面 $V_{n-3}V_{n-2}V_{n-1}$ 和 $V_{n+1}V_{n+2}V_{n+3}$ 的共通点 $(n = 0, 1, 2, \cdots$. 从此可见,

$$
\mathscr{T}\mathscr{T}_1 \times \overline{\mathscr{T}}\,\overline{\mathscr{T}}_1 = A,
$$

$$
\mathscr{T}_1\mathscr{T}_2 \times \overline{\mathscr{T}}_1\overline{\mathscr{T}}_2 = A_1,
$$

$$
\cdots\cdots
$$

$$
\mathscr{T}_n\mathscr{T}_{n+1} \times \overline{\mathscr{T}}_n\overline{\mathscr{T}}_{n+1} = A_n,
$$

$$
\cdots\cdots
$$

$$
\mathscr{T}\mathscr{T}_{-1} \times \overline{\mathscr{T}}\,\overline{\mathscr{T}}_{-1} = B,
$$

$$
\mathscr{T}_{-1}\mathscr{T}_{-2} \times \overline{\mathscr{T}}_{-1}\overline{\mathscr{T}}_{-2} = B_1,
$$

$$
\cdots\cdots
$$

$$
\mathscr{T}_{-n}\mathscr{T}_{-n-1} \times \overline{\mathscr{T}}_{-n}\overline{\mathscr{T}}_{-n-1} = B_n,
$$

$$
\cdots\cdots
$$

根据(5.34), (5.36) 和(5.37) 容易算出序列(G) 的具体表示, 就是

$$A = \begin{vmatrix} \overline{U}_1 & \overline{U} & \overline{V} \\ M_1 & M & \Lambda \\ \overline{M}_1 & \overline{M} & \overline{\Lambda} \end{vmatrix}, \quad A_n = \begin{vmatrix} \overline{U}_{n+1} & \overline{U}_n & \overline{U}_{n-1} \\ M_{n+1} & M_n & M_{n-1} \\ \overline{M}_{n+1} & \overline{M}_n & \overline{M}_{n-1} \end{vmatrix} \quad (n = 1, 2, \cdots); \qquad (5.39)$$

$$B = \begin{vmatrix} \overline{U} & \overline{V} & \overline{V}_1 \\ M & \Lambda & \Lambda_1 \\ \overline{M} & \overline{\Lambda} & \overline{\Lambda}_1 \end{vmatrix}, \quad B_n = \begin{vmatrix} \overline{V}_{n-1} & \overline{V}_n & \overline{V}_{n+1} \\ \Lambda_{n-1} & \Lambda_n & \Lambda_{n+1} \\ \overline{\Lambda}_{n-1} & \overline{\Lambda}_n & \overline{\Lambda}_{n+1} \end{vmatrix} \quad (n = 1, 2, \cdots) \qquad (5.40)$$

$(\overline{U}_0 \equiv \overline{U}, \overline{V}_0 \equiv \overline{V}, M_0 \equiv M, \Lambda_0 \equiv \Lambda, 等等).$

为了更明确地弄清$(J), (\overline{J})$ 与(G) 之间的关系, 从(5.26) 和(5.27) 算出J_2 和J_3 的具体表示:

$$J_2 = \mu_1[U_2 + \{(\log bh_1)^{01} + \omega\sqrt{-\beta}\}U_1], \qquad (5.41)$$

$$J_3 = \mu_1[\{(\log bh_1)^{02} + \omega(\sqrt{-\beta})^{01} - ((\log bh_1)^{01} + \omega\sqrt{-\beta})$$
$$\times ((\log bh_1h_2)^{01} + \omega\sqrt{-\beta})\}U_2 - ((\log bh_1)^{01} + \omega\sqrt{-\beta})U_3], \qquad (5.42)$$

并且根据$(3.9)_2$导出关系式

$$-\beta_1 J_2 + J_3 = \mu_1\{(\log bh_1)^{01} + \omega\sqrt{-\beta}\}\overline{A}, \qquad (5.43)$$

其中已置

$$\overline{A} = -\{U_3 + U_2(\log b^3 h_1^2 h_2)^{01} + \beta_1 U_1\}. \qquad (5.44)$$

这里$\overline{A}$ 与A 重合, 可由$(3.11)_2$来验证.

同样, 得到

$$-\alpha\overline{J}_{-1} + \overline{J}_{-2} = \overline{\lambda}_1\{V_2 + V_1(\log ak_1)^{10} + \alpha V\}. \qquad (5.45)$$

按照$(3.10)_1$可以改写右边为$\dfrac{\overline{\lambda}_1}{2a}A$.

两关系(5.43) 和(5.45) 可以扩大到一般情况, 以下将求出J_{n+2}, J_{n+3}, $\overline{J}_{n-2}$, $\overline{J}_{n-1}$ 与A_n 之间的一般关系.

先从(5.26) 和(5.27) 来证明

$$\beta_{n+1}J_{n+2} - J_{n+3} = \mu_{n+2}A_n, \qquad (5.46)$$

式中A_n 决定于(3.20) , 即

$$A_n = -(U_{n+3} + H_{n+2}^{01}U_{n+2} + \beta_{n+1}U_{n+1}). \qquad (5.47)$$

实际上, (5.46) 来自方程

$$\mu_{n+3} + H^{01}_{n+2}\mu_{n+2} - \beta_{n+1}\mu_{n+1} = 0. \tag{5.48}$$

至于最后关系将用数学归纳法证明如下.

假定已经成立了关系

$$\mu_{n+2} + H^{01}_{n+1}\mu_{n+1} + \beta_n\mu_n = 0. \tag{5.49}$$

当 $n = 1$ 时, 可以验证这关系成立. 关于 v 导微 (5.49) 的两边, 并利用 (5.27), (3.18), (3.21), (3.21)′ 和 (5.49) 改写导来方程, 便有 (5.48).

要找寻作为连线 $\overline{J}_{n-1}\overline{J}_{n-2}$ 上的点 A_n 的表示, 需要更复杂的方法来进行. 首先从连线 $\overline{J}_{-1}\overline{J}_{-2}$ 上的点 A 开始. 利用 (5.26) 和 (5.27) 算出

$$\alpha\overline{J}_{-1} - \overline{J}_{-2} = -\overline{\lambda}_1(V_2 + \alpha V) + (\overline{\lambda}_2 + \alpha\overline{\lambda})V_1. \tag{5.50}$$

按照 (5.29) 和 (3.9) 获得

$$\overline{\lambda}_1 = 2\alpha a,$$
$$\overline{\lambda}_2 = -\overline{\lambda}_1\{(\log ak_1)^{10} + \omega'\sqrt{-\alpha}\},$$

所以可改写 (5.50) 为

$$\alpha\overline{J}_{-1} - \overline{J}_{-2} = -\frac{\overline{\lambda}_1}{2a}A, \tag{5.51}$$

其中如 $(3.10)_1$ 所示,

$$A = 2a\{V_2 + V_1(\log ak_1)^{10} + \alpha V\}. \tag{5.52}$$

其次, 作出

$$\alpha_1\overline{J} - 2b\overline{J}_{-1} = \overline{\lambda}(\alpha_1 U - 2bV_1) - (\overline{\mu}_1\alpha_1 - 2b\overline{\lambda}_1)V, \tag{5.53}$$

并应用 (3.26)′ (其中 $n = 1$) 来演算,

$$2b\overline{\lambda}_1 - \overline{\mu}\alpha_1 = -\alpha_1\omega'(\sqrt{-\alpha})^{01}.$$

因为

$$\alpha^{01} = -2k_1(\log ak_1)^{10}, \tag{5.54}$$

又得到

$$2b\overline{\lambda}_1 - \overline{\mu}\alpha_1 = -2b\lambda(\log ak_1)^{10}, \tag{5.55}$$

从而

$$\alpha_1\overline{J} - 2b\overline{J}_{-1} = -\frac{\overline{\lambda}b}{ak_1}A_1, \tag{5.56}$$

式中如前(3.3节) 已置

$$A_1 = -\frac{ak_1}{b}[\alpha_1 U + 2bV(\log ak_1)^{10} - 2bV_1]. \tag{5.57}$$

再次, 我们进行计算

$$\alpha_2\overline{J}_1 + 2bh_1\overline{J} = \overline{\mu}(\alpha_2 U_1 - 2bh_1 V) - (\alpha_2\overline{\mu}_1 - 2bh_1\overline{\lambda})U, \tag{5.58}$$

并应用(3.26)′ (其中$n = 2$) , 便可导出

$$k_1 k_2(\alpha_2\overline{\mu}_1 - 2bh_1\overline{\lambda}) = 4abh_1\alpha \left(\overline{\mu}_1 + \frac{\omega' k_1 k_2}{\sqrt{-\alpha}}\right). \tag{5.59}$$

根据(5.54) 和关系式

$$k_1 - k_2 = (\log ak_1)^{11},$$

容易计算

$$(\sqrt{-\alpha})^{02} = \frac{k_1}{\sqrt{-\alpha}} \left[(\log ak_1)^{10}\left\{(\log k_1)^{01} + \frac{k_1}{\alpha}(\log ak_1)^{10}\right\} + k_1 - k_2\right], \tag{5.60}$$

且由此得到

$$\overline{\mu}_1 + \frac{k_1 k_2}{\omega'\sqrt{-\alpha}} = \overline{\mu}\left[-(\log\alpha_1)^{01} + \frac{k_1(\log\alpha k_1)^{10}}{\alpha}\right]. \tag{5.61}$$

可是

$$\alpha_1^{01} = k_1(\log ak_1)^{10} - k_2 K_2^{10},$$

所以

$$\overline{\mu}_1 + \frac{k_1 k_2}{\omega'\sqrt{-\alpha}} = \frac{k_2\overline{\mu}}{\alpha_1}K_2^{10}. \tag{5.62}$$

这一来, (5.58) 可以写成

$$\alpha_2\overline{J}_1 + 2bh_1\overline{J} = -\frac{bh_1\overline{\mu}}{ak_1 k_2}A_2, \tag{5.63}$$

式中如前(3.3节) 已置

$$A_2 = -\frac{ak_1 k_2}{bh_1}[\alpha_2 U_1 - h_1 K_2^{10}U - 2bh_1 V]. \tag{5.64}$$

为下文中便于使用, 把关系式(5.55) 和(5.62) 分别写成

$$\alpha_1\overline{\mu} - 2b(\log ak_1)^{10}\overline{\lambda} - 2b\overline{\lambda}_1 = 0, \tag{5.65}$$

$$\alpha_2\overline{\mu}_1 - h_1 K_2^{10}\overline{\lambda} - 2bh_1\overline{\lambda} = 0. \tag{5.66}$$

这些方程有用于导出新关系

$$\alpha_3\overline{\mu}_2 - h_2 K_3^{10}\overline{\mu}_1 + h_1 h_2\overline{\mu} = 0, \tag{5.67}$$

且从而

$$\alpha_3\overline{J}_2 - h_1h_2\overline{J}_1 = -\frac{bh_1h_2\overline{\mu}_1}{ak_1k_2k_3}A_3,\tag{5.68}$$

其中如前(3.3节) 已置

$$A_3 = -\frac{ak_1k_2k_3}{bh_1h_2}[\alpha_3U_2 - h_2K_3^{10}U_2 + h_1h_2U].\tag{5.69}$$

实际上, 关于 v 导微(5.66) , 而且应用(5.27) 以及关系式(3.26)′ (其中$n = 2,3$) 和(3.22)′ (其中$n \neq 1$) , 即

$$h_2\alpha_2 = k_3\alpha_3, \quad \alpha_2^{01} = h_1K_2^{10} - k_3K_3^{10},\tag{5.70}$$

便可把导微的结果写成如下的方程:

$$k_3[\alpha_3\overline{\mu}_2 - h_2K_3^{10}\overline{\mu}_1 + h_1h_2\overline{\mu}] + h_2(\log h_1)^{01}[\alpha_2\overline{\mu}_1 - h_1K_2^{10}\overline{\mu} - 2bh_1\overline{\lambda}]$$
$$- h_1h_2\left[(k_3 + K_2^{11})\overline{\mu} - 2b\left\{(\log\sqrt{-\alpha})^{01} + \frac{k_1}{\omega'\sqrt{-\alpha}}\right\}\overline{\lambda}\right] = 0.$$

这里第二个方括号中的式子根据(5.66) 等于0, 而且第三个方括号中的式子也因为

$$h_3 + K_2^{11} = 4ab$$

而消失. 因此, 得知(5.67) 是成立的.

更一般地, 对于(3.27) 的点A_n, 即

$$A_n = -\frac{ak_1\cdots k_n}{bh_1\cdots h_{n-1}}[\alpha_nU_{n-1} - h_{n-1}K_n^{10}U_{n-2} + h_{n-2}h_{n-1}U_{n-3}],$$

我们可以验证:

$$\alpha_n\overline{J}_{n-1} - h_{n-2}h_{n-1}\overline{J}_{n-2} = -\frac{bh_1\cdots h_{n-1}}{ak_1\cdots k_n}\overline{\mu}_{n-1}A_n,\tag{5.71}$$

这就是

$$\alpha_{n+1}\overline{\mu}_n - h_nK_{n+1}^{10}\overline{\mu}_{n-1} + h_{n-1}h_n\overline{\mu}_{n-2} = 0.\tag{5.72}$$

从(5.67) 容易看出, 最后方程在$n = 2$ 时是成立的. 假设在(5.72) 前面一个, 即

$$\alpha_n\overline{\mu}_{n-1} - h_{n-1}K_n^{10}\overline{\mu}_{n-2} + h_{n-2}h_{n-1}\overline{\mu}_{n-3} = 0\tag{5.73}$$

已经成立, 那么从此将导出(5.72) . 为此, 关于v 导微(5.73) , 并如前所述, 应用(5.26) 和

$$h_n\alpha_n = k_{n+1}\alpha_{n+1}, \quad \alpha_n^{01} = h_{n-1}K_n^{10} - k_{n+1}K_{n+1}^{01}\tag{5.74}$$

以改写所导微的结果乘以 h_n 的方程, 我们得到

$$k_{n+1}[\alpha_{n+1}\overline{\mu}_n - h_n K_{n+1}^{10}\overline{\mu}_{n-1} + h_{n-1}h_n\overline{\mu}_{n-2}]$$
$$+ h_n\left\{(\log ab\,\alpha h_1\cdots h_{n-1})^{01} + \frac{k_1}{\omega'\sqrt{-\alpha}}\right\}[\alpha_n\overline{\mu}_{n-1} - h_{n-1}K_n^{10}\overline{\mu}_{n-2}$$
$$+ h_{n-2}h_{n-1}\overline{\mu}_{n-3}] + h_n h_{n-1}(h_{n-2} - k_{n+1} - K_n^{11})\overline{\mu}_{n-2} = 0.$$

由于第二个方括号中的式子根据假设等于0, 而且

$$h_{n-2} - k_{n+1} = K_n^{11}, \tag{5.75}$$

关系(5.72) 很明显地成立.

同样, 我们获得(5.46) 和(5.71) 的类似方程:

$$\beta_n J_{-n+1} - k_{n-2}k_{n-1}J_{-n+2} = -\frac{ak_1k_2\cdots k_{n-1}}{bh_1h_2\cdots h_n}\lambda_{n-1}B_n, \tag{5.76}$$

$$\alpha_{n+1}\overline{J}_{-(n+2)} - \overline{J}_{-(n+3)} = \overline{\lambda}_{n+2}B_n, \tag{5.77}$$

式中 B_n 决定于(3.20)′或(3.27)′, 即

$$B_n = -(V_{n+3} + K_{n+2}^{10}V_{n+2} + \alpha_{n+1}V_{n+1}), \tag{5.78}$$

或

$$B_n = -\frac{bh_1h_2\cdots h_n}{ak_1k_2\cdots k_{n-1}}[\beta_n V_{n-1} - k_{n-1}H_n^{01}V_{n-2} + k_{n-2}k_{n-1}V_{n-3}]. \tag{5.79}$$

最后将考查几个显著的伴随于拉普拉斯序列(J) 和$(\overline{J})$ 的构图. 在本节开端曾经叙述了(J) 恰恰对应于变原曲面σ 到其一第二D 变换$\sigma_{(1)}$ 去的W 线汇. 如果在S_5里作出超平面$J_2J_1JJ_{-1}J_{-2}$ 关于克莱因超织面Ω 的极点P, 就是这W 线汇的密切线性丛的第二象, 那么如所知(参见戈德著书23页), P 必属于一个拉普拉斯序列

$$(P) \qquad \cdots, P_n, \cdots, P_1, P, P_{-1}, \cdots, P_{-n}, \cdots,$$

这里方向是与(J) 的一致的.

按照定义, 五点$J_2, J_1, J, J_{-1}, J_{-2}$ 是下面的矩阵中自左至右每对连线的交点:

$$\begin{pmatrix} U_2 & U_1 & U & V & V_1 & V_2 \\ \overline{U} & \overline{V} & \overline{V}_1 & \overline{V}_2 & \overline{V}_3 & \overline{V}_4 \end{pmatrix},$$

而且各超平面$U_2U_1UVV_1, U_1UVV_1V_2; \overline{U}\,\overline{V}\,\overline{V}_1\overline{V}_2\overline{V}_3, \overline{V}\,\overline{V}_1\overline{V}_2\overline{V}_3\overline{V}_4$ 的极点分别是V, U; $\overline{U}_1, \overline{U}_2$, 所以$P$ 必须是两连线$V\overline{U}_1$ 和$U\overline{U}_2$ 的交点.

更一般地, 因为 $J_{n+2}J_{n+1}J_nJ_{n-1}J_{n-2}$ 关于 Ω 的极点 P_{-n} 对应于矩阵

$$\begin{pmatrix} U_{n+2} & U_{n+1} & U_n & U_{n-1} & U_{n-2} & U_{n-3} \\ \overline{U}_n & \overline{U}_{n-1} & \overline{U}_{n-2} & \overline{U}_{n-3} & \overline{U}_{n-4} & \overline{U}_{n-5} \end{pmatrix},$$

而且 (L) 和 $(\overline{L})$ 都是关于 Ω 自共轭的, P_{-n} 是两连线 $V_n\overline{V}_{n-2}$ 和 $V_{n-1}\overline{V}_{n-2}$ 的交点. 至于后者两直线必相交的结论, 来自 V_nV_{n-1} 与 $\overline{V}_{n-2}\overline{V}_{n-3}$ 的相交性质.

同样, $J_{-n+2}J_{-n+1}J_{-n}J_{-n-1}J_{-n-2}$ 的极点 P_n 是两连线 $U_{n-1}\overline{U}_{n+1}$ 与 $U_n\overline{U}_{n+2}$ 的交点, 而相应地, $\overline{J}_{-n}$ 则是两连线 $U_{n-1}U_n$ 与 $\overline{U}_{n+1}\overline{U}_{n+2}$ 的交点.

综上所述, 我们得到

$$P \equiv V\overline{U}_1 \times U\overline{U}_2, \quad P_{-n} \equiv V_n\overline{V}_{n-2} \times V_{n-1}\overline{V}_{n-3},$$
$$P \equiv U_{n-1}\overline{U}_{n+1} \times U_n\overline{U}_{n+2} \quad (n = 1, 2, \cdots).$$

对于第二曲面 $\sigma_{(2)}$ 还可导出第二个拉普拉斯序列

$(\overline{P})$ 　　　　　　　　　　$\cdots, \overline{P}_n, \cdots, \overline{P}_1, \overline{P}, \overline{P}_{-1}, \cdots, \overline{P}_{-n}, \cdots,$

其中

$$\overline{P} \equiv V\overline{V}_2 \times U\overline{V}_1, \quad \overline{P}_{-n} \equiv V_n\overline{V}_{n+2} \times V_{n-1}\overline{V}_{n+1},$$
$$\overline{P}_n \equiv U_{n-1}\overline{U}_{n-3} \times U_n\overline{U}_{n-2} \quad (n = 1, 2, \cdots).$$

因此, 证明了

定理　每个点组 $(V_n\overline{U}_{n+1}; U_{n-1}\overline{U}_{n+1}; P_n\overline{J}_n)$, $(V_n\overline{V}_{n-3}; V_{n-1}\overline{V}_{n-2}; P_{-n}\overline{J}_{-n})$, $(U_n\overline{U}_{n-3}; U_{n-1}\overline{U}_{n-2}; \overline{P}_n\overline{J}_n)$, $(V_n\overline{V}_{n+1}; V_{n-1}\overline{V}_{n+2}; \overline{P}_{-n}\overline{J}_{-n})$ 都构成以组中每对点为对顶点的完全四边形.

原来, 从一对曲面 $(\sigma, \overline{\sigma})$ 导出的两曲面 $\sigma_{(1)}$ 和 $\sigma_{(2)}$ 是作为 σ 的 W 变换的同时, 也是作为 σ 的第二 D 变换而存在的. 同两序列 (J) 和 $(\overline{J})$ 的由来一样, 各曲面偶 $(\overline{\sigma}, \sigma_{(1)})$, $(\overline{\sigma}, \sigma_{(2)})$ 也有对应的拉普拉斯序列偶 $(J'), (\overline{J}')$; $(J''), (\overline{J}'')$. 为明确其间的关系, 例如考查曲面 $\sigma_{(1)}$ 的戈德序列

(L') 　　　　　　　　　　$\cdots, U'_n, \cdots, U'_1, U', V', V'_1, \cdots, V'_n, \cdots.$

由于 $\overline{\sigma}$ 和 $\sigma_{(1)}$ 都是射影极小曲面, 而且互为 D 变换, 从交扭定理(3.4节) 看出: 两连线 $\overline{V}_1\overline{V}_2$ 与 $U'V'$ 相交于 $\overline{J}'_{-2}$. 可是这两连线和连线 UV 又都相交于 J, 所以我们有

$$J'_{-2} \equiv J. \tag{5.80}$$

同样, 另一偶 $(\overline{\sigma}, \sigma_{(2)})$ 给出

$$J''_2 \equiv \overline{J}. \tag{5.81}$$

这一来, 得到

定理 曲面偶 $(\sigma, \overline{\sigma})$ 的有关拉普拉斯序列 (J) 是曲面偶 $(\overline{\sigma}, \sigma_{(1)})$ 的有关拉普拉斯序列 $(\overline{J}')$ 沿 v 方向的第二拉普拉斯变换, 而且 $(\sigma, \overline{\sigma})$ 的有关序列 $(\overline{J})$ 是 $(\overline{\sigma}, \sigma_{(2)})$ 的有关序列 (J'') 沿 u 方向的第二拉普拉斯变换.

(5.80) 和 (5.81) 可以改写成为

$$\overline{J}' \equiv J_2, \quad J'' \equiv \overline{J}_{-2}, \tag{5.82}$$

而且这两点恰是在 σ 的对应点相交的德穆兰四边形两边在 S_5 里的象 (参见 (5.3)).

如果 $\overline{\sigma}$ 被 σ 的其他 D 变换所代替, 我们总共获得四个 W 线汇, 而且有关序列偶 $(J_2, \overline{J}_{-2})$ 形成同一德穆兰四边形. 换言之:

定理 设 J 和 $\overline{J}$ 是曲面偶 $(\sigma, \overline{\sigma})$ 的有关 W 线汇在 S_5 里的象, 那么其第二拉普拉斯变换 J_2 和 $\overline{J}_{-2}$ 是在 σ 的对应点相交的 σ 的德穆兰四边形两边的象.

我们还要讨论四曲面 $\sigma, \overline{\sigma}, \sigma_{(1)}, \sigma_{(2)}$ 在对应点的戈德织面序列 (1.9 节) $\{\Phi_n\}$, $\{\overline{\Phi}_n\}$, $\{\Phi'_n\}$, $\{\Phi''_n\}$ 间的关系作为本节的结束.

因为 $\sigma_{(1)}$ 和 $\sigma_{(2)}$ 是 σ 的 W 变换, $\{\Phi_n\}$ 与 $\{\Phi'_n\}$ (或 $\{\Phi''_n\}$) 间的关系曾经为戈德所阐述 (参见 L. Godeaux, Boll. Un. Mat. Ital. (III) 11, 1956, 137~140), 这里不予详细涉及而仅指出, 两织面 Φ_n 和 Φ'_n 在四点相切, 并且其共通四边形的两对对边 $g_{1n}^{(u)}$, $g_{2n}^{(u)}$; $g_{1n}^{(v)}$, $g_{2n}^{(v)}$ 在 S_5 的象分别是连线 $\overline{J}_{n+1}\overline{J}_{n+2}$, $\overline{J}_{-n-1}\overline{J}_{-n-2}$ 与 Ω 的交点. 同样, Φ_n 和 Φ''_n 的四个接触点构成这样的一个共通四边形, 使其两对对边 $h_{n1}^{(u)}$, $h_{n2}^{(u)}$; $h_{n1}^{(v)}$, $h_{n2}^{(v)}$ 在 S_5 里分别以连线 $\overline{J}_{n+1}\overline{J}_{n+2}$, $\overline{J}_{-n-1}\overline{J}_{-n-2}$ 与 Ω 的交点为象.

为阐明两织面序列 $\{\Phi_n\}$ 和 $\{\overline{\Phi}_n\}$ 的关系, 考查 σ 的李织面 Φ. 如所知, 它在 S_5 的象是平面 VV_1V_2 与 Ω 的交线. 可是

$$VV_1 \times \overline{V}_2\overline{V}_3 = J_{-1},$$

$$V_1V_2 \times \overline{V}_3\overline{V}_4 = J_{-2},$$

所以两织面 Φ 和 $\overline{\Phi}_2$ 相交于两母线 $g_{01}^{(v)}$, $g_{02}^{(v)}$. Φ 的另一半织面是在 S_5 里以 UU_1U_2 与 Ω 的交线为象的. 从表格 (T) 可以验证, 平面 $\overline{U}\,\overline{V}V_1$ 与 Ω 的交线是 S_3 里这样的平面偶的象, 它们相交于 σ 的德穆兰四边形的一边 J_2. 另外,

$$U_1U \times \overline{U}_3\overline{U}_2 = \overline{J}_1,$$

$$U_2U_1 \times \overline{U}_4\overline{U}_3 = \overline{J}_2,$$

因此, Φ 与 $\overline{\Phi}_2$ 又相交于两母线 $h_{01}^{(u)}$, $h_{02}^{(u)}$.

总之, σ 的李织面和 $\overline{\sigma}$ 的第三个戈德织面在对应点具有一个共通四边形.

更一般地, σ 的第 $n+1$ 个戈德织面 Φ_n 和 $\overline{\sigma}$ 的第 $n+3$ 个戈德织面 $\overline{\Phi}_{n+2}$ 在对应点具有以 $g_{n1}^{(v)}$, $g_{n2}^{(v)}$; $h_{n1}^{(u)}$, $h_{n2}^{(u)}$ 为对边的共通四边形.

σ 与 $\bar{\sigma}$ 间的对应是对合的, 所以从上述关系, 或用直接计算可证: 两织面 $\varPhi_n$ 和 $\overline{\varPhi}_{n-2}$ 也有以 $g_{n1}^{(u)}$, $g_{n2}^{(u)}$; $h_{n1}^{(v)}$, $h_{n2}^{(v)}$ 为对边的共通四边形, 其中 $n = 0, 1, 2, \cdots$, 而且 $\overline{\varPhi}_{-1}$, $\overline{\varPhi}_{-2}$ 分别表示以 S_5 中的平面 $\overline{U}\,\overline{V}\,\overline{V}_1$, $\overline{U}\,\overline{V}\,\overline{U}_1$ 为象的两对平面.

因为 $\sigma_{(1)}$ 和 $\sigma_{(2)}$ 都是 $\bar{\sigma}$ 的 D 变换, $\{\overline{\varPhi}_n\}$ 和 $\{\overline{\varPhi}'_n\}$ (或 $\{\varPhi''_n\}$) 间的关系与 $\{\varPhi_n\}$ 和 $\{\overline{\varPhi}_n\}$ 间的完全相同. 这一来, 我们已经论遍了四序列 $\{\varPhi_n\}$, $\{\overline{\varPhi}_n\}$, $\{\varPhi'_n\}$, $\{\varPhi''_n\}$ 的所有情况.

3.6 波 尔 曲 面

波尔(Gerrit Bol, Math. Zeits. 59, 1953, 97~150.) 曾经研究一种曲面, 它在各点的德穆兰四边形的两对角线属于一个线性汇. 这种曲面必须是射影极小曲面, 称它为波尔曲面. 把这族曲面看作为射影极小曲面, 究竟有什么特征呢? 我们考查戈德的伴随序列(3.3节), 并借助于有关的公式解决了这个问题(苏步青[36]). 本节的主要内容是证明下列定理:

定理 一个射影极小曲面要成为波尔曲面, 充要条件是这样: 它在各点的戈德伴随序列(G) 是周期四的闭拉普拉斯序列.

首先, 假定 σ 是波尔曲面, 并应用戈德的伴随序列(G): $\cdots, A_1, A, B, B_1, \cdots$, 其中

$$
\begin{cases}
A = V_2 + V_1(\log ak_1)^{10} + \alpha V \\
\quad = -\dfrac{1}{2a}[U_3 + U_2(\log b^3 h_1^2 h_2)^{01} + \beta_1 U_1], \\
A_1 = -\dfrac{ak_1}{b}[\alpha_1 U + 2bV(\log ak_1)^{10} - 2bV_1], \\
A_2 = -\dfrac{ak_1 k_2}{bh_1}[\alpha_2 U_1 - h_1 K_2^{10} U - 2bh_1 V], \\
B = U_2 + U_1(\log bh_1)^{01} + \beta U \\
\quad = -\dfrac{1}{2b}[V_3 + V_2(\log a^3 k_1^2 k_2)^{10} + \alpha_1 V_1], \\
B_1 = -\dfrac{bh_1}{a}[\beta_1 + 2aU(\log bh_1)^{01} - 2aU_1], \\
B_2 = -\dfrac{bh_1 h_2}{ck_1}[\beta_2 V_1 - k_1 H_2^{10} V - 2ak_2 U],
\end{cases}
\tag{6.1}
$$

这里, 除 A, B 相当于3.3节中的 $\dfrac{1}{2a}A$, $\dfrac{1}{2b}B$ 而外, 一切记号的涵义和前文中所用的完全相同. 我们容易看出, σ 在其一点的德穆兰四边形的两对角线, 对应于 S_5 中的

超织面上的点:

$$D_\varepsilon \equiv A + \varepsilon\rho B \quad (\varepsilon = \pm 1), \tag{6.2}$$

式中 ρ 表示 u, v 的某一函数.

在 S_5 的点坐标系(X) 下, 两线性方程 $L_1(X) = 0$, $L_2(X) = 0$ 表示一个线性汇; 如果 D_{+1} 和 D_{-1} 都属于它, 那么成立

$$L_i(A) = 0, \quad L_i(D) = 0 \quad (i = 1, 2), \tag{6.3}$$

这就是说: 两点 A 和 B 常属于一个固定的三维空间 $R_3 \subset S_5$ 里.

关于 u 导微 $(6.3)_1$, 而且根据 (5.5) , (4.12) 和类似式改写它, 便得到

$$\alpha(\log a^2\alpha)^{10} L_i(V) = 0 \quad (i = 1, 2). \tag{6.4}$$

同样, 又可导出

$$\beta(\log b^2\beta)^{01} L_i(U) = 0 \quad (i = 1, 2). \tag{6.5}$$

假如 $L_i(V) = L_i(U) = 0 (i = 1, 2)$ 的话, σ 的主切线全属于这个线性汇, 这是例外的情况. 所以从 (6.4) 和 (6.5) 便得到两个等价条件 (3.9) , 也就是 σ 必须是射影极小曲面.

(3.12) 和 $(3.12)'$ 可以写成

$$\begin{cases} A^{10} = -(\log a)^{10} A - 2bB, \\ B^{01} = -(\log b)^{01} B - 2aA. \end{cases} \tag{6.6}$$

另外, 从 (3.14) 和 $(3.14)'$ 又可得到

$$A^{01} = \frac{1}{2a} A_1, \quad B^{10} = \frac{1}{2b} B_1. \tag{6.7}$$

参考 (5.5) , (4.12) 和类似式, $(3.26)'$ (其中 $n = 1, 2$), (3.19) 和类似式进行演算的结果是

$$A_1^{10} = 2ak_1 A, \quad B_1^{01} = 2bh_1 B. \tag{6.8}$$

从 (6.7) 和 (6.8) 得知, A 与 A_1 而且同样地 B 与 B_1 是互为拉普拉斯变换的两点.

用同样的方法和公式(除上式公式外还需要 (3.24) 和类似式) 可以计算 A_1^{01} 和 B_1^{10}. 从此得到

$$A_1^{01} = (\log ak_1)^{01} A_1 - \frac{2a^2\alpha}{bh_1} B_1 + \{\alpha_1^{01} + \alpha_1(\log bh_1)^{01} - 4ab(\log ak_1)^{10}\} U$$
$$- 2b\left(k_2 - \frac{1}{2ab}\alpha_1\beta_1\right) V \tag{6.9}$$

和类似式. 这里 U 和 V 的系数都必须等于0, 否则两点 U, V 将都属于 R_3, 从而六点 U, V, U_1, V_1, U_2, V_2 将全在同一 R_4 上, 这是不可能的.

这一来, 我们获得

$$h_2 = k_2 = \frac{1}{2ab}\alpha_1\beta_1 \tag{6.10}$$

和

$$\begin{cases} \alpha_1^{01} + \alpha_1(\log bh_1)^{01} - 4ab(\log ak_1)^{10} = 0, \\ \beta_1^{10} + \beta_1(\log ak_1)^{10} - 4ab(\log bh_1)^{01} = 0. \end{cases} \tag{6.11}$$

最后两方程根据(3.9), (3.19) 和类似式可以写成

$$\begin{cases} \left(\log \dfrac{b^4 h_1^2 a^2 \alpha^3}{k_1^2}\right)^{01} = 0, \\ \left(\log \dfrac{a^4 k_1^2 b^2 \beta^3}{h_1^2}\right)^{10} = 0. \end{cases} \tag{6.12}$$

因此,

$$\frac{b^4 h_1^2 a^2 \alpha^3}{k_1^2} = f(u), \quad \frac{a^4 k_1^2 b^2 \beta^3}{h_1^2} = g(v), \tag{6.13}$$

其中$f(u)$ 和$g(v)$ 顺次是u 的任意函数和v 的任意函数.

综上所述, 我们获得下列方程组:

$$\begin{cases} A^{10} = -(\log a)^{10}A - 2bB, & A^{01} = \dfrac{1}{2a}A_1, \\ B^{10} = \dfrac{1}{2b}B_1, & B^{01} = -(\log b)^{01}B - 2aA, \\ A_1^{10} = 2ak_1 A, & A_1^{01} = (\log ak_1)^{01}A_1 - \dfrac{2a^2\alpha}{bh_1}B_1, \\ B_1^{10} = (\log bh_1)^{10}B_1 - \dfrac{2b^2\beta}{ak_1}A_1, & B_1^{01} = 2bh_1 B. \end{cases} \tag{6.14}$$

必须指出, 方程组(6.14) 的可积分条件可以表成(3.9) 和(6.10). 所以得出如下的结论: 如果σ 是波尔曲面, 那么它的戈德伴随序列(G) 必须是周期四的闭拉普拉斯序列.

其次, 将转入逆问题的讨论. 假设一个射影极小曲面σ 的戈德伴随序列(G) 是周期四的闭拉普拉斯序列; 为此的充要条件是每对点(A_2, B_1) 和(A_1, B_2) 各个重合一致. 如果比较$(6.1)_3$与$(6.1)_5$, $(6.1)_2$与$(6.1)_6$, 便得出

$$\alpha\beta_2 = k_1^2, \quad \beta\alpha_2 = h_1^2; \tag{6.15}$$

$$\alpha H_2^{01} = k_1(\log ak_1)^{10}, \quad \beta K_2^{10} = h_1(\log bh_1)^{01}. \tag{6.16}$$

我们仅需阐明, 方程组(6.10) 和(6.12) 是与方程组(6.15) 和(6.16) 等价的. 为此, 将证明前一组是后一组的推论.

例如, 考查$(6.16)_1$; 根据

$$\alpha^{01} = -2k_1(\log ak_1)^{10}$$

来改写, 一度化为

$$2H_2^{01} + (\log \alpha)^{01} = 0.$$

从$(3.17)_1$ (其中$n = 2$) 代入, 再度改写成为

$$(\log b^6 h_1^4 h_2^2 \alpha)^{01} = 0. \tag{6.17}$$

另一方面, 按照(3.26) (其中$n = 2$) 和$(6.15)_1$消去β_2, 并参考$(3.9)_2$加以演算, 容易从(6.17) 导出$(6.12)_1$.

同样地, 也可导出$(6.12)_2$.

至于(6.10) 的验证, 例如从$(6.15)_2$和$(3.26)'$(其中$n = 2$) 消去α_2, 一度得到

$$k_2 = \frac{4ab\alpha\beta}{h_1 k_1}.$$

再用$(3.26)'$ (其中$n = 1$) 改写它, 就导出$(6.10)_2$.

同样地, 也可导出$(6.10)_1$.

这一来, 完全地证明了定理.

顺便指出波尔曲面σ 的一个伴随构图. 它的伴随序列$\{AA_1B_1B\}$ 是内接于σ 和其任何一个D 变换$\bar\sigma$ 的戈德序列(L) 和$(\overline{L})$ 的. 详述之: 点A 在平面$\cdots$, $U_{4m+3}U_{4m+2}$ $U_{4m+1}, \cdots, U_3U_2U_1, VV_1V_2, V_4V_5V_6, \cdots, V_{4m}V_{4m+1}V_{4m+2}, \cdots$ 上, 同时也在平面$\cdots$, $\overline{U}_{4m+1}\overline{U}_{4m}\overline{U}_{4m-1}, \cdots, \overline{U}_5\overline{U}_4\overline{U}_3, \ \overline{U}_3\overline{U}\,\overline{V}, \ \overline{V}_2\overline{V}_3\overline{V}_4, \cdots, \overline{V}_{4m-2}\overline{V}_{4m-1}\ \overline{V}_{4m}, \cdots$ 上; 点B 在平面$\cdots$, $U_{4m+2}U_{4m+1}U_{4m}, \cdots, U_2U_1U, \ V_1V_2V_3, \cdots, V_{4m+1}V_{4m+2}\ V_{4m+3}\cdots$ 上, 同时也在平面$\cdots$, $\overline{U}_{4m}\overline{U}_{4m-1}\overline{U}_{4m-2}, \cdots, \overline{U}_4\overline{U}_3\overline{U}_2, \ \overline{U}\,\overline{V}\,\overline{V}_1, \overline{V}_3\overline{V}_4\overline{V}_5, \cdots, \overline{V}_{4m-1}$ $\overline{V}_{4m}\overline{V}_{4m+1}, \cdots$ 上; 点B_1 在平面$\cdots$, $U_{4m+1}U_{4m}U_{4m-1}, \cdots, U_1UV, V_2V_3V_4, \cdots$, $V_{4m+2}V_{4m+3}V_{4m+4}, \cdots$ 上, 同时也在平面$\cdots$, $\overline{U}_{4m-1}\overline{U}_{4m-2}\overline{U}_{4m-3}, \cdots, \overline{U}_3\overline{U}_2\overline{U}_1$, $\overline{V}\,\overline{V}_1\overline{V}_2, \cdots, \ \overline{V}_{4m}\overline{V}_{4m+1}\overline{V}_{4m+2}, \cdots$ 上; 最后点A_1 在平面$\cdots$, $U_{4m}U_{4m-1}U_{4m-2}$, $\cdots, UVV_1, V_3V_4V_5, \cdots, V_{4m+3}V_{4m+4}V_{4m+5}, \cdots$ 上, 同时也在平面$\cdots$, $\overline{U}_{4m-2}\overline{U}_{4m-3}$ $\overline{U}_{4m-4}, \cdots, \overline{U}_2\overline{U}_1\overline{U}, \overline{V}_1\overline{V}_2\overline{V}_3, \cdots, \overline{V}_{4m+1}\overline{V}_{4m+2}\overline{V}_{4m+3}, \cdots$ 上.

在这里很自然地提出这样一个问题: 确定具有周期p 的戈德伴随序列(G) 的射影极小曲面(苏步青[37]).

假定$p \neq 4$, 我们可以写下

$$A_p = \rho A, \quad B_p = \sigma B, \tag{6.18}$$

式中ρ 和σ 都是u, v 的已知函数.

关于u 导微$(6.18)_1$, 并应用$(3.12)'$和(3.16) , 便获得关系

$$k_p A_{p-1} = \rho^{10} A - 2a\rho B.$$

可是 (G) 是有周期 p 的, A_{p-1} 与 B 重合, 从而

$$\rho^{10} = 0 \quad 即 \quad \rho = f(v), \tag{6.19}$$

而且

$$B = -\frac{1}{2a\rho} k_p A_{p-1}.$$

同样, 从 $(6.18)_2$ 容易导出

$$\sigma = \varphi(u), \tag{6.20}$$

并且

$$A = -\frac{1}{2b\sigma} h_p B_{p-1}.$$

其次, 关于 v 导微 $(6.18)_1$, 并且应用 (3.12), (3.16) 和 (6.18), 得到

$$A_{p+1} - \rho A_1 = \{(\log \rho)^{01} - (\log k_1 k_2 \cdots k_p)^{01}\} \rho A.$$

由于 A_{p+1} 与 A_1 重合, 从此就有

$$A_{p+1} = \rho A_1, \quad (\log \rho)^{01} = (\log k_1 k_2 \cdots k_p)^{01}.$$

所以

$$k_1 k_2 \cdots k_p = f(v)g(u), \tag{6.21}$$

而且同样地,

$$h_1 h_2 \cdots h_p = \varphi(u)\psi(v). \tag{6.22}$$

适当地选取主切曲线参数 u, v, 便可使

$$f(v) = g(u) = \varphi(u) = \psi(v) = 1,$$

从而 (G) 变为周期 p 的序列的充要条件是:

$$h_1 h_2 \cdots h_p = 1, \quad k_1 k_2 \cdots k_p = 1. \tag{6.23}$$

但是, (6.23) 也恰恰是戈德序列 (L) 变为周期 p 的序列的充要条件, 这事实可从 (L) 所满足的基本方程诱导出来, 就是 (3.7) 和 (3.8).

综上所述, 得出

定理　为了射影极小曲面的有关序列 (G) 变为周期 $p(\neq 4)$ 的闭拉普斯序列, 充要条件是: 它的戈德序列 (L) 成为周期 $p = 2n+2(n \neq 1)$ 的序列.

从此和 (3.27) 或 $(3.27)'$ 立刻导出

推论　如果射影极小曲面的戈德伴随序列 (G) 是周期的, 那么周期必须是偶数. 最后推论的成立, 也可以从 S_5 中关于超织面 Ω 的一些几何性质加以证实.

实际上, 假如(G) 是奇数周期 $2n+1$ 的序列, 那么二点 A_n 与 B_n 重合, 从而

$$U_{n+3} + H_{n+2}^{01}U_{n+2} + \beta_{n+1}U_{n+1} = \rho(V_{n+3} + K_{n+2}^{10}V_{n+2} + \alpha_{n+1}V_{n+1}). \tag{6.24}$$

用 P 来记这点; 很明显, 它是 S_5 里的两平面

$$\pi_2 \equiv [U_{n+1}U_{n+2}U_{n+3}], \quad \overline{\pi}_2 \equiv [V_{n+1}V_{n+2}V_{n+3}]$$

的唯一共同点. 由于这两平面是 Ω 的共轭平面, P 是自共轭点, 从而在 Ω 上.

在 P 引 Ω 的切超平面 π_4, 使与 Ω 相交于一个点集. 按普通事实得知, 这集分解为两个线性的三维空间 S_3 和 $\overline{S}_3$, 并且 S_3 和 $\overline{S}_3$ 分别通过平面 π_2 和 $\overline{\pi}_2$. 这一来, π_2 和 $\overline{\pi}_2$ 都要整个在 Ω 上. 可是 π_2 和 $\overline{\pi}_2$ 共轭于 Ω, 要是整个在 Ω 上, π_2 的任何点与 $\overline{\pi}_2$ 的任何点是共轭的, 两平面必须合而为一, 这是不合理的.

至于 $p=4$ 的情况, 上文虽已完全解决了问题, 但是在这里必须指出它为什么会与 $p \neq 4$ 的情况不同的理由. 从 (3.27) 和 (3.27)′ 看出 A_4 和 A 都是 U_1, U_2, U_3 的线性组合, 所以比较 (6.18)$_1$ 的两边, 便可求出所要的条件, 即上述的对波尔曲面的条件. 所以波尔曲面的戈德序列 (L) 不一定是周期四的.

第4章 某些构图(T)和其有关变换

4.1 某些周期四的闭拉普拉斯序列

设$(N_1)_{uv}$是普通空间S_3里一个曲面(N_1)的共轭网, 而且设(N_3)和(N_4)是(N_1)的顺次沿u和v方向的拉普拉斯变换. 如果(N_3)的沿u方向的拉普拉斯变换(N_2)与(N_4)的沿v方向的拉普拉斯变换重合, 那么我们就得到周期四的闭拉普拉斯序列(以下简称闭序列), 并以$\{N_1N_3N_2N_4\}$记之.

巴克(F. Backes, Bull. Acad. Roy. Belgique, (5) 21, 1935, 883~892) 证明了关于周期四的闭序列的一个有趣结果, 就是: 四边形$\{N_1N_3N_2N_4\}$的两对角线N_1N_2和N_3N_4画成W线汇, 并且各焦叶曲面的主切曲线都是u, v. 同这结果相关联地, 提出下列问题:

在S_3里决定这样的周期四的闭序列偶, 使得它们具有共通的两对角线线汇, 并且两序列的共轭网曲线互相对应.

我们将阐明, 这样的∞^1闭序列一定存在, 而且两共通对角线必画成一个可分层偶的两线汇; 反过来也成立.

所论的所有闭序列的决定有赖于偏微分方程

$$\frac{\partial^2 \varphi}{\partial u \partial v} = e^{\varphi} - e^{-\varphi}$$

的解, 而这方程很早就出现于常曲率曲面的经典理论和维尔清斯基线汇论中. 其实, 我们即将研究的闭序列是由四个维尔清斯基线汇形成的, 而且各线汇的焦叶曲面与一般维尔清斯基线汇的焦叶曲面是互相射影变形的. 对应的对角线线汇必须是同一个线性汇.

本节的主要内容是阐述∞^1个伴随闭序列的焦叶曲面间的相互关系(参见苏步青[13]).

设$\{N_1N_3N_2N_4\}$是依赖两参数u, v的活动标形; 如果取它为局部参考系, 就有

$$\frac{\partial N_i}{\partial u} = \sum_{k=1}^{4} a_{ik} N_k, \quad \frac{\partial N_i}{\partial v} = \sum_{k=1}^{4} b_{ik} N_k \quad (i = 1, 2, 3, 4), \tag{1.1}$$

式中N_i表示点N_i的齐次坐标, 而且旋转系数a_{ik}, b_{ik}一般都是u和v的函数.

方程组(1.1) 的可积分条件如下:

$$\frac{\partial a_{ik}}{\partial v} - \frac{\partial b_{ik}}{\partial u} = \sum_{j=1}^{4} (a_{ij}b_{jk} - b_{ij}a_{jk}) \quad (i,k=1,2,3,4).$$ (1.2)

由此特别地导出关系式

$$\frac{\partial}{\partial v}(a_{11} + a_{22} + a_{33} + a_{44}) = \frac{\partial}{\partial u}(b_{11} + b_{22} + b_{33} + b_{44}) = \frac{\partial^2 \log \rho}{\partial u \partial v},$$ (1.3)

其中ρ 就是这样定义的.

因为各点N_i 的四个齐次坐标N_i 除了一个比例因子而外是确定了的, 我们必须根据置换

$$N_i = \rho_i N_i^* \quad (i=1,2,3,4)$$ (1.4)

把组(1.1) 变换为同型的方程组, 且从而导出旋转系数a_{ik}, b_{ik} 和新系数a_{ik}^*, b_{ik}^* 之间的关系. 经过简单计算容易验证下列方程:

$$\begin{cases} a_{ii}^* = a_{ii} - \dfrac{\partial \log \rho_i}{\partial u}, b_{ii}^* = b_{ii} - \dfrac{\partial \log \rho_i}{\partial v} \quad (i=1,2,3,4), \\ a_{ik}^* = a_{ik}\dfrac{\rho_i}{\rho_k}, b_{ik}^* = b_{ik}\dfrac{\rho_i}{\rho_k} \quad (i \neq k, i,k=1,2,3,4). \end{cases}$$ (1.5)

如果选取这样的一些ρ, 比方说, 使得$\rho_1\rho_2\rho_3\rho_4 = \rho$, 便可把(1.3) 归结为德穆兰所利用过的形式, 就是

$$\begin{cases} a_{11} + a_{22} + a_{33} + a_{44} = 0, \\ b_{11} + b_{22} + b_{33} + b_{44} = 0. \end{cases}$$ (1.6)

空间任意点P 的四个齐次坐标P 可以写成

$$P = x_1 N_1 + x_2 N_2 + x_3 N_3 + x_4 N_4,$$ (1.7)

式中x_1, x_2, x_3, x_4 表示点P 的局部坐标.

当参数u 或v 变动时, 这些局部坐标x_i 的绝对变化率决定于

$$\begin{cases} \dfrac{\delta x_i}{\partial u} = \sum_{k=1}^{4} a_{ik}x_k + \dfrac{\partial x_i}{\partial u}, \\ \dfrac{\delta x_i}{\partial v} = \sum_{k=1}^{4} b_{ik}x_k + \dfrac{\partial x_i}{\partial v} \end{cases} \quad (i=1,2,3,4).$$ (1.8)

因此, 为了空间一点 P 不动的条件采取下面的形式:

$$
\begin{cases}
\dfrac{\partial x_i}{\partial u} = -\displaystyle\sum_{k=1}^{4} a_{ik} x_k, \\
\dfrac{\partial x_i}{\partial v} = -\displaystyle\sum_{k=1}^{4} b_{ik} x_k
\end{cases}
\qquad (i = 1,\ 2,\ 3,\ 4). \tag{1.9}
$$

现在, 假设四点 N_1, N_2, N_3, N_4 画成一个周期四的闭序列 $\{N_1 N_3 N_2 N_4\}$ 的四个焦叶曲面, 并且参数曲线 u, v 在各焦叶上形成共轭网. 容易看出, 这些 a_{ik} 和 b_{ik} 中有16个等于0, 而其余一般都异于0. 更确切地, 把它们列成表格如下:

$$
\left\|
\begin{matrix}
a_{11} & 0 & 0 & a_{14} \\
0 & a_{22} & a_{23} & 0 \\
a_{31} & 0 & a_{33} & 0 \\
0 & a_{42} & 0 & a_{44}
\end{matrix}
\right\|,
\qquad
\left\|
\begin{matrix}
b_{11} & 0 & b_{13} & 0 \\
0 & b_{22} & 0 & b_{24} \\
0 & b_{32} & b_{33} & 0 \\
b_{41} & 0 & 0 & b_{44}
\end{matrix}
\right\|. \tag{1.10}
$$

这时, 方程组(1.1) 变成

$$
\begin{cases}
\dfrac{\partial N_1}{\partial u} = a_{11} N_1 + a_{31} N_3, & \dfrac{\partial N_1}{\partial v} = b_{11} N_1 + b_{41} N_4, \\
\dfrac{\partial N_2}{\partial u} = a_{22} N_2 + a_{42} N_4, & \dfrac{\partial N_2}{\partial v} = b_{22} N_2 + b_{32} N_3, \\
\dfrac{\partial N_3}{\partial u} = a_{23} N_2 + a_{33} N_3, & \dfrac{\partial N_3}{\partial v} = b_{13} N_1 + b_{33} N_3, \\
\dfrac{\partial N_4}{\partial u} = a_{14} N_1 + a_{44} N_4, & \dfrac{\partial N_4}{\partial v} = b_{24} N_2 + b_{44} N_4.
\end{cases} \tag{1.11}
$$

条件(1.2) 则采取下列形式:

$$
\begin{cases}
\dfrac{\partial a_{11}}{\partial v} - \dfrac{\partial b_{11}}{\partial u} = a_{14} b_{41} - b_{13} a_{31}, \\
\dfrac{\partial a_{22}}{\partial v} - \dfrac{\partial b_{22}}{\partial u} = a_{23} b_{32} - b_{24} a_{42}, \\
\dfrac{\partial a_{33}}{\partial v} - \dfrac{\partial b_{33}}{\partial u} = a_{31} b_{13} - b_{32} a_{23}, \\
\dfrac{\partial a_{44}}{\partial v} - \dfrac{\partial b_{44}}{\partial u} = a_{42} b_{24} - b_{41} a_{14};
\end{cases} \tag{1.12}
$$

$$
\begin{cases}
\dfrac{\partial \log a_{14}}{\partial v} = b_{44} - b_{11}, & \dfrac{\partial \log b_{13}}{\partial u} = a_{33} - a_{11}, \\
\dfrac{\partial \log a_{23}}{\partial v} = b_{33} - b_{22}, & \dfrac{\partial \log b_{24}}{\partial u} = a_{44} - a_{22}, \\
\dfrac{\partial \log a_{31}}{\partial v} = b_{11} - b_{33}, & \dfrac{\partial \log b_{32}}{\partial u} = a_{22} - a_{33}, \\
\dfrac{\partial \log a_{42}}{\partial v} = b_{22} - b_{44}, & \dfrac{\partial \log b_{41}}{\partial u} = a_{11} - a_{44}.
\end{cases} \tag{1.13}
$$

我们专门考查这样的情况: 两对角线 $N_1 N_2$ 和 $N_3 N_4$ 画成一个可分层偶的两线汇(关于可分层线汇概念可参见S. Finikoff, Math. Zeits. 36, 1933, 344~357所载的文献表). 分层曲面之一可以表成

$$W = \lambda N_1 + N_2, \tag{1.14}$$

其中 $\lambda = \lambda(u, v)$ 是待定的函数, 使得曲面(W) 在点 W 的切平面过直线 $N_3 N_4$. 条件是

$$\left(W, \ \frac{\partial W}{\partial u}, \ N_3, \ N_4 \right) = 0, \quad \left(W, \ \frac{\partial W}{\partial v}, \ N_3, \ N_4 \right) = 0. \tag{1.15}$$

按照(1.1) 可以改写这两条件为

$$\frac{\partial \log \lambda}{\partial u} = a_{22} - a_{11}, \quad \frac{\partial \log \lambda}{\partial v} = b_{22} - b_{11}. \tag{1.16}$$

因为这组是可积分的, 得到

$$\frac{\partial}{\partial v}(a_{22} - a_{11}) = \frac{\partial}{\partial u}(b_{22} - b_{11}),$$

即

$$\frac{\partial a_{11}}{\partial v} - \frac{\partial b_{11}}{\partial u} = \frac{\partial a_{22}}{\partial v} - \frac{\partial b_{22}}{\partial u}.$$

或者根据(1.12) 可以写成

$$a_{14} b_{41} - b_{13} a_{31} = a_{23} b_{32} - b_{24} a_{42}. \tag{1.17}$$

同样地, 我们看出:

$$X = \mu N_3 + N_4 \tag{1.18}$$

表示另外一族的一个分层曲面, 这里 μ 满足微分方程组

$$\frac{\partial \log \mu}{\partial u} = a_{44} - a_{33}, \quad \frac{\partial \log \mu}{\partial v} = b_{44} - b_{33}, \tag{1.19}$$

而且有关的可积分条件是

$$a_{14} b_{41} + b_{13} a_{31} = a_{23} b_{32} + b_{24} a_{42}. \tag{1.20}$$

从(1.17) 和(1.20) 导出条件

$$a_{23} b_{32} = a_{14} b_{41}, \quad a_{42} b_{24} = a_{31} b_{13}. \tag{1.21}$$

反过来, 如果(1.21) 成立, 那么一定存在组(1.16) 和组(1.19) 的 ∞^1 解 λ 和 μ, 且从而对角线线汇形成一个可分层偶.

这一来, 我们证明了

定理 如果在周期四的闭序列的伴随四边形的每一条对角线上存在其一点所画成的一个分层曲面, 那么必存在 ∞^1 个分层曲面, 而且两对角线线汇形成一个可分层偶.

对条件 (1.21) 在后文中将给出几何解释.

现在证明: 在每一个分层曲面上曲线 u, v 形成共轭网. 实际上, 取曲面

$$W_1 = \lambda N_1 + N_2, \tag{1.22}$$

式中 λ 是 (1.16) 的一解, 而且考查

$$\begin{cases} \dfrac{\partial W_1}{\partial u} = a_{22} W_1 + \lambda a_{31} N_3 + a_{42} N_4, \\[3mm] \dfrac{\partial W_1}{\partial v} = b_{22} W_1 + b_{32} N_2 + \lambda b_{41} N_4, \end{cases} \tag{1.23}$$

容易获得

$$\frac{\partial^2 W_1}{\partial u \partial v} = b_{22} \frac{\partial W_1}{\partial u} + a_{22} \frac{\partial W_1}{\partial v} + \left(\frac{\partial a_{22}}{\partial v} + a_{31} b_{13} - a_{22} b_{22} \right) W_1. \tag{1.24}$$

同样, 对于 (1.19) 的一解 μ 所作的

$$X = \mu N_3 + N_4$$

满足拉普拉斯方程

$$\frac{\partial^2 X}{\partial u \partial v} = b_{44} \frac{\partial X}{\partial u} + a_{44} \frac{\partial X}{\partial v} + \left(\frac{\partial a_{44}}{\partial v} + a_{14} b_{41} - a_{44} b_{44} \right) X. \tag{1.25}$$

曲面 (W_1) 上的曲线 u 在点 W_1 的切线与直线 $N_3 N_4$ 相交, 交点是

$$W_3 = \mu_3 N_3 + N_4, \tag{1.26}$$

式中已置

$$\mu_3 = \frac{a_{31}}{a_{42}} \lambda = \frac{b_{24}}{b_{13}} \lambda. \tag{1.27}$$

从 (1.13) 和 (1.16) 容易验证

$$\frac{\partial \log \mu_3}{\partial u} = a_{44} - a_{33}, \quad \frac{\partial \log \mu_3}{\partial v} = b_{44} - b_{33}. \tag{1.28}$$

这就是说, μ_3 满足 (1.19). 因此, 曲面 (W_3) 属于分层曲面族 (X). 两点 W_1 与 W_3 之间的对应是射影的.

另外还有

$$\begin{cases} \dfrac{\partial W_3}{\partial u} = a_{44} W_3 + a_{14} N_1 + \mu_3 a_{23} N_2, \\[3mm] \dfrac{\partial W_3}{\partial v} = b_{44} W_3 + b_{24} W_1. \end{cases} \tag{1.29}$$

所以曲面(W_3) 是(W_1) 的沿u 方向的拉普拉斯变换, 而且(W_3) 上的曲线u 在W_3 的切线与直线N_1N_2 相交, 交点是

$$W_2 = \lambda_2 N_1 + N_2, \tag{1.30}$$

式中

$$\lambda_2 = \frac{a_{14}}{a_{23}}\frac{1}{\mu_3} = \frac{b_{32}}{b_{41}}\frac{1}{\mu_3}, \tag{1.31}$$

最后等式来自(1.21). 按照(1.13) 和(1.28) 得知

$$\frac{\partial \log \lambda_2}{\partial u} = a_{22} - a_{11}, \qquad \frac{\partial \log \lambda_2}{\partial v} = b_{22} - b_{11}. \tag{1.32}$$

就是, λ_2 是(1.16) 的解. 所以曲面(W_2) 是分层曲面族(W) 的一个, 而且点W_2 与W_3, W_2 与W_1 之间的对应都是射影的.

从关系

$$\frac{\partial W_2}{\partial v} = b_{22}W_2 + \frac{b_{41}}{\mu_3}W_3,$$

$$\frac{\partial W_2}{\partial u} = a_{22}W_2 + \lambda_2 a_{31}N_3 + a_{42}N_4$$

又可看出, 曲面(W_2) 是(W_3) 的沿u 方向的拉普拉斯变换, 并且(W_2) 上的曲线u 在点W_2 的切线与直线N_3N_4 相交, 交点是

$$W_4 = \mu_4 N_3 + N_4, \tag{1.33}$$

其中已置

$$\mu_4 = \frac{a_{31}}{a_{42}}\lambda_2 = \frac{b_{24}}{b_{13}}\lambda_2 = \frac{a_{14}}{a_{23}}\frac{1}{\lambda} = \frac{b_{32}}{b_{41}}\frac{1}{\lambda}. \tag{1.34}$$

根据同样方法可以证明, 曲面(W_4) 是分层曲面族(X) 的一个, 而且是(W_2) 的沿u 方向的拉普拉斯变换.

比较$(1.23)_2$ 与关系

$$\frac{\partial W_4}{\partial u} = a_{44}W_4 + \frac{a_{14}}{\lambda}W_1,$$

便导致一个显著结果: 四个共轭网$(W_1)_{uv}$, $(W_2)_{uv}$, $(W_2)_{uv}$ 和$(W_4)_{uv}$ 形成一个周期四的闭序列, 并且它的两对角线重合于$W_1W_2 \equiv N_1N_2$, $W_3W_4 \equiv N_3N_4$.

由于曲面(W_1) 是从(W) 族任意抽选出来的, 我们获得∞^1 个有共通对角线的周期四的闭序列. 称这些序列为原序列$\{N_1N_3N_2N_4\}$ 的伴随序列. 这一来, 就有

定理 如果有一个周期四的闭序列内接于一个可分层偶的线汇的两对应直线, 那么就有∞^1 个这样性质的伴随序列, 而且每个共轭网是在偶的一个分层曲面上编成的. 反过来, 如果具有共通对角线的两个周期四的闭序列有对应的共轭网曲线, 那么两对角线线汇必须形成一个可分层偶.

对两族 (W) 和 (X) 的分层曲面将更深入地讨论它们之间的相互联系, 而首先来证这些曲面形成一个比安基系统 (参见 2.4 节). 例如, 取由 (1.22) 定义的曲面 (W_1); 因为

$$\frac{\partial W_1}{\partial u} = a_{22}W_1 + a_{42}W_3,$$

$$\frac{\partial W_1}{\partial v} = b_{22}W_1 + \lambda b_{41}W_4,$$

$$\frac{\partial^2 W_1}{\partial u^2} = \left(\frac{\partial a_{22}}{\partial u} + a_{22}^2\right)W_1 + a_{42}a_{23}\mu_3 W_2 + (*)W_3,$$

$$\frac{\partial^2 W_1}{\partial v^2} = (*)W_1 + (*)W_3 + \lambda b_{24}b_{41}W_2 + (*)W_4,$$

便得到

$$\left(W_1 \frac{\partial W_1}{\partial u} \frac{\partial W_1}{\partial v} \frac{\partial^2 W_1}{\partial u^2}\right) = (W_1 W_2 W_3 W_4)\lambda^2 a_{42}b_{41}a_{23}a_{31},$$

$$\left(W_1 \frac{\partial W_1}{\partial u} \frac{\partial W_1}{\partial v} \frac{\partial^2 W_1}{\partial v^2}\right) = (W_1 W_2 W_3 W_4)\lambda^2 a_{42}b_{41}^2 b_{24},$$

且从而 (W_1) 的主切曲线决定于方程

$$a_{31}a_{23}du^2 + b_{24}b_{41}dv^2 = 0. \tag{1.35}$$

同样, 由 (1.18) 给定的曲面 (X) 的主切曲线也是决定于方程 (1.35) 的. 可是这方程与 λ, μ 无关, 所以 ∞^1 伴随序列中的任何一个是由四个 W 线汇形成的.

如前所述, 在曲面族 (W) 和 (X) 的任何一曲面上, 曲线 u, v 构成共轭网, 所以一切分层曲面都是 R 曲面, 而且曲线 u, v 形成 R 网.

根据齐采加定理, R 网是等温共轭的. 在所论情况下成立

$$\frac{\partial^2}{\partial u \partial v} \log \frac{b_{24}b_{41}}{a_{31}a_{23}} = \frac{\partial(a_{11} - a_{22})}{\partial v} - \frac{\partial(b_{11} - b_{22})}{\partial u}$$
$$= a_{14}b_{41} - b_{13}a_{31} - (a_{23}b_{32} - b_{24}a_{42}) = 0$$

[根据 (1.13) 和 (1.21)], 且从而

$$\frac{b_{24}b_{41}}{a_{31}a_{23}} = -\frac{V}{U}, \tag{1.36}$$

其中 U 表示单是 u 的函数, V 单是 v 的函数.

为了阐述对分层曲面的更多性质, 把坐标 N_i 规范化起来较为方便. 因此, 首先选取适当的参数 u, v 使得 (1.36) 中的 U 和 V 都化为 1. 由于 $UV \neq 0$, 这是可能的, 这样, (1.36) 化为

$$b_{24}b_{41} = -a_{31}a_{23}, \tag{1.37}$$

且(1.35) 变成

$$du^2 - dv^2 = 0. \tag{1.38}$$

这就是说, 各分层曲面的主切曲线是$u \pm v = \text{const.}$

条件(1.21) 和(1.37) 可以写成

$$\frac{b_{41}}{a_{23}} - \frac{b_{32}}{a_{14}} = \frac{a_{31}}{b_{24}} = \frac{a_{42}}{b_{13}} \quad (\text{置作}\Psi). \tag{1.39}$$

另一方面, 可把(1.21) 表达为如下形式:

$$\frac{\partial(a_{11} - a_{22})}{\partial v} = \frac{\partial(b_{11} - b_{22})}{\partial u},$$

$$\frac{\partial(a_{33} - a_{44})}{\partial v} = \frac{\partial(b_{33} - b_{44})}{\partial u},$$

所以存在这样两个函数σ 和χ, 使得

$$\begin{cases} a_{11} - a_{22} = \dfrac{\partial \log \sigma}{\partial u}, & b_{11} - b_{22} = \dfrac{\partial \log \sigma}{\partial v}; \\ a_{33} - a_{44} = \dfrac{\partial \log \chi}{\partial u}, & b_{33} - b_{44} = \dfrac{\partial \log \chi}{\partial v}. \end{cases} \tag{1.40}$$

我们在这里运用规范化(1.4), 其中ρ_1, ρ_2, ρ_3 , ρ_4 是这样地被选定, 使满足关系

$$\frac{\rho_1}{\rho_2} = \sigma, \quad \frac{\rho_3}{\rho_4} = \chi, \quad \rho_1\rho_2\rho_3\rho_4 = \rho, \quad \frac{\rho_1\rho_2}{\rho_3\rho_4} = \Psi; \tag{1.41}$$

参考(1.5) 便获得规范旋转系数(仍以a_{ik}, b_{ik} 来表达) 间的关系式

$$\begin{cases} a_{11} = a_{22} = -a_{33} = -a_{44} = a, \\ b_{11} = b_{22} = -b_{33} = -b_{44} = b, \\ \dfrac{b_{41}}{a_{23}} = \dfrac{b_{32}}{a_{14}} = -\dfrac{a_{31}}{b_{24}} = -\dfrac{a_{42}}{b_{13}} = 1. \end{cases} \tag{1.42}$$

必须指出, 关于ρ_1, ρ_2, ρ_3, ρ_4 的方程组(1.41) 是相容的, 而且坐标N_i 除了符号而外是被完全决定的.

这样完成了规范化之后, 将按照可积分条件(1.12) , (1.13) 和关系式(1.42) 进行旋转系数的决定工作.

我们首先注意到这一事实: 四个方程(1.12) 因为(1.42) 的关系变成为一个关系, 即

$$\frac{\partial a}{\partial v} - \frac{\partial b}{\partial u} = a_{14}a_{23} + a_{42}a_{31}, \tag{1.43}$$

而其余条件(1.13) 采取下面形式:

$$\begin{cases} \dfrac{\partial \log a_{42}}{\partial u} = -2a, & \dfrac{\partial \log a_{42}}{\partial v} = 2b, \\[2mm] \dfrac{\partial \log a_{14}}{\partial u} = 2a, & \dfrac{\partial \log a_{14}}{\partial v} = -2b, \\[2mm] \dfrac{\partial \log a_{23}}{\partial u} = 2a, & \dfrac{\partial \log a_{23}}{\partial v} = -2b, \\[2mm] \dfrac{\partial \log a_{31}}{\partial u} = -2a, & \dfrac{\partial \log a_{31}}{\partial v} = 2b. \end{cases} \tag{1.44}$$

由于最后方程组必须是可积分的.

$$\frac{\partial a}{\partial v} = -\frac{\partial b}{\partial u},$$

且从而可置

$$a = \frac{\partial \varphi}{\partial u}, \quad b = -\frac{\partial \varphi}{\partial v}. \tag{1.45}$$

因此, (1.44) 归结到下列一组:

$$\begin{cases} -\dfrac{\partial \log a_{42}}{\partial u} = -\dfrac{\partial \log a_{31}}{\partial u} = \dfrac{\partial \log a_{14}}{\partial u} = \dfrac{\partial \log a_{23}}{\partial u} = 2\dfrac{\partial \varphi}{\partial u}, \\[3mm] -\dfrac{\partial \log a_{42}}{\partial v} = -\dfrac{\partial \log a_{31}}{\partial v} = \dfrac{\partial \log a_{14}}{\partial v} = \dfrac{\partial \log a_{23}}{\partial v} = 2\dfrac{\partial \varphi}{\partial v}. \end{cases} \tag{1.46}$$

从此积分并参考(1.42) , 终于获得

$$\begin{cases} a_{42} = -b_{13} = k_3 e^{-2\varphi}, & a_{31} = -b_{24} = k_4 e^{-2\varphi}, \\[2mm] a_{14} = b_{32} = k_1 e^{2\varphi}, & a_{23} = b_{41} = k_2 e^{2\varphi}, \end{cases} \tag{1.47}$$

式中 k_1, k_2, k_3, k_4 表示异于0的常数.

把(1.45) 和(1.47) 代入(1.43) 里, 便导致对函数 φ 的偏微分方程:

$$\frac{\partial^2 \varphi}{\partial u \partial v} = \frac{1}{2}\{k_1 k_2 e^{4\varphi} + k_3 k_4 e^{-4\varphi}\}, \tag{1.48}$$

这就是用以决定所论闭序列的方程.

按照因变量 φ 的变更, 可以改写(1.48) 为下面形式:

$$\frac{\partial^2 \Psi}{\partial u \partial v} = e^{\Psi} - e^{-\Psi}$$

或

$$\frac{\partial^2 \omega}{\partial u \partial v} = \sin 2\omega,$$

即在常曲率曲面论中常见的经典方程.

现在, 转到方程组(1.11) ; 它变成

$$
\begin{cases}
\dfrac{\partial N_1}{\partial u} = \varphi_u N_1 + k_4 e^{-2\varphi} N_3, \\[2mm]
\dfrac{\partial N_2}{\partial u} = \varphi_u N_2 + k_3 e^{-2\varphi} N_4, \\[2mm]
\dfrac{\partial N_3}{\partial u} = \varphi_u N_3 + k_2 e^{2\varphi} N_2, \\[2mm]
\dfrac{\partial N_4}{\partial u} = -\varphi_u N_4 + k_1 e^{2\varphi} N_1; \\[2mm]
\dfrac{\partial N_1}{\partial v} = -\varphi_v N_1 + k_2 e^{2\varphi} N_4, \\[2mm]
\dfrac{\partial N_2}{\partial v} = -\varphi_v N_2 + k_1 e^{2\varphi} N_3, \\[2mm]
\dfrac{\partial N_3}{\partial v} = \varphi_v N_3 - k_3 e^{-2\varphi} N_1, \\[2mm]
\dfrac{\partial N_4}{\partial v} = \varphi_v N_4 - k_4 e^{-2\varphi} N_2.
\end{cases}
\tag{1.49}
$$

上述的规范化特别有用于对分层曲面 (W) 和 (X) 的研究, 因为根据(1.42) , 组 (1.16) 和组 (1.19) 的一般解是

$$
\lambda = \mathrm{const}, \quad \mu = \mathrm{const}, \tag{1.50}
$$

而关系式(1.27) , (1.31) , (1.34) 变成较简单的形式, 即

$$
\mu_3 = \frac{k_4}{k_3}\lambda, \quad \lambda_2 = \frac{k_1 k_3}{k_2 k_4}\frac{1}{\lambda}, \quad \mu_4 = \frac{k_1}{k_2}\frac{1}{\lambda}. \tag{1.51}
$$

考查曲面(W_1): $W_1 = \lambda N_1 + N_2$; 根据(1.49) 算出

$$
\begin{cases}
\dfrac{\partial W_1}{\partial u} = \varphi_u W_1 + e^{-2\varphi}(k_4 \lambda N_3 + k_3 N_4), \\[2mm]
\dfrac{\partial W_1}{\partial v} = -\varphi_u W_1 + e^{2\varphi}(k_1 N_3 + k_2 \lambda N_4)
\end{cases}
\tag{1.52}
$$

和

$$
\frac{\partial^2 W_1}{\partial u \partial v} + \varphi_v \frac{\partial W_1}{\partial u} - \varphi_u \frac{\partial W_1}{\partial v} - (\varphi_{uv} + \varphi_u \varphi_v - k_3 k_4 e^{-4\varphi})N_1 = 0. \tag{1.53}
$$

同样, 关于曲面(X): $X = \mu N_3 + N_4$ 得到

$$
\begin{cases}
\dfrac{\partial X}{\partial u} = -\varphi_u X + e^{2\varphi}(k_1 N_1 + k_2 \mu N_2), \\[2mm]
\dfrac{\partial X}{\partial v} = \varphi_v X - e^{-2\varphi}(k_3 \mu N_1 + k_4 N_2)
\end{cases}
\tag{1.54}
$$

和

$$\frac{\partial^2 X}{\partial u \partial v} - \varphi_v \frac{\partial X}{\partial u} + \varphi_u \frac{\partial X}{\partial v} + (\varphi_{uv} - \varphi_u \varphi_v - k_1 k_3 e^{4\varphi}) X = 0. \tag{1.55}$$

因为 φ 满足(1.48), 我们看出: 分层曲面 (W_1) 和 (X) 的拉普拉斯方程(1.53)和(1.55) 是共轭的.

每个分层曲面的主切曲线决定于方程 $u \pm v = \text{const}$, 前面已给出证明. 如果导入新参数

$$\alpha = \frac{1}{2}(u+v), \quad \beta = \frac{1}{2}(u-v), \tag{1.56}$$

那么方程组(1.49) 可以写成

$$\begin{cases} \dfrac{\partial N_1}{\partial \alpha} = \varphi_\beta N_1 + k_4 e^{-2\varphi} N_3 + k_2 e^{2\varphi} N_4, \\[2mm] \dfrac{\partial N_2}{\partial \alpha} = \varphi_\beta N_2 + k_1 e^{2\varphi} N_3 + k_3 e^{-2\varphi} N_4, \\[2mm] \dfrac{\partial N_3}{\partial \alpha} = -k_3 e^{-2\varphi} N_1 + k_2 e^{2\varphi} N_2 - \varphi_\beta N_3, \\[2mm] \dfrac{\partial N_4}{\partial \alpha} = k_1 e^{2\varphi} N_1 - k_4 e^{-2\varphi} N_2 - \varphi_\beta N_4; \\[2mm] \dfrac{\partial N_1}{\partial \beta} = \varphi_\alpha N_1 + k_4 e^{-2\varphi} N_3 - k_2 e^{2\varphi} N_4, \\[2mm] \dfrac{\partial N_2}{\partial \beta} = \varphi_\alpha N_1 - k_4 e^{2\varphi} N_3 + k_3 e^{-2\varphi} N_4, \\[2mm] \dfrac{\partial N_3}{\partial \beta} = k_3 e^{-2\varphi} N_1 + k_2 e^{2\varphi} N_2 - \varphi_\alpha N_3, \\[2mm] \dfrac{\partial N_4}{\partial \beta} = k_1 e^{2\varphi} N_1 + k_4 e^{-2\varphi} N_2 - \varphi_\alpha N_4. \end{cases} \tag{1.57}$$

方程(1.48) 采取如下的形式:

$$\frac{\partial^2 \varphi}{\partial \alpha^2} - \frac{\partial^2 \varphi}{\partial \beta^2} = 2\{k_1 k_2 e^{4\varphi} + k_3 k_4 e^{-4\varphi}\}. \tag{1.58}$$

从(1.57) 得到

$$\begin{cases} \dfrac{\partial W_1}{\partial \alpha_1} = \varphi_\beta W_1 + e^{-2\varphi}(k_4 \lambda N_3 + k_3 N_4) + e^{2\varphi}(k_1 N_3 + k_2 \lambda N_4), \\[2mm] \dfrac{\partial W_1}{\partial \beta} = \varphi_\alpha W_1 + e^{-2\varphi}(k_4 \lambda N_3 + k_3 N_4) - e^{2\varphi}(k_1 N_3 + k_2 \lambda N_4). \end{cases} \tag{1.59}$$

经过一些计算便可验证下列方程:

$$\begin{cases} \dfrac{\partial^2 W_1}{\partial \alpha^2} = -2\varphi_\alpha \dfrac{\partial W_1}{\partial \beta} + \{\varphi_{\alpha\beta} + 2\varphi_\alpha^2 + \varphi_\beta^2 + k_1 k_2 e^{4\varphi} - k_3 k_4 e^{-4\varphi}\} W_1, \\[2mm] \dfrac{\partial^2 W_1}{\partial \beta^2} = -2\varphi_\beta \dfrac{\partial W_1}{\partial \alpha} + \{\varphi_{\alpha\beta} + \varphi_\alpha^2 + 2\varphi_\beta^2 - k_1 k_2 e^{4\varphi} + k_3 k_4 e^{-4\varphi}\} W_1. \end{cases} \tag{1.60}$$

因为这些方程和 λ 无关, 我们作出结论: 所有的分层曲面 (W) 是射影等价的.

曲面(W_1) 的有关基本量$(1.3节)$ 如下:

$$
\begin{cases}
\Theta = \text{const}, \quad B = -2\varphi_\alpha, \quad \Gamma = -2\varphi_\beta, \\
P_{11} = \varphi_{\alpha\beta} + 2\varphi_\alpha^2 + \varphi_\beta^2 + k_1 k_2 e^{4\varphi} - k_3 k_4 e^{-4\varphi}, \\
P_{22} = \varphi_{\alpha\beta} + \varphi_\alpha^2 + 2\varphi_\beta^2 - k_1 k_2 e^{4\varphi} + k_3 k_4 e^{-4\varphi}, \\
L = -2\{2\varphi_\alpha^2 + \varphi_\beta^2 + k_1 k_2 e^{4\varphi} - k_3 k_4 e^{-4\varphi}\}, \\
M = -2\{\varphi_\alpha^2 + 2\varphi_\beta^2 - k_1 k_2 e^{4\varphi} + k_3 k_4 e^{-4\varphi}\}.
\end{cases}
\tag{1.61}
$$

根据(1.58) 得知这些量确实满足可积分条件:

$$
\begin{cases}
L_\beta = -(2B\Gamma_\alpha + \Gamma B_\alpha), \quad M_\alpha = -(2\Gamma B_\beta + B\Gamma_\beta), \\
BM_\beta + 2MB_\beta + B_{\beta\beta\beta} = \Gamma L_\alpha + 2L\Gamma_\alpha + \Gamma_{\alpha\alpha\alpha}.
\end{cases}
\tag{1.62}
$$

容易看出: 量$\Theta = \text{const}, B, \Gamma, L+m, M+m$ (估计到关系$B_\beta = \Gamma_\alpha$) 也满足(1.62), 而且所决定的曲面(m 常数) 与原曲面是互为射影变形的. 可是新曲面是维尔清斯基线汇的一个焦叶曲面(参见富-切, 射影微分几何, 卷I, 263~266页), 所以线汇(W_1W_3), (W_3W_2), (W_4W_2) 和(W_1W_4) 都是相当于$m = 0$ 时的维尔清斯基线汇. 这一来, 获得了

定理 每一个伴随闭序列是由四个维尔清斯基线汇形成的, 而且每一个线汇的焦叶曲面与一般维尔清斯基线汇的焦叶曲面是互为射影变形的.

我们将涉及另一族分层曲面的研究. 其一曲面决定于方程

$$
X = \mu N_3 + N_4,
$$

式中μ 表示常数. 按照(1.57) 容易计算

$$
\begin{cases}
\dfrac{\partial X}{\partial \alpha} = -\varphi_\beta X + e^{2\varphi}(k_1 N_1 + k_2\mu N_2) - e^{-2\varphi}(k_2\mu N_1 + k_4 N_2), \\
\dfrac{\partial X}{\partial \beta} = -\varphi_\alpha X + e^{2\varphi}(k_1 N_1 + k_2\mu N_2) + e^{-2\varphi}(k_2\mu N_1 + k_4 N_2),
\end{cases}
\tag{1.63}
$$

从此可得(X) 的基本方程:

$$
\begin{cases}
\dfrac{\partial^2 X}{\partial \alpha^2} = 2\varphi_\alpha \dfrac{\partial X}{\partial \beta} + \{-\varphi_{\alpha\beta} + 2\varphi_\alpha^2 + \varphi_\beta^2 + k_1 k_2 e^{4\varphi} - k_3 k_4 e^{-4\varphi}\}X, \\
\dfrac{\partial^2 X}{\partial \beta^2} = 2\varphi_\beta \dfrac{\partial X}{\partial \alpha} + \{-\varphi_{\alpha\beta} + \varphi_\alpha^2 + 2\varphi_\beta^2 - k_1 k_2 e^{4\varphi} + k_3 k_4 e^{-4\varphi}\}X.
\end{cases}
\tag{1.64}
$$

所以对应于不同值μ 的所有曲面(X) 是射影等价的.

(X) 的有关基本量是

$$
\begin{cases}
\overline{\Theta} = \text{const}, \quad \overline{B} = 2\varphi_\alpha = -B, \quad \overline{\Gamma} = 2\varphi_\beta = -\Gamma, \\
\overline{P}_{11} = -\varphi_{\alpha\beta} + 2\varphi_\alpha^2 + \varphi_\beta^2 + k_1 k_2 e^{4\varphi} - k_3 k_4 e^{-4\varphi} = P_{11} + B_\beta = \Pi_{11}, \\
\overline{P}_{22} = -\varphi_{\alpha\beta} + \varphi_\alpha^2 + 2\varphi_\beta^2 - k_1 k_2 e^{4\varphi} + k_3 k_4 e^{-4\varphi} = P_{11} + \Gamma_\alpha = \Pi_{22}, \\
\overline{\Pi}_{11} = \overline{P}_{11} + \overline{B}_\beta = P_{11}, \\
\overline{\Pi}_{22} = \overline{P}_{22} + \overline{\Gamma}_\alpha = P_{22}.
\end{cases}
\tag{1.65}
$$

因此, 方程组(1.64) 可以写成如下形式:

$$\begin{cases} \dfrac{\partial^2 X}{\partial \alpha^2} = -B\dfrac{\partial X}{\partial \beta} + \Pi_{11} X, \\[2mm] \dfrac{\partial^2 X}{\partial \beta^2} = -\Gamma\dfrac{\partial X}{\partial \alpha} + \Pi_{22} X, \end{cases} \tag{1.66}$$

这就是曲面(W_1) 在平面坐标系下的基本方程.

同样, 方程组(1.60) 也可表达为形式

$$\begin{cases} \dfrac{\partial^2 W_1}{\partial \alpha^2} = -\overline{B}\dfrac{\partial W_1}{\partial \beta} + \overline{\Pi}_{11} W_1, \\[2mm] \dfrac{\partial^2 W_1}{\partial \beta^2} = -\overline{\Gamma}\dfrac{\partial W_1}{\partial \alpha} + \overline{\Pi}_{22} W_1, \end{cases} \tag{1.67}$$

这就是曲面(X) 在平面坐标系下的基本方程.

这一来, 证明了

定理   一族的任何一分层曲面与另一族的任何曲面是互为逆射的.

其次, 作为前定理之逆将证明下列定理:

定理   对一般的维尔清斯基线汇的焦叶曲面可以这样加以射影地变形, 使得变形后曲面的两 R 线汇构成一个周期四的闭序列.

证   对一般的维尔清斯基线汇的焦叶曲面给以这样的射影变形, 使得变形后曲面(W_1) 满足方程组(1.60) , 其中 φ 是(1.58) 的解. 这样的射影变形的存在性已在前文中有了阐述. 曲线 $\alpha + \beta = \text{const}$ 和 $\alpha - \beta = \text{const}$ 在(W_1) 上形成一个 R 网.

在(W_1) 上由曲线 $\alpha - \beta = \text{const}$ 的切线所画成的 R 线汇的第二焦叶曲面, 记作(W_3), 它决定于

$$W_3 = e^{2\varphi}\left\{ -(\varphi_\alpha + \varphi_\beta)W_1 + \frac{\partial W_1}{\partial \alpha} + \frac{\partial W_1}{\partial \beta} \right\}. \tag{1.68}$$

这里为方便添上比例因子 $e^{2\varphi}$.

从(1.60) 和(1.68) 得到

$$\begin{cases} \dfrac{\partial W_3}{\partial \alpha} = e^{2\varphi}\left\{ (\varphi_\alpha - \varphi_\beta)\dfrac{\partial W_1}{\partial \alpha} + \dfrac{\partial^2 W_1}{\partial \alpha \partial \beta} \right. \\[3mm] \qquad\qquad \left. + (-\varphi_{\alpha\alpha} - 2\varphi_\alpha\varphi_\beta + \varphi_\beta^2 + k_1 k_2 e^{4\varphi} - k_3 k_4 e^{-4\varphi})W_1 \right\}, \\[4mm] \dfrac{\partial W_3}{\partial \beta} = e^{2\varphi}\left\{ -(\varphi_\alpha - \varphi_\beta)\dfrac{\partial W_1}{\partial \beta} + \dfrac{\partial^2 W_1}{\partial \alpha \partial \beta} \right. \\[3mm] \qquad\qquad \left. + (-\varphi_{\beta\beta} - 2\varphi_\alpha\varphi_\beta + \varphi_\alpha^2 - k_1 k_2 e^{4\varphi} + k_3 k_4 e^{-4\varphi})W_1 \right\}. \end{cases} \tag{1.69}$$

再度导微, 就给出 $\dfrac{\partial^2 W_3}{\partial \alpha^2}$ 和 $\dfrac{\partial^2 W_3}{\partial \beta^2}$. 应用(1.60), (1.58) 并简化后结果如下:

$$
\begin{cases}
\dfrac{\partial^2 W_3}{\partial \alpha^2} = 2\varphi_\alpha \dfrac{\partial W_3}{\partial \beta} + \{-\varphi_{\alpha\beta} + 2\varphi_\alpha^2 + \varphi_\beta^2 + k_1 k_2 e^{4\varphi} - k_3 k_4 e^{-4\varphi}\} W_3, \\[2mm]
\dfrac{\partial^2 W_3}{\partial \beta^2} = 2\varphi_\beta \dfrac{\partial W_3}{\partial \alpha} + \{-\varphi_{\alpha\beta} + 2\varphi_\beta^2 + \varphi_\alpha^2 - k_1 k_2 e^{4\varphi} + k_3 k_4 e^{-4\varphi}\} W_3.
\end{cases}
\tag{1.70}
$$

如果考查由 (W_1) 上曲线 $\alpha + \beta = \text{const}$ 的切线所形成的第二 R 线汇, 并以 (W_4) 表示它的第二焦叶曲面, 那么

$$
W_4 = e^{-2\varphi} \left\{ +(\varphi_\alpha - \varphi_\beta) W_1 + \frac{\partial W_1}{\partial \alpha} - \frac{\partial W_1}{\partial \beta} \right\},
\tag{1.71}
$$

从此得到

$$
\begin{cases}
\dfrac{\partial W_4}{\partial \alpha} = e^{-2\varphi} \left\{ -(\varphi_\alpha + \varphi_\beta) \dfrac{\partial W_1}{\partial \alpha} - \dfrac{\partial^2 W_1}{\partial \alpha \partial \beta} \right. \\[2mm]
\qquad\qquad \left. + (\varphi_\beta^2 + 2\varphi_\alpha \varphi_\beta + \varphi_{\alpha\alpha} + k_1 k_2 e^{4\varphi} - k_3 k_4 e^{-4\varphi}) W_1 \right\}, \\[3mm]
\dfrac{\partial W_4}{\partial \beta} = e^{-2\varphi} \left\{ (\varphi_\alpha + \varphi_\beta) \dfrac{\partial W_1}{\partial \beta} + \dfrac{\partial^2 W_1}{\partial \alpha \partial \beta} \right. \\[2mm]
\qquad\qquad \left. - (\varphi_\alpha^2 + 2\varphi_\alpha \varphi_\beta + \varphi_{\beta\beta} - k_1 k_2 e^{4\varphi} + k_3 k_4 e^{-4\varphi}) W_1 \right\}.
\end{cases}
\tag{1.72}
$$

根据(1.60) 和(1.58) 还导出

$$
\begin{cases}
\dfrac{\partial^2 W_4}{\partial \alpha^2} = 2\varphi_\alpha \dfrac{\partial W_4}{\partial \beta} + \{-\varphi_{\alpha\beta} + 2\varphi_\alpha^2 + \varphi_\beta^2 + k_1 k_2 e^{4\varphi} - k_3 k_4 e^{-4\varphi}\} W_4, \\[2mm]
\dfrac{\partial^2 W_4}{\partial \beta^2} = 2\varphi_\beta \dfrac{\partial W_4}{\partial \alpha} + \{-\varphi_{\alpha\beta} + 2\varphi_\beta^2 + \varphi_\alpha^2 - k_1 k_2 e^{4\varphi} + k_3 k_4 e^{-4\varphi}\} W_4.
\end{cases}
\tag{1.73}
$$

所以两焦叶曲面 (W_3) 和 (W_4) 是射影等价的.

从(1.69) 和(1.72) 容易验证

$$
e^{2\varphi} \left(\frac{\partial W_4}{\partial \alpha} - \frac{\partial W_4}{\partial \beta} \right) + (\varphi_\alpha + \varphi_\beta) e^{-2\varphi} W_3
$$

$$
= -e^{-2\varphi} \left(\frac{\partial W_3}{\partial \alpha} + \frac{\partial W_3}{\partial \beta} \right) + (\varphi_\alpha - \varphi_\beta) e^{2\varphi} W_4
$$

$$
= (\varphi_{\alpha\alpha} + \varphi_{\beta\beta} + 2\varphi_\alpha \varphi_\beta) W_1 - 2\frac{\partial^2 W_1}{\partial \alpha \partial \beta}.
$$

因此, 可置

$$
\begin{aligned}
W_2 &= e^{-2\varphi} \left\{ (\varphi_\alpha + \varphi_\beta) W_3 + \frac{\partial W_3}{\partial \alpha} + \frac{\partial W_3}{\partial \beta} \right\} \\
&= e^{2\varphi} \left\{ (\varphi_\alpha - \varphi_\beta) W_4 - \left(\frac{\partial W_4}{\partial \alpha} - \frac{\partial W_4}{\partial \beta} \right) \right\}.
\end{aligned}
\tag{1.74}
$$

这个关系表明了, (W_3) 上曲线 $\alpha - \beta = \text{const}$ 在 W_3 的切线与 (W_4) 上曲线 $\alpha + \beta = \text{const}$ 在 W_4 的切线必有一个共通点 W_2.

为计算 $\dfrac{\partial W_2}{\partial \alpha} - \dfrac{\partial W_2}{\partial \beta}$, 应用 $(1.74)_1$ 和 $(1.70)_1$. 经过演算, 便有

$$\frac{\partial W_2}{\partial \alpha} - \frac{\partial W_2}{\partial \beta} = -(\varphi_\alpha - \varphi_\beta)W_2 + 4k_1k_2e^{2\varphi}W_3. \tag{1.75}$$

同样, 得到

$$\frac{\partial W_2}{\partial \alpha} + \frac{\partial W_2}{\partial \beta} = (\varphi_\alpha + \varphi_\beta)W_2 + 4k_3k_4e^{-2\varphi}W_4. \tag{1.76}$$

所以直线 W_2W_3 和 W_2W_4 顺次和曲面 (W_2) 的曲线 $\alpha + \beta = \text{const}$ 和 $\alpha - \beta = \text{const}$ 相切. 因此, 曲线 $\alpha \pm \beta = \text{const}$ 在四曲面 (W_1), (W_3), (W_2), (W_4) 上都形成共轭网.

(证毕)

我们指出, 这样获得的曲面 (W_2) 和原曲面 (W_1) 是射影等价的. 其实, 从 (1.74), (1.70), (1.73) 得知

$$\begin{cases} \dfrac{\partial^2 W_2}{\partial \alpha^2} = -2\varphi_\alpha \dfrac{\partial W_2}{\partial \beta} + (\varphi_{\alpha\beta} + 2\varphi_\alpha^2 + \varphi_\beta^2 + k_1k_2e^{4\varphi} - k_3k_4e^{-4\varphi})W_2, \\[2mm] \dfrac{\partial^2 W_2}{\partial \beta^2} = -2\varphi_\beta \dfrac{\partial W_2}{\partial \alpha} + (\varphi_{\alpha\beta} + 2\varphi_\beta^2 + \varphi_\alpha^2 - k_1k_2e^{4\varphi} + k_3k_4e^{-4\varphi})W_2. \end{cases} \tag{1.77}$$

导入两个运算子:

$$\Delta = 2\frac{\partial^2}{\partial \alpha \partial \beta} + 2\varphi_\alpha \frac{\partial}{\partial \alpha} + 2\varphi_\beta \frac{\partial}{\partial \beta} - (\varphi_{\alpha\alpha} + \varphi_{\beta\beta} + 6\varphi_\alpha\varphi_\beta),$$

$$\overline{\Delta} = 2\frac{\partial^2}{\partial \alpha \partial \beta} - 2\varphi_\alpha \frac{\partial}{\partial \alpha} - 2\varphi_\beta \frac{\partial}{\partial \beta} + (\varphi_{\alpha\alpha} + \varphi_{\beta\beta} - 6\varphi_\alpha\varphi_\beta),$$

就有

$$W_2 = \Delta W_1, \quad \Delta W_2 = 16k_1k_2k_3k_4W_1,$$

$$\overline{\Delta}W_3 = 4k_3k_4W_4, \quad \overline{\Delta}W_4 = 4k_1k_2W_3.$$

因此, W_1 和 W_2 满足方程

$$\Delta^2\theta = 16k_1k_2k_3k_4\theta,$$

而且 W_3 和 W_4 满足方程

$$\overline{\Delta}^2\theta = 16k_1k_2k_3k_4\theta.$$

为完整起见, 将补证前面所得出的闭序列恰恰属于我们所论的类型.

为此, 置 $u = \alpha + \beta$, $v = \alpha - \beta$ 而导入参数 u, v; 由此改写 (1.68), (1.71), (1.74)~(1.76), (1.69) 为下面的形式:

$$
\begin{cases}
\dfrac{\partial W_1}{\partial u} = \varphi_u W_1 + \dfrac{1}{2} e^{-2\varphi} W_3, \\[2mm]
\dfrac{\partial W_2}{\partial u} = \varphi_u W_2 + 2k_3 k_4 e^{-2\varphi} W_4, \\[2mm]
\dfrac{\partial W_3}{\partial u} = -\varphi_u W_3 + \dfrac{1}{2} e^{2\varphi} W_2, \\[2mm]
\dfrac{\partial W_4}{\partial u} = -\varphi_u W_4 + 2k_1 k_2 e^{2\varphi} W_1; \\[2mm]
\dfrac{\partial W_1}{\partial v} = -\varphi_v W_1 + \dfrac{1}{2} e^{2\varphi} W_4, \\[2mm]
\dfrac{\partial W_2}{\partial v} = -\varphi_v W_2 + 2k_1 k_2 e^{2\varphi} W_3, \\[2mm]
\dfrac{\partial W_3}{\partial v} = \varphi_v W_3 - 2k_3 k_4 e^{-2\varphi} W_1, \\[2mm]
\dfrac{\partial W_4}{\partial v} = \varphi_v W_4 - \dfrac{1}{2} e^{-2\varphi} W_2.
\end{cases}
\tag{1.78}
$$

如果再置 $W_1 = N_1$, $W_2 = 4k_2 k_4 N_2$, $W_3 = 2k_4 N_3$, $W_4 = 2k_2 N_4$, 就可看出这组方程 (1.78) 变成 (1.49). 因此, 证明了

定理 为了周期四的闭序列要成为所论的类型, 充要条件是: 其一共轭网被包含在类型 (W_1) 或其逆射变换的一个 R 曲面上.

由以上几个结果可知, 任何伴随闭序列都是由四个维尔清斯基线汇形成的. 以下将研究与这些序列的种种分层曲面有关的某些构图.

从 (1.59) 得到点 $\dfrac{\partial W_1}{\partial \alpha} - \varphi_\beta W_1$ 的局部坐标

$$
x_1 = 0, \quad x_2 = 0, \quad x_3 = k_1 e^{2\varphi} + k_4 \lambda e^{-2\varphi}, \quad x_4 = k_3 e^{-2\varphi} + k_2 \lambda e^{2\varphi}.
$$

所以在 W_1 引的主切线 α 的直线坐标是

$$
\begin{cases}
p_{12} = 0, \\
p_{13} = \lambda(k_1 e^{2\varphi} + k_4 \lambda e^{-2\varphi}), \\
p_{14} = \lambda(k_3 e^{-2\varphi} + k_2 \lambda e^{2\varphi}), \\
p_{23} = k_1 e^{2\varphi} + k_4 \lambda e^{-2\varphi}, \\
p_{24} = k_3 e^{-2\varphi} + k_2 \lambda e^{2\varphi}, \\
p_{34} = 0.
\end{cases}
\tag{1.79}
$$

从这些方程消去 λ, 便得到织面 Q_α:

$$p_{12} = 0, \quad p_{34} = 0, \quad e^{2\varphi}(k_2 p_{13} - k_1 p_{24}) + e^{-2\varphi}(k_3 p_{23} - k_4 p_{14}) = 0,$$

就是这些曲面 (W_1) 在对应点的所有主切线 α 所在的织面. 在点坐标下的方程是

$$x_3(k_2 e^{2\varphi} x_1 + k_3 e^{-2\varphi} x_2) - x_4(k_4 e^{-2\varphi} x_1 + k_1 e^{2\varphi} x_2) = 0. \tag{1.80}$$

同样可以验证, 这些曲面 (W_1) 在对应点的所有主切线 β 都在另一织面 Q_β 上, 而且它的方程是

$$x_3(k_2 e^{2\varphi} x_1 - k_3 e^{-2\varphi} x_2) - x_4(k_1 e^{2\varphi} x_2 - k_4 e^{-2\varphi} x_1) = 0. \tag{1.81}$$

如果从另一族曲面 (X) 出发并应用 (1.63), 同一结果仍旧成立.

这一来, 得到了

定理 两族分层曲面在对应点的有关主切线属于同一半织面.

分层曲面的曲线 u, v 也互相对应. 关于这些曲线的对应切线可以容易证明: 这些曲面 (W_1) 在对应点的 u (或 v) 曲线的切线, 以及曲面 (X) 在对应点的 v (或 u) 曲线的切线属于同一半织面; 所在织面 Q_u (或 Q_v) 决定于方程

$$Q_u : k_3 x_2 x_3 - k_4 x_1 x_4 = 0 \tag{1.82}$$

或

$$Q_v : k_2 x_1 x_3 - k_1 x_2 x_4 = 0. \tag{1.83}$$

这四个织面 Q_α, Q_β, Q_u, Q_v 构成 ∞^2 织面的四族. 对这些将证明

定理 织面 Q_α, Q_β, Q_u, Q_v 有两条固定的共通而相错的母线, 而且两对角线线汇 $(N_1 N_2)$ 和 $(N_3 N_4)$ 的所有直线和这两固定直线相交.

实际上, 在局部坐标系 (x_1, x_2, x_3, x_4) 下, 由 (1.9) 给定的一点的不动条件, 现在可以写成

$$
\begin{cases}
\dfrac{\partial x_1}{\partial u} = -\varphi_u x_1 - k_1 e^{2\varphi} x_4, \\[2mm]
\dfrac{\partial x_2}{\partial u} = -\varphi_u x_2 - k_2 e^{2\varphi} x_3, \\[2mm]
\dfrac{\partial x_3}{\partial u} = \varphi_u x_3 - k_4 e^{-2\varphi} x_1, \\[2mm]
\dfrac{\partial x_4}{\partial u} = \varphi_u x_4 - k_3 e^{-2\varphi} x_2; \\[2mm]
\dfrac{\partial x_1}{\partial v} = \varphi_v x_1 + k_3 e^{-2\varphi} x_3, \\[2mm]
\dfrac{\partial x_2}{\partial v} = \varphi_v x_2 + k_4 e^{-2\varphi} x_4, \\[2mm]
\dfrac{\partial x_3}{\partial v} = -\varphi_v x_3 - k_1 e^{2\varphi} x_2, \\[2mm]
\dfrac{\partial x_4}{\partial v} = -\varphi_v x_4 - k_2 e^{2\varphi} x_1.
\end{cases}
\tag{1.84}
$$

取一个织面, 如Q_u:

$$Q_u \equiv k_3 x_2 x_3 - k_4 x_1 x_4 = 0,$$

就有两条交线, 即由这方程和

$$\frac{\partial Q_u}{\partial u} = e^{2\varphi}(k_1 k_4 x_4^2 - k_2 k_3 x_3^2) = 0,$$

$$\frac{\partial Q_u}{\partial v} = e^{2\varphi}(k_2 k_4 x_1^2 - k_1 k_3 x_2^2) = 0$$

决定的两条直线:

$$\begin{cases} \varepsilon \sqrt{k_1 k_3} x_2 - \sqrt{k_2 k_4} x_1 = 0, \\ \varepsilon \sqrt{k_1 k_4} x_4 - \sqrt{k_2 k_3} x_3 = 0, \end{cases} \tag{1.85}$$

其中$\varepsilon = \pm 1$.

根据(1.80), (1.81), (1.83) 和(1.85) 容易验证, 这些直线也在织面Q_v, Q_α, Q_β 上. 所以只需阐明两直线(1.85) 是空间固定直线.

为此, 置

$$L_1 = x_1 - \varepsilon \sqrt{\frac{k_1 k_3}{k_2 k_4}} x_2, \quad L_2 = x_3 - \varepsilon \sqrt{\frac{k_1 k_4}{k_2 k_3}} x_4,$$

且应用(1.84), 便得出

$$\frac{\partial L_1}{\partial u} = -\varphi_u L_1 + \varepsilon \sqrt{\frac{k_1 k_2 k_3}{k_4}} e^{2\varphi} L_2,$$

$$\frac{\partial L_1}{\partial v} = \varphi_v L_1 + k_3 e^{-2\varphi} L_2;$$

$$\frac{\partial L_2}{\partial u} = \varphi_u L_2 - k_4 e^{-2\varphi} L_1,$$

$$\frac{\partial L_2}{\partial v} = -\varphi_v L_2 + \varepsilon \sqrt{\frac{k_1 k_2 k_4}{k_3}} L_1.$$

因而, 对应于$\varepsilon = 1$ 和$\varepsilon = -1$ 的两条直线$L_1 = 0$, $L_2 = 0$ 即直线(1.85) 是空间固定直线.

很明显, 两对角线$N_1 N_2$ 和$N_3 N_4$ 都是与两直线(1.85) 相交的, 交点是

$$\begin{cases} F_\varepsilon = \varepsilon \sqrt{\frac{k_1 k_3}{k_2 k_4}} N_1 + N_2, \\ F_\varepsilon' = \varepsilon \sqrt{\frac{k_1 k_3}{k_2 k_4}} N_3 + N_4 \end{cases} \quad (\varepsilon = \pm 1); \tag{1.86}$$

而这些又可看成是$N_1 N_2$, $N_3 N_4$ 的焦点.

这一来, 得到了

定理   如果周期四的闭序列属于所论的类型, 那么两对角线画成同一个线性汇.

还需注意的是, 按照(1.51) 和(1.86) , 四面体$\{W_1W_3W_2W_4\}$ 的每一对对顶点(其中λ 取任意值) 关于两焦点F_1, F_{-1} 或F_1', F_{-1}' 是调和共轭的.

我们将从序列的对角线方面作出它的特征. 容易看出, 一条对角线如N_1N_2 是曲面(W_1) 上曲线u, v 在点W_1 的两密切平面的交线. 这导致我们试证下面的逆定理:

定理   假设曲线u, v 在一个曲面(N_1) 上形成共轭网, 而且曲线u, v 在N_1 的两密切平面的交线N_1N_2 属于有不同准线的一个线性汇. 那么, 有关的拉普拉斯序列必须属于所论的类型.

证   一个线性汇在其六个勃吕格坐标都满足同一个拉普拉斯方程这一意义下, 是可以看作为一个W 线汇. 按照巴克的一个定理(参见前面引用的论文 §7) 得知, 由网$(N_1)_{uv}$ 导出的拉普拉斯序列必须是周期四的. 如前保留记号, 所有公式仍旧成立.

设N_1N_2 的一个焦点是

$$Z = N_1 + \lambda N_2, \tag{1.87}$$

那么

$$\left(N_1, \quad N_2, \quad \frac{\partial N_1}{\partial u} + \lambda \frac{\partial N_2}{\partial u}, \quad \frac{\partial N_1}{\partial v} + \lambda \frac{\partial N_2}{\partial v} \right) = 0,$$

或根据(1.11) ,

$$a_{31} b_{41} - \lambda^2 a_{42} b_{32} = 0.$$

所以当

$$\lambda = \varepsilon \sqrt{\frac{a_{31} b_{41}}{a_{42} b_{32}}} \quad (\varepsilon = \pm 1) \tag{1.88}$$

时, 两点(1.87) 变为N_1N_2 的焦点.

从(1.11) 还可导出

$$\begin{cases} \dfrac{\partial Z}{\partial u} = a_{11} N_1 + \left(\dfrac{\partial \lambda}{\partial u} + \lambda a_{22} \right) N_2 + a_{31} N_3 + \lambda a_{42} N_4, \\ \dfrac{\partial Z}{\partial v} = b_{11} N_1 + \left(\dfrac{\partial \lambda}{\partial v} + \lambda b_{22} \right) N_2 + \lambda b_{32} N_3 + b_{41} N_4. \end{cases} \tag{1.89}$$

根据假设, 三点Z, $\dfrac{\partial Z}{\partial u}$, $\dfrac{\partial Z}{\partial v}$ 必须线性相关, 所以存在不全为0的三个函数α, β, γ, 使得

$$\alpha + a_{11} \beta + b_{11} \gamma = 0,$$

$$\lambda \alpha + \left(\frac{\partial \lambda}{\partial u} + \lambda a_{22} \right) \beta + \left(\frac{\partial \lambda}{\partial v} + \lambda b_{22} \right) \gamma = 0,$$

$$a_{31}\beta + \lambda b_{32}\gamma = 0,$$

$$\lambda a_{42}\beta + b_{41}\gamma = 0.$$

最后两方程的相容性是(1.88) 的推论, 而其余三方程明显地给出如下的条件:

$$\begin{vmatrix} 1 & a_{11} & b_{11} \\ \lambda & \dfrac{\partial \lambda}{\partial u} + \lambda a_{22} & \dfrac{\partial \lambda}{\partial v} + \lambda b_{22} \\ 0 & a_{31} & \lambda b_{32} \end{vmatrix} = 0,$$

即

$$b_{22}\lambda\left\{\frac{\partial \lambda}{\partial u} + \lambda(a_{22} - a_{11})\right\} = a_{31}\left\{\frac{\partial \lambda}{\partial v} + \lambda(b_{22} - b_{11})\right\}. \tag{1.90}$$

因为这对于λ 的两值(1.88) 成立, 而且a_{31}, b_{32} 以及λ 都是异于0, 我们获得

$$\frac{\partial \log \lambda}{\partial u} = a_{11} - a_{22}, \quad \frac{\partial \log \lambda}{\partial v} = b_{11} - b_{22}. \tag{1.91}$$

可积分条件是

$$\frac{\partial(a_{11} - a_{22})}{\partial v} = \frac{\partial(b_{11} - b_{22})}{\partial u}, \tag{1.92}$$

就是在所论的情况下(1.17) 必须成立.

把由(1.88) 给定的值λ 代入(1.91)$_1$, 再按照(1.13) 简化, 便有

$$\frac{\partial}{\partial u} \log \frac{a_{31}}{a_{42}} = a_{11} - a_{22} - (a_{33} - a_{44}). \tag{1.93}$$

另一方面, (1.13) 给出

$$\frac{\partial}{\partial v} \log \frac{a_{31}}{a_{42}} = b_{11} - b_{22} - (b_{33} - b_{44}). \tag{1.94}$$

根据(1.92) 可以改写(1.93) 和(1.94) 的可积分条件为

$$\frac{\partial(a_{33} - a_{44})}{\partial v} = \frac{\partial(b_{33} - b_{44})}{\partial u}, \tag{1.95}$$

这就是说, (1.20) 在这情况下也成立. (证毕)

两族分层曲面(W_1) 和(X) 还具备有关于在对应点的规范直线$C(k)$ 的显著关系.

从(1.57) 和(1.59) 得到

$$\frac{\partial^2 W_1}{\partial \alpha \partial \beta} = \left\{\frac{1}{2}(\varphi_{\alpha\alpha} + \varphi_{\beta\beta}) + \varphi_\alpha \varphi_\beta\right\} W_1 + 2k_1 k_3 N_1 + 2k_2 k_4 \lambda N_2$$

$$+ \{k_1 e^{2\varphi}(\varphi_\beta - \varphi_\alpha) - k_4 e^{-2\varphi}(\varphi_\beta + \varphi_\alpha)\lambda\} N_3$$

$$+\{k_2 e^{2\varphi}(\varphi_\beta - \varphi_\alpha)\lambda - k_3 e^{-2\varphi}(\varphi_\beta + \varphi_\alpha)\}N_4. \tag{1.96}$$

曲面(W_1) 在 W_1 的规范直线 $C(k)$ 决定于点 W_1 和点

$$\overline{W}_1 = \frac{\partial^2 W_1}{\partial\alpha\partial\beta} + l_1 \frac{\partial W_1}{\partial\beta} + l_2 \frac{\partial N_2}{\partial\alpha},$$

式中已置(参见1.10节)

$$l_1 = k \frac{\partial \log B\Gamma^2}{\partial\alpha} + \frac{1}{2}\frac{\partial \log B\Gamma}{\partial\alpha},$$

$$l_2 = k \frac{\partial \log B^2\Gamma}{\partial\beta} + \frac{1}{2}\frac{\partial \log B\Gamma}{\partial\beta},$$

并且 B 和 Γ 决定于(1.61).

必须指出, 有固定值 k 的 l_1, l_2 都是与 λ 无关的. 置

$$P = e^{-2\varphi}(l_1 + l_2 - \varphi_\alpha - \varphi_\beta),$$

$$Q = e^{2\varphi}(l_2 - l_1 - \varphi_\alpha + \varphi_\beta)$$

(对于固定的 k 也是与 λ 无关的) , 便可写下

$$\overline{W}_1 = (*)W_1 + 2k_1 k_3 N_1 + 2k_2 k_4 \lambda N_2 + (k_1 Q + k_4 P\lambda)N_3 + (k_3 P + k_2 Q\lambda)N_4, \tag{1.97}$$

且从而导出 $C(k)$ 的六个坐标:

$$\begin{cases} p_{12} = 2(k_2 k_4 \lambda^2 - k_1 k_3), \\ p_{13} = \lambda(k_4 P\lambda + k_1 Q), \\ p_{14} = \lambda(k_3 P + k_2 Q\lambda), \\ p_{24} = k_3 P + k_2 Q\lambda, \\ p_{23} = k_4 P\lambda + k_1 Q, \\ p_{34} = 0. \end{cases} \tag{1.98}$$

当 λ 变动时, 有固定值 k 的规范直线 $C(k)$ 画成一个半织面 $R_k^{(1)}$, 而且两固定直线(1.85) 也属于它. 实际上, $R_k^{(1)}$ 的方程是

$$p_{34} = 0,$$

$$\begin{pmatrix} p_{12} & 2k_2 k_4 & 0 & -2k_1 k_3 \\ p_{13} & k_4 P & k_1 Q & 0 \\ p_{14} & k_2 Q & k_3 P & 0 \\ p_{24} & 0 & k_2 Q & k_3 P \\ p_{23} & 0 & k_4 P & k_1 Q \end{pmatrix} = 0,$$

而且对应于两值

$$\lambda = \varepsilon \sqrt{\frac{k_1 k_3}{k_2 k_4}} \quad (\varepsilon = \pm 1)$$

的两直线重合于(1.85).

同样, 根据(1.63) 和

$$\frac{\partial^2 X}{\partial \alpha \partial \beta} = \left\{ -\frac{1}{2} (\varphi_{\alpha\alpha} + \varphi_{\beta\beta}) + \varphi_\alpha \varphi_\beta \right\} X + 2k_1 k_4 N_3 + 2k_2 k_3 \mu N_4$$

$$+ \{ k_1 e^{2\varphi} (\varphi_\alpha + \varphi_\beta) + k_3 e^{-2\varphi} (\varphi_\beta - \varphi_\alpha) \mu \} N_1$$

$$+ \{ k_4 e^{-2\varphi} (\varphi_\beta - \varphi_\alpha) + k_2 e^{2\varphi} (\varphi_\alpha + \varphi_\beta) \mu \} N_2, \tag{1.99}$$

可以获得关于曲面(X) 的类似结果.

综上所述, 我们证明了

定理 对于k 的任何固定值, 每一族分层曲面在对应点的规范直线$C(k)$ 属于一个半织面R_k. 对于所有值k 半织面R_k 常含有两条固定直线.

最后, 将研究分层曲面的李织面作为本节的结束.

为此目的, 导入空间一点P 的局部坐标(t_1, t_2, t_3, t_4) :

$$P = t_1 W_1 + t_2 \frac{\partial W_1}{\partial \alpha} + t_3 \frac{\partial W_1}{\partial \beta} + t_4 \frac{\partial^2 W_1}{\partial \alpha \partial \beta}, \tag{1.100}$$

而且还找出这些坐标与(1.9) 所给定的坐标间的关系.

根据(1.59) 和(1.96) 容易用t_1, t_2, t_3, t_4 来表达x_1, x_2, x_3, x_4:

$$\begin{cases} \rho x_1 = \lambda t_1 + \lambda \varphi_\beta t_2 + \lambda \varphi_\alpha t_3 \\ \qquad + \left\{ 2k_1 k_3 + \frac{1}{2} (\varphi_{\alpha\alpha} + \varphi_{\beta\beta} + 2\varphi_\alpha \varphi_\beta) \lambda \right\} t_4, \\ \rho x_2 = t_1 + \varphi_\beta t_2 + \varphi_\alpha t_3 \\ \qquad + \left\{ 2k_2 k_4 \lambda + \frac{1}{2} (\varphi_{\alpha\alpha} + \varphi_{\beta\beta} + 2\varphi_\alpha \varphi_\beta) \right\} t_4, \\ \rho x_3 = (k_4 \lambda e^{-2\varphi} + k_1 e^{2\varphi}) t_2 + (k_4 \lambda e^{-2\varphi} - k_1 e^{2\varphi}) t_3 \\ \qquad + \{ k_1 e^{2\varphi} (\varphi_\beta - \varphi_\alpha) - k_4 e^{-2\varphi} (\varphi_\beta + \varphi_\alpha) \lambda \} t_4, \\ \rho x_4 = (k_3 e^{-2\varphi} + k_2 e^{2\varphi}) t_2 + (k_3 e^{-2\varphi} - k_2 e^{2\varphi} \lambda) t_3 \\ \qquad + \{ k_2 e^{2\varphi} (\varphi_\beta - \varphi_\alpha) \lambda - k_3 e^{-2\varphi} (\varphi_\beta + \varphi_\alpha) \} t_4. \end{cases} \tag{1.101}$$

因此, 用x_1, x_2, x_3, x_4 可以表示t_1, t_2, t_3, t_4. 从方程组(1.101) 解出这些t, 并注意到一般地$k_1 k_3 - k_2 k_4 \lambda^2 \neq 0$, 便有

$$t_i = \lambda L_i + L_i', \quad t_4 = \lambda x_2 - x_1 \quad (i = 1, 2, 3), \tag{1.102}$$

式中已置

$$L_1 = 2k_2 k_3 x_1 - \frac{1}{2} (\varphi_{\alpha\alpha} + \varphi_{\beta\beta} + 6\varphi_\alpha \varphi_\beta) x_2$$

$$- k_2 e^{2\varphi}(\varphi_\alpha + \varphi_\beta)x_3 + k_4 e^{-2\varphi}(\varphi_\alpha - \varphi_\beta)x_4,$$

$$L_1' = \frac{1}{2}(\varphi_{\alpha\alpha} + \varphi_{\beta\beta} + 6\varphi_\alpha\varphi_\beta)x_1 - 2k_1 k_3 x_2$$

$$- k_3 e^{-2\varphi}(\varphi_\alpha - \varphi_\beta)x_3 + k_1 e^{2\varphi}(\varphi_\alpha + \varphi_\beta)x_4,$$

$$L_2 = \varphi_\alpha x_2 + k_2 e^{-2\varphi}x_3 + k_4 e^{-2\varphi}x_4,$$

$$L_2' = -\varphi_\alpha x_1 - k_3 e^{-2\varphi}x_3 - k_1 e^{2\varphi}x_4,$$

$$L_3 = \varphi_\beta x_2 + k_2 e^{2\varphi}x_3 - k_4 e^{-2\varphi}x_4,$$

$$L_3' = -\varphi_\beta x_1 + k_3 e^{-2\varphi}x_3 - k_1 e^{2\varphi}x_4.$$

曲面(W_1) 在W_1 的李织面决定于方程(参见1.5节)

$$t_1 t_4 - t_2 t_3 + \frac{1}{2}B\Gamma t_4^2 = 0. \tag{1.103}$$

把(1.102) 代入(1.103)，终于达到方程：

$$\lambda^2 (x_2 L_1 - L_2 L_3 + 2\varphi_\alpha \varphi_\beta x_2^2)$$
$$+ \lambda (x_2 L_1' - x_1 L_1 - L_2 L_3' - L_3 L_2' - 4\varphi_\alpha\varphi_\beta x_1 x_2)$$
$$+ x_1 L_1' - L_2' L_3' + 2\varphi_\alpha\varphi_\beta x_1^2 = 0.$$

对于另一族曲面(X) 也成立类似结果.

这一来，获得下列定理：

定理 每一族分层曲面在对应点的李织面属于一个二次族，且从而其中必有两个织面过空间任意给定点.

4.2   构 图 (T_4)

如4.1节所述，决定一个周期四的闭拉普拉斯序列，使其两对角线线汇形成可分层偶的问题，归结到经典的偏微分方程的积分：

(α) $$\frac{\partial^2 \varphi}{\partial u \partial v} = N e^{4\varphi} + N' e^{-4\varphi},$$

其中N 和N' 是任意常数. 方程(α) 的每一个积分φ 和每一对常数N, N' 确定一个构图(T)，称为构图 (T_4). 但是这个构图与其射影变换都看成同一构图，而且因此称φ 和N, N' 为这个构图(T_4) 的特征函数和特征常数.

从方程(α) 的形态很明显地看出，当$\varphi = \varphi(u,v)$ 是某一构图(T_4) 的特征函数时，乘以常因数m 的$m\varphi$ 也是另一(T_4) 的特征函数. 特别是，取$m = -1$, 对应的特征常数是$-N'$ 和$-N$, 且从而获得某一变换，使一个(T_4) 变为具有同一共轭网(u, v) 的另一个(T_4). 我们将阐述这个变换如何与加拉普索变换相联系的情况(参见苏步青[14]).

如果四个直线汇可以排列成为一个圆圈 $\{N_1N_3N_2N_4\}$, 使得两相邻线汇有一个共通焦叶曲面, 就称它为菲尼可夫构图 (T) (S. Finikoff, Annali di Pisa (2) 2, 1933, 59~88). 对于每一个 (T) 一般地有两族 ∞^2 织面和它对应, 而且构成加拉普索变换 (R. Calapso, Comptes Rendus URSS 2, 1935, 441~446; S. Finikoff, Comptes Rendus, Paris 202, 1936, 548, 549). 但是, 在 (T_4) 的情况下存在无穷多族的 ∞^2 织面, 其全体与两变量的一个任意函数有关. 另外, 任何变换后构图 (T) 一般不是 (T_4), 但是它的两对角线线汇却构成可分层偶. 在这些变换里可以证明, 两族的 ∞^2 变换也是 (T_4). 换言之, 任何 (T_4) 具有两族的 ∞^2 (T_4) 为其加拉普索变换. 必须指出, 当原 (T_4) 的特征函数和特征常数是 φ 和 N, N' 时, 这些变换 (T_4) 的有关函数和常数恰恰是 $-\varphi$ 和 $-N'$, $-N$. 这样, 就给出了方程 (α) 的上述变换在 $m = -1$ 时的几何解释.

上述的结果还导致 (T_4) 的类型向更一般类型的拓广, 就是向至少有三个加拉普索变换的构图 (T) 的拓广. 但是, 如后文所证明, 新类型的任何 (T) 必须容有无穷多的加拉普索变换, 而且它的对角线线汇必须形成有对应的可展面的一个可分层偶.

和一个 (T_4) 相关联着的另一特别有趣的构图, 就是织面的李系统. 本节中对这将有所阐述.

我们沿用 4.1 节的记号与公式, 而且除了必要的情况而外, 不另加说明.

首先, 考查一个通过一 (T_4) 的四边形 $\{N_1N_3N_2N_4\}$ 的织面 Q 和由它形成的织面族. 很明显, Q 的方程是

$$Q \equiv x_1x_2 - \psi x_3x_4 = 0, \tag{2.1}$$

式中 ψ 表示 u 和 v 的任意函数.

从基本方程组 (1.49) 容易写出点 P 的不动条件 (1.9) 为下列方程:

$$\begin{cases} \dfrac{\partial x_1}{\partial u} = -\varphi_u x_1 - k_1 e^{2\varphi} x_4, \\[2mm] \dfrac{\partial x_2}{\partial u} = -\varphi_u x_2 - k_2 e^{2\varphi} x_3, \\[2mm] \dfrac{\partial x_3}{\partial u} = \varphi_u x_3 - k_4 e^{-2\varphi} x_1, \\[2mm] \dfrac{\partial x_4}{\partial u} = \varphi_u x_4 - k_3 e^{-2\varphi} x_2; \\[2mm] \dfrac{\partial x_1}{\partial v} = \varphi_v x_1 + k_3 e^{-2\varphi} x_3, \\[2mm] \dfrac{\partial x_2}{\partial v} = \varphi_v x_2 + k_4 e^{-2\varphi} x_4, \\[2mm] \dfrac{\partial x_3}{\partial v} = -\varphi_v x_3 - k_1 e^{2\varphi} x_2, \\[2mm] \dfrac{\partial x_4}{\partial v} = -\varphi_v x_4 - k_2 e^{2\varphi} x_1. \end{cases} \tag{2.2}$$

为了找寻 Q 沿某一变位的特征: 必须根据 (2.2) 算出 $\dfrac{\partial Q}{\partial u}$ 和 $\dfrac{\partial Q}{\partial v}$. 从此得到

$$
\begin{cases}
\dfrac{\partial Q}{\partial u} = -2\varphi_u x_1 x_2 - k_2 e^{2\varphi} x_1 x_3 + k_4 \psi e^{-2\varphi} x_1 x_4 \\
\qquad + k_3 \psi e^{-2\varphi} x_2 x_3 - k_1 e^{2\varphi} x_2 x_4 - (2\psi\varphi_u + \psi_u) x_3 x_4, \\
\dfrac{\partial Q}{\partial v} = 2\varphi_v x_1 x_2 + k_2 e^{2\varphi}\psi x_1 x_3 + k_4 e^{-2\varphi} x_1 x_4 + k_3 e^{-2\varphi} x_2 x_3 \\
\qquad + k_1 \psi e^{2\varphi} x_2 x_4 + (2\psi\varphi_v - \psi_v) x_3 x_4.
\end{cases}
\tag{2.3}
$$

现在, 顺次由

$$
du - \psi dv = 0 \tag{2.4}
$$

和

$$
\psi du + dv = 0 \tag{2.5}
$$

给定方向 p_1 和 p_2; 容易看出, Q 沿其一方向的特征分解成为四边形 $\{N_1 N_3 N_2 N_4\}$ 的一对对边和另外两直线; 称 p_1, p_2 为加拉普索主方向. 实际上, 沿 p_1 变位的 Q 的特征, 按照 (2.3) 和 (2.4) 决定于 $Q = 0$ 和

$$
\begin{aligned}
\psi \frac{\partial Q}{\partial u} + \frac{\partial Q}{\partial v} = {} & 2(-\varphi_u \psi + \varphi_v) x_1 x_2 + k_4 e^{-2\varphi}(\psi^2 + 1) x_1 x_4 + k_3 e^{-2\varphi}(\psi^2 + 1) x_2 x_3 \\
& + \{-\psi(2\psi\varphi_u + \psi_u) + 2\varphi_v - \psi_v\} x_3 x_4 = 0,
\end{aligned}
\tag{2.6}
$$

所以特征是由两边 $N_1 N_3 (x_2 = x_4 = 0)$, $N_2 N_4 (x_1 = x_3 = 0)$ 和下列两直线组成的:

$$
\frac{x_1}{x_3} = \frac{\psi x_4}{x_2} = \lambda_j \quad (j = 1,\, 2),
\tag{2.7}
$$

其中 λ_1, λ_2 是方程

$$
\begin{aligned}
& k_4 e^{-2\varphi}(\psi^2 + 1)\lambda^2 + \{4(-\varphi_u \psi^2 + \varphi_v \psi) - \psi\psi_u - \psi_v\}\lambda \\
& + k_3 e^{-2\varphi}\psi(\psi^2 + 1) = 0
\end{aligned}
\tag{2.8}
$$

的根.

同样, Q 沿 p_2 的特征是由 $N_1 N_4$, $N_2 N_3$ 和另外两直线

$$
\frac{x_2}{x_3} = \frac{\psi x_4}{x_1} = \mu_i \quad (i = 1,\, 2)
\tag{2.9}
$$

所形成的, 这里 μ_1, μ_2 是方程

$$
\begin{aligned}
& k_1 e^{2\varphi}(\psi^2 + 1)\mu^2 + \{4(\psi\varphi_u + \psi^2 \varphi_v) + \psi_u - \psi\psi_v\}\mu \\
& + k_2 e^{2\varphi}\psi(\psi^2 + 1) = 0
\end{aligned}
\tag{2.10}
$$

的根.

这样得出的四直线(2.7) 和(2.9) , 也形成一个构图(T) 的四边形; 这个(T) 就是 (T_4) 的加拉普索变换. 由于 ψ 是任意函数, 我们断定任意构图 (T_4) 常容有无穷多的加拉普索变换.

在这里有必要指出和一个给定的构图 (T_4) 相关联着的某些织面的李系统.

从(2.8) 和(2.10) 容易看出, 这两方程都有等根, 是为了织面 Q 要成为李系统的充要条件. 所以(2.8) 和(2.10) 的判别式等于0, 就给出关于 ψ 的条件:

$$\begin{cases} 2(\varphi_u\psi - \varphi_v) + \dfrac{1}{2}\psi_u + \dfrac{1}{2}\dfrac{\psi_v}{\psi} = \varepsilon\sqrt{k_3 k_4}e^{-2\varphi}\psi^{-\frac{1}{2}}(\psi^2 + 1), \\ 2(\varphi_u + \psi\varphi_v) + \dfrac{1}{2}\dfrac{\psi_u}{\psi} - \dfrac{1}{2}\psi_v = \varepsilon'\sqrt{k_1 k_2}e^{2\varphi}\psi^{-\frac{1}{2}}(\psi^2 + 1), \end{cases} \tag{2.11}$$

其中 $\varepsilon^2 = \varepsilon'^2 = 1$. 从此解出 ψ_u 和 ψ_v, 便有下列方程组:

$$\begin{cases} \dfrac{\partial \log\sqrt{\psi}}{\partial u} = -2\varphi_u + \varepsilon\sqrt{k_3 k_4}e^{-2\varphi}\sqrt{\psi} + \varepsilon'\sqrt{k_1 k_2}e^{2\varphi}\psi^{-\frac{1}{2}}, \\ \dfrac{\partial \log\sqrt{\psi}}{\partial v} = 2\varphi_v + \varepsilon\sqrt{k_3 k_4}e^{-2\varphi}\psi^{-\frac{1}{2}} - \varepsilon'\sqrt{k_1 k_2}e^{2\varphi}\sqrt{\psi}. \end{cases} \tag{2.12}$$

根据(1.48) 得知, 这组是完全可积分的, 且从而对于一个给定构图 (T_4) 必存在织面的 ∞^1 李系统.

对于(2.12) 的任意解 ψ 方程(2.8) 和(2.10) 都有等根:

$$\lambda = \varepsilon\sqrt{\frac{k_3\psi}{k_4}}, \quad \mu = -\varepsilon'\sqrt{\frac{k_2\psi}{k_1}}.$$

因此, 原来由直线(2.7) 和(2.9) 形成的四边形现在退缩成为一点, 它的坐标是

$$x_1 = \varepsilon\sqrt{\frac{k_3\psi}{k_4}}, \quad x_2 = -\varepsilon'\sqrt{\frac{k_2\psi}{k_1}}, \quad x_3 = 1, \quad x_4 = -\varepsilon\varepsilon'\sqrt{\frac{k_2 k_3}{k_1 k_4}}.$$

这点的轨迹是决定于方程

$$\varepsilon\varepsilon'\sqrt{k_1 k_3}x_2 + \sqrt{k_2 k_4}x_1 = 0, \quad \varepsilon\varepsilon'\sqrt{k_1 k_4}x_4 + \sqrt{k_2 k_3}x_3 = 0$$

的一条直线, 即对角线线汇的准线之一. 这一来, 我们证明了

定理 从一个构图 (T_4) 可以导出两族这样的 ∞^1 李系统, 使得算做四重包络的曲面退缩成为空间两条固定直线.

其次, 将讨论至少容有三个加拉普索变换的构图 (T). 正如加拉普索所证, 如果四边形的一个双参数族容有一个加拉普索变换, 那么这族必须构成菲尼可夫构图 (T), 而且任何 (T) 一般地容有两个加拉普索变换. 从这结果自然地引起了一个问题: 至少容有三个加拉普索变换的构图 (T), 是什么样的类型呢? 我们已经明确, 一 (T_4) 是属于这个类型的.

在一个构图(T) 的基本方程(1.1) 中成立

$$
\begin{cases}
a_{21} = a_{43} = a_{12} = a_{34} = 0, \\
b_{21} = b_{43} = b_{12} = b_{34} = 0,
\end{cases}
\tag{2.13}
$$

而且反过来也是真的. 从有关的方程(1.9) 容易导出

$$
dQ \equiv \frac{\partial Q}{\partial u} du + \frac{\partial Q}{\partial v} dv,
$$

而实际演算的结果是

$$
\begin{aligned}
dQ = &- \{(a_{11} + a_{22})du + (b_{11} + b_{22})dv\}x_1 x_2 \\
&+ \{(-a_{24} + \psi a_{31})du + (-b_{24} + \psi b_{31})dv\}x_1 x_4 \\
&+ \{(-a_{13} + \psi a_{42})du + (-b_{13} + \psi b_{42})dv\}x_2 x_3 \\
&+ [\{-\psi_u + \psi(a_{33} + a_{44})\}du \\
&+ \{-\psi_v + \psi(b_{33} + b_{44})\}dv]x_3 x_4 \\
&+ \{(-a_{23} + \psi a_{41})du + (-b_{23} + \psi b_{41})dv\}x_1 x_3 \\
&+ \{(-a_{14} + \psi a_{32})du + (-b_{14} + \psi b_{32})dv\}x_2 x_4,
\end{aligned}
\tag{2.14}
$$

这里 d 表示任何变位. 所以只限于下列方程成立时, 即

$$
\begin{cases}
(-a_{23} + \psi a_{41})du + (-b_{23} + \psi b_{41})dv = 0, \\
(-a_{14} + \psi a_{32})du + (-b_{14} + \psi b_{32})dv = 0,
\end{cases}
\tag{2.15}
$$

Q 沿这变位 d 的特征才分解为两边 $N_2 N_4$, $N_1 N_3$ 和另外两直线. 由于这两方程必须确定同一主方向 p_1, 我们获得

$$
(-a_{23} + \psi a_{41})(-b_{14} + \psi b_{32}) = (-a_{14} + \psi a_{32})(-b_{23} + \psi b_{41}).
\tag{2.16}
$$

可是按照假设, 满足这个方程的函数 ψ 至少有三个, 所以(2.16) 必须是恒等式. 同样地得到第二主方向 p_2, 它是下列两方程中之一所决定的:

$$
\begin{cases}
(-a_{24} + \psi a_{31})\delta u + (-b_{24} + \psi b_{31})\delta v = 0, \\
(-a_{13} + \psi a_{42})\delta u + (-b_{13} + \psi b_{42})\delta v = 0.
\end{cases}
\tag{2.17}
$$

因此, 至少对于三个函数 ψ 成立条件

$$
(-a_{24} + \psi a_{31})(-b_{13} + \psi b_{42}) = (-b_{24} + \psi b_{31})(-a_{13} + \psi a_{42}).
\tag{2.18}
$$

在这里按照构图(T) 是不是周期四的拉普拉斯序列而区分为两种情况. 在前者的情况下我们有[参见(1.10)]

$$
a_{41} = a_{32} = a_{24} = a_{13} = 0,
$$

$$b_{14} = b_{23} = b_{42} = b_{31} = 0,$$

且因而(2.16) 和(2.18) 变为

$$\begin{cases} \psi(a_{23}b_{32} - a_{14}b_{41}) = 0, \\ \psi(a_{31}b_{13} - a_{42}b_{24}) = 0. \end{cases} \tag{2.19}$$

因为$\psi = 0$ 将给出奇异的织面系统, 且从而不存在任何加拉普索变换, 从(2.19) 得到

$$\begin{cases} a_{23}b_{32} - a_{14}b_{41} = 0, \\ a_{31}b_{13} - a_{42}b_{24} = 0, \end{cases} \tag{2.20}$$

就是(1.21) . 这表明了, 构图(T) 必须是一(T_4).

这一来, 证明了下列定理:

定理　如果一个构图(T) 是由周期四的拉普拉斯序列所构成的, 并且它具有一个加拉普索变换, 那么这构图必须是一(T_4).

剩下的只是一般情况的讨论. 从(2.16) 和(2.18) 导出两组条件

$$\begin{cases} a_{41}b_{14} + a_{23}b_{32} = a_{14}b_{41} + a_{32}b_{23}, \\ a_{31}b_{13} + a_{24}b_{42} = a_{13}b_{31} + a_{42}b_{24}; \end{cases} \tag{2.21}$$

$$\begin{cases} a_{23}b_{14} = a_{14}b_{23}, \\ a_{41}b_{32} = a_{32}b_{41}, \\ a_{24}b_{13} = a_{13}b_{24}, \\ a_{31}b_{42} = a_{42}b_{31}. \end{cases} \tag{2.22}$$

Q 沿方向p_1 的特征分解为N_1N_3, N_2N_4 和另外两直线:

$$\frac{x_1}{x_3} = \frac{\psi x_4}{x_2} = \lambda_j \quad (j = 1, \ 2), \tag{2.23}$$

式中λ_1, λ_2 是下列方程的根:

$$\begin{aligned} &\{(-a_{24} + \psi a_{31})du + (-b_{24} + \psi b_{31})dv\}\lambda^2 \\ &+ [\{-\psi_u + \psi(a_{33} + a_{44})\}du + \{-\psi_v + \psi(b_{33} + b_{44})\}dv \\ &- \psi\{(a_{11} + a_{22})du + (b_{11} + b_{22})dv\}]\lambda \\ &+ \psi\{(-a_{13} + \psi a_{42})du + (-b_{13} + \psi b_{42})dv\} = 0, \end{aligned} \tag{2.24}$$

这里$du : dv$ 的值决定于(2.15) .

同样地可以验证, Q 沿p_2 的特征分解为N_1N_4, N_2N_3 和另外两直线

$$\frac{x_2}{x_3} = \frac{\psi x_4}{x_1} = \mu_i \quad (i = 1, 2), \tag{2.25}$$

式中 μ_1, μ_2 是下列方程的根:

$$\{(-a_{14} + \psi a_{32})\delta u + (-b_{14} + \psi b_{32})\delta v\}\mu^2$$
$$+ [\{-\psi_u + \psi(a_{33} + a_{44})\}\delta u + \{-\psi_v + \psi(b_{33} + b_{44})\}\delta v$$
$$- \psi\{(a_{11} + a_{22})\delta u + (b_{11} + b_{22})\delta v\}]\mu$$
$$+ \psi\{(-a_{23} + \psi a_{41})\delta u + (-b_{23} + \psi b_{41})\delta v\} = 0. \tag{2.26}$$

这里 $\delta u : \delta v$ 的值决定于(2.17).

这四直线(2.23) 和(2.25) 很明显地形成一个四边形, 其顶点 P_{ji} 的坐标是

$$P_{ji} = \lambda_j \psi N_1 + \mu_i \psi N_2 + \psi N_3 + \lambda_j \mu_i N_4 \quad (i, j = 1, 2). \tag{2.27}$$

从(1.1) 和(2.13) 得到

$$\frac{\partial P_{ji}}{\partial u} = \left[\frac{\partial(\lambda_j \psi)}{\partial u} + \lambda_j \psi a_{11} + \psi a_{13} + \lambda_j \mu_i a_{14} \right] N_1$$
$$+ \left[\frac{\partial(\mu_i \psi)}{\partial u} + \mu_i \psi a_{22} + \psi a_{23} + \lambda_j \mu_i a_{24} \right] N_2$$
$$+ \left[\frac{\partial \psi}{\partial u} + \lambda_j \psi a_{31} + \mu_i \psi a_{32} + \psi a_{33} \right] N_3$$
$$+ \left[\frac{\partial(\lambda_j \mu_i)}{\partial u} + \lambda_j \psi a_{41} + \mu_i \psi a_{42} + \lambda_j \mu_i a_{44} \right] N_4.$$

从此导出

$$\left(\frac{\partial P_{ji}}{\partial u} P_{ji} P_{li} P_{jk} \right) : \{\psi^2 (N_1 N_2 N_3 N_4)\}$$
$$= \lambda_j \mu_i \left[\frac{\partial \psi}{\partial u} + \psi(a_{11} + a_{22} - a_{33} - a_{44}) \right]$$
$$+ \lambda_j [(a_{14} - a_{32}\psi)\mu_i^2 + \psi(a_{23} - a_{41}\psi)]$$
$$+ \mu_i [(a_{24} - a_{31}\psi)\lambda_j^2 + \psi(a_{13} - a_{42}\psi)], \tag{2.28}$$

而且同样地

$$\left(\frac{\partial P_{ji}}{\partial v} P_{ji} P_{li} P_{jk} \right) : \{\psi^2 (N_1 N_2 N_3 N_4)\}$$
$$= \lambda_j \mu_i \left[\frac{\partial \psi}{\partial v} + \psi(b_{11} + b_{22} - b_{33} - b_{44}) \right]$$
$$+ \lambda_j [(b_{14} - b_{32}\psi)\mu_i^2 + \psi(b_{23} - b_{41}\psi)]$$
$$+ \mu_i [(b_{24} - b_{31}\psi)\lambda_j^2 + \psi(b_{13} - b_{42}\psi)], \tag{2.29}$$

式中左边括号表示四阶行列式.

由(2.24) 和(2.26) 可证, 对于主方向p_1 和p_2 必须成立

$$(dP_{ji}P_{ji}P_{li}P_{jk}) = 0,$$

$$(\delta P_{ji}P_{ji}P_{li}P_{jk}) = 0.$$

可是两主方向是互异的, 所以

$$\begin{cases} \left(\dfrac{\partial P_{ji}}{\partial u}P_{ji}P_{li}P_{jk}\right) = 0, \\ \left(\dfrac{\partial P_{ji}}{\partial v}P_{ji}P_{li}P_{jk}\right) = 0. \end{cases} \tag{2.30}$$

这两方程表明了, 曲面(P_{ji}) 在点P_{ji} 的切平面常通过对应的直线$P_{li}P_{jk}$. 因而, 成立下列定理:

定理 如果四边形的一个双参数族容有至少三个加拉普索变换, 那么它必须容有与两变量的一个任意函数有关的无穷多加拉普索变换.

两组条件(2.21) 和(2.22) 的解释如下.

假设一个构图(T) 的两对角线线汇(N_1N_2) 和(N_3N_4) 构成一个可分层偶. 那么, 以

$$Z = N_1 + \lambda N_2$$

表示其一族分层曲面, 必有

$$\left(\frac{\partial Z}{\partial u}, Z, N_3, N_4\right) = 0,$$

$$\left(\frac{\partial Z}{\partial v}, Z, N_3, N_4\right) = 0,$$

从此按照(1.1) 和(2.13) 导出

$$\begin{cases} \dfrac{\partial \log \lambda}{\partial u} = a_{11} - a_{22}, \\ \dfrac{\partial \log \lambda}{\partial v} = b_{11} - b_{22}. \end{cases} \tag{2.31}$$

由于这组方程必须是完全可积分的, 而且因此有

$$\frac{\partial(a_{11} - a_{22})}{\partial v} = \frac{\partial(b_{11} - b_{22})}{\partial u},$$

我们从(1.2) 获得

$$(a_{41}b_{14} + a_{23}b_{32}) - (a_{13}b_{31} + a_{42}b_{24})$$

$$= (a_{14}b_{41} + a_{32}b_{23}) - (a_{31}b_{13} + a_{24}b_{42}). \tag{2.32}$$

如果从另一族分层曲面

$$W = N_3 + \mu N_4$$

进行同样的演算, 便有

$$\begin{cases} \dfrac{\partial \log \mu}{\partial u} = a_{33} - a_{44}, \\ \dfrac{\partial \log \mu}{\partial v} = b_{33} - b_{44}; \end{cases} \tag{2.33}$$

可积分条件可以写成

$$(a_{41}b_{14} + a_{23}b_{32}) + (a_{13}b_{31} + a_{42}b_{24})$$

$$= (a_{14}b_{41} + a_{32}b_{23}) + (a_{31}b_{13} + a_{24}b_{42}). \tag{2.34}$$

所以与(2.32) 和(2.34) 等价的条件(2.21) 是为了两对角线线汇(N_1N_2) 和(N_3N_4) 要构成可分层偶的充要条件.

必须顺便指出, 当组(2.31) 或组(2.33) 有一个解时, 就必有无穷多, 其中任何两个解仅相差一个常因数.

我们专门针对一个构图(T) 的一对对边, 例如N_1N_3 和N_2N_4 所画成的线汇偶来研究各线汇的可展面. 取线汇(N_1N_3), 它的可展面决定于方程:

$$\left(\frac{\partial N_1}{\partial u}du + \frac{\partial N_1}{\partial v}dv, \ \frac{\partial N_3}{\partial u}du + \frac{\partial N_3}{\partial v}dv, \ N_1, \ N_3 \right) = 0,$$

即

$$(a_{41}du + b_{41}dv)(a_{23}du + b_{23}dv) = 0. \tag{2.35}$$

这决定了两系可展面I 和II:

$$\begin{cases} I \equiv a_{41}du + b_{41}dv = 0, \\ II \equiv a_{23}du + b_{23}dv = 0. \end{cases} \tag{2.35$'$}$$

同样, 线汇(N_2N_4) 的两系可展面是

$$\begin{cases} I' \equiv a_{32}du + b_{32}dv = 0, \\ II' \equiv a_{14}du + b_{14}dv = 0. \end{cases} \tag{2.36}$$

当两族I和II的可展面顺次对应于两族I' 和II' 的可展面时, 方便上称这两线汇的可展面是在反向下互相对应的. 为此的条件很显然是(2.22) 的前两方程.

同样, 我们获得对(2.22) 的其余条件的类似解释.

这样, 已证明了下列定理:

定理 凡至少容有三个加拉普索变换的构图(T), 是由下列两性质组成特征的:

(i) 两对角线线汇构成一可分层偶.

(ii) 由每一对对边画成的两线汇的可展面是在反向下互相对应的.

特别是, 线汇 N_1N_3 和 N_1N_4 的可展面限于构图 (T_4) 的情况也互相对应.

以下专讨论构图 (T_4) 的加拉普索变换. 如前文中所述, 任何一 (T_4) 必容有与两个变数的一个任意函数有关的无穷多变换. 每一变换后构图虽是一 (T), 但是不一定是 (T_4). 我们首先证明: 一 (T_4) 的任何加拉普索变换的两对角线线汇常形成可分层偶.

为此, 考查变换后的顶点 P_{ji}; 它决定于方程 (2.27), 其中函数 λ_j 和 μ_i 分别满足 (2.8) 和 (2.10). 从 (1.49) 得到

$$
\begin{aligned}
\frac{\partial P_{ji}}{\partial u} = & \left[\frac{\partial(\lambda_j \psi)}{\partial u} + \lambda_j \psi \varphi_u + k_1 e^{2\varphi} \lambda_j \mu_i \right] N_1 \\
& + \left[\frac{\partial(\mu_i \psi)}{\partial u} + \mu_i \psi \varphi_u + k_2 e^{2\varphi} \psi \right] N_2 \\
& + \left[\frac{\partial \psi}{\partial u} - \psi \varphi_u + k_4 e^{-2\varphi} \lambda_j \psi \right] N_3 \\
& + \left[\frac{\partial(\lambda_j \mu_i)}{\partial u} - \lambda_j \mu_i \varphi_u + k_3 e^{-2\varphi} \mu_i \psi \right] N_4,
\end{aligned}
\tag{2.37}
$$

$$
\begin{aligned}
\frac{\partial P_{ji}}{\partial v} = & \left[\frac{\partial(\lambda_j \psi)}{\partial v} - \lambda_j \psi \varphi_v - k_3 e^{-2\varphi} \psi \right] N_1 \\
& + \left[\frac{\partial(\mu_i \psi)}{\partial v} - \mu_i \psi \varphi_v - k_4 e^{-2\varphi} \lambda_j \mu_i \right] N_2 \\
& + \left[\frac{\partial \psi}{\partial v} + k_1 e^{2\varphi} \mu_i \psi + \psi \varphi_v \right] N_3 \\
& + \left[\frac{\partial(\lambda_j \mu_i)}{\partial v} + k_2 e^{2\varphi} \lambda_j \psi + \lambda_j \mu_i \varphi_v \right] N_4.
\end{aligned}
\tag{2.38}
$$

因此, (2.30) 可以写成

$$
\begin{aligned}
& \mu_i \left[\frac{\partial(\lambda_j \psi)}{\partial u} + \lambda_j \psi \varphi_u + k_1 e^{2\varphi} \lambda_j \mu_i \right] \\
& + \lambda_j \left[\frac{\partial(\mu_i \psi)}{\partial u} + \mu_i \psi \varphi_u + k_2 e^{2\varphi} \psi \right] \\
& - \lambda_j \mu_i \left[\frac{\partial \psi}{\partial u} - \psi \varphi_u + k_4 e^{2\varphi} \lambda_j \psi \right] \\
& - \psi \left[\frac{\partial(\lambda_j \mu_i)}{\partial u} - \lambda_j \mu_i \psi_u + k_3 e^{-2\varphi} \mu_i \psi \right] = 0,
\end{aligned}
\tag{2.39}
$$

$$
\mu_i \left[\frac{\partial(\lambda_j \psi)}{\partial v} - \lambda_j \psi \varphi_v - k_3 e^{-2\varphi} \psi \right]
$$

$$+ \lambda_j \left[\frac{\partial(\mu_i \psi)}{\partial v} - \mu_i \psi \varphi_v - k_4 e^{-2\varphi} \lambda_j \mu_i \right]$$

$$- \lambda_j \mu_i \left[\frac{\partial \psi}{\partial v} + \psi \varphi_v + k_1 e^{2\varphi} \mu_i \psi \right]$$

$$+ \psi \left[\frac{\partial(\lambda_j \mu_i)}{\partial v} + \lambda_j \mu_i \varphi_v + k_2 e^{2\varphi} \psi \lambda_j \right] = 0. \tag{2.40}$$

假设在对角线 $P_{11} P_{22}$ 上的一点

$$Z = P_{11} + L P_{22}, \tag{2.41}$$

画成这样的曲面(Z), 使其在点 Z 的切平面通过对应的对角线 $P_{12} P_{21}$. 这时,

$$\left(\frac{\partial Z}{\partial u}, Z, P_{12}, P_{21} \right) = 0, \quad \left(\frac{\partial Z}{\partial v}, Z, P_{12}, P_{21} \right) = 0. \tag{2.42}$$

我们可计算 $\dfrac{\partial Z}{\partial u}$ 和 $\dfrac{\partial Z}{\partial v}$:

$$\frac{\partial Z}{\partial u} = A N_1 + B N_2 + C N_3 + D N_4,$$

$$\frac{\partial Z}{\partial v} = \overline{A} N_1 + \overline{B} N_2 + \overline{C} N_3 + \overline{D} N_4,$$

从而改写(2.42),

$$\begin{vmatrix} A & 0 & \lambda_1 & \lambda_2 \\ B & 1-L & \mu_2 & \mu_1 \\ C & 0 & 1 & 1 \\ \psi D & \lambda_1 - L\lambda_2 & \lambda_1 \mu_2 & \lambda_2 \mu_1 \end{vmatrix} = 0, \tag{2.43}$$

$$\begin{vmatrix} \overline{A} & 0 & \lambda_1 & \lambda_2 \\ \overline{B} & 1-L & \mu_2 & \mu_1 \\ \overline{C} & 0 & 1 & 1 \\ \psi \overline{D} & \lambda_1 - L\lambda_2 & \lambda_1 \mu_2 & \lambda_2 \mu_1 \end{vmatrix} = 0. \tag{2.44}$$

以 M_1, M_2, M_3, M_4 表示这两行列式关于第一列元素的余因子, 容易看出:

$$M_1 : M_2 : M_3 : M_4 = (-\mu_1 + L\mu_2) : (-\lambda_1 + L\lambda_2) : (\lambda_1 \mu_1 - L\lambda_2 \mu_2) : (1-L);$$

从而(2.43) 和(2.44) 可以写成

$$A(-\mu_1 + L\mu_2) + B(-\lambda_1 + L\lambda_2) + C(\lambda_1 \mu_1 - L\lambda_2 \mu_2) + \psi D(1-L) = 0, \tag{2.43$'$}$$

$$\overline{A}(-\mu_1 + L\mu_2) + \overline{B}(-\lambda_1 + L\lambda_2) + \overline{C}(\lambda_1 \mu_1 - L\lambda_2 \mu_2) + \psi \overline{D}(1-L) = 0. \tag{2.44$'$}$$

根据(2.37) 算出

$$
\begin{aligned}
A =& \frac{\partial(\lambda_1\psi)}{\partial u} + \lambda_1\psi\varphi_u + k_1 e^{2\varphi}\lambda_1\mu_1 + \lambda_2\psi\frac{\partial L}{\partial u} \\
& + L\left\{\frac{\partial(\lambda_2\psi)}{\partial u} + \lambda_2\psi\varphi_u + k_1 e^{2\varphi}\lambda_2\mu_2\right\}, \\
B =& \frac{\partial(\mu_1\psi)}{\partial u} + \mu_1\psi\varphi_u + k_2 e^{2\varphi}\psi + \mu_2\psi\frac{\partial L}{\partial u} \\
& + L\left\{\frac{\partial(\mu_2\psi)}{\partial u} + \mu_2\psi\varphi_u + k_2 e^{2\varphi}\psi\right\}, \\
C =& \frac{\partial\psi}{\partial u} - \psi\varphi_u + k_4 e^{-2\varphi}\lambda_1\varphi + \psi\frac{\partial L}{\partial u} \\
& + L\left\{\frac{\partial\psi}{\partial u} - \psi\varphi_u + k_4 e^{-2\varphi}\lambda_2\psi\right\}, \\
D =& \frac{\partial(\lambda_1\mu_1)}{\partial u} - \lambda_1\mu_1\varphi_u + k_3 e^{-2\varphi}\mu_1\psi + \lambda_2\mu_2\frac{\partial L}{\partial u} \\
& + L\left\{\frac{\partial(\lambda_2\mu_2)}{\partial u} - \lambda_2\mu_2\varphi_u + k_3 e^{-2\varphi}\mu_2\psi\right\}.
\end{aligned}
$$

以这些式子代入(2.44)′, 并按照(2.39) , (2.8) 和(2.10) 简化, 便得到

$$
\begin{aligned}
\frac{\partial \log L}{\partial u} =& -\frac{\lambda_1\mu_1 - \lambda_2\mu_2}{(\lambda_1 - \lambda_2)(\mu_1 - \mu_2)}\frac{\partial \log\psi}{\partial u} \\
& + \frac{1}{\lambda_1 - \lambda_2}\frac{\partial(\lambda_1 + \lambda_2)}{\partial u} + \frac{1}{\mu_1 - \mu_2}\frac{\partial(\mu_1 + \mu_2)}{\partial u}.
\end{aligned} \tag{2.45}
$$

同样, 可以改写(2.44)′为下列方程:

$$
\begin{aligned}
\frac{\partial \log L}{\partial v} =& -\frac{\lambda_1\mu_1 - \lambda_2\mu_2}{(\lambda_1 - \lambda_2)(\mu_1 - \mu_2)}\frac{\partial \log\psi}{\partial v} \\
& + \frac{1}{\lambda_1 - \lambda_2}\frac{\partial(\lambda_1 + \lambda_2)}{\partial v} + \frac{1}{\mu_1 - \mu_2}\frac{\partial(\mu_1 + \mu_2)}{\partial v}.
\end{aligned} \tag{2.46}
$$

现在, 在对角线 $P_{12}P_{21}$ 上一点

$$
W = P_{12} + MP_{21} \tag{2.47}
$$

画成一个曲面(W). 为了(W) 在点W 的切平面要通过三点W, P_{11}, P_{22}, 充要条件是

$$
\left(\frac{\partial W}{\partial u}WP_{11}P_{22}\right) = 0, \quad \left(\frac{\partial W}{\partial v}WP_{11}P_{22}\right) = 0. \tag{2.48}
$$

用上述的计算方法可以改写这些条件为

$$
\frac{\partial \log M}{\partial u} = -\frac{\lambda_2\mu_1 - \lambda_1\mu_2}{(\lambda_1 - \lambda_2)(\mu_1 - \mu_2)}\frac{\partial \log\psi}{\partial u}
$$

$$+ \frac{1}{\lambda_1 - \lambda_2} \frac{\partial(\lambda_1 + \lambda_2)}{\partial u} - \frac{1}{\mu_1 - \mu_2} \frac{\partial(\mu_1 + \mu_2)}{\partial u}, \tag{2.49}$$

$$\frac{\partial \log M}{\partial v} = - \frac{\lambda_2 \mu_1 - \lambda_1 \mu_2}{(\lambda_1 - \lambda_2)(\mu_1 - \mu_2)} \frac{\partial \log \psi}{\partial v}$$

$$+ \frac{1}{\lambda_1 - \lambda_2} \frac{\partial(\lambda_1 + \lambda_2)}{\partial v} - \frac{1}{\mu_1 - \mu_2} \frac{\partial(\mu_1 + \mu_2)}{\partial v}. \tag{2.50}$$

剩下的问题只是阐明, 方程组(2.45), (2.46) 以及方程组(2.49), (2.50) 都是可积分的. 为这目的, 仅需指出: 这两组方程是等价于下列两组:

$$\begin{cases} \dfrac{\partial \log(LM)}{\partial u} = 2\dfrac{\lambda_1 + \lambda_2}{\lambda_1 - \lambda_2} \dfrac{\partial}{\partial u} \log \dfrac{\lambda_1 + \lambda_2}{\sqrt{\psi}}, \\[3mm] \dfrac{\partial \log(LM)}{\partial v} = 2\dfrac{\lambda_1 + \lambda_2}{\lambda_1 - \lambda_2} \dfrac{\partial}{\partial v} \log \dfrac{\lambda_1 + \lambda_2}{\sqrt{\psi}}; \end{cases} \tag{2.51}$$

$$\begin{cases} \dfrac{\partial \log(L:M)}{\partial u} = 2\dfrac{\mu_1 + \mu_2}{\mu_1 - \mu_2} \dfrac{\partial}{\partial u} \log \dfrac{\mu_1 + \mu_2}{\sqrt{\psi}}, \\[3mm] \dfrac{\partial \log(L:M)}{\partial v} = 2\dfrac{\mu_1 + \mu_2}{\mu_1 - \mu_2} \dfrac{\partial}{\partial v} \log \dfrac{\mu_1 + \mu_2}{\sqrt{\psi}}. \end{cases} \tag{2.52}$$

可是(2.8) 表明, $\dfrac{\lambda_1 + \lambda_2}{\lambda_1 - \lambda_2}$ 单是 $\dfrac{\lambda_1 + \lambda_2}{\sqrt{\psi}}$ 的函数, 而且同样地, (2.10) 表明 $\dfrac{\mu_1 + \mu_2}{\mu_1 - \mu_2}$ 单是 $\dfrac{\mu_1 + \mu_2}{\sqrt{\psi}}$ 的函数, 所以两组方程(2.51) 和(2.52) 都是可积分的. 因此, 就证明了两对角线线汇的可分层性. 我们还不难解出所论两组方程的一般解:

$$L = c\sqrt{\frac{\lambda_1 \mu_1}{\lambda_2 \mu_2}}, \quad M = c'\sqrt{\frac{\lambda_1 \mu_2}{\lambda_2 \mu_1}}, \tag{2.53}$$

式中 c, c' 表示任意常数.

在上文中所采用的仅限于一(T_4) 的活动标形 $\{N_1 N_3 N_2 N_4\}$, 但是同样的思想方法和定义, 也适用于一(T_4) 的任何加拉普索变换的活动标形 $\{P_{11} P_{21} P_{22} P_{12}\}$ 而无任何困难.

从(2.27) 可把 N_k 表达为这些 P_{ji} 的线性组合:

$$\begin{cases} DN_1 = \mu_2 P_{11} - \mu_2 P_{21} - \mu_1 P_{12} + \mu_1 P_{22}, \\ DN_2 = \lambda_2 P_{11} - \lambda_1 P_{21} - \lambda_2 P_{12} + \lambda_1 P_{22}, \\ DN_3 = -\lambda_2 \mu_2 P_{11} - \mu_2 \lambda_1 P_{21} + \mu_1 \lambda_2 P_{12} - \mu_1 \lambda_1 P_{22}; \\ DN_4 = \psi(-P_{11} + P_{21} + P_{12} - P_{22}), \end{cases} \tag{2.54}$$

其中已置

$$D = (\lambda_1 - \lambda_2)(\mu_1 - \mu_2)\psi.$$

按照(2.54) 改写(2.37) 和(2.38) 为下列形式:

$$\begin{cases} D\dfrac{\partial P_{ji}}{\partial u} = \alpha_{ji}^{(22)} P_{11} - \alpha_{ji}^{(12)} P_{21} - \alpha_{ji}^{(21)} P_{12} + \alpha_{ji}^{(11)} P_{22}, \\[3mm] D\dfrac{\partial P_{ji}}{\partial v} = \beta_{ji}^{(22)} P_{11} - \beta_{ji}^{(12)} P_{21} - \beta_{ji}^{(21)} P_{12} + \beta_{ji}^{(11)} P_{22}, \end{cases} \tag{2.55}$$

式中 ($i, j = 1, 2, 3, 4; k, l = 1, 2$)

$$\alpha_{ji}^{(kl)} = \mu_l \left\{ \frac{\partial(\lambda_j \psi)}{\partial u} + \lambda_j \psi \varphi_u + k_1 e^{2\varphi} \lambda_j \mu_i \right\} + \lambda_k \left\{ \frac{\partial(\mu_i \psi)}{\partial u} + \mu_i \psi \varphi_u + k_2 e^{2\varphi} \psi \right\}$$
$$- \lambda_k \mu_l \left\{ \frac{\partial \psi}{\partial u} - \psi \varphi_u + k_4 e^{-2\varphi} \lambda_j \psi \right\} - \psi \left\{ \frac{\partial(\lambda_j \mu_i)}{\partial u} - \lambda_j \mu_i \varphi_u + k_3 e^{-2\varphi} \mu_i \psi \right\},$$
$$(2.56)$$

$$\beta_{ji}^{(kl)} = \lambda_k \left\{ \frac{\partial(\mu_i \psi)}{\partial v} - \mu_i \psi \varphi_v - k_4 e^{-2\varphi} \lambda_j \mu_i \right\} + \mu_l \left\{ \frac{\partial(\lambda_j \psi)}{\partial v} - \lambda_j \psi \varphi_v - k_3 e^{-2\varphi} \psi \right\}$$
$$- \lambda_k \mu_l \left\{ \frac{\partial \psi}{\partial v} + \psi \varphi_v + k_1 e^{2\varphi} \mu_i \psi \right\} - \psi \left\{ \frac{\partial(\lambda_j \mu_i)}{\partial v} + \lambda_j \mu_i \varphi_v + k_2 e^{2\varphi} \lambda_j \psi \right\}$$
$$(2.57)$$

表示与活动标形 $\{P_{11} P_{21} P_{12} P_{22}\}$ 有关的旋转系数.

方程 (2.39) 和 (2.40) 可以写成

$$\alpha_{ji}^{(ji)} = 0, \beta_{ji}^{(ji)} = 0 \quad (i, j = 1, 2). \tag{2.58}$$

做好以上的准备工作之后, 就能开始证明: 由四边形 $\{P_{11} P_{21} P_{22} P_{12}\}$ 的每一对对边画成的两线汇的可展面, 是在反向下互相对应的.

实际上, 置 ($i, j = 1, 2$)

$$D_{ji} = \psi \left\{ \frac{\partial \mu_i}{\partial u} + 2\mu_i \varphi_u + k_2 e^{2\varphi} - k_4 e^{-2\varphi} \lambda_j \mu_i \right\}, \tag{2.59}$$

$$\overline{D}_{ji} = \psi \frac{\partial \mu_i}{\partial v} - 2\mu_i \psi \varphi_v - k_1 e^{2\varphi} \psi \mu_i^2 - k_4 e^{-2\varphi} \lambda_j \mu_i, \tag{2.60}$$

$$\vartheta_{ji} = \psi \frac{\partial \lambda_j}{\partial u} + 2\lambda_j \psi \varphi_u + k_1 e^{2\varphi} \lambda_j \mu_i - k_4 e^{-2\varphi} \psi \lambda_j^2, \tag{2.61}$$

$$\overline{\vartheta}_{ji} = \psi \left\{ \frac{\partial \lambda_j}{\partial v} - 2\lambda_j \varphi_v - k_1 e^{2\varphi} \lambda_j \mu_i - k_3 e^{-2\varphi} \right\}; \tag{2.62}$$

从 (2.55) 和 (2.58) 容易验证, 由一边 $P_{ii} P_{ji}$ 所画成的线汇的可展面决定于方程:

$$(D_{ii} du + \overline{D}_{ii} dv)(D_{ji} du + \overline{D}_{ji} dv) = 0 \quad (j \neq i). \tag{2.63}$$

另一方面, 根据 (2.8) 和 (2.10) 又易证明 ($i \neq j; i, j = 1, 2$)

$$\begin{cases} \mu_j D_{ii} + \mu_i D_{jj} = 0, & \mu_j \overline{D}_{ii} + \mu_i \overline{D}_{jj} = 0, \\ \mu_j D_{ji} + \mu_i D_{ij} = 0, & \mu_j \overline{D}_{ji} + \mu_i \overline{D}_{ij} = 0, \end{cases} \tag{2.64}$$

且从而由 $P_{ii} P_{ji}$ 和 $P_{jj} P_{ij} (i \neq j)$ 所画成的两线汇是在反向下以其可展面互相对应的.

同样, 获得线汇 $P_{ii} P_{ij} (i \neq j)$ 的可展面

$$(\vartheta_{ii} du + \overline{\vartheta}_{ii} dv)(\vartheta_{ij} du + \overline{\vartheta}_{ij} dv) = 0 \tag{2.65}$$

和下列关系式:

$$\begin{cases} \lambda_j \vartheta_{ii} + \lambda_i \vartheta_{jj} = 0, & \lambda_j \overline{\vartheta}_{ii} + \lambda_i \overline{\vartheta}_{jj} = 0, \\ \lambda_j \vartheta_{ij} + \lambda_i \vartheta_{ji} = 0, & \lambda_j \overline{\vartheta}_{ij} + \lambda_i \overline{\vartheta}_{ji} = 0, \end{cases} \tag{2.66}$$

其中 $i \neq j$; $i, j = 1, 2$. 用这些就能证明, 由 $P_{ii}P_{ij}$ 和 $P_{jj}P_{ji}$ 画成的两线汇的可展面也是在反向下互相对应的.

综上所述, 我们获得下列定理:

定理　一个构图 (T_4) 的每一个加拉普索变换是容有至少三个加拉普索变换的构图 (T).

其次, 将研究把 (T_4) 变到 (T_4) 的加拉普索变换. 如前文所述, 一个 (T_4) 的加拉普索变换一般不是 (T_4), 这是由于: 无论由方程

$$D_{11}du + \overline{D}_{11}dv = 0, \quad \vartheta_{12}du + \overline{\vartheta}_{12}dv = 0 \tag{2.67}$$

决定的可展面, 或由方程

$$D_{12}du + \overline{D}_{12}dv = 0, \quad \vartheta_{11}du + \overline{\vartheta}_{11}dv = 0 \tag{2.68}$$

决定的可展面, 一般都不互相对应. 如果它们互相对应, 对函数 ψ 必须具备一些条件.

假设变换后构图 $\{P_{11}P_{21}P_{22}P_{12}\}$ 也是一个 (T_4), 而且其共轭网决定于 (u, v). 在不妨碍一般性的情况下可以假定, 曲线 u 顺次在点 P_{11}, P_{21}, P_{22} 和 P_{12} 分别切于 $P_{11}P_{21}$, $P_{21}P_{22}$, $P_{22}P_{12}$ 和 $P_{12}P_{11}$, 且从而相应地, 曲线 v 顺次在点 P_{21}, P_{22}, P_{12} 和 P_{11} 分别与这些直线相切, 否则仅需对调函数 λ_1 和 λ_2, 同一事项仍旧可以适用. 从 (2.55) 就导出下列条件:

$$\alpha_{11}^{(21)} = 0, \quad \alpha_{21}^{(22)} = 0, \quad \alpha_{22}^{(12)} = 0, \quad \alpha_{12}^{(11)} = 0; \tag{2.69}$$

$$\beta_{11}^{(12)} = 0, \quad \beta_{21}^{(11)} = 0, \quad \beta_{22}^{(21)} = 0, \quad \beta_{12}^{(22)} = 0. \tag{2.70}$$

这些可以按照 (2.58) 简化. 演算的结果如下:

$$\begin{cases} \dfrac{\partial \lambda_1}{\partial u} + 2\lambda_1 \varphi_u + k_1 e^{2\varphi} \lambda_1 \mu_2 \psi^{-1} - k_4 e^{-2\varphi} \lambda_1^2 = 0, \\[2mm] \dfrac{\partial \lambda_2}{\partial u} + 2\lambda_2 \varphi_u + k_1 e^{2\varphi} \lambda_2 \mu_1 \psi^{-1} - k_4 e^{-2\varphi} \lambda_2^2 = 0, \\[2mm] \dfrac{\partial \mu_1}{\partial u} + 2\mu_1 \varphi_u + k_2 e^{2\varphi} - k_4 e^{-2\varphi} \lambda_1 \mu_1 = 0, \\[2mm] \dfrac{\partial \mu_2}{\partial u} + 2\mu_2 \varphi_u + k_2 e^{2\varphi} - k_4 e^{-2\varphi} \lambda_2 \mu_2 = 0; \end{cases} \tag{2.71}$$

$$\begin{cases} \dfrac{\partial \lambda_1}{\partial v} - 2\lambda_1 \varphi_v - k_3 e^{-2\varphi} - k_1 e^{2\varphi} \lambda_1 \mu_1 = 0, \\[2mm] \dfrac{\partial \lambda_2}{\partial v} - 2\lambda_2 \varphi_v - k_3 e^{-2\varphi} - k_1 e^{2\varphi} \lambda_2 \mu_2 = 0, \\[2mm] \dfrac{\partial \mu_1}{\partial v} - 2\mu_1 \varphi_v - k_4 e^{-2\varphi} \lambda_2 \mu_1 \psi^{-1} - k_1 e^{2\varphi} \mu_1^2 = 0, \\[2mm] \dfrac{\partial \mu_2}{\partial v} - 2\mu_2 \varphi_v - k_4 e^{-2\varphi} \lambda_1 \mu_2 \psi^{-1} - k_1 e^{2\varphi} \mu_2^2 = 0, \end{cases} \tag{2.72}$$

式中 λ_1, λ_2; μ_1, μ_2 是顺次由 (2.8), (2.10) 决定的根.

因此, 为了要决定一个加拉普索变换, 使得一 (T_4) 常被移到有对应共轭网 (u, v) 的另一 (T_4) 去, 必须得出这样的函数 ψ, 使偏微分方程组 (2.71) 和 (2.72) 成立.

我们从 $(2.71)_1$ 和 $(2.71)_3$ 首先得到

$$\frac{\partial}{\partial u}(\mu_1 : \lambda_1) = 0,$$

这是因为,

$$\mu_1 \mu_2 = \frac{k_2 \psi}{k_1}, \quad \lambda_1 \lambda_2 = \frac{k_3 \psi}{k_4}. \tag{2.73}$$

又从 $(2.72)_1$ 和 $(2.72)_3$ 获得

$$\frac{\partial}{\partial v}(\mu_1 : \lambda_1) = 0.$$

所以

$$\mu_1 : \lambda_1 = \text{const}, \quad \text{记作} k. \tag{2.74}$$

同样, 可以验证

$$\mu_2 : \lambda_2 = \text{const}, \quad \text{记作} k'. \tag{2.75}$$

根据 (2.73) 还导出二常数 k 和 k' 间的关系:

$$kk' = \frac{k_2 k_4}{k_1 k_3}. \tag{2.76}$$

为省便起见, 特别选取

$$k = k' = \varepsilon \sqrt{\frac{k_2 k_4}{k_1 k_3}} \quad (\varepsilon = \pm 1), \tag{2.77}$$

从而

$$\frac{\mu_1}{\lambda_1} = \frac{\mu_2}{\lambda_2} = k, \tag{2.78}$$

并且方程组 (2.71) 和 (2.72) 变成

$$\begin{cases} \dfrac{\partial \lambda_1}{\partial u} + 2\varphi_u \lambda_1 + \dfrac{k_2}{k} e^{2\varphi} - k_4 e^{-2\varphi} \lambda_1^2 = 0, \\[2mm] \dfrac{\partial \lambda_1}{\partial v} - 2\varphi_v \lambda_1 - k_3 e^{-2\varphi} - kk_1 e^{2\varphi} \lambda_1^2 = 0; \end{cases} \tag{2.79}$$

$$\begin{cases} \dfrac{\partial \lambda_2}{\partial u} + 2\varphi_u\lambda_2 + \dfrac{k_2}{k}e^{2\varphi} - k_4 e^{-2\varphi}\lambda_2^2 = 0, \\[2mm] \dfrac{\partial \lambda_2}{\partial v} - 2\varphi_v\lambda_2 - k_3 e^{-2\varphi} - kk_1 e^{2\varphi}\lambda_2^2 = 0. \end{cases} \tag{2.80}$$

必须指出, 根据(1.48) 这两组微分方程都是完全可积分的.

从(2.79) 和(2.80) 得到

$$\frac{\partial(\lambda_1\lambda_2)}{\partial u} + 4\varphi_u\lambda_1\lambda_2 + \left(\frac{k_2}{k}e^{2\varphi} - k_4 e^{-2\varphi}\lambda_1\lambda_2\right)(\lambda_1 + \lambda_2) = 0,$$

$$\frac{\partial(\lambda_1\lambda_2)}{\partial v} - 4\varphi_v\lambda_1\lambda_2 - (k_3 e^{-2\varphi} + kk_1 e^{2\varphi}\lambda_1\lambda_2)(\lambda_1 + \lambda_2) = 0.$$

利用(2.8) 和(2.10) 来改写这两方程的结果, 它们变成一个方程:

$$k_3[4(\varphi_u\psi + \varphi_v\psi^2) + \psi_u - \psi\psi_v] + \frac{k_2}{k}e^{4\varphi}[4(\varphi_u\psi^2 - \varphi_v\psi) + \psi\psi_u + \psi_v] = 0, \tag{2.81}$$

且从此结合(2.8) 便获得

$$\begin{aligned} \lambda_1 + \lambda_2 &= \frac{e^{2\varphi}}{k_4(\psi^2+1)}\{4(\varphi_u\psi^2 - \varphi_v\psi) + \psi\psi_u + \psi_v\} \\[2mm] &= -\frac{e^{-2\varphi}}{kk_1(\psi^2+1)}\{4(\varphi_u\psi + \varphi_v\psi^2) + \psi_u - \psi\psi_v\}. \end{aligned} \tag{2.82}$$

另外, 方程(2.79) 和(2.80) 还给出一些关系, 即

$$\begin{cases} \dfrac{\partial(\lambda_1 + \lambda_2)}{\partial u} + 2\varphi_u(\lambda_1 + \lambda_2) + 2\dfrac{k_2}{k}e^{2\varphi} - k_1 e^{-2\varphi}(\lambda_1^2 + \lambda_2^2) = 0, \\[2mm] \dfrac{\partial(\lambda_1 + \lambda_2)}{\partial v} - 2\varphi_v(\lambda_1 + \lambda_2) - 2k_3 e^{-2\varphi} - kk_1 e^{2\varphi}(\lambda_1^2 + \lambda_2^2) = 0. \end{cases} \tag{2.83}$$

如果置

$$\Lambda = \lambda_1 + \lambda_2, \tag{2.84}$$

并注意到

$$\frac{k_3\psi}{k_4} = \lambda_1\lambda_2, \tag{2.85}$$

便有

$$\begin{cases} \dfrac{\partial\Lambda}{\partial u} = -2\varphi_u\Lambda + k_4 e^{-2\varphi}\Lambda^2 - 2\left(k_3 e^{-2\varphi}\psi + \dfrac{k_2}{k}e^{2\varphi}\right), \\[2mm] \dfrac{\partial\Lambda}{\partial v} = 2\varphi_v\Lambda + kk_1 e^{2\varphi}\Lambda^2 + 2\left(k_3 e^{-2\varphi} - \dfrac{k_2}{k}e^{2\varphi}\psi\right). \end{cases} \tag{2.86}$$

另一方面, (2.82) 给出

$$\begin{cases} \dfrac{\partial\psi}{\partial u} = -4\varphi_u\psi + (k_4 e^{-2\varphi}\psi - kk_1 e^{2\varphi})\Lambda, \\[2mm] \dfrac{\partial\psi}{\partial v} = 4\varphi_v\psi + (k_4 e^{-2\varphi} + kk_1 e^{2\varphi}\psi)\Lambda. \end{cases} \tag{2.87}$$

在这里已经没有什么困难来阐明, 方程组(2.86) 和(2.87) 形成一个完全系统.

实际上, 可积分条件是

$$\frac{\partial}{\partial v}\left(\frac{\partial \Lambda}{\partial u}\right) = \frac{\partial}{\partial u}\left(\frac{\partial \Lambda}{\partial v}\right), \quad \frac{\partial}{\partial v}\left(\frac{\partial \psi}{\partial u}\right) = \frac{\partial}{\partial u}\left(\frac{\partial \psi}{\partial v}\right). \tag{2.88}$$

根据这两组(2.86) 和(2.87) 本身就可把这些条件归结到方程(1.48) .

所以(2.86) 和(2.87) 的积分 Λ 和 ψ 含有两个任意常数.

反过来, 如果 Λ 和 ψ 是(2.86) 和(2.87) 的任何一组积分, 那么在决定

$$\begin{cases} \lambda_1 = \frac{1}{2}\left(\Lambda + \omega\sqrt{\Lambda^2 - 4\frac{k_3\psi}{k_4}}\right), & \mu_1 = k\lambda_1, \\ \lambda_2 = \frac{1}{2}\left(\Lambda - \omega\sqrt{\Lambda^2 - 4\frac{k_3\psi}{k_4}}\right), & \mu_2 = k\lambda_2 \end{cases} \tag{2.89}$$

(其中$\omega = \pm 1$, 它的选择仅仅影响到$\{P_{11}P_{21}P_{22}P_{12}\}$ 的对边的一对, 但是对应的加拉普索变换仍旧是具有指定性质的一(T_4)) 之后, 对于(1.48) 的任何一个积分φ, 容易证明上列几个函数确实满足(2.71) 和(2.72), 且从而给出所要性质的一个加拉普索变换.

这一来, 我们获得下列定理:

定理 按照两种不同的∞^2 加拉普索变换方法, 可把任何构图(T_4) 变到两族具有共轭网的对应曲线的∞^2 构图(T_4).

最后, 将推导一个(T_4) 的加拉普索变换构图的基本方程, 就是在条件(2.69) 和(2.70) 之下算出(2.55) 的各系数. 为方便起见, 把(2.55) 写成下列形式:

$$\begin{cases} \dfrac{\partial P_{11}}{\partial u} = A_{11}P_{11} + A_{31}P_{21}, & \dfrac{\partial P_{11}}{\partial v} = B_{11}P_{11} + B_{41}P_{12}, \\[2mm] \dfrac{\partial P_{22}}{\partial u} = A_{22}P_{22} + A_{42}P_{12}, & \dfrac{\partial P_{22}}{\partial v} = B_{22}P_{22} + B_{32}P_{21}, \\[2mm] \dfrac{\partial P_{21}}{\partial u} = A_{23}P_{22} + A_{33}P_{21}, & \dfrac{\partial P_{21}}{\partial v} = B_{13}P_{11} + B_{33}P_{21}, \\[2mm] \dfrac{\partial P_{12}}{\partial u} = A_{14}P_{11} + A_{44}P_{12}, & \dfrac{\partial P_{12}}{\partial v} = B_{24}P_{22} + B_{44}P_{12}. \end{cases} \tag{2.90}$$

为计算这些旋转系数A_{ik} 和B_{ik}, 必须利用(2.56) , (2.57) 和(2.58). 例如, 在计算A_{11} 的时候根据(2.56) 和(2.58) 得知

$$\begin{aligned} DA_{11} = D\alpha_{11}^{(22)} &= D\alpha_{11}^{(22)} - D\alpha_{11}^{(11)} \\ &= (\mu_2 - \mu_1)\left\{\frac{\partial(\lambda_1\psi)}{\partial u} + \lambda_1\psi\varphi_u + k_1 e^{2\varphi}\lambda_1\mu_1\right\} \\ &\quad + (\lambda_2 - \lambda_1)\left\{\frac{\partial(\mu_1\psi)}{\partial u} + \mu_1\psi\varphi_u + k_2 e^{2\varphi}\psi\right\} \end{aligned}$$

$$- (\lambda_2\mu_2 - \lambda_1\mu_1)\left\{\frac{\partial \psi}{\partial u} - \psi\varphi_u + k_4 e^{-2\varphi}\lambda_1\psi\right\}.$$

再利用(2.78)，(2.73)，$(2.79)_1$和$(2.86)_1$演算，

$$DA_{11} = (\mu_1 - \mu_2)(\lambda_1 - \lambda_2)\{5\varphi_u\psi + kk_1 e^{2\varphi}\lambda_2 - k_4 e^{-2\varphi}\psi(2\lambda_1 + \lambda_2)\}.$$

注意到

$$D = -\psi(\lambda_1 - \lambda_2)(\mu_1 - \mu_2),$$

便可得到A_{11}的表示. 同样, 计算其他系数, 而且把这些结果列出如下:

$$A_{11} = -5\varphi_u - kk_1 e^{2\varphi}\lambda_2\psi^{-1} + k_4 e^{-2\varphi}(2\lambda_1 + \lambda_2),$$

$$A_{31} = -kk_1 e^{2\varphi}\lambda_1\psi^{-1},$$

$$A_{22} = -5\varphi_u + k_4 e^{-2\varphi}(\lambda_1 + 2\lambda_2) - kk_1 e^{2\varphi}\lambda_1\psi^{-1},$$

$$A_{42} = -kk_1 e^{2\varphi}\lambda_2\psi^{-1},$$

$$A_{23} = -k_4 e^{-2\varphi}\lambda_1,$$

$$A_{33} = -5\varphi_u + (2k_4 e^{-2\varphi} - kk_1 e^{2\varphi}\psi^{-1})(\lambda_1 + \lambda_2),$$

$$A_{14} = -k_4 e^{-2\varphi}\lambda_2,$$

$$A_{44} = -5\varphi_u + (2k_4 e^{-2\varphi} - kk_1 e^{2\varphi}\psi^{-1})(\lambda_1 + \lambda_2),$$

$$B_{11} = 5\varphi_v + k_4 e^{-2\varphi}\lambda_2\psi^{-1} + kk_1 e^{2\varphi}(2\lambda_1 + \lambda_2),$$

$$B_{41} = k_4 e^{-2\varphi}\lambda_1\psi^{-1},$$

$$B_{22} = 5\varphi_v + k_4 e^{-2\varphi}\lambda_1\psi^{-1} + kk_1 e^{2\varphi}(\lambda_1 + 2\lambda_2),$$

$$B_{32} = k_4 e^{-2\varphi}\lambda_2\psi^{-1},$$

$$B_{13} = -kk_1 e^{2\varphi}\lambda_2,$$

$$B_{33} = 5\varphi_v + (k_4 e^{-2\varphi}\psi^{-1} + 2kk_1 e^{2\varphi})(\lambda_1 + \lambda_2),$$

$$B_{24} = -kk_1 e^{2\varphi}\lambda_1,$$

$$B_{44} = 5\varphi_v + (k_4 e^{-2\varphi}\psi^{-1} + 2kk_1 e^{2\varphi})(\lambda_1 + \lambda_2).$$

这样, 完全决定了基本方程(2.90).

在规范化P_{ji}的坐标之前, 有必要先导出旋转系数A_{ik}和B_{ik}间的一些关系. 从上面看出

$$A_{11} - A_{22} = (k_4 e^{-2\varphi} + k_1 k e^{2\varphi}\psi^{-1})(\lambda_1 - \lambda_2),$$

$$B_{11} - B_{22} = (kk_1 e^{2\varphi} - k_4 e^{-2\varphi}\psi^{-1})(\lambda_1 - \lambda_2),$$

从而

$$\frac{\partial(A_{11} - A_{22})}{\partial v} = \frac{\partial(B_{11} - B_{22})}{\partial u} = kk_1k_4(\lambda_1^2 - \lambda_2^2)(1 - \psi^{-2}). \tag{2.91}$$

所以存在这样的函数 $\sigma(u, v)$, 使得

$$\begin{cases} \dfrac{\partial \log \sigma}{\partial u} = (kk_1e^{2\varphi}\psi^{-1} + k_4e^{-2\varphi})(\lambda_1 - \lambda_2), \\[2mm] \dfrac{\partial \log \sigma}{\partial v} = (kk_1e^{2\varphi} - k_4e^{-2\varphi}\psi^{-1})(\lambda_1 - \lambda_2). \end{cases} \tag{2.92}$$

这很显然地除了一个常因数而外决定了 σ.

又有

$$A_{33} - A_{44} = B_{33} - B_{44} = 0. \tag{2.93}$$

关系 (2.91) 和 (2.93) 表明, $\{P_{11}P_{22}P_{22}P_{12}\}$ 形成一个 (T_4) [参见 (1.40)].

从上面还可看出

$$\begin{cases} A_{11} + A_{22} + A_{33} + A_{44} = -20\varphi_u + (7k_4e^{-2\varphi} - 3kk_1e^{2\varphi}\psi^{-1})\Lambda, \\[2mm] B_{11} + B_{22} + B_{33} + B_{44} = 20\varphi_v + (3k_4e^{-2\varphi}\psi^{-1} + 7kk_1e^{2\varphi})\Lambda. \end{cases} \tag{2.94}$$

参考 (1.48), (2.86) 和 (2.87), 便可导出

$$\frac{\partial}{\partial v}(A_{11} + A_{22} + A_{33} + A_{44}) = \frac{\partial}{\partial u}(B_{11} + B_{22} + B_{33} + B_{44}),$$

且从而得知, 除了一个常因数而外, 可决定函数 $\rho(u, v)$ 使成立方程

$$\begin{cases} \dfrac{\partial \log \rho}{\partial u} = -20\varphi_u + (7k_4e^{-2\varphi} - 3kk_1e^{2\varphi}\psi^{-1})\Lambda, \\[2mm] \dfrac{\partial \log \rho}{\partial v} = 20\varphi_v + (3k_4e^{-2\varphi}\psi^{-1} + 7kk_1e^{2\varphi})\Lambda. \end{cases} \tag{2.95}$$

再从上面获得

$$B_{34}B_{41} = -A_{31}A_{23} = -kk_1k_4\frac{\lambda_1^2}{\psi}, \tag{2.96}$$

从而, 曲面 (P_{ji}) 的主切曲线决定于方程 (1.38):

$$du^2 - dv^2 = 0. \tag{2.97}$$

因此, 得到了

定理 一个 (T_4) 的焦叶曲面 (N_k) 和其加拉普索变换构图的焦叶曲面 (P_{ji}) 是在主切曲线对应下的.

另外, 还可验证

$$\frac{B_{41}}{A_{23}} = \frac{B_{32}}{A_{14}} = -\frac{A_{31}}{B_{24}} = -\frac{A_{42}}{B_{13}} = -\frac{1}{\psi}. \tag{2.98}$$

现在, 进行坐标 P_{ji} 的规范化而置

$$P_{11} = \rho_1 N_1^*, \quad P_{22} = \rho_2 N_2^*, \quad P_{21} = \rho_3 N_3^*, \quad P_{12} = \rho_4 N_4^*, \tag{2.99}$$

式中 $\rho_i (i = 1, 2, 3, 4)$ 决定于方程:

$$\rho_3 = \rho_4, \quad \rho_1 = \sigma \rho_2, \quad \rho_1 \rho_2 \rho_3 \rho_4 = \rho, \quad \frac{\rho_1 \rho_2}{\rho_3 \rho_4} = -\frac{1}{\psi}, \tag{2.100}$$

而且 σ 和 ρ 顺次是 (2.92) 和 (2.95) 的解. 这样, 组 (2.90) 可以化为规范形式:

$$\begin{cases} \dfrac{\partial N_1^*}{\partial u} = \Phi_u N_1^* + K_4 e^{-2\Phi} N_3^*, \quad \dfrac{\partial N_1^*}{\partial v} = -\Phi_v N_1^* + K_2 e^{2\Phi} N_4^*, \\[2mm] \dfrac{\partial N_2^*}{\partial u} = \Phi_u N_2^* + K_3 e^{-2\Phi} N_4^*, \quad \dfrac{\partial N_2^*}{\partial v} = -\Phi_v N_2^* + K_1 e^{2\Phi} N_3^*, \\[2mm] \dfrac{\partial N_3^*}{\partial u} = K_2 e^{2\Phi} N_2^* - \Phi_u N_3^*, \quad \dfrac{\partial N_3^*}{\partial v} = -K_3 e^{-2\Phi} N_1^* + \Phi_v N_3^*, \\[2mm] \dfrac{\partial N_4^*}{\partial u} = K_1 e^{2\Phi} N_1^* - \Phi_u N_4^*; \quad \dfrac{\partial N_4^*}{\partial v} = -K_4 e^{-2\Phi} N_2^* + \Phi_v N_4^*. \end{cases} \tag{2.101}$$

实际上, 从 (2.100) 导出

$$\begin{cases} \rho_1 = \sigma^{\frac{1}{2}} \rho^{\frac{1}{4}} (-\psi)^{-\frac{1}{4}}, \\[2mm] \rho_2 = \sigma^{-\frac{1}{2}} \rho^{\frac{1}{4}} (-\psi)^{-\frac{1}{4}}, \\[2mm] \rho_3 = \rho_4 = \rho^{\frac{1}{4}} (-\psi)^{\frac{1}{4}}. \end{cases} \tag{2.102}$$

根据 (1.5), (2.92), (2.95) 和 (2.87), 可以求出 (2.90) 的变换后方程组的旋转系数 A_{ik}^* 和 B_{ik}^*. 演算的结果如下:

$$A_{11}^* = A_{11} - \frac{\partial \log \rho_1}{\partial u} = A_{11} - \frac{1}{2} \frac{\partial \log \sigma}{\partial u} - \frac{1}{4} \frac{\partial \log \rho}{\partial u} + \frac{1}{4} \frac{\partial \log \psi}{\partial u} = -\varphi_u,$$

$$B_{11}^* = B_{11} - \frac{\partial \log \rho_1}{\partial v} = B_{11} - \frac{1}{2} \frac{\partial \log \sigma}{\partial v} - \frac{1}{4} \frac{\partial \log \rho}{\partial v} + \frac{1}{4} \frac{\partial \log \psi}{\partial v} = +\varphi_v.$$

从 (1.42) 得知,

$$A_{11}^* = A_{22}^* = -A_{33}^* = -A_{44}^* = -\varphi_u,$$

$$B_{11}^* = B_{22}^* = -B_{33}^* = -B_{44}^* = \varphi_v.$$

因此, 我们不妨置

$$\Phi = -\varphi; \tag{2.103}$$

增加 Φ 的常数项只引起 K_i 的一个常因数的变化而无关重要.

同样的计算给出

$$\begin{cases} A_{31}^* = -B_{24}^* = kk_1 e^{2\varphi} \cdot \lambda_1 \sigma^{-\frac{1}{2}} (-\psi)^{-\frac{1}{2}}, \\[2mm] A_{42}^* = -B_{13}^* = kk_1 e^{2\varphi} \cdot \lambda_2 \sigma^{\frac{1}{2}} (-\psi)^{-\frac{1}{2}}, \\[2mm] A_{23}^* = B_{41}^* = -k_4 e^{-2\varphi} \cdot \lambda_1 \sigma^{-\frac{1}{2}} (-\psi)^{-\frac{1}{2}}, \\[2mm] A_{14}^* = B_{32}^* = -k_4 e^{-2\varphi} \cdot \lambda_2 \sigma^{\frac{1}{2}} (-\psi)^{-\frac{1}{2}}. \end{cases} \tag{2.104}$$

剩下的只需证明 $\lambda_1 \sigma^{-\frac{1}{2}}(-\psi)^{-\frac{1}{2}}$ 和 $\lambda_2 \sigma^{+\frac{1}{2}}(-\psi)^{-\frac{1}{2}}$ 都是常数. 但是, 这结果则来自(2.79), (2.80), (2.87) 和(2.92).

考查(2.85), 便可置

$$\begin{cases} \lambda_1 \sigma^{-\frac{1}{2}}(-\psi)^{\frac{1}{2}} = c, \\ \lambda_2 \sigma^{\frac{1}{2}}(-\psi)^{-\frac{1}{2}} = -\dfrac{k_3}{ck_4}, \end{cases} \tag{2.105}$$

其中 c 是常数. 从此可见, 方程组(2.92) 的一般积分是

$$\sigma = \text{const } \lambda_1^2 \psi^{-1}. \tag{2.106}$$

由于 σ 除了常因数而外是唯一决定了的, 我们可置 $c = -\dfrac{1}{k}$, 从而方程组(2.104) 可以写成

$$\begin{cases} A_{31}^* = -B_{24}^* = k_1 e^{2\varphi}, & A_{42}^* = -B_{13}^* = -k_2 e^{2\varphi}, \\ A_{23}^* = B_{41}^* = -\dfrac{k_4}{k} e^{-2\varphi}, & A_{14}^* = B_{32}^* = kk_3 e^{-2\varphi}. \end{cases} \tag{2.107}$$

这一来, 方程组(2.101) 的系数与原方程组(1.49) 的系数之间的关系可以表达为下面的方程:

$$\begin{cases} \Phi = -\varphi, \\ K_1 = kk_3, \quad K_2 = -\dfrac{k_4}{k}, \quad K_3 = -k_2, \quad K_4 = k_1; \end{cases} \tag{2.108}$$

方程(1.48) 可以归结到方程

$$\frac{\partial^2 \Phi}{\partial u \partial v} = \frac{1}{2}\{K_1 K_2 e^{4\Phi} + K_3 K_4 e^{-4\Phi}\}. \tag{2.109}$$

这个结果阐明了在本节开始一段里所述的内容.

如果注意到方程组(2.101) 的各系数与 ε 虽有联系但与 ψ 和 Λ 都无关的事实, 便导致下列事实的成立:

定理 设(T_4') 和(T_4'') 是一个构图(T_4) 的同一族中的两个加拉普索变换构图, 而且设共轭网曲线互相对应, 那么(T_4') 与(T_4'') 在一个直射变换下是互可变换的.

4.3 构图(T^*) 和变换①

假设四边形 $\{N_1 N_3 N_2 N_4\}$ 画成菲尼可夫构图(T). 如在4.1节所述, 以(1.1) 表示(T) 的基本方程, 那么(2.13) 成立. 为了这构图(T) 容有无穷多的加拉普索变换, 充要条件是(2.21) 和(2.22). 根据(1.2) 容易验证, 两方程(2.21) 蕴涵两方程:

$$\frac{\partial(a_{11} - a_{22})}{\partial v} = \frac{\partial(b_{11} - b_{22})}{\partial u},$$

---

①参见苏步青[15].

$$\frac{\partial(a_{33} - a_{44})}{\partial v} = \frac{\partial(b_{33} - b_{44})}{\partial u}.$$

由此可见, 必存在两个函数 $\sigma(u, v)$ 和 $\chi(u, v)$ 使得满足

$$a_{11} - a_{22} = \frac{\partial \log \sigma}{\partial u}, \quad b_{11} - b_{22} = \frac{\partial \log \sigma}{\partial v};$$

$$a_{33} - a_{44} = \frac{\partial \log \chi}{\partial u}, \quad b_{33} - b_{44} = \frac{\partial \log \chi}{\partial v}.$$

如果选择(1.4) 中的 ρ_1, ρ_2, ρ_3 和 ρ_4 使成立

$$\frac{\rho_1}{\rho_2} = \sigma, \quad \frac{\rho_3}{\rho_4} = \chi, \quad \rho_1 \rho_2 \rho_3 \rho_4 = \rho, \tag{3.1}$$

那么规范化了的旋转系数(仍旧用 a_{ik}, b_{ik} 以代替 a_{ik}^*, b_{ik}^*) 之间将存在下面的关系:

$$\begin{cases} a_{11} = a_{22} = -a_{33} = -a_{44} = a, \\ b_{11} = b_{22} = -b_{33} = -b_{44} = b, \end{cases} \tag{3.2}$$

式中 a 和 b 顺次表示有关的四个函数的共通值.

方程组(2.22) 对于规范化变换(1.4) 很明显地是不变的.

由直线 N_1N_3, N_2N_4 所生成的两线汇的可展面是在反向下互相对应的, 我们可以取这些为参数曲面 u 和 v. 更确切地说, 决定曲线 u 使在点 N_1, N_2 顺次与直线 N_1N_3, N_2N_4 相切, 而且决定曲线 v 使在点 N_3, N_4 顺次与这两直线也相切. 这就导致如下的方程:

$$a_{41} = 0, \quad b_{23} = 0, \quad a_{32} = 0, \quad b_{14} = 0, \tag{3.3}$$

而且

$$a_{14}a_{23}b_{41}b_{32} \neq 0, \tag{3.4}$$

否则至少一系可展面将变为不定.

另一方面, 线汇 (N_2N_3) 的可展面决定于方程

$$\begin{cases} I \equiv a_{13}du + b_{13}dv = 0, \\ II \equiv a_{42}du + b_{42}dv = 0, \end{cases} \tag{3.5}$$

而且按照(2.22) 它们对应于线汇 (N_1N_4) 的可展面

$$\begin{cases} I' \equiv a_{24}du + b_{24}dv = 0, \\ II' \equiv a_{31}du + b_{31}dv = 0. \end{cases} \tag{3.6}$$

所以我们可以断定

$$b_{13}b_{24}b_{42}a_{31} \neq 0; \tag{3.7}$$

并且对(2.22) 的后两条件采取下列的表示:

$$\frac{a_{24}}{b_{24}} = \frac{a_{13}}{b_{13}} = \varphi, \tag{3.8}$$

$$\frac{b_{31}}{a_{31}} = \frac{b_{42}}{a_{42}} = \psi. \tag{3.9}$$

现在, 考查方程(1.2), 而且其中置$i = k$; 从(2.13), (3.2) 和(3.3) 获得

$$\begin{aligned}
\frac{\partial a}{\partial v} - \frac{\partial b}{\partial u} &= a_{13}b_{31} + a_{14}b_{41} - b_{13}a_{31} \\
&= a_{23}b_{32} + a_{24}b_{42} - b_{24}a_{42} \\
&= a_{13}b_{31} + a_{23}b_{32} - b_{13}a_{31} \\
&= a_{14}b_{41} + a_{24}b_{42} - b_{24}a_{42},
\end{aligned} \tag{3.10}$$

从此导出两关系式

$$a_{14}b_{41} = b_{32}a_{23}, \tag{3.11}$$

$$a_{13}b_{31} - b_{13}a_{31} = a_{24}b_{42} - b_{24}a_{42}. \tag{3.12}$$

根据(3.4) 可以表示(3.11) 为

$$\frac{b_{41}}{a_{23}} = \frac{b_{32}}{a_{14}} = \theta, \tag{3.13}$$

其中θ 是有限的而异于0的. 如果选取ρ_1, ρ_2, ρ_3, ρ_4 使得除满足(3.1) 而外还成立

$$\frac{\rho_1\rho_2}{\rho_3\rho_4} = \theta, \tag{3.14}$$

那么θ 可以化为1, 且因而

$$b_{41} = a_{23}, \quad b_{32} = a_{14}. \tag{3.15}$$

这里必须指出, 条件(3.1) 和(3.14) 是除符号外足够唯一地决定一组ρ_1, ρ_2, ρ_3, ρ_4 的.

把(3.8) 和(3.9) 代入(3.12) , 又得到

$$(\varphi\psi - 1)(b_{13}a_{31} - b_{24}a_{42}) = 0. \tag{3.16}$$

如果第一因式等于0, ψ 等于φ^{-1}, 且从而(3.8) , (3.9) 将给出

$$\frac{a_{24}}{b_{24}} = \frac{a_{13}}{b_{13}} = \frac{a_{31}}{b_{31}} = \frac{a_{42}}{b_{42}} = \varphi.$$

这就将引起由(3.5) 给定的两族可展面重合的矛盾, 所以从(3.16) 只能导出

$$b_{13}a_{31} = b_{24}a_{42}. \tag{3.17}$$

因此, 方程(3.10) 变为

$$\frac{\partial a}{\partial v} - \frac{\partial b}{\partial u} = \varphi b_{13} b_{31} + b_{32} b_{41} - b_{13} a_{31}. \tag{3.18}$$

其他可积分条件(1.2) 和关系式(3.2), (3.3), (3.8), (3.9), (3.15), (3.17) 相结合, 就足以验证下列方程:

$$a_{13} + b_{42} = 0, \tag{3.19}$$

$$a_{24} + b_{31} = 0, \tag{3.20}$$

$$\frac{\partial \log b_{32}}{\partial u} = 2a, \quad \frac{\partial \log b_{32}}{\partial v} = -2b, \tag{3.21}$$

$$\frac{\partial \log b_{41}}{\partial u} = 2a, \quad \frac{\partial \log b_{41}}{\partial v} = -2b, \tag{3.22}$$

$$\frac{\partial \varphi}{\partial v} + \varphi \frac{\partial \log b_{13}}{\partial v} - \frac{\partial \log b_{13}}{\partial u} = 2(a - \varphi b), \tag{3.23}$$

$$\frac{\partial \varphi}{\partial v} + \varphi \frac{\partial \log b_{21}}{\partial v} - \frac{\partial \log b_{24}}{\partial u} = 2(a - \varphi b), \tag{3.24}$$

$$\frac{\partial \psi}{\partial u} + \psi \frac{\partial \log a_{31}}{\partial u} - \frac{\partial \log a_{31}}{\partial v} = 2(\psi a - b), \tag{3.25}$$

$$\frac{\partial \psi}{\partial u} + \psi \frac{\partial \log a_{42}}{\partial u} - \frac{\partial \log a_{42}}{\partial v} = 2(\psi a - b). \tag{3.26}$$

由于组(3.21) 和组(3.22) 都是可积分的,

$$\frac{\partial a}{\partial v} = -\frac{\partial b}{\partial u};$$

所以存在这样的函数$\Phi = \Phi(u, v)$, 使得

$$a = \Phi_u, \quad b = -\Phi_v, \tag{3.27}$$

从此获得

$$\begin{cases} a_{14} = b_{32} = k_1 e^{2\Phi}, \\ a_{23} = b_{41} = k_2 e^{2\Phi}, \\ a_{11} = a_{22} = -a_{33} = -a_{44} = \Phi_u, \\ b_{11} = b_{22} = -b_{33} = -b_{44} = -\Phi_v. \end{cases} \tag{3.28}$$

这样, 方程(3.18) 可以写成

$$2\frac{\partial^2 \Phi}{\partial u \partial v} = k_1 k_2 e^{4\Phi} + (\varphi \psi - 1)a_{31}b_{13}, \tag{3.29}$$

式中k_1, k_2 表示各异于0的任意常数.

如果φ 等于0, 那么从(3.8) 得知$a_{24} = 0$, $a_{13} = 0$, 而且(3.19), (3.20) 变为$b_{31} = 0$, $b_{42} = 0$. 由(3.9) 得出$\psi = 0$. 同样可证, 如果$\psi = 0$, 那么$\varphi = 0$. 这就是, φ 与ψ 必须

同时等于0或者同时不等于0. 在$\varphi = \psi = 0$ 的情况下, $a_{24} = a_{13} = b_{31} = b_{42} = 0$, 而且构图$(T)$ 变为前两节所述的(T_4), 不必加以讨论.

因此, 我们仅仅考查另一情况, 即

$$\varphi\psi \neq 0; \tag{3.30}$$

称有关的构图(T) 为构图 (T^*).

从(3.8), (3.9), (3.17), (3.19), (3.20) 得出

$$\frac{b_{13}}{b_{24}} = \frac{a_{13}}{a_{24}} = \frac{b_{42}}{b_{31}} = \frac{a_{42}}{a_{31}} = f. \tag{3.31}$$

把(3.31) 代入(3.23)~(3.26) 并加以简化, 便获得

$$\varphi\frac{\partial \log f}{\partial v} - \frac{\partial \log f}{\partial u} = 0,$$

$$\frac{\partial \log f}{\partial v} - \psi\frac{\partial \log f}{\partial u} = 0,$$

从而

$$\frac{\partial \log f}{\partial u} = 0, \quad \frac{\partial \log f}{\partial v} = 0,$$

即

$$f = \text{const} \neq 0. \tag{3.32}$$

这样, 方程(3.23)~(3.26) 可以归结到下列形式:

$$\begin{cases} e^{-2\Phi}\dfrac{\partial}{\partial u}(b_{13}e^{2\Phi}) = e^{2\Phi}\dfrac{\partial}{\partial v}(\varphi b_{13}e^{-2\Phi}), \\[2mm] e^{-2\Phi}\dfrac{\partial}{\partial v}(a_{31}e^{2\Phi}) = e^{2\Phi}\dfrac{\partial}{\partial u}(\psi a_{31}e^{-2\Phi}). \end{cases} \tag{3.33}$$

为了缩减上列关系, 置

$$a_{31} = \chi e^{-2\Phi}, \tag{3.34}$$

并写φ, ψ 为新形式$\varphi e^{4\Phi}, \psi e^{4\Phi}$. 再注意到

$$b_{13} = -\frac{f\psi}{\varphi}a_{31}, \tag{3.35}$$

我们容易按照$\Phi, \varphi, \psi, \chi$ 来表示所有旋转系数a_{ik}, b_{ik}, 且从此导致下面结果:

$$\begin{cases} a_{13} = -f\psi\chi e^{2\Phi}, & b_{13} = -\dfrac{f\psi\chi}{\varphi}e^{-2\Phi}, \\[2mm] a_{24} = -\psi\chi e^{2\Phi}, & b_{24} = -\dfrac{\psi\chi}{\varphi}e^{-2\Phi}, \\[2mm] a_{42} = f\chi e^{-2\Phi}, & b_{42} = f\psi\chi e^{2\Phi}, \\[2mm] a_{31} = \chi e^{-2\Phi}, & b_{31} = \psi\chi e^{2\Phi}, \\[2mm] a_{14} = b_{32} = k_1 e^{2\Phi}, & a_{23} = b_{41} = k_2 e^{2\Phi}, \\[2mm] a_{11} = a_{22} = -a_{33} = -a_{44} = \Phi_u, \\[2mm] b_{11} = b_{22} = -b_{33} = -b_{44} = -\Phi_v, \end{cases} \tag{3.36}$$

式中函数$\Phi,\ \varphi,\ \psi,\ \chi$ 必须满足微分方程组

$$\begin{cases} \dfrac{\partial}{\partial u}\left(\dfrac{\psi\chi}{\varphi}\right)=e^{4\Phi}\dfrac{\partial}{\partial v}(\psi\chi), \quad \dfrac{\partial\chi}{\partial v}=e^{4\Phi}\dfrac{\partial}{\partial u}(\psi\chi), \\[2mm] 2\dfrac{\partial^2\Phi}{\partial u\partial v}=(k_1 k_2-f\psi^2\chi^2)e^{4\Phi}+f\dfrac{\psi\chi^2}{\varphi}e^{-4\Phi}, \end{cases} \tag{3.37}$$

而且$f,\ k_1,\ k_2$ 都是异于 0 的常数.

特别取$\varphi=\psi=\chi=1$, 而且决定Φ 使满足经典的方程

(α) $$\frac{\partial^2\Phi}{\partial u\partial v}=Ne^{4\Phi}+N'e^{-4\Phi}\quad (N,\ N'\colon 常数),$$

我们便获得方程组(3.37) 的一组解.

综上所述, 我们得到对一构图(T^*) 的标准方程:

$$\begin{cases} \dfrac{\partial N_1}{\partial u}=\Phi_u N_1+\chi e^{-2\Phi}N_3, \\[2mm] \dfrac{\partial N_2}{\partial u}=\Phi_u N_2+f\chi e^{-2\Phi}N_4, \\[2mm] \dfrac{\partial N_3}{\partial u}=-f\psi\chi e^{2\Phi}N_1+k_2 e^{2\Phi}N_2-\Phi_u N_3, \\[2mm] \dfrac{\partial N_4}{\partial u}=k_1 e^{2\Phi}N_1-\psi\chi e^{2\Phi}N_2-\Phi_u N_4; \end{cases} \tag{3.38}$$

$$\begin{cases} \dfrac{\partial N_1}{\partial v}=-\Phi_v N_1+\psi\chi e^{2\Phi}N_3+k_2 e^{2\Phi}N_4, \\[2mm] \dfrac{\partial N_2}{\partial v}=-\Phi_v N_2+k_1 e^{2\Phi}N_3+f\psi\chi e^{2\Phi}N_4, \\[2mm] \dfrac{\partial N_3}{\partial v}=-\dfrac{f\psi\chi}{\varphi}e^{-2\Phi}N_1+\Phi_v N_3, \\[2mm] \dfrac{\partial N_4}{\partial v}=-\dfrac{\psi\chi}{\varphi}e^{-2\Phi}N_2+\Phi_v N_4. \end{cases} \tag{3.39}$$

两线汇$(N_1 N_4)$ 和$(N_2 N_3)$ 的可展面决定于方程

$$(\varphi\,du+e^{-4\Phi}dv)(e^{-4\Phi}du+\psi dv)=0. \tag{3.40}$$

在这里顺便指出, 一个构图(T_4) 可以看成一(T^*) 在$\lim(\varphi:\psi)=1,\ \lim\varphi=0$, $\lim\psi=0$ 的情况下的极限构图.

我们进入一个构图(T^*) 的加拉普索变换的研究. 设$x_1,\ x_2,\ x_3,\ x_4$ 是一个解析点P 关于活动标形$\{N_1 N_2 N_3 N_4\}$ 的局部射影齐次坐标, 即

$$P=x_1 N_1+x_2 N_2+x_3 N_3+x_4 N_4. \tag{3.41}$$

对于一(T^*) 实现一个加拉普索变换的织面Q 决定于方程

$$x_1 x_2-\psi^* x_3 x_4=0, \tag{3.42}$$

式中ψ^* 表示u 和v 的一个任意函数.

根据(2.15), (2.17) 和(3.36) 得知, 主方向p_1, p_2 分别是决定于

$$du - \psi^* dv = 0,$$

$$(\psi e^{2\Phi} + \psi^* e^{-2\Phi})\delta u + \left(\frac{\psi}{\varphi}e^{-2\Phi} + \psi^*\psi e^{2\Phi}\right)\delta v = 0.$$

我们容易证明, Q 沿p_1 的特征是两直线$N_1 N_3$, $N_2 N_4$ 和另外两直线

$$\frac{x_1}{x_3} = \frac{\psi^* x_4}{x_2} = \lambda_j \quad (j = 1, 2), \tag{3.43}$$

而且λ_1, λ_2 是下列方程的两根:

$$\left\{\psi^*(2\psi\chi e^{2\Phi} + \psi^*\chi e^{-2\Phi}) + \frac{\psi\chi}{\varphi}e^{-2\Phi}\right\}\lambda^2$$
$$- \{\psi^*(\psi_u^* + 4\psi^*\Phi_u) + \psi_v^* - 4\psi^*\Phi_v\}\lambda$$
$$+ f\chi\psi^* \left\{\psi^*(2\psi e^{2\Phi} + \psi^* e^{-2\Phi}) + \frac{\psi}{\varphi}e^{-2\Phi}\right\} = 0. \tag{3.44}$$

从此得到

$$\begin{cases} \lambda_1\lambda_2 = f\psi^*, \\ \lambda_1 + \lambda_2 = \dfrac{\psi^*(\psi_u^* + 4\psi^*\Phi_u) + \psi_v^* - 4\psi^*\Phi_v}{\chi\left\{\psi^*(2\psi e^{2\Phi} + \psi^* e^{-2\Phi}) + \dfrac{\psi}{\varphi}e^{-2\Phi}\right\}}. \end{cases} \tag{3.45}$$

同样, Q 沿p_2 的特征是$N_1 N_4$, $N_2 N_3$ 和另外两直线

$$\frac{x_2}{x_3} = \frac{\psi^* x_4}{x_1} = \mu_i \quad (i = 1, 2), \tag{3.46}$$

式中

$$\begin{cases} \mu_1\mu_2 = \dfrac{k_2}{k_1}\psi^*, \\ \mu_1 + \mu_2 = -\left\{(\psi_u^* + 4\psi^*\Phi_u)\left(\dfrac{\psi}{\varphi}e^{-2\Phi} + \psi^*\psi e^{2\Phi}\right)\right. \\ \qquad\qquad \left. + (-\psi_v^* + 4\psi^*\Phi_v)(\psi e^{2\Phi} + \psi^* e^{-2\Phi})\right\} : \\ \qquad\qquad \left[k_1 e^{2\Phi}\left\{\psi^*(2\psi e^{2\Phi} + \psi^* e^{-2\Phi}) + \dfrac{\psi}{\varphi}e^{-2\Phi}\right\}\right], \end{cases} \tag{3.47}$$

就是说, μ_1 和μ_2 是方程

$$k_1 e^{2\Phi}\left\{\psi^*(2\psi e^{2\Phi} + \psi^* e^{-2\Phi}) + \frac{\psi}{\varphi}e^{-2\Phi}\right\}\mu^2$$
$$+ \left\{(\psi_u^* + 4\psi^*\Phi_u)\left(\frac{\psi}{\varphi}e^{-2\Phi} + \psi^*\psi e^{2\Phi}\right)\right.$$

$$+ (-\psi_v^* + 4\psi^* \Phi_v)(\psi e^{2\Phi} + \psi^* e^{-2\Phi}) \Big\} \mu$$

$$+ k_2 \psi^* e^{2\Phi} \left\{ \psi^*(2\psi e^{2\Phi} + \psi^* e^{-2\Phi}) + \frac{\psi}{\varphi} e^{-2\Phi} \right\} = 0 \tag{3.48}$$

的两根.

很明显, 这四条直线(3.43) 和(3.46) 形成四边形, 其顶点P_{ji} $(i, j = 1, 2)$ 的坐标是

$$P_{ji} = \lambda_j \psi^* N_1 + \mu_i \psi^* N_2 + \psi^* N_3 + \lambda_j \mu_i N_4. \tag{3.49}$$

关于u 或v 导微P_{ji}, 且利用(3.38) 或(3.39) , 便导致下面结果:

$$\frac{\partial P_{ji}}{\partial u} = \left[\frac{\partial(\lambda_j \psi^*)}{\partial u} + \lambda_j \psi^* \Phi_u - f\psi\chi\psi^* e^{2\Phi} + k_1 e^{2\Phi} \lambda_j \mu_i \right] N_1$$

$$+ \left[\frac{\partial(\mu_i \psi^*)}{\partial u} + \mu_i \psi^* \Phi_u + k_2 \psi^* e^{2\Phi} - \psi\chi e^{2\Phi} \lambda_j \mu_i \right] N_2$$

$$+ \left[\frac{\partial \psi^*}{\partial u} + \chi \psi^* e^{-2\Phi} \lambda_j - \psi^* \Phi_u \right] N_3$$

$$+ \left[\frac{\partial(\lambda_j \mu_i)}{\partial u} + \mu_i \psi^* f\chi e^{-2\Phi} - \Phi_u \lambda_j \mu_i \right] N_4, \tag{3.50}$$

$$\frac{\partial P_{ji}}{\partial v} = \left[\frac{\partial(\lambda_j \psi^*)}{\partial v} - \lambda_j \psi^* \Phi_u - \frac{f\psi\chi}{\varphi} \psi^* e^{-2\Phi} \right] N_1$$

$$+ \left[\frac{\partial(\mu_i \psi^*)}{\partial v} - \mu_i \psi^* \Phi_v - \frac{\psi\chi}{\varphi} e^{-2\Phi} \lambda_j \mu_i \right] N_2$$

$$+ \left[\frac{\partial \psi^*}{\partial v} + \lambda_j \psi^* \psi\chi e^{2\Phi} + \mu_i \psi^* k_1 e^{2\Phi} + \psi^* \Phi_v \right] N_3$$

$$+ \left[\frac{\partial(\lambda_j \mu_i)}{\partial v} + \lambda_j \psi^* k_2 e^{2\Phi} + \mu_i \psi^* f\psi\chi e^{2\Phi} + \Phi_v \lambda_j \mu_i \right] N_4. \tag{3.51}$$

根据(3.44) 和(3.48) 容易验证

$$\left(\frac{\partial P_{ji}}{\partial u}, \ P_{ji}, \ P_{li}, \ P_{jk} \right) = 0, \tag{3.52}$$

$$\left(\frac{\partial P_{ji}}{\partial v}, \ P_{ji}, \ P_{li}, \ P_{jk} \right) = 0. \tag{3.53}$$

这一来, 四边形$\{P_{11}P_{21}P_{22}P_{12}\}$ 画成构图(T), 就是对应于函数ψ^* 的(T^*) 的一个加拉普索变换.

4.3节已经证明, 一个构图(T_4) 的任何加拉普索变换必须是(T^*). 现在, 我们将扩充这定理到原构图是一个(T^*) 的情况去, 而首先来证明: 四边形$\{P_{11}P_{21}P_{22}P_{12}\}$ 的两对角线$P_{11}P_{22}$, $P_{21}P_{12}$ 画成一个可分层偶的两线汇.

设Z 是$P_{11}P_{22}$ 上的一点: $Z = P_{11} + LP_{22}$. 为了曲面(Z) 在Z 的切平面要通过对应的对角线$P_{21}P_{12}$, 充要条件是

$$
\begin{cases}
\left(\dfrac{\partial Z}{\partial u},\, Z,\, P_{21},\, P_{12}\right) = 0, \\[2mm]
\left(\dfrac{\partial Z}{\partial v},\, Z,\, P_{21},\, P_{12}\right) = 0.
\end{cases}
\tag{3.54}
$$

可是我们常可写出

$$
\begin{cases}
\dfrac{\partial Z}{\partial u} = AN_1 + BN_2 + CN_3 + DN_4, \\[2mm]
\dfrac{\partial Z}{\partial v} = \overline{A}N_1 + \overline{B}N_2 + \overline{C}N_3 + \overline{D}N_4,
\end{cases}
\tag{3.55}
$$

所以(3.54) 可以表达为下列方程:

$$
A(-\mu_1 + L\mu_2) + B(-\lambda_1 + L\lambda_2) + C(\lambda_1\mu_1 - L\lambda_2\mu_2) + \psi^* D(1 - L) = 0, \tag{3.56}
$$

$$
\overline{A}(-\mu_1 + L\mu_2) + \overline{B}(-\lambda_1 + L\lambda_2) + \overline{C}(\lambda_1\mu_1 - L\lambda_2\mu_2) + \psi^* \overline{D}(1 - L) = 0. \tag{3.57}
$$

事实上, 从(3.49)~(3.51) 计算(3.55) 中的各系数, 结果如下:

$$
\begin{cases}
A = \left[\dfrac{\partial(\lambda_1\psi^*)}{\partial u} + \lambda_1\psi^*\Phi_u - f\psi\chi\psi^* e^{2\Phi} + k_1 e^{2\Phi}\lambda_1\mu_1\right] \\[3mm]
\qquad + L\left[\dfrac{\partial(\lambda_2\psi^*)}{\partial u} + \lambda_2\psi^*\Phi_u - f\psi\chi\psi^* e^{2\Phi} + k_1 e^{2\Phi}\lambda_2\mu_2\right] + \lambda_2\psi^*\dfrac{\partial L}{\partial u}, \\[3mm]
B = \left[\dfrac{\partial(\mu_1\psi^*)}{\partial u} + \mu_1\psi^*\Phi_u + k_2 e^{2\Phi}\psi^* - \psi\chi e^{2\Phi}\lambda_1\mu_1\right] \\[3mm]
\qquad + L\left[\dfrac{\partial(\mu_2\psi^*)}{\partial u} + \mu_2\psi^*\Phi_u + k_2 e^{2\Phi}\psi^* - \psi\chi e^{2\Phi}\lambda_2\mu_2\right] + \mu_2\psi^*\dfrac{\partial L}{\partial u}, \\[3mm]
C = \left[\dfrac{\partial\psi^*}{\partial u} + \chi\psi^* e^{-2\Phi}\lambda_1 - \psi^*\Phi_u\right] \\[3mm]
\qquad + L\left[\dfrac{\partial\psi^*}{\partial u} + \chi\psi^* e^{-2\Phi}\lambda_2 - \Phi_u\psi^*\right] + \psi^*\dfrac{\partial L}{\partial u}, \\[3mm]
D = \left[\dfrac{\partial(\lambda_1\mu_1)}{\partial u} + \mu_1\psi^* f\chi e^{-2\Phi} - \Phi_u\lambda_1\mu_1\right] \\[3mm]
\qquad + L\left[\dfrac{\partial(\lambda_2\mu_2)}{\partial u} + \mu_2\psi^* f\chi e^{-2\Phi} - \Phi_u\lambda_2\mu_2\right] + \lambda_2\mu_2\dfrac{\partial L}{\partial u};
\end{cases}
\tag{3.58}
$$

$$\begin{cases}
\overline{A} = \left[\frac{\partial(\lambda_1\psi^*)}{\partial v} - \lambda_1\psi^*\Phi_v - \frac{f\psi\chi}{\varphi}\psi^*e^{-2\Phi}\right] \\
\qquad + L\left[\frac{\partial(\lambda_2\psi^*)}{\partial v} - \lambda_2\psi^*\Phi_v - \frac{f\psi\chi}{\varphi}\psi^*e^{-2\Phi}\right] + \lambda_2\psi^*\frac{\partial L}{\partial v}, \\[2mm]
\overline{B} = \left[\frac{\partial(\mu_1\psi^*)}{\partial v} - \mu_1\psi^*\Phi_v - \lambda_1\mu_1\frac{\psi\chi}{\varphi}e^{-2\Phi}\right] \\
\qquad + L\left[\frac{\partial(\mu_2\psi^*)}{\partial v} - \mu_2\psi^*\Phi_v - \lambda_2\mu_2\frac{\psi\chi}{\varphi}e^{-2\Phi}\right] + \mu_2\psi^*\frac{\partial L}{\partial v}, \\[2mm]
\overline{C} = \left[\frac{\partial\psi^*}{\partial v} + \lambda_1\psi\chi\psi^*e^{2\Phi} + \mu_1 k_1\psi^*e^{2\Phi} + \psi^*\Phi_v\right] \\
\qquad + L\left[\frac{\partial\psi^*}{\partial v} + \lambda_2\psi\chi\psi^*e^{2\Phi} + \mu_2 k_1\psi^*e^{2\Phi} + \psi^*\Phi_v\right] + \psi^*\frac{\partial L}{\partial v}, \\[2mm]
\overline{D} = \left[\frac{\partial(\lambda_1\mu_1)}{\partial v} + \lambda_1\psi^* k_2 e^{2\Phi} + \mu_1 f\psi\chi\psi^*e^{2\Phi} + \lambda_1\mu_1\Phi_v\right] \\
\qquad + L\left[\frac{\partial(\lambda_2\mu_2)}{\partial v} + \lambda_2\psi^* k_2 e^{2\Phi} + \mu_2 f\psi\chi\psi^*e^{2\Phi} + \lambda_2\mu_2\Phi_v\right] + \lambda_2\mu_2\frac{\partial L}{\partial v}.
\end{cases} \tag{3.59}$$

要简化(3.56) 和(3.57), 必须利用$(3.45)_1$和$(3.47)_1$. 经过一些简单演算之后, 获得

$$\begin{cases}
\dfrac{\partial \log L}{\partial u} = -\dfrac{\lambda_1\mu_1 - \lambda_2\mu_2}{(\lambda_1 - \lambda_2)(\mu_1 - \mu_2)}\dfrac{\partial \log \psi^*}{\partial u} \\
\qquad\qquad + \dfrac{1}{\lambda_1 - \lambda_2}\dfrac{\partial(\lambda_1 + \lambda_2)}{\partial u} \\
\qquad\qquad + \dfrac{1}{\mu_1 - \mu_2}\dfrac{\partial(\mu_1 + \mu_2)}{\partial u}, \\[2mm]
\dfrac{\partial \log L}{\partial v} = -\dfrac{\lambda_1\mu_1 - \lambda_2\mu_2}{(\lambda_1 - \lambda_2)(\mu_1 - \mu_2)}\dfrac{\partial \log \psi^*}{\partial v} \\
\qquad\qquad + \dfrac{1}{\lambda_1 - \lambda_2}\dfrac{\partial(\lambda_1 + \lambda_2)}{\partial v} \\
\qquad\qquad + \dfrac{1}{\mu_1 - \mu_2}\dfrac{\partial(\mu_1 + \mu_2)}{\partial v}.
\end{cases} \tag{3.60}$$

值得注意的是, 这两方程恰恰重合于(2.45) 和(2.46).

现在, 转到对角线$P_{21}P_{12}$ 上一点$W = P_{12} + MP_{21}$ 所画成的曲面(W)的研究. 如前可以写下

$$\begin{cases}
\dfrac{\partial W}{\partial u} = A^*N_1 + B^*N_2 + C^*N_3 + D^*N_4, \\[2mm]
\dfrac{\partial W}{\partial v} = \overline{A}^*N_1 + \overline{B}^*N_2 + \overline{C}^*N_3 + \overline{D}^*N_4,
\end{cases} \tag{3.61}$$

而且曲面(W) 在W 的切平面要通过对应的对角线$P_{11}P_{22}$, 所要的条件可以写成

$$A^*(-\mu_2 + M\mu_1) + B^*(-\lambda_1 + M\lambda_2)$$

$$+ C^*(\lambda_1\mu_2 - M\lambda_2\mu_1) + \psi^* D^*(1 - M) = 0,$$

$$\overline{A}^*(-\mu_2 + M\mu_1) + \overline{B}^*(-\lambda_1 + M\lambda_2)$$

$$+ \overline{C}^*(\lambda_1\mu_2 - M\lambda_2\mu_1) + \psi^*\overline{D}^*(1 - M) = 0,$$

式中已置

$$
\begin{cases}
A^* = \left[\dfrac{\partial(\lambda_1\psi^*)}{\partial u} + \lambda_1\psi^*\Phi_u - f\chi\psi\psi^* e^{2\Phi} + k_1 e^{2\Phi}\lambda_1\mu_2\right] \\
\qquad + M\left[\dfrac{\partial(\lambda_2\psi^*)}{\partial u} + \lambda_2\psi^*\Phi_u - f\chi\psi\psi^* e^{2\Phi} + k_1 e^{2\Phi}\lambda_2\mu_1\right] + \lambda_2\psi^*\dfrac{\partial M}{\partial u}, \\[2mm]
B^* = \left[\dfrac{\partial(\mu_2\psi^*)}{\partial u} + \mu_2\psi^*\Phi_u + k_2\psi^* e^{2\Phi} - \psi\chi e^{2\Phi}\lambda_1\mu_2\right] \\
\qquad + M\left[\dfrac{\partial(\mu_1\psi^*)}{\partial u} + \mu_1\psi^*\Phi_u + k_2\psi^* e^{2\Phi} - \psi\chi e^{2\Phi}\lambda_2\mu_1\right] \\
\qquad + \mu_1\psi^*\dfrac{\partial M}{\partial u}, \\[2mm]
C^* = \left[\dfrac{\partial\psi^*}{\partial u} + \chi\psi^* e^{-2\Phi}\lambda_1 - \psi^*\Phi_u\right] \\
\qquad + M\left[\dfrac{\partial\psi^*}{\partial u} + \chi\psi^* e^{-2\Phi}\lambda_2 - \psi^*\Phi_u\right] + \psi^*\dfrac{\partial M}{\partial u}, \\[2mm]
D^* = \left[\dfrac{\partial(\lambda_1\mu_2)}{\partial u} + \mu_2\psi^* f\chi e^{-2\Phi} - \Phi_u\lambda_1\mu_2\right] \\
\qquad + M\left[\dfrac{\partial(\lambda_2\mu_1)}{\partial u} + \mu_1\psi^* f\chi e^{-2\Phi} - \Phi_u\lambda_2\mu_1\right] + \lambda_2\mu_1\dfrac{\partial M}{\partial u};
\end{cases}
\tag{3.62}
$$

$$
\begin{cases}
\overline{A}^* = \left[\dfrac{\partial(\lambda_1\psi^*)}{\partial v} - \lambda_1\psi^*\Phi_v - \dfrac{f\psi\chi}{\varphi}\psi^* e^{-2\Phi}\right] \\
\qquad + M\left[\dfrac{\partial(\lambda_2\psi^*)}{\partial v} - \lambda_2\psi^*\Phi_v - \dfrac{f\psi\chi}{\varphi}\psi^* e^{-2\Phi}\right] + \lambda_2\psi^*\dfrac{\partial M}{\partial v}, \\[2mm]
\overline{B}^* = \left[\dfrac{\partial(\mu_2\psi^*)}{\partial v} - \mu_2\psi^*\Phi_v - \lambda_1\mu_2\dfrac{\psi\chi}{\varphi} e^{-2\Phi}\right] \\
\qquad + M\left[\dfrac{\partial(\mu_1\psi^*)}{\partial v} - \mu_1\psi^*\Phi_v - \lambda_2\mu_1\dfrac{\psi\chi}{\varphi} e^{-2\Phi}\right] + \mu_1\psi^*\dfrac{\partial M}{\partial v}, \\[2mm]
\overline{C}^* = \left[\dfrac{\partial\psi^*}{\partial v} + \lambda_1\psi^*\psi\chi e^{2\Phi} + \mu_2\psi^* k_1 e^{2\Phi} + \psi^*\Phi_v\right] \\
\qquad + M\left[\dfrac{\partial\psi^*}{\partial v} + \lambda_2\psi^*\psi\chi e^{2\Phi} + \mu_1\psi^* k_1 e^{2\Phi} + \psi^*\Phi_v\right] + \psi^*\dfrac{\partial M}{\partial v}, \\[2mm]
\overline{D}^* = \left[\dfrac{\partial(\lambda_1\mu_2)}{\partial v} + \lambda_1\psi^* k_2 e^{2\Phi} + \mu_2\psi^* f\psi\chi e^{2\Phi} + \lambda_1\mu_2\Phi_v\right] \\
\qquad + M\left[\dfrac{\partial(\lambda_2\mu_1)}{\partial v} + \lambda_2\psi^* k_2 e^{2\Phi} + \mu_1\psi^* f\psi\chi e^{2\Phi} + \lambda_2\mu_1\Phi_v\right] + \lambda_2\mu_1\dfrac{\partial M}{\partial v}.
\end{cases}
\tag{3.63}
$$

按照 (3.45), (3.47), (3.52) 和 (3.53) 改写上述的两个可分层条件, 就有

$$
\begin{cases}
\dfrac{\partial \log M}{\partial u} = -\dfrac{\lambda_2\mu_1 - \lambda_1\mu_2}{(\lambda_1 - \lambda_2)(\mu_1 - \mu_2)} \dfrac{\partial \log \psi^*}{\partial u} \\
\qquad\qquad + \dfrac{1}{\lambda_1 - \lambda_2}\dfrac{\partial(\lambda_1 + \lambda_2)}{\partial u} - \dfrac{1}{\mu_1 - \mu_2}\dfrac{\partial(\mu_1 + \mu_2)}{\partial u}, \\
\dfrac{\partial \log M}{\partial v} = -\dfrac{\lambda_2\mu_1 - \lambda_1\mu_2}{(\lambda_1 - \lambda_2)(\mu_1 - \mu_2)} \dfrac{\partial \log \psi^*}{\partial v} \\
\qquad\qquad + \dfrac{1}{\lambda_1 - \lambda_2}\dfrac{\partial(\lambda_1 + \lambda_2)}{\partial v} - \dfrac{1}{\mu_1 - \mu_2}\dfrac{\partial(\mu_1 + \mu_2)}{\partial v}.
\end{cases}
\tag{3.64}
$$

很显然, 这两方程也重合于 (2.49) 和 (2.50). 正如在 4.2 节中所阐明的一样, 方程组 (3.60) 和方程组 (3.64) 都是完全可积分的, 而且各组的通解可以具体地表成

$$
L = c\sqrt{\dfrac{\lambda_1\mu_1}{\lambda_2\mu_2}}, \quad M = c'\sqrt{\dfrac{\lambda_1\mu_2}{\lambda_2\mu_1}},
\tag{3.65}
$$

其中 c, c' 表示任意常数.

这一来, 已经证明了两对角线线汇 $(P_{11}P_{22})$ 和 $(P_{21}P_{12})$ 构成可分层偶的事实.

如在 4.2 节中所阐明的, 用 P_{11}, P_{21}, P_{12}, P_{22} 的线性组合来表达各个 P_{ji} 的偏导数较为方便. 为此, 根据 (3.49) 解出

$$
\begin{cases}
DN_1 = \mu_2 P_{11} - \mu_2 P_{21} - \mu_1 P_{12} + \mu_1 P_{22}, \\
DN_2 = \lambda_2 P_{11} - \lambda_1 P_{21} - \lambda_2 P_{12} + \lambda_1 P_{22}, \\
DN_3 = -\lambda_2\mu_2 P_{11} - \mu_2\lambda_1 P_{21} + \lambda_2\mu_1 P_{12} - \lambda_1\mu_1 P_{22}, \\
DN_4 = \psi^*(-P_{11} + P_{21} + P_{12} - P_{22}),
\end{cases}
\tag{3.66}
$$

式中已置

$$
D = \psi^*(\lambda_1 - \lambda_2)(\mu_1 - \mu_2).
\tag{3.67}
$$

从 (3.50) 和 (3.51) 导出下列方程:

$$
\begin{cases}
D\dfrac{\partial P_{ji}}{\partial u} = \alpha_{ji}^{(22)} P_{11} - \alpha_{ji}^{(12)} P_{21} - \alpha_{ji}^{(21)} P_{12} + \alpha_{ji}^{(11)} P_{22}, \\
D\dfrac{\partial P_{ji}}{\partial v} = \beta_{ji}^{(22)} P_{11} - \beta_{ji}^{(12)} P_{21} - \beta_{ji}^{(21)} P_{12} + \beta_{ji}^{(11)} P_{22},
\end{cases}
\tag{3.68}
$$

其中 $(k, l = 1, 2)$

$$
\begin{aligned}
\alpha_{ji}^{(kl)} = {} & \mu_l\left[\frac{\partial(\lambda_j\psi^*)}{\partial u} + \lambda_j\psi^*\Phi_u - f\psi\chi\psi^*e^{2\Phi} + k_1 e^{2\Phi}\lambda_j\mu_i\right] \\
& + \lambda_k\left[\frac{\partial(\mu_i\psi^*)}{\partial u} + \mu_i\psi^*\Phi_u + k_2\psi^*e^{2\Phi} - \psi\chi e^{2\Phi}\lambda_j\mu_i\right] \\
& - \lambda_k\mu_l\left[\frac{\partial\psi^*}{\partial u} + \chi\psi^*e^{-2\Phi}\lambda_j - \psi^*\Phi_u\right]
\end{aligned}
$$

$$- \psi^* \left[\frac{\partial(\lambda_j \mu_i)}{\partial u} + \mu_i \psi^* f \chi e^{-2\Phi} - \lambda_j \mu_i \Phi_u \right], \tag{3.69}$$

$$\begin{aligned} \beta_{ji}^{(kl)} = &\mu_l \left[\frac{\partial(\lambda_j \psi^*)}{\partial v} - \lambda_j \psi^* \Phi_v - \frac{f \psi \chi}{\varphi} \psi^* e^{-2\Phi} \right] \\ &+ \lambda_k \left[\frac{\partial(\mu_i \psi^*)}{\partial v} - \mu_i \psi^* \Phi_v - \frac{\psi \chi}{\varphi} e^{-2\Phi} \lambda_j \mu_i \right] \\ &- \lambda_k \mu_l \left[\frac{\partial \psi^*}{\partial v} + \lambda_j \psi^* \psi \chi e^{2\Phi} + \mu_i \psi^* k_1 e^{2\Phi} + \psi^* \Phi_v \right] \\ &- \psi^* \left[\frac{\partial(\lambda_j \mu_i)}{\partial v} + \lambda_j \psi^* k_2 e^{2\Phi} + \mu_i \psi^* f \psi \chi e^{2\Phi} + \Phi_v \lambda_j \mu_i \right]. \end{aligned} \tag{3.70}$$

由此可见, 两方程(3.52) 和(3.53) 可以表达为比较简单形式的方程, 即

$$\alpha_{ji}^{(ji)} = 0, \beta_{ji}^{(ji)} = 0 \quad (i, j = 1, 2). \tag{3.71}$$

考查由直线$P_{ii}P_{ji}$ $(i \neq j; i, j = 1, 2)$ 所画成的线汇, 它的可展面决定于

$$\left(\frac{\partial P_{ji}}{\partial u} du + \frac{\partial P_{ji}}{\partial v} dv, \ \frac{\partial P_{ii}}{\partial u} du + \frac{\partial P_{ii}}{\partial v} dv, \ P_{ii}, \ P_{ji} \right) = 0.$$

按照(3.68) 容易改写最后方程为

$$(\alpha_{ii}^{(ji)} du + \beta_{ii}^{(ji)} dv)(\alpha_{ji}^{(ii)} du + \beta_{ji}^{(ii)} dv) = 0;$$

因而, 两系可展面的方程是

$$\alpha_{ii}^{(ji)} du + \beta_{ii}^{(ji)} dv = 0, \tag{3.72}$$

$$\alpha_{ji}^{(ii)} du + \beta_{ji}^{(ii)} dv = 0. \tag{3.73}$$

可是从(3.69)$\sim$(3.71) 算出$(j \neq i$)

$$\begin{cases} \alpha_{ii}^{(ji)} = \alpha_{ii}^{(ji)} - \alpha_{ii}^{(ii)} = (\lambda_j - \lambda_i) D_{ii}, \\ \beta_{ii}^{(ji)} = \beta_{ii}^{(ji)} - \beta_{ii}^{(ii)} = (\lambda_j - \lambda_i) \overline{D}_{ji}, \\ \alpha_{ji}^{(ii)} = \alpha_{ji}^{(ii)} - \alpha_{ji}^{(ji)} = (\lambda_i - \lambda_j) D_{ji}, \\ \beta_{ji}^{(ii)} = \beta_{ji}^{(ii)} - \beta_{ji}^{(ji)} = (\lambda_i - \lambda_j) \overline{D}_{ji}, \end{cases} \tag{3.74}$$

式中

$$\begin{cases} D_{kl} = \psi^* \left(\frac{\partial \mu_l}{\partial u} + 2\mu_l \Phi_u + k_2 e^{2\Phi} \right) - \chi \lambda_k \mu_l (\psi e^{2\Phi} + \psi^* e^{-2\Phi}), \\ \overline{D}_{kl} = \psi^* \left(\frac{\partial \mu_l}{\partial v} - 2\mu_l \Phi_v - k_1 e^{2\Phi} \mu_l^2 \right) - \chi \lambda_k \mu_l \psi \left(\frac{1}{\varphi} e^{-2\Phi} + \psi^* e^{2\Phi} \right), \end{cases} \tag{3.75}$$

所以 (3.72) 和 (3.73) 最后可以写成

$$D_{ii}du + \overline{D}_{ii}dv = 0, \tag{3.72}'$$

$$D_{ji}du + \overline{D}_{ji}dv = 0. \tag{3.73}'$$

另一方面, (3.45) 和 (3.47) 表明

$$\begin{cases} \mu_i D_{ii} + \mu_i D_{jj} = 0, \\ \mu_j \overline{D}_{ii} + \mu_i \overline{D}_{jj} = 0; \\ \mu_j D_{ji} + \mu_i D_{ij} = 0, \\ \mu_j \overline{D}_{ji} + \mu_i \overline{D}_{ij} = 0 \end{cases} \quad (i \neq j). \tag{3.76}$$

这就是说, 两线汇 ($P_{11}P_{21}$) 和 ($P_{22}P_{12}$) 的可展面在反向下互相对应.

同样, 我们得知线汇 $(P_{ii}P_{ij})(i \neq j)$ 的可展面微分方程:

$$\vartheta_{ii}du + \overline{\vartheta}_{ii}dv = 0, \tag{3.77}$$

$$\vartheta_{ij}du + \overline{\vartheta}_{ij}dv = 0, \tag{3.78}$$

式中

$$\vartheta_{kl} = \psi^* \left(\frac{\partial \lambda_k}{\partial u} + 2\lambda_k \Phi_u - f\psi\chi e^{2\Phi} \right) + k_1 e^{2\Phi}\lambda_k \mu_l - \chi\psi^* e^{-2\Phi}\lambda_k^2, \tag{3.79}$$

$$\overline{\vartheta}_{kl} = \psi^* \left[\frac{\partial \lambda_k}{\partial v} - 2\lambda_k \Phi_v - \frac{f\psi\chi}{\varphi}e^{-2\Phi}\lambda_k \mu_l - \psi\chi e^{2\Phi}\lambda_k^2 \right]; \tag{3.80}$$

并可验证

$$\begin{cases} \lambda_j \vartheta_{ii} + \lambda_i \vartheta_{jj} = 0, \\ \lambda_j \overline{\vartheta}_{ii} + \lambda_i \overline{\vartheta}_{jj} = 0; \\ \lambda_j \vartheta_{ij} + \lambda_i \vartheta_{ji} = 0, \\ \lambda_j \overline{\vartheta}_{ij} + \lambda_i \overline{\vartheta}_{ji} = 0. \end{cases} \tag{3.81}$$

这就是说, 两线汇 ($P_{11}P_{12}$) 和 ($P_{22}P_{21}$) 的可展面也是在反向下互相对应的.

把上述的结果与 4.2 节中关于构图 (T^*) 的特征结合起来, 便导出下面结果:

定理　如果一个构图 (T) 容有至少三个 (且从而无穷多个) 加拉普索变换, 那么它的所有加拉普索变换构图也有同一性质.

最后将应用以上所列的公式和变换到一个给定的构图 (T^*) 有关于某些特殊李织面系统的研究中去.

设 (3.42) 是一个李系统的织面, 两方程 (3.44) 和 (3.48) 都必须有等根: $\lambda_1 = \lambda_2 = \lambda$, $\mu_1 = \mu_2 = \mu$, 且因而点

$$\frac{x_1}{x_3} = \frac{\psi^* x_4}{x_2} = \lambda, \quad \frac{x_2}{x_3} = \frac{\psi^* x_4}{x_1} = \mu \tag{3.82}$$

的轨点变为四重包络面. 为此, 充要条件是

$$
\begin{cases}
\psi^*(\psi_u^* + 4\Phi_u\psi^*) + (\psi_v^* - 4\Phi_v\psi^*) \\
= 2\varepsilon\sqrt{f}\sqrt{\psi^*}\chi\left\{\psi(2\psi e^{2\Phi} + \psi^* e^{-2\Phi}) + \dfrac{\psi}{\varphi}e^{-2\Phi}\right\}, \\
\psi(\varphi^{-1}e^{-2\Phi} + \psi^* e^{2\Phi})(\psi_u^* + 4\Phi_u\psi^*) \\
-(\psi e^{2\Phi} + \psi^* e^{-2\Phi})(\psi_v^* - 4\Phi_v\psi^*) \\
= 2\varepsilon'\sqrt{k_1 k_2}\sqrt{\psi^*}e^{2\Phi}\left\{\psi^*(2\psi e^{2\Phi} + \psi^* e^{-2\Phi}) + \dfrac{\psi}{\varphi}e^{-2\Phi}\right\},
\end{cases}
\tag{3.83}
$$

其中$\varepsilon = \pm 1,\ \varepsilon' = \pm 1$.

置$\Theta = \sqrt{\psi^*}$ 并加化简, 便导致下列方程:

$$
\begin{cases}
\dfrac{\partial \log \Theta}{\partial u} = -2\Phi_u + (\varepsilon\sqrt{f}\chi\psi + \varepsilon'\sqrt{k_1 k_2})e^{2\Phi}\Theta^{-1} + \varepsilon\sqrt{f}\chi e^{-2\Phi}\Theta, \\
\dfrac{\partial \log \Theta}{\partial v} = -2\Phi_v + \left(\varepsilon\sqrt{f}\chi\dfrac{\psi}{\varphi}e^{-2\Phi}\right)\Theta^{-1} + (\varepsilon\sqrt{f}\chi\psi - \varepsilon'\sqrt{k_1 k_2})e^{2\Phi}\Theta.
\end{cases}
\tag{3.84}
$$

可是这组方程的完全可积分条件恰恰是(3.37) , 所以我们获得了

定理 对于一个构图(T^*) 必有两族∞^1 个特殊李织面系统和它对应.

研究点(3.82) 的轨迹, 还会导致有趣的结果. 实际上, 从(3.45) 和(3.47) 得出

$$
\lambda = \varepsilon\sqrt{f\psi^*}, \quad \mu = \varepsilon'\sqrt{\dfrac{k_2}{k_1}\psi^*},
$$

且因而点(3.82) 的坐标变为

$$
\begin{cases}
x_1 = \varepsilon\sqrt{f\psi^*}, \quad x_2 = \varepsilon'\sqrt{\dfrac{k_2}{k_1}}\psi^*, \\
x_3 = 1, \quad x_4 = \varepsilon\varepsilon'\sqrt{\dfrac{fk_2}{k_1}}.
\end{cases}
\tag{3.85}
$$

从此很明显地看出, 这点在下面两直线上:

$$
\begin{cases}
L_1 \equiv \varepsilon\varepsilon'\sqrt{\dfrac{k_2}{k_1}}x_1 - \sqrt{f}x_2 = 0, \\
L_2 \equiv \varepsilon\varepsilon'\sqrt{\dfrac{fk_2}{k_1}}x_3 - x_4 = 0.
\end{cases}
\tag{3.86}
$$

这两直线是固定在空间的.

为证明这事实, 仅需指出: 当一点固定在空间时, 它的关于活动标形$\{N_1 N_2 N_3 N_4\}$ 的局部坐标(x_1, x_2, x_3, x_4) 必须满足不动条件的方程:

$$
\begin{cases}
\dfrac{\partial x_1}{\partial u} = -\Phi_u x_1 & * & +f\psi\chi e^{2\Phi}x_3 & -k_1 e^{2\Phi}x_4, \\[2mm]
\dfrac{\partial x_2}{\partial u} = * & -\Phi_u x_2 & -k_2 e^{2\Phi}x_3 & +\psi\chi e^{2\Phi}x_4, \\[2mm]
\dfrac{\partial x_3}{\partial u} = -\chi e^{-2\Phi}x_1 & * & -\Phi_u x_3 & * \quad , \\[2mm]
\dfrac{\partial x_4}{\partial u} = * & -f\chi e^{-2\Phi}x_2 & * & -\Phi_u x_4; \\[2mm]
\dfrac{\partial x_1}{\partial v} = \Phi_v x_1 & * & +\dfrac{f\psi\chi}{\varphi}e^{-2\Phi}x_3 & * \quad , \\[2mm]
\dfrac{\partial x_2}{\partial v} = * & \Phi_v x_2 & * & +\dfrac{\psi\chi}{\varphi}e^{-2\Phi}x_4, \\[2mm]
\dfrac{\partial x_3}{\partial v} = -\psi\chi e^{2\Phi}x_1 & -k_1 e^{2\Phi}x_2 & -\Phi_v x_3 & * \quad , \\[2mm]
\dfrac{\partial x_4}{\partial v} = -k_2 e^{2\Phi}x_1 & -f\psi\chi e^{2\Phi}x_2 & * & -\Phi_v x_4,
\end{cases}
\tag{3.87}
$$

并且反过来也成立.

应用(3.87) 到 L_1, L_2 的微分, 而且按照(3.86) 进行改写, 便得到

$$
\begin{cases}
\dfrac{\partial L_1}{\partial u} = -\Phi_u L_1 + (\psi\chi\sqrt{f} + \varepsilon\varepsilon'\sqrt{k_1 k_2})e^{2\Phi}L_2, \\[2mm]
\dfrac{\partial L_1}{\partial v} = \Phi_v L_1 + \dfrac{\sqrt{f}\psi}{\varphi}\chi e^{-2\Phi}L_2; \\[2mm]
\dfrac{\partial L_2}{\partial u} = -\sqrt{f}\chi e^{-2\Phi}L_1 + \Phi_u L_2, \\[2mm]
\dfrac{\partial L_2}{\partial v} = (\varepsilon\varepsilon'\sqrt{k_1 k_2} - \sqrt{f}\psi\chi e^{2\Phi})L_1 - \Phi_v L_2.
\end{cases}
\tag{3.88}
$$

所以对应于 $\varepsilon\varepsilon' = \pm 1$ 的两条直线(3.86) , 是固定在空间的而且可以看成为有关的特殊李织面系统的退缩四重包络面.

另外, 这些直线常与四边形 $\{N_1 N_3 N_2 N_4\}$ 的各对角线相交. 这一来, 我们得出下列结论:

定理　一个构图(T^*) 的两对角线线汇属于同一个具有不同两准线的线性汇.

4.4 某些闭的拉普拉斯序列偶[①]

在高维射影空间共轭网论的研究中, 有必要提出和解决这样一个问题(苏步青[38]) :

如何确定周期四的闭拉普拉斯序列(以下简称闭序列) 偶$\{N_1N_3N_2N_4\}$ 和 $\{W_1W_3W_2W_4\}$, 使得它们有共同的共轭网, 并且互为第二类共轭序列, 也就是说: 一方面是, 点W_1, W_3, W_2, W_4 分别在对应的平面$[N_1N_3N_2]$, $[N_3N_2N_4]$, $[N_2N_4N_1]$, $[N_4N_1N_3]$ 上, 而且另一方面是, 点N_1, N_3, N_2, N_4 又反过来分别在对应的平面$[W_1W_3 W_2]$, $[W_3W_2W_4]$, $[W_2W_4W_1]$, $[W_4W_1W_3]$ 上.

我们首先阐明这样的闭序列偶必须至少有一条共同对角线, 例如$(N_3N_4) \equiv (W_3W_4)$; 而另一对对角线(N_1N_2), (W_1W_2) 一般是不一致的. 特别当另一对对角线也重合时, 所论的闭序列$\{N_1N_3N_2N_4\}$ 变为前几节中的构图(T_4), 而且这时对于每一个闭序列$\{N_1N_3N_2N_4\}$ 一定有∞^1 闭序列$\{W_1W_3W_2W_4\}$ 使得两对角线线汇构成可分层偶.

在一般的情况下, 三条对角线(N_1N_2), (N_3N_4) 和(W_1W_2) 按照巴克定理各各画成W 线汇. 从此取出两个W 线汇(N_1N_2) 和(W_1W_2), 设其焦点分别是P_1, P_{-1} 和Q_1, Q_{-1}. 这样导出的$\{P_1P_{-1}Q_1Q_{-1}\}$ 是一个构图(T), 但不是闭序列; 它的各边都画成W 线汇, 而且两线汇(N_1N_2) 和(W_1W_2) 的可展面互相对应. 称这种为给定的闭序列偶的伴随构图(T). 在本节里专讨论这种伴随构图(T) 的存在自由度和其主要性质.

设$\{N_1N_3N_2N_4\}$ 是以(u, v) 为共轭网的一个周期四闭序列; 沿用4.1节的记号和公式, 特别是$(1.11)\sim(1.13)$. 设$\{N_1N_3N_2N_4\}$ 和$\{W_1W_3W_2W_4\}$ 是互为第二类共轭的闭序列偶, 我们将寻找W_i $(i = 1, 2, 3, 4)$ 的表达式以及这种偶满足的条件.

按定义, 点W_1 在平面$[N_1N_3N_2]$ 上:

$$W_1 = aN_1 + bN_3 + N_2, \tag{4.1}$$

式中a, b 是待定的函数. 这里N_2 的系数所以不等于0且从而可写为1, 是由于W_1 不能在直线(N_1N_3) 上; 不然, $\{W_1W_3W_2W_4\}$ 和$\{N_1N_3N_2N_4\}$ 将成为第一类共轭而不是第二类了.

从(1.11) 和(4.1) 容易获得

$$\frac{\partial W_1}{\partial u} = \{(\log a)_u + a_{11}\}W_1 + W_3, \tag{4.2}$$

其中已置

$$W_3 = \{ba_{23} + a_{22} - a_{11} - (\log a)_u\}N_2$$

$$+ [b_u + aa_{31} + b\{a_{33} - a_{11} - (\log a)_u\}]N_3 + a_{42}N_4. \tag{4.3}$$

事实上, 按定义, 点 W_3 必须在平面 $[N_3N_2N_4]$ 上, 最后方程就是它的表达式.

可是根据 (W_1) 和 (W_3) 互为拉普拉斯变换的假设, 以及从 (1.11) 和 (4.3) 比较演算的结果, 必须成立下列关系式:

$$\frac{\partial W_3}{\partial v} = b_{22}W_3 + \rho b_{13}W_1 \tag{4.4}$$

和一些条件

$$\rho = \frac{1}{a}\{b_u + aa_{31} + b(a_{33} - a_{11}) - b(\log a)_u\}, \tag{4.5}$$

$$b_{13}\rho = a_{23}\{b_v + b(b_{33} - b_{22})\} + \frac{\partial(a_{22} - a_{11})}{\partial v} - (\log a)_{uv} + a_{42}a_{24}, \tag{4.6}$$

$$bb_{13}\rho = b_{uv} + aa_{31}\{(\log a)_v + b_{11} - b_{22}\}$$
$$+ b_v\{a_{33} - a_{11} - (\log a)_u\} + b\frac{\partial(a_{33} - a_{11})}{\partial v}$$
$$- b(\log a)_{uv} + b_{32}\{ba_{23} + a_{22} - a_{11} - (\log a)_u\}$$
$$+ (b_{33} - b_{22})\{b_u + b(a_{33} - a_{11}) - b(\log a)_u\}. \tag{4.7}$$

同样, 从 (1.11) 和 (4.1) 得到

$$\frac{\partial W_1}{\partial v} = b_{22}W_1 + aW_4, \tag{4.8}$$

式中已置

$$W_4 = b_{41}N_4 + \left\{(\log a)_v + b_{11} - b_{22} + \frac{b}{a}b_{13}\right\}N_1$$
$$+ \frac{1}{a}\{b_v + b(b_{33} - b_{22}) + b_{32}\}N_3. \tag{4.9}$$

从 (4.9) 容易验证

$$\frac{\partial W_4}{\partial u} = a_{11}W_4 + a_{22}\mu W_1, \tag{4.10}$$

其中

$$\mu = \frac{1}{a}\{b_v + b(b_{33} - b_{22}) + b_{32}\}. \tag{4.11}$$

实际上, 在条件 $(4.5)\sim(4.7)$ 成立下, 点 W_1 画成共轭网 $(W_1)_{uv}$; 根据已知定理便可断定: 由 (4.9) 给出的点 W_4 也画成共轭网. 这个事实也可以用实际的演算加以证明如下.

为使 (4.10) 成立, 除了 (4.11) 外还需要两个条件:

$$aa_{23}\mu = \frac{\partial}{\partial u}\left\{(\log a)_v + b_{11} - b_{22} + \frac{b}{a}b_{13}\right\} + b_{41}a_{14}, \tag{4.12}$$

$$ba_{23}\mu = \frac{\partial}{\partial u}\left[\frac{1}{a}\{b_v + b(b_{33} - b_{22}) + b_{32}\}\right]$$
$$+ a_{31}\left\{(\log a)_v + b_{11} - b_{22} + \frac{b}{a}b_{13}\right\}$$
$$+ \frac{1}{a}(a_{33} - a_{11})\{b_v + b(b_{33} - b_{22}) + b_{32}\}. \tag{4.13}$$

可是从(4.6) 和(4.5) 把$(\log a)_{uv}$ 和ρ 代进前 条件的右侧, 并且用(1.12) 来改写, 便可导出

$$aa_{23}\mu = a_{23}\{b_v + b(b_{33} - b_{22}) + b_{32}\},$$

就是(4.11) .

同样, 从(4.7) 和(4.5) 把b_{uv} 和ρ 代进(4.13) 的右侧, 而且应用(1.12) 改写之后, 就可把这条件归结为(4.11) .

方便上, 置

$$\lambda = (\log a)_v + b_{11} - b_{22} + \frac{b}{a}b_{13}, \tag{4.14}$$

$$\sigma = (\log a)_u + a_{11} - a_{22} - ba_{23}, \tag{4.15}$$

并按此改写(4.3) 和(4.9) ,

$$W_3 = a_{42}N_4 + a\rho N_3 - \sigma N_2, \tag{4.16}$$

$$W_4 = b_{41}N_4 + \lambda N_1 + \mu N_3. \tag{4.17}$$

我们容易验证, 作为条件的方程(4.6) 和(4.7) 可以写成下列的简便形式:

$$\lambda_u = aa_{23}\mu - a_{14}b_{41}, \tag{4.18}$$

$$\mu_u = (a_{11} - a_{33} + ba_{23})\mu - a_{31}\lambda. \tag{4.19}$$

为后文讨论方便起见, 还将(4.5), (4.11), (4.14)和(4.15) 综合写成关于a 和b 的微分方程组, 就是

$$\begin{cases} (\log a)_u = \sigma - a_{11} + a_{22} + ba_{23}, \\ (\log a)_v = \lambda - b_{11} + b_{22} - \dfrac{b}{a}b_{13}; \end{cases} \tag{4.20}$$

$$\begin{cases} b_u = a\rho + b\sigma + b(a_{22} - a_{33} + ba_{23}) - aa_{31}, \\ b_v = a\mu - b(b_{33} - b_{22}) - b_{32}. \end{cases} \tag{4.21}$$

剩下的就是寻找点W_2 的表达式和这时连带条件的问题. 先把点W_2 看作W_3 沿u 方向的拉普拉斯变换, 且从而按照(4.16) 来求它的表达式. 经过一些计算, 获得

$$\frac{\partial W_3}{\partial u} = \{(\log a\rho)_u + a_{33}\}W_3 + a_{23}a_{42}W_2, \tag{4.22}$$

式中已置

$$W_2 = \frac{1}{a_{23}}\{(\log a_{42})_u + a_{44} - 2\sigma + a_{11} - a_{22} - ba_{23} - (\log \rho)_u - a_{33}\}N_4$$
$$+ \frac{1}{a_{23}a_{42}}\{\sigma(\log \rho)_u - \sigma_u + \sigma^2 - (a_{11} - a_{33} - ba_{23})\sigma + aa_{23}\rho\}N_2$$
$$+ \frac{a_{14}}{a_{23}}N_1. \tag{4.23}$$

另一方面, 同是这点 W_2 也可以看作 W_4 的沿 v 方向的拉普拉斯变换; 这样, 从 (4.17) 得出

$$\frac{\partial W_4}{\partial v} = \{(\log \mu)_v + b_{33}\}W_4 + \tau W_2, \tag{4.24}$$

这里 τ 表示一个比例因子. 实际的演算表明, 这时必须成立如下的三个条件:

$$a_{23}b_{41}\{(\log b_{41})_v - (\log \mu)_v - b_{33} + b_{44} + \lambda\}$$
$$= \tau\{(\log a_{42})_u - (\log \rho)_u - 2\sigma + a_{11} - a_{22} - a_{33} + a_{44} - ba_{23}\}, \tag{4.25}$$

$$a_{23}\left\{\lambda_v + (b_{11} - b_{33})\lambda + b_{13}\mu - \frac{\lambda}{\mu}\mu_v\right\} = \tau a_{14}, \tag{4.26}$$

$$a_{23}a_{42}b_{41}b_{24} = \tau\{\sigma(\log \rho)_u - \sigma_u + \sigma^2 - (a_{11} - a_{33} - ba_{23})\sigma + aa_{23}\rho\}. \tag{4.27}$$

在讨论互为第二类共轭的周期四的闭序列偶之前, 我们要先导出两个重要方程. 实际上, 它们是作为 (4.20) 和 (4.21) 的可积分条件而得来的.

从组 (4.20) 容易写下第一个方程

$$\sigma_v - (a_{11} - a_{22})_v + (ba_{23})_v = \lambda_u - (b_{11} - b_{22})_u - \left(\frac{b}{a}b_{13}\right)_u.$$

按照 (1.12), (1.13), (4.18), (4.20) 和 (4.21) 简化两侧, 就获得所求的方程:

$$\sigma_v = b_{24}a_{42} - b_{13}\rho. \tag{4.28}$$

同样, 从 (4.21) 导出第二个方程

$$\rho_v = \rho\left(b_{11} - b_{33} + 2\frac{bb_{13}}{a} - \lambda\right) + \frac{b_{32}}{a}\sigma. \tag{4.29}$$

现在转入讨论两个闭序列 $\{N_1N_3N_2N_4\}$ 和 $\{W_1W_3W_2W_4\}$ 要互为第二类共轭闭序列的条件.

为此, 首先注意到这样一个条件: 点 N_4 要在平面 $[W_1W_3W_4]$ 上. 从 W_1, W_3, W_4 的表达式 (4.1), (4.16), (4.17) 还可写成

$$(a\rho + b\sigma)\lambda = a\sigma\mu. \tag{4.30}$$

在这里按照 $\sigma = 0$ 和 $\sigma \neq 0$ 区分两种情况进行讨论. 在前一情况下, 由于 $a\rho \neq 0$, 从 (4.30) 看出 $\lambda = 0$, 且从而点 W_3 和 W_4 都在对角线 (N_3N_4) 上. 对这种构图的讨论, 也就是本节的主要内容, 将在后文中给以详细的叙述. 我们假定

$$\lambda \neq 0, \tag{4.31}$$

且从 (4.30) 得知

$$\sigma \neq 0. \tag{4.32}$$

由此将证明点 W_1 和 W_2 都必须在对角线 (N_1N_2) 上. 从整个局面看来, 这时所获得的构图和前一情况并没有结构上的差别.

改写 (4.30),

$$\frac{\mu}{\lambda} = \frac{b}{a} + \frac{\rho}{\sigma}, \tag{4.33}$$

关于 v 导微其两侧, 而且按照 (4.20), (4.21), (4.28), (4.29) 和 (4.33) 予以简化, 容易导出

$$\lambda_v + \lambda(b_{11} - b_{33}) - \frac{\lambda}{\mu}\mu_v + b_{13}\mu = \frac{\lambda^2\rho}{\sigma^2\mu}b_{24}a_{42}.$$

最后方程与 (4.26) 相比较的结果是

$$\tau = \frac{\lambda^2\rho a_{23}a_{42}b_{24}}{\sigma^2\mu a_{14}}. \tag{4.34}$$

其次, 关于 u 导微 (4.33) 的两侧, 并根据 (4.18), (4.19), (4.20), (4.21) 来简化. 经过一些演算, 容易验证这样得出的方程恰恰重合于 (4.27), 其中 τ 是由 (4.34) 代入的.

这样一来, 在前面所提的三条件中后两个已被 (4.33) 和 (4.34) 所满足而成立了. 剩下的一个即 (4.25) 经改写后, 现在采取如下的形式:

$$(\log \rho)_u = (\log a_{42})_u - 2\sigma + a_{11} - a_{22} - a_{33} + a_{44} - ba_{23} + \sigma^2\mu a_{14}b_{41}\nu, \tag{4.35}$$

$$(\log \mu)_v = (\log b_{41})_v + \lambda - b_{33} + b_{44} + \lambda^2\rho a_{42}b_{24}\nu, \tag{4.36}$$

式中新导入的 ν 是按照 (4.25) 来定义的, 就是置

$$\sigma^2\mu a_{14}b_{41}\{(\log \mu)_v - (\log b_{41})_v - \lambda + b_{33} - b_{44}\}$$
$$=\lambda^2\rho a_{42}b_{24}\{(\log \rho)_u - (\log a_{42})_u + 2\sigma - a_{11} + a_{22} + a_{33} - a_{44} + ba_{23}\}$$
$$\equiv \lambda^2\sigma^2\rho\mu a_{14}b_{41}a_{42}b_{24}\nu. \tag{4.37}$$

由此还可改写 W_2 的表达式 (4.23) 如下:

$$W_2 = -\frac{\sigma^2\mu a_{14}b_{41}\nu}{a_{23}}N_4 + \frac{a_{14}}{a_{23}}N_1 + \frac{\sigma^2\mu a_{14}b_{41}}{\lambda^2\rho a_{23}a_{42}}N_2. \tag{4.38}$$

刚才在由(4.33) 和(4.34) 导出(4.26) 和(4.27) 的过程中, 曾经获得了下列两方程:

$$(\log \lambda)_v - (\log \mu)_v + b_{11} - b_{33} + b_{13}\frac{\mu}{\lambda} - \frac{\lambda\rho}{\sigma^2\mu}b_{24}a_{42} = 0,$$

$$(\log \rho)_u - (\log \sigma)_u + \sigma - a_{11} + a_{33} + ba_{23} + aa_{23}\frac{\rho}{\sigma} - \frac{\mu\sigma}{\lambda^2\rho}a_{14}b_{41} = 0.$$

从这些以及(4.28) , (4.29) , (4.35) , (4.36) 终于导出λ, μ, ρ, σ 有关的一系列微分方程组:

$$\begin{cases} (\log \lambda)_u = aa_{23}\frac{\mu}{\lambda} - \frac{a_{14}b_{41}}{\lambda}, \\ (\log \lambda)_v = (\log b_{41})_v + \lambda - b_{11} + b_{44} - b_{13}\frac{\mu}{\lambda} \\ \qquad + a_{42}b_{24}\lambda^2\rho\nu + \frac{\lambda\rho}{\sigma^2\mu}a_{42}b_{24}; \end{cases} \qquad (4.39)$$

$$\begin{cases} (\log \mu)_u = ba_{23} + a_{11} - a_{33} - a_{31}\frac{\mu}{\lambda}, \\ (\log \mu)_v = (\log b_{41})_v + \lambda - b_{33} + b_{44} + \lambda^2\rho\nu a_{42}b_{24}; \end{cases} \qquad (4.40)$$

$$\begin{cases} (\log \rho)_u = (\log a_{42})_u - 2\sigma + a_{11} - a_{22} - a_{33} + a_{44} \\ \qquad - ba_{23} + \sigma^2\mu\nu a_{14}b_{41}, \\ (\log \rho)_v = b_{11} - b_{33} + 2\frac{bb_{13}}{a} - \lambda + \frac{b_{32}\sigma}{a\rho}; \end{cases} \qquad (4.41)$$

$$\begin{cases} (\log \sigma)_u = (\log a_{42})_u - \sigma - a_{22} + a_{44} + aa_{23}\frac{\rho}{\sigma} \\ \qquad + \mu\sigma\left(\sigma\nu - \frac{1}{\rho\lambda^2}\right)a_{14}b_{41}, \\ (\log \sigma)_v = \frac{b_{24}a_{42}}{\sigma} - b_{13}\frac{\rho}{\sigma}. \end{cases} \qquad (4.42)$$

每一组都有可积分条件, 例如从(4.39) 作出

$$\left(\frac{\partial}{\partial u}\frac{\partial}{\partial v} - \frac{\partial}{\partial v}\frac{\partial}{\partial u}\right)\log \lambda = 0;$$

按照这组本身和(1.12), (1.13), (4.20), (4.21), 可以写成

$$\begin{aligned} \frac{\partial \nu}{\partial u} = &\left\{ -2(\log a_{42})_u - 2\left(aa_{23}\frac{\mu}{\lambda} - \frac{a_{14}b_{41}}{\lambda}\right) + 2\sigma - a_{11} \right. \\ &\left. + 2a_{22} + a_{33} - 2a_{44} + ba_{23}\right\}\nu - a_{14}b_{41}\sigma^2\mu\nu^2 \\ &- 2\frac{ba_{14}b_{41}}{a\sigma\mu}\nu + \frac{1}{\lambda^2\rho}\left(1 - a_{31}\frac{\lambda^2\rho}{\sigma^2\mu^2}\right) \end{aligned} \qquad (4.43)$$

同样, 组(4.40) 的可积分条件是

$$\frac{\partial \nu}{\partial u} = \left\{ -2(\log a_{42})_u - 2\left(aa_{23}\frac{\mu}{\lambda} - \frac{a_{14}b_{41}}{\lambda}\right) + 2\sigma - a_{11}\right.$$

$$+2a_{22} + a_{33} - 2a_{44} + ba_{23}\} \nu - a_{14}b_{41}\sigma^2\mu\nu^2$$
$$+ \frac{1}{\lambda^2\rho}\left(1 - a_{31}\frac{\lambda^2\rho}{\sigma^2\mu^2}\right). \tag{4.44}$$

由于 $a_{14}b_{41} \neq 0$, 比较 (4.43) 与 (4.44) , 便有

$$b\nu = 0. \tag{4.45}$$

另一方面, 点 N_1 要在平面 $[W_1W_3W_2]$ 上, 所以

$$a\rho\kappa\nu + b(\kappa\sigma\nu + a_{42}\psi) = 0, \tag{4.46}$$

其中 $\kappa = -\dfrac{\sigma^2\mu a_{14}b_{41}}{a_{23}}$, $\psi = \dfrac{\sigma^2\mu a_{14}b_{41}}{\lambda^2\rho a_{23}a_{42}}$ 都不等于0. 因此, 只要 b 和 ν 中有一个等于0, 其余一个也必须是0. 这一来, (4.45) 给出了 $b = \nu = 0$, 且从 (4.1) 和 (4.38) 看出: 两点 W_1 和 W_2 都在对角线 (N_1N_2) 上, 即所欲证明的结果: 如果 $\{N_1N_3N_2N_4\}$ 和 $\{W_1W_3W_2W_4\}$ 互为第二类共轭的闭序列偶, 那么它们至少有一条共通对角线.

据此, 我们只需讨论一方面的情况, 比如对应于

$$\lambda = 0, \quad \sigma = 0 \tag{4.47}$$

的构图就可以了. 但是, 为了叙述完整起见, 对上述的情况即 $b = 0$, $\nu = 0$ 将给出其他有关的事项, 以便和后文作出对照. 从 (4.43) 或 (4.44) 得到

$$a_{31}\lambda^2\rho = \sigma^2\mu^2. \tag{4.48}$$

同样, 从 (4.41) 和 (4.42) 两组的可积分条件的比较容易导出

$$b_{32}\sigma^2\mu = a\rho^2\lambda^2. \tag{4.49}$$

另一方面, 由 (4.20) 和 (4.49) 算出

$$\rho = a_{31}, \quad \mu = \frac{b_{32}}{a}, \tag{4.50}$$

因而改写 (4.33) 为

$$\lambda = \frac{b_{32}\sigma}{aa_{31}}. \tag{4.51}$$

此外还可验证: 在 (4.50) 和 (4.51) 成立下, $(4.39)_1$, $(4.40)_1$, $(4.41)_2$, $(4.42)_1$ 也都成立, 而其余则采取下列形式:

$$\frac{\partial}{\partial v}\log\frac{b_{32}a_{23}}{b_{41}a_{14}} = 2\lambda, \tag{4.52}$$

$$\frac{\partial}{\partial u}\log\frac{a_{42}b_{24}}{a_{31}b_{13}} = 2\sigma; \tag{4.53}$$

$$(\log \lambda)_v = (\log b_{41})_v + \lambda - b_{11} + b_{44} - b_{13}\frac{\mu}{\lambda} + \frac{a_{42}b_{24}}{\sigma}, \tag{4.54}$$

$$(\log \sigma)_u = (\log a_{31})_u + \frac{1}{\lambda}(a_{23}b_{32} - a_{14}b_{41}) + \sigma - a_{11} + a_{33}. \tag{4.55}$$

这样阐明了各种情况之后, 我们专门讨论对应于(4.47)的构图. 从(4.20)和(4.21)获得

$$\begin{cases} (\log a)_u = -a_{11} + a_{22} + ba_{23}, \\ (\log a)_v = -b_{11} + b_{22} - \dfrac{b}{a}b_{13}; \end{cases} \tag{4.56}$$

$$\begin{cases} b_u = a\rho + b(a_{22} - a_{33} + ba_{23}) - aa_{31}, \\ b_v = a\mu - b(b_{33} - b_{22}) - b_{32}. \end{cases} \tag{4.57}$$

又从(4.18)和(4.47)得出

$$aa_{23}\mu = a_{14}b_{41}. \tag{4.58}$$

组(4.56)的可积分条件经过(4.56)~(4.58)的简化, 给出

$$\rho = \frac{b_{24}a_{42}}{b_{13}}, \quad \mu = \frac{a_{14}b_{41}}{aa_{23}}, \tag{4.59}$$

由此看出: 三条件(4.25)~(4.27)可以合写成为一个, 即

$$\tau = \frac{b_{13}b_{41}}{a}. \tag{4.60}$$

这时, 点W_2的表达式(4.23)变成

$$W_2 = -bN_4 + \frac{ab_{24}}{b_{13}}N_2 + \frac{a_{14}}{a_{23}}N_1. \tag{4.61}$$

按照(4.59)改写(4.57),

$$\begin{cases} b_u = \dfrac{aa_{42}b_{24}}{b_{13}} + b(a_{22} - a_{33} + ba_{23}) - aa_{31}, \\ b_v = \dfrac{a_{14}b_{41}}{a_{23}} - b(b_{33} - b_{22}) - b_{32}; \end{cases} \tag{4.62}$$

这组的可积分条件可以写成

$$\frac{\partial \log \frac{b_{24}}{b_{13}}}{\partial v} = b_{11} - b_{22} - b_{33} + b_{44} + 2\frac{b}{a}b_{13}, \tag{4.63}$$

即

$$\frac{\partial}{\partial v}\log\frac{b_{24}a_{42}}{b_{13}a_{31}} = 2\frac{b}{a}b_{13}. \tag{4.63}'$$

这是相当于(4.52)的方程.

方程(4.19) 变为

$$(\log \mu)_u = a_{11} - a_{33} + ba_{23},$$

或者从(4.59) 代入μ 之后改写为

$$\frac{\partial}{\partial u} \log \frac{a_{14}}{a_{23}} = -a_{11} + a_{22} - a_{33} + a_{44} + 2ba_{23}, \tag{4.64}$$

就是相当于(4.53) 的方程:

$$\frac{\partial}{\partial u} \log \frac{a_{14}b_{41}}{a_{23}b_{32}} = 2ba_{23}. \tag{4.64$'$}$$

现在, 应用上述的一些条件和微分方程来研究所论闭序列偶的存在和自由度问题.

为此, 对顶点$N_i(i = 1, 2, 3, 4)$ 运用规范化(1.5) 使得

$$\rho_1\rho_2\rho_3\rho_4 = \rho, \tag{4.65}$$

而且

$$a_{23} = 1, \quad a_{42} = 1, \quad b_{13} = 1, \tag{4.66}$$

那么除了(1.6) 成立而外, 还可将(1.12) 从四个方程减为三个, 并将(1.13) 中的三个微分方程转化为有限方程:

$$b_{22} = b_{33} = b_{44}, \quad a_{11} = a_{33}. \tag{4.67}$$

因此, (4.63) 和(4.64) 转化为

$$(\log b_{24})_v = b_{11} - b_{22} - b_{33} + b_{44} + 2\frac{b}{a}, \tag{4.68}$$

$$(\log a_{14})_u = -a_{11} + a_{22} - a_{33} + a_{44} + 2b. \tag{4.69}$$

容易验证, 在(4.56) 和(4.62) 的对照下, 方程(4.68) 与(1.13) 中的方程

$$(\log b_{24})_u = a_{44} - a_{22}$$

组成一个完全可积分组. 同样, (4.69) 与(1.13) 中的另一方程

$$(\log a_{14})_v = b_{44} - b_{11}$$

也组成一个完全可积分组.

如(1.6), (4.67) 所表明, 我们可置

$$a_{11} = a_{33} = \varphi_1, \quad a_{22} = \varphi_2, \quad a_{44} = -2\varphi_1 - \varphi_2;$$

$$b_{11} = -3\psi, \quad b_{22} = b_{33} = b_{44} = \psi.$$

按此改写 (1.12) 和 (1.13) 两组中的其余方程, 便获得下列微分方程组:

$$\begin{cases} \dfrac{\partial \psi}{\partial u} = \dfrac{1}{4}(a_{14}b_{41} - 2a_{31} + b_{32}), & \dfrac{\partial \log a_{31}}{\partial v} = -4\psi, \\[2mm] \dfrac{\partial \log b_{32}}{\partial u} = \varphi_2 - \varphi_1, & \dfrac{\partial \varphi_1}{\partial v} = \dfrac{1}{4}(a_{14}b_{41} + 2a_{31} - 3b_{32}), \\[2mm] \dfrac{\partial \log b_{41}}{\partial u} = 3\varphi_1 + \varphi_2, & \dfrac{\partial \varphi_2}{\partial v} = \dfrac{1}{4}(a_{14}b_{41} - 2a_{31} + 5b_{32} - 4b_{24}). \end{cases} \tag{4.70}$$

这组的一般解是和单变数的六个任意函数有关的, 但是由于参数 u, v 容有变换 $u \to f(u)$, $v \to \varphi(v)$, 其中 f, φ 是任意函数, 实质上一般解依赖单变数的四个任意函数.

特别是, 当 $b = 0$ 时, 所论的闭序列 $\{N_1N_3N_2N_4\}$ 变为构图 (T_4), 且从而 (1.42) 成立. 这时候, 微分方程组 (1.12) 和 (1.13) 归结为下列方程组:

$$\begin{cases} \dfrac{\partial a}{\partial v} = 2(a_{14}a_{23} + a_{42}a_{31}), \\[2mm] \dfrac{\partial b}{\partial u} = -2(a_{14}a_{23} + a_{42}a_{31}) \end{cases}$$

和关于 a_{14}, a_{23}, a_{42}, a_{31} 的另一系完全可积分方程. 因此, 构图 (T_4) 的确定是与单变数的两个任意函数有关的.

综上所述, 得到下列定理:

定理 互为第二类共轭的闭拉普拉斯序列偶的确定, 依赖单变数的四个任意函数, 而且特别是, 构图 (T_4) 仅包含单变数的两个任意函数.

其次, 将研究闭序列偶 $\{N_1N_3N_2N_4\}$ 与 $\{W_1W_3W_2W_4\}$ 的伴随构图 (T). 这偶有一条共通对角线 $(N_3N_4) \equiv (W_3W_4)$, 但是在非构图 (T_4) 的情况下, 其余两对角线 (N_1N_2) 和 (W_1W_2) 是互异的. 根据巴克定理, 这两对角线都画成 W 线汇; 这里所研究的正是这两 W 线汇的焦叶曲面所组成的构图.

为这目的, 首先求出第二闭序列 $\{W_1W_3W_2W_4\}$ 的导来方程于次.

从 (4.1), (4.16), (4.17), (4.59) 和 (4.61) 写下 W_1, W_2, W_3, W_4 的表达式:

$$\begin{cases} W_1 = aN_1 + bN_3 + N_2, \\[2mm] W_2 = -bN_4 + \dfrac{ab_{24}}{b_{13}}N_2 + \dfrac{a_{14}}{a_{23}}N_1, \\[2mm] W_3 = a_{42}N_4 + \dfrac{ab_{24}a_{42}}{b_{13}}N_3, \\[2mm] W_4 = b_{41}N_4 + \dfrac{a_{14}b_{41}}{aa_{23}}N_3. \end{cases} \tag{4.71}$$

三点 W_1, W_2, W_3 的导来方程已经分别地在 (4.2), (4.22), (4.10) 和 (4.8), (4.4), (4.24) 出现, 其中 ρ 和 μ 决定于 (4.59). 因此, 只须补求 W_2 的导来方程. 如果应

用(4.56), (4.62)～(4.64) 到演算中去, 容易获得所要的方程. 现在, 把它们综合写出如下:

$$
\begin{cases}
\dfrac{\partial W_1}{\partial u} = (a_{22} + ba_{23})W_1 + W_3, \\[2mm]
\dfrac{\partial W_2}{\partial u} = (a_{22} - a_{33} + a_{44} + ba_{23})W_2 + \dfrac{aa_{31}}{b_{41}}W_4, \\[2mm]
\dfrac{\partial W_3}{\partial u} = \{(\log a_{42})_u + a_{41} + ba_{23}\}W_3 + a_{23}a_{42}W_2, \\[2mm]
\dfrac{\partial W_4}{\partial u} = a_{11}W_4 + \dfrac{a_{14}b_{41}}{a}W_1; \\[2mm]
\dfrac{\partial W_1}{\partial v} = b_{22}W_1 + aW_4, \\[2mm]
\dfrac{\partial W_2}{\partial v} = (b_{22} - b_{33} + b_{44})W_2 + \dfrac{b_{32}}{a_{42}}W_3, \\[2mm]
\dfrac{\partial W_3}{\partial v} = b_{22}W_3 + b_{24}a_{42}W_1, \\[2mm]
\dfrac{\partial W_4}{\partial v} = \left\{(\log b_{41})_v + b_{44} + \dfrac{b}{a}b_{13}\right\}W_4 + \dfrac{b_{41}b_{13}}{a}W_2.
\end{cases}
\tag{4.72}
$$

由此导出直线汇(W_1W_2) 的可展面的方程

$$
a_{42}a_{31}du^2 - b_{32}b_{41}dv^2 = 0;
\tag{4.73}
$$

这也就是决定直线汇(N_1N_2) 的可展面的方程. 从(4.72) 还可求出直线(W_1W_2) 的两焦点:

$$
P_\varepsilon = \gamma_\varepsilon W_1 + W_2 \quad (\varepsilon = \pm 1),
\tag{4.74}
$$

其中

$$
\gamma_\varepsilon = \varepsilon\sqrt{\dfrac{a_{31}b_{32}}{a_{42}b_{41}}}.
\tag{4.75}
$$

同样, 直线(N_1N_2) 的两焦点是

$$
Q_{\varepsilon'} = N_1 + \lambda_{\varepsilon'}N_2 \quad (\varepsilon' = \pm 1),
\tag{4.76}
$$

式中

$$
\lambda_{\varepsilon'} = \varepsilon'\sqrt{\dfrac{a_{31}b_{41}}{a_{42}b_{32}}}.
\tag{4.77}
$$

按照(4.72), (4.63), (4.64) 来计算P_ε 的偏导数,

$$
\begin{cases}
\dfrac{\partial P_\varepsilon}{\partial u} = (*)P_\varepsilon + \left(a_{4'4} - a_{33} - \dfrac{\partial \log \gamma_\varepsilon}{\partial u}\right)W_2 + \gamma_\varepsilon W_3 + \dfrac{aa_{31}}{b_{41}}W_4, \\[3mm]
\dfrac{\partial P_\varepsilon}{\partial v} = (*)P_\varepsilon - \left(b_{33} - b_{44} + \dfrac{\partial \log \gamma_\varepsilon}{\partial v}\right)W_2 + \dfrac{b_{32}}{a_{42}}W_3 + a\gamma_\varepsilon W_4,
\end{cases}
\tag{4.78}
$$

这里和以下都用(∗)表示不必写出的系数.

顺便指出, 如果算出 $\dfrac{\partial^2 P_\varepsilon}{\partial u^2}$ 和 $\dfrac{\partial^2 P_\varepsilon}{\partial v^2}$, 便可验证巴克定理: (u, v) 是各个焦叶曲面(P_ε) 的主切曲线网.

我们将阐明焦叶曲面(P_ε) 在其一点P_ε 的切平面必通过直线汇$(N_1 N_2)$ 的对应焦点$(Q_{-\varepsilon})$, 其中$\varepsilon = +1$ 或-1.

从(4.71) 解出N_1, N_2:

$$N_1 = \frac{1}{\Delta}\left(a\frac{b_{24}}{b_{13}}W_1 - W_2 - \frac{b}{a_{42}}W_3\right), \tag{4.79}$$

$$N_2 = \frac{1}{\Delta}\left(-\frac{a_{14}}{b_{23}}W_1 + aW_2 + \frac{ab}{b_{41}}W_4\right), \tag{4.80}$$

式中已置

$$\Delta = a^2\frac{b_{24}}{b_{13}} - \frac{a_{14}}{a_{23}}. \tag{4.81}$$

把表达式(4.79) 和(4.80) 代入(4.76) 以改写$Q_{\varepsilon'}$ 的表达式, 我们得到

$$Q_{\varepsilon'} = (*)W_1 + (*)W_2 + \frac{b\lambda_{\varepsilon'}}{\Delta}\left(-\frac{1}{a_{42}\lambda_{\varepsilon'}}W_3 + \frac{a}{b_{41}}W_4\right).$$

可是由(4.75) 和(4.77) 看出

$$\frac{a_{31}}{a_{42}\lambda_{\varepsilon'}} = \varepsilon\varepsilon'\gamma_\varepsilon,$$

所以

$$Q_{\varepsilon'} = (*)W_1 + (*)W_2 + \frac{b\lambda_{\varepsilon'}}{\Delta a_{31}}\left(-\varepsilon\varepsilon'\gamma_\varepsilon W_3 + \frac{aa_{31}}{b_{41}}W_4\right),$$

从而末项除了一个因子而外, 仅当$\varepsilon' = -\varepsilon$ 时才会等于

$$\gamma_\varepsilon W_3 + \frac{aa_{31}}{b_{41}}W_4,$$

并且这也等于(4.78) 的各方程右侧两末项之和.

因此, 我们断定: 点$Q_{-\varepsilon}$ 在平面$\left(P_\varepsilon\dfrac{\partial P_\varepsilon}{\partial u}\dfrac{\partial P_\varepsilon}{\partial v}\right)$ 上, 就是在曲面(P_ε) 的切平面上.

因为两直线汇$(N_1 N_2)$ 和$(W_1 W_2)$ 之间的关系是可逆的, 点P_ε 必须在焦叶曲面$(Q_{-\varepsilon})$ 在其对应点$Q_{-\varepsilon}$ 的切平面上, 因而直线汇$(P_1 Q_{-1})$ 和$(P_{-1}Q_1)$ 都是W 线汇. 这样, 由四个焦叶曲面(P_1), (P_{-1}), (Q_1), (Q_{-1}) 构成的图形是一个非拉普拉斯序列的构图(T), 其中直线汇$(P_1 P_{-1})$ 和$(Q_1 Q_{-1})$ 的可展面互相对应, 并且每边都画成W 线汇.

综合起来, 便得到下列定理:

定理　假设两个闭序列$\{N_1 N_3 N_2 N_4\}$ 和$\{W_1 W_3 W_2 W_4\}$ 构成互为第二类共轭偶, 那么它们至少有一条共通对角线, 比如$(N_3 N_4) \equiv (W_3 W_4)$, 而且其余两对角

线(N_1N_2) 和(W_1W_2) 所画成的两线汇的四个焦叶曲面构成这样的一个构图(T), 使各边都画成 W 线汇, 而且两线汇(W_1W_2) 和(N_1N_2) 的可展面互相对应.

我们称这种构图为两个闭序列$\{N_1N_3N_2N_4\}$ 和$\{W_1W_3W_2W_4\}$ 的伴随构图 (T) .

4.5 一般的伴随构图(T)

4.4节的伴随构图(T) 还可以拓广为一般的情况: 设两直线(P_1P_{-1}) 和(Q_1Q_{-1}) 画成 W 线汇, 它们的可展面互相对应, 而且四个焦叶曲面(P_1), (P_{-1}), (Q_1), (Q_{-1}) 构成一个构图(T), 就称为一般的伴随构图 (T).

设(u, v) 是各焦叶曲面上的共通主切曲线网, 而且设

$$\frac{du}{dv} = \varepsilon\alpha \quad (\varepsilon = \pm 1) \tag{5.1}$$

表示两线汇(P_1P_{-1}) 和(Q_1Q_{-1}) 的对应可展面, 其中α 是u 和v 的已知函数. 按照假设可以写下

$$\begin{cases} \dfrac{\partial P_1}{\partial u} = p_{11}P_1 + p_{21}P_{-1} \ * + p_{41}Q_{-1}, \\[2mm] \dfrac{\partial P_{-1}}{\partial u} = p_{12}P_1 + p_{22}P_{-1} + p_{32}Q_1 *, \\[2mm] \dfrac{\partial Q_1}{\partial u} = * \ p_{23}P_{-1} + p_{33}Q_1 + p_{43}Q_{-1}, \\[2mm] \dfrac{\partial Q_{-1}}{\partial u} = p_{14}P_1 * + p_{34}Q_1 + p_{44}Q_{-1}; \end{cases} \tag{5.2}$$

$$\begin{cases} \dfrac{\partial P_1}{\partial v} = q_{11}P_1 + q_{21}P_{-1} \ * + q_{41}Q_{-1}, \\[2mm] \dfrac{\partial P_{-1}}{\partial v} = q_{12}P_1 + q_{22}P_{-1} + q_{32}Q_1 * , \\[2mm] \dfrac{\partial Q_1}{\partial v} = * \ + q_{23}P_{-1} + q_{33}Q_1 + q_{43}Q_{-1}, \\[2mm] \dfrac{\partial Q_{-1}}{\partial v} = q_{14}P_1 \ * + q_{34}Q_1 + q_{44}Q_{-1}. \end{cases} \tag{5.3}$$

这两组方程经过各点的齐次坐标比例因子变换$P_\varepsilon = \rho_\varepsilon P_\varepsilon^* (\varepsilon = \pm 1)$, $Q_{\varepsilon'} = \sigma_\varepsilon Q_{\varepsilon'}^* (\varepsilon' = \pm 1)$, 将变成以$p_{ij}^*$, q_{ij}^* 为系数的类似方程, 其中

$$p_{41}^* = p_{41}\frac{\sigma_{-1}}{\rho_1}, \quad p_{32}^* = p_{32}\frac{\sigma_1}{\rho_{-1}}, \quad p_{43}^* = p_{43}\frac{\sigma_{-1}}{\sigma_1}.$$

由于$p_{41}p_{32}p_{43} \neq 0$, 只要选取

$$\sigma_{-1} = \xi, \quad \rho_1 = p_{41}\xi,$$

$$\rho_{-1} = p_{32}p_{43}\xi, \quad \sigma_1 = p_{43}\xi,$$

就可把上列三系数都化为1, 这里ξ 是u, v 的任意函数. 这就是说, 在适当选取ρ_1, ρ_{-1}, σ_1, σ_{-1} 之后, 能够使

$$p_{41} = 1, \quad p_{32} = 1, \quad p_{43} = 1, \tag{5.4}$$

并且(5.2) 和(5.3) 还容许下列变换:

$$\begin{cases} P_1 = \xi P_1^*, \quad P_{-1} = \xi P_{-1}^*, \\ Q_1 = \xi Q_1^*, \quad Q_{-1} = \xi Q_{-1}^*, \end{cases} \tag{5.5}$$

式中$\xi(\neq 0)$ 是任意函数.

其次, 根据假设, 两线汇(P_1P_{-1}) 和(Q_1Q_{-1}) 都是以(5.1) 为其可展面方程的; 从此并注意(5.4), 容易得到

$$\begin{cases} q_{41} = -\alpha, \quad q_{32} = \alpha, \\ q_{23} = -\alpha p_{23}, \quad q_{14} = \alpha p_{14}. \end{cases} \tag{5.6}$$

又从各焦叶曲面的主切曲线网是(u, v) 的假设, 导出

$$\begin{cases} p_{21} = -p_{34}, \quad p_{12} = -1, \\ p_{14} = p_{23}, \quad q_{21} = q_{34}. \end{cases} \tag{5.7}$$

因而改写(5.2) 和(5.3) 如下:

$$\begin{cases} \dfrac{\partial P_1}{\partial u} = p_{11}P_1 + \sigma P_{-1} \ast + \overline{\kappa}Q_{-1}, \\[2mm] \dfrac{\partial P_{-1}}{\partial u} = -\overline{\sigma}P_1 + p_{22}P_{-1} + \overline{\kappa}Q_1 \ast, \\[2mm] \dfrac{\partial Q_1}{\partial u} = \ast\, \kappa P_{-1} + p_{33}Q_1 + \overline{\sigma}Q_{-1}, \\[2mm] \dfrac{\partial Q_{-1}}{\partial u} = \kappa P_1 \ast - \sigma Q_1 + p_{44}Q_{-1}; \end{cases} \tag{5.8}$$

$$\begin{cases} \dfrac{\partial P_1}{\partial v} = q_{11}P_1 + \tau P_{-1} \ast - \alpha\overline{\kappa}Q_{-1}, \\[2mm] \dfrac{\partial P_{-1}}{\partial v} = \theta P_1 + q_{22}P_{-1} + \alpha\overline{\kappa}Q_1 \ast, \\[2mm] \dfrac{\partial Q_1}{\partial v} = \ast - \alpha\kappa P_{-1} + q_{33}Q_1 + \theta Q_{-1}, \\[2mm] \dfrac{\partial Q_{-1}}{\partial v} = \alpha\kappa P_1 \ast + \tau Q_1 + q_{44}Q_{-1}, \end{cases} \tag{5.9}$$

这里方便上已置

$$\overline{\sigma} = 1, \quad \overline{\kappa} = 1. \tag{5.10}$$

现在, 从(5.8) 和(5.9) 不难推导可积分条件. 经过一番演算和整理容易验证:

$$-\left(\frac{\partial p_{11}}{\partial v} - \frac{\partial q_{11}}{\partial u}\right) = \frac{\partial p_{22}}{\partial v} - \frac{\partial q_{22}}{\partial u} = -\left(\frac{\partial p_{33}}{\partial v} - \frac{\partial q_{33}}{\partial u}\right)$$
$$= \frac{\partial p_{44}}{\partial v} - \frac{\partial q_{44}}{\partial u} = \overline{\sigma}\tau + \theta\sigma + 2\alpha\kappa\overline{\kappa}; \tag{5.11}$$

$$\alpha_u = \alpha(p_{11} - p_{44}) + q_{11} - q_{44} = \alpha(p_{22} - p_{33}) - (q_{22} - q_{33}); \tag{5.12}$$

$$\theta_u = -\theta(p_{11} - p_{22}) - \overline{\sigma}(q_{11} - q_{22}) = \theta(p_{33} - p_{44}) - \overline{\sigma}(q_{33} - q_{44}); \tag{5.13}$$

$$\begin{cases} \kappa_v - (\alpha\kappa)_u = -\kappa(q_{11} - q_{44}) + \alpha\kappa(p_{11} - p_{44}), \\ \kappa_v + (\alpha\kappa)_u = -\kappa(q_{22} - q_{33}) - \alpha\kappa(p_{22} - p_{33}); \end{cases} \tag{5.14}$$

$$\begin{cases} \sigma_v + \tau_u = -\sigma(q_{33} - q_{44}) - \tau(p_{33} - p_{44}), \\ \sigma_v - \tau_u = \sigma(q_{11} - q_{22}) - \tau(p_{11} - p_{22}). \end{cases} \tag{5.15}$$

从(5.11) 首先获得

$$\frac{\partial}{\partial v}(p_{11} + p_{22} + p_{33} + p_{44}) = \frac{\partial}{\partial u}(q_{11} + q_{22} + q_{33} + q_{44}),$$

且从而存在这样的函数ξ, 使得

$$p_{11} + p_{22} + p_{33} + p_{44} = 4\frac{\partial \log \xi}{\partial u},$$

$$q_{11} + q_{22} + q_{33} + q_{44} = 4\frac{\partial \log \xi}{\partial v},$$

所以运用规范化(5.5) 之后就导致

$$\begin{cases} p_{11} + p_{22} + p_{33} + p_{44} = 0, \\ q_{11} + q_{22} + q_{33} + q_{44} = 0. \end{cases} \tag{5.16}$$

方便上, 简写

$$p_{ii} = p_i, \quad q_{ii} = q_i. \tag{5.17}$$

从(5.12) 和(5.13) 首先导出两个有限方程, 即

$$\alpha(p_1 + p_3) = q_3 + q_4, \tag{5.18}$$

$$\theta(p_1 + p_3) = \overline{\sigma}(q_2 + q_3), \tag{5.19}$$

并改写(5.12) ~ (5.15) 如下:

$$\begin{cases} \kappa_u = -2(p_1 + p_2)\kappa, \\ \kappa_v = -2(q_1 + q_2)\kappa; \end{cases} \tag{5.20}$$

$$\alpha_u = q_1 + q_3 + \alpha(p_1 + p_2), \tag{5.21}$$

$$\theta_u = \overline{\sigma}(q_2 + q_4) + \theta(p_2 + p_3), \tag{5.22}$$

$$\sigma_v = \sigma(q_1 + q_4) - \tau(p_1 + p_3), \tag{5.23}$$

$$\tau_u = \sigma(q_2 + q_4) + \tau(p_1 + p_4). \tag{5.24}$$

微分方程组(5.20) 根据(5.11) 是完全可积分的, 而(5.11) 本身因关系式(5.16) 成立, 却可以归结为实际上只有三个是独立的方程:

$$-\left(\frac{\partial p_1}{\partial v} - \frac{\partial q_1}{\partial u}\right) = \frac{\partial p_2}{\partial v} - \frac{\partial q_2}{\partial u} = -\left(\frac{\partial p_3}{\partial v} - \frac{\partial q_3}{\partial u}\right)\left[= \frac{\partial p_4}{\partial v} - \frac{\partial q_4}{\partial u}\right]$$
$$= \overline{\sigma}\tau + \theta\sigma + 2\alpha\kappa\overline{\kappa}, \tag{5.25}$$

其中附有括号的一式表明它是从其余三式和(5.16) 可以导出的; 因为后文经常还用着这个式子, 特为列入这里.

把(5.20) ~ (5.24) 看成五个发甫方程组成的系统, 它含有p_i, q_i ($i = 1, 2, 3, 4$), σ, κ, τ, α, θ 和新导入的α_v, θ_v, σ_u, τ_v 等共$\gamma_0 = 17$ 个因变量在内的五个发甫方程, 其中一个即(5.20) 是完全可积分的, 并且因变量之间有(5.16), (5.18) 和(5.19) 等四个关系, 从而总数是$s_0 = 9$. 另外, 协变系统含有从发甫系统导出的四个方程以及从(5.25) 导出的三个方程, 因而总数是$s_1 = 7$. 按照标数的计算容易得到$s_2 = \gamma_0 - s_0 - s_1 = 1$. 所以上述发甫系统是在对合下的. 因此, 证明了

定理 一般的伴随构图(T)决定于双变数的一个任意函数.

所论的构图(T) 的基本方程是(5.8) 和(5.9), 就是

$$\begin{cases} \dfrac{\partial P_1}{\partial u} = p_1 P_1 + \sigma P_{-1} \ * \ + \overline{\kappa} Q_1, \\[2mm] \dfrac{\partial P_{-1}}{\partial u} = -\overline{\sigma} P_1 + p_2 P_{-1} + \overline{\kappa} Q_1 \ *, \\[2mm] \dfrac{\partial Q_1}{\partial u} = \ * \ + \kappa P_{-1} + p_3 Q_1 + \overline{\sigma} Q_{-1}, \\[2mm] \dfrac{\partial Q_{-1}}{\partial u} = \kappa P_1 \ * \ - \sigma Q_1 + p_4 Q_{-1}; \end{cases} \tag{5.26}$$

$$
\begin{cases}
\dfrac{\partial P_1}{\partial v} = q_1 P_1 + \tau P_{-1} \; * \; -\alpha\overline{\kappa}Q_{-1}, \\[2mm]
\dfrac{\partial P_{-1}}{\partial v} = \theta P_1 + q_2 P_{-1} + \alpha\overline{\kappa}Q_1 \; * \\[2mm]
\dfrac{\partial Q_1}{\partial v} = \; * \; -\alpha\kappa P_{-1} + q_3 Q_1 + \theta Q_{-1}, \\[2mm]
\dfrac{\partial Q_{-1}}{\partial v} = \alpha\kappa P_1 \; * \; +\tau Q_1 + q_4 Q_{-1}.
\end{cases}
\tag{5.27}
$$

在一般的伴随构图(T)里, 像$\{N_1N_3N_2N_4\}$或$\{W_1W_3W_2W_4\}$一类的、以(Q_1Q_{-1})或(P_1P_{-1})为一条对角线且以$(u,\, v)$为共轭网的闭序列, 一般是不存在的. 如果存在, 就分别称为第一种或第二种伴随构图(T). 现在, 先讨论第一种伴随构图(T) 的存在和自由度.

设$\{N_1N_3N_2N_4\}$是所求的周期四的拉普拉斯序列, 且从而成立方程(1.11) $\sim$ (1.13). 如所知, 两点N_1 和N_2 关于两焦点Q_1 和Q_{-1} 必须是调和共轭的, 所以可置

$$
\begin{cases}
N_1 = \omega Q_1 + Q_{-1}, \\
N_2 = \omega Q_1 - Q_{-1}, \\
N_3 = \mu_1 P_1 + \mu_2 P_{-1} + \mu_3 Q_1 + \mu_4 Q_{-1}, \\
N_4 = \nu_1 P_1 + \nu_2 P_{-1} + \nu_3 Q_1 + \nu_4 Q_{-1}.
\end{cases}
\tag{5.28}
$$

首先把这些表达式代入方程组(1.11) 的前两行方程, 并应用(5.26), (5.27) 于各侧中对$P_1,\, P_{-1},\, Q_1,\, Q_{-1}$ 的线性组合的演算, 然后作出两侧对应系数的等式, 以确定(5.28) 中的待定系数. 我们不妨选取$\mu_1 = 1,\ \nu_1 = 1$ 来计算, 其结果是

$$
\begin{cases}
\mu_1 = 1, \;\; \mu_2 = \omega, \\[1mm]
\mu_3 = \dfrac{1}{\kappa}(\omega_u + p_3\omega - \sigma - \omega a_{11}) = -\dfrac{1}{\alpha\kappa}(\omega_v + q_3\omega - \tau - \omega b_{22}), \\[2mm]
\mu_4 = \dfrac{1}{\kappa}(\overline{\sigma}\omega + p_4 - a_{11}) = -\dfrac{1}{\alpha\kappa}(\omega\theta - q_4 + b_{22});
\end{cases}
\tag{5.29}
$$

$$
\begin{cases}
\nu_1 = 1, \;\; \nu_2 = -\omega, \\[1mm]
\nu_3 = -\dfrac{1}{\kappa}(\omega_u + p_3\omega + \sigma - \omega a_{22}) = \dfrac{1}{\alpha\kappa}(\omega_v + q_3\omega + \tau - \omega b_{11}), \\[2mm]
\nu_4 = -\dfrac{1}{\kappa}(\overline{\sigma}\omega - p_4 + a_{22}) = \dfrac{1}{\alpha\kappa}(\omega\theta + q_4 - b_{11});
\end{cases}
\tag{5.30}
$$

$$
\begin{cases}
a_{31} = \kappa, \;\;\; a_{42} = -\kappa, \\
b_{41} = \alpha\kappa, \;\;\; b_{32} = -\alpha\kappa.
\end{cases}
\tag{5.31}
$$

从(5.29) 和(5.30) 的后两等式分别解出$a_{11}, b_{22}; a_{22}, b_{11}$:

$$\begin{cases} a_{11} = \dfrac{1}{2a\omega}[\alpha\{\omega_u + \omega(p_3 + p_4) + \overline{\sigma}\omega^2 - \sigma\} \\ \qquad\qquad + \omega_v + \omega(q_3 - q_4) + \omega^2\theta - \tau], \\[2mm] b_{22} = \dfrac{1}{2\omega}[\alpha\{\omega_u + \omega(p_3 - p_4) - \overline{\sigma}\omega^2 - \sigma\} \\ \qquad\qquad + \omega_v + \omega(q_3 + q_4) - \omega^2\theta - \tau], \\[2mm] a_{22} = \dfrac{1}{2\alpha\omega}[\alpha\{\omega_u + \omega(p_3 + p_4) - \overline{\sigma}\omega^2 + \sigma\} \\ \qquad\qquad + \omega_v + \omega(q_3 - q_4) - \omega^2\theta + \tau], \\[2mm] b_{11} = \dfrac{1}{2\omega}[\alpha\{\omega_u + \omega(p_3 - p_4) + \overline{\sigma}\omega^2 + \sigma\} \\ \qquad\qquad + \omega_v + \omega(q_3 + q_4) + \omega^2\theta + \tau], \end{cases} \tag{5.32}$$

并代入原方程, 便得到

$$\begin{cases} \mu_3 = \dfrac{1}{2\alpha\kappa}[\alpha\{\omega_u + \omega(p_3 - p_4) - \overline{\sigma}\omega^2 - \sigma\} \\ \qquad\qquad - \{\omega_v + \omega(q_3 - q_4) + \theta^2\omega - \tau\}], \\[2mm] \mu_4 = -\dfrac{1}{2\alpha\kappa\omega}[\alpha\{\omega_u + \omega(p_3 - p_4) - \overline{\sigma}\omega^2 - \sigma\} \\ \qquad\qquad + \omega_v + \omega(q_3 - q_4) + \theta^2\omega - \tau]; \end{cases} \tag{5.33}$$

$$\begin{cases} \nu_3 = -\dfrac{1}{2\alpha\kappa}[\alpha\{\omega_u + \omega(p_3 - p_4) + \overline{\sigma}\omega^2 + \sigma\} \\ \qquad\qquad - \{\omega_v + \omega(q_3 - q_4) - \theta\omega^2 + \tau\}], \\[2mm] \nu_4 = -\dfrac{1}{2\alpha\kappa\omega}[\alpha\{\omega_u + \omega(p_3 - p_4) + \overline{\sigma}\omega^2 + \sigma\} \\ \qquad\qquad + \omega_v + \omega(q_3 - q_4) - \theta\omega^2 + \tau]. \end{cases} \tag{5.34}$$

其次, 把表达式 (5.28) 代入方程组 (1.11) 的后两行方程, 同样获得下列关系:

$$\begin{cases} \dfrac{\partial\mu_1}{\partial u} + p_1\mu_1 - \overline{\sigma}\mu_2 + \kappa\mu_4 = a_{33}\mu_1, \\[2mm] \dfrac{\partial\mu_2}{\partial u} + \sigma\mu_1 + p_2\mu_2 + \kappa\mu_3 = a_{33}\mu_2, \\[2mm] \dfrac{\partial\mu_3}{\partial u} + \overline{\kappa}\mu_2 + p_3\mu_3 - \sigma\mu_4 = a_{33}\mu_3 + a_{23}\omega, \\[2mm] \dfrac{\partial\mu_4}{\partial u} + \overline{\kappa}\mu_1 - \overline{\sigma}\mu_3 + p_4\mu_4 = a_{33}\mu_4 - a_{23}; \end{cases} \tag{5.35}$$

$$\begin{cases} \dfrac{\partial\mu_1}{\partial v} + q_1\mu_1 + \theta\mu_2 + \alpha\kappa\mu_4 = b_{33}\mu_1, \\[2mm] \dfrac{\partial\mu_2}{\partial v} + \tau\mu_1 + q_2\mu_3 - \alpha\kappa\mu_3 = b_{33}\mu_2, \\[2mm] \dfrac{\partial\mu_3}{\partial v} + \alpha\overline{\kappa}\mu_2 + q_3\mu_3 + \tau\mu_4 = b_{33}\mu_3 + b_{13}\omega, \\[2mm] \dfrac{\partial\mu_4}{\partial v} - \alpha\overline{\kappa}\mu_1 + \theta\mu_3 + q_4\mu_4 = b_{33}\mu_4 - b_{13}; \end{cases} \tag{5.36}$$

$$\begin{cases} \dfrac{\partial \nu_1}{\partial u} + p_1\nu_1 - \overline{\sigma}\nu_2 + \kappa\nu_4 = a_{44}\nu_1, \\[2mm] \dfrac{\partial \nu_2}{\partial u} + \sigma\nu_1 + p_2\nu_2 + \kappa\nu_3 = a_{44}\nu_2, \\[2mm] \dfrac{\partial \nu_3}{\partial u} + \overline{\kappa}\nu_2 + p_3\nu_3 - \sigma\nu_4 = a_{44}\nu_3 + a_{14}\omega, \\[2mm] \dfrac{\partial \nu_4}{\partial u} + \overline{\kappa}\nu_1 + \overline{\sigma}\nu_3 + p_4\nu_4 = a_{44}\nu_4 + a_{14}; \end{cases} \tag{5.37}$$

$$\begin{cases} \dfrac{\partial \nu_1}{\partial v} + q_1\nu_1 + \theta\nu_2 + \alpha\kappa\nu_4 = b_{44}\nu_1, \\[2mm] \dfrac{\partial \nu_2}{\partial v} + \tau\nu_1 + q_2\nu_2 - \alpha\kappa\nu_3 = b_{44}\nu_2, \\[2mm] \dfrac{\partial \nu_3}{\partial v} + \alpha\overline{\kappa}\nu_2 + q_3\nu_3 + \tau\nu_4 = b_{44}\nu_3 + b_{24}\omega, \\[2mm] \dfrac{\partial \nu_4}{\partial v} - \alpha\overline{\kappa}\nu_1 + \theta\nu_3 + q_4\nu_4 = b_{44}\nu_4 - b_{24}. \end{cases} \tag{5.38}$$

从(5.35)和(5.36)的前两方程顺次消去a_{33}和b_{33},容易看出:

$$\begin{cases} \omega_u = -(p_2 + p_3)\omega, \\ \omega_v = -(q_2 + q_3)\omega. \end{cases} \tag{5.39}$$

根据(5.25)得知这组是完全可积分的.

这样,就算出了a_{33}, b_{33}和μ_3, μ_4.

同样的方法也适用于(4.37)和(4.38)的前两方程,除了消去a_{44}, b_{44}的结果重合于(4.39)而外,还可求得a_{44}, b_{44}和ν_3, ν_4.

为表达简便,置

$$\begin{cases} A = \overline{\sigma}\omega + \dfrac{\sigma}{\omega} + p_2 + p_4, \\[2mm] \overline{A} = \overline{\sigma}\omega + \dfrac{\sigma}{\omega} - p_2 - p_4; \end{cases} \tag{5.40}$$

$$\begin{cases} B = \dfrac{1}{\alpha}\left\{q_2 + q_4 - \left(\omega\theta - \dfrac{\tau}{\omega}\right)\right\}, \\[2mm] \overline{B} = \dfrac{1}{\alpha}\left\{q_2 + q_4 + \omega\theta - \dfrac{\tau}{\omega}\right\}, \end{cases} \tag{5.41}$$

便获得下列表达式:

$$\begin{cases} \mu_1 = 1, \quad \mu_2 = \omega, \\[2mm] \mu_3 = -\dfrac{\omega}{2\kappa}(A - B), \\[2mm] \mu_4 = -\dfrac{1}{2\kappa}(A + B); \end{cases} \tag{5.42}$$

$$\begin{cases} \nu_1 = 1, \ \nu_2 = -\omega, \\ \nu_3 = -\dfrac{\omega}{2\kappa}(\overline{A} + \overline{B}), \\ \nu_4 = -\dfrac{1}{2\kappa}(\overline{A} - \overline{B}); \end{cases} \tag{5.43}$$

$$\begin{cases} a_{11} = \dfrac{1}{2}\left(\overline{\sigma}\omega - \dfrac{\sigma}{\omega} + p_4 - p_2 - B\right), \\ a_{22} = \dfrac{1}{2}\left(-\overline{\sigma}\omega + \dfrac{\sigma}{\omega} + p_4 - p_2 - \overline{B}\right), \\ a_{33} = p_1 - \overline{\sigma}\omega + \dfrac{1}{2}(A + B), \\ a_{44} = p_1 + \overline{\sigma}\omega - \dfrac{1}{2}(\overline{A} - \overline{B}); \end{cases} \tag{5.44}$$

$$\begin{cases} b_{11} = \dfrac{1}{2}\left(q_4 - q_2 + \omega\theta + \dfrac{\tau}{\omega} + \alpha\overline{A}\right), \\ b_{22} = \dfrac{1}{2}\left(q_4 - q_2 - \omega\theta - \dfrac{\tau}{\omega} - \alpha A\right), \\ b_{33} = q_1 + \theta\omega + \dfrac{1}{2}\alpha(A + B), \\ b_{44} = q_1 - \theta\omega - \dfrac{1}{2}\alpha(\overline{A} - \overline{B}). \end{cases} \tag{5.45}$$

最后, 我们还需讨论方程组(5.35) ∼ (5.38) 中的其余方程. 为这目的, 先取(4.35)
的后两方程, 从它们消去 a_{23},

$$a_{33}(\mu_3 + \omega\mu_4) = \frac{\partial}{\partial u}(\mu_3 + \omega\mu_4) + 2\overline{\kappa}\omega + (p_3 + \overline{\sigma}\omega)\mu_3 \\ + \{(p_2 + p_3)\omega - \sigma\}\mu_4,$$

并把(5.42) 和(5.44) 代入两侧; 只要注意到

$$\mu_3 + \omega\mu_4 = \frac{\omega}{\kappa}B,$$

$$\left(\theta\omega - \frac{\tau}{\omega}\right)_u = (q_2 + q_4)\left(\overline{\sigma}\omega - \frac{\sigma}{\omega}\right),$$

$$B_u = \frac{1}{\alpha}(q_2 + q_4)_u - B\left\{p_1 + p_2 + \frac{1}{\alpha}(q_1 + q_3)\right\} + \frac{1}{\alpha}(q_1 + q_3)\left(\overline{\sigma}\omega - \frac{\sigma}{\omega}\right),$$

而且进行一些简化演算, 便获得所取的两方程相容的充要条件:

$$(q_2 + q_4)_u = \frac{1}{2}\alpha(A\overline{A} - B\overline{B}) - 2\alpha\overline{\kappa}\kappa + \left(\overline{\sigma}\omega - \frac{\sigma}{\omega}\right)\left(\theta\omega - \frac{\tau}{\omega}\right), \tag{5.46}$$

从而解出唯一解a_{23}, 就是

$$a_{23} = -\frac{1}{2\kappa}\{A_u + (p_1 + p_2)A\}. \tag{5.47}$$

同样的方法也适用于(5.36) 的后两方程, 而且从此消去b_{13} 的结果是

$$(p_2 + p_4)_v = \frac{1}{2}\alpha(A\overline{A} - B\overline{B}) + 2\alpha\overline{\kappa}\kappa + \left(\overline{\sigma}\omega + \frac{\sigma}{\omega}\right)\left(\theta\omega + \frac{\tau}{\omega}\right). \tag{5.48}$$

可是由(5.25) 看出

$$(p_2 + p_4)_v - (q_2 + q_4)_u = 2(2\overline{\kappa}\kappa\alpha + \overline{\sigma}\tau + \theta\sigma),$$

所以(5.48) 和(5.46) 是等价的. 这样, 我们得到

$$b_{13} = \frac{1}{2\kappa}\{B_v + (q_1 + q_2)B\}. \tag{5.49}$$

对(5.37) 和(5.38) 两组中的后两方程作出同样的消去法, 就确定a_{14} 和b_{24}:

$$a_{14} = -\frac{1}{2\kappa}\{\overline{A}_u + (p_1 + p_2)\overline{A}\}, \tag{5.50}$$

$$b_{24} = -\frac{1}{2\kappa}\{\overline{B}_v + (q_1 + q_2)\overline{B}\}, \tag{5.51}$$

并且还可验证: 从各组消去的结果重合于上述的等价条件(5.46) 和(5.48) .

现在转到第一种伴随构图(T) 的存在问题的研究. 这时, 有关的发甫系统由于(5.39) 和(5.46) 的出现添加了两个发甫方程; 又因为(5.39) 是完全可积分的, 协变系统只添加一个方程, 即从(5.46) 导出的一个. 同时, 因变量也添加了两个. 这就是说,

$$\gamma_0 = 19, \quad s_0 = 11, \quad s_1 = 8, \quad s_2 = 0.$$

所以这时的发甫系统也是在对合下的.

如果考虑到原参数u, v 容有变换, 我们便得到

定理 第一种伴随构图(T) 一定存在, 而且自由度是单变数的六个任意函数. 对于一个第一种伴随构图(T) 只有一个闭序列$\{N_1 N_3 N_2 N_4\}$ 和它对应.

实际上, (5.39) 容有相差一个常因数$c(\neq 0)$ 的解ω; 可是当运用变换$\omega \to c\omega$, $\tau \to c\tau$, $\sigma \to c\sigma$, $\overline{\kappa} \to c\overline{\kappa}$, $\theta \to \frac{1}{c}\theta$, $\overline{\sigma} \to \frac{1}{c}\overline{\sigma}$, $\kappa \to \frac{1}{c}\kappa$ 时, 方程组(5.26) 和(5.27) 的解受到变换: $P_1 \to P_1$, $P_{-1} \to cP_{-1}$, $Q_1 \to cQ_1$, $Q_{-1} \to Q_{-1}$, 从而N_1 和N_2 都不变.

为阐明第一种伴随构图(T) 与第二种之间的关系问题, 我们将证明

定理 第一种伴随构图(T) 一定是第二种的, 而且反过来也成立.

为此, 把基本方程组 (5.26) 和 (5.27) 改写为下列形式:

$$
\begin{cases}
\dfrac{\partial Q_1}{\partial u} = p_3 Q_1 \quad +\overline{\sigma} Q_{-1} \quad * \quad +\kappa P_{-1}, \\[2mm]
\dfrac{\partial Q_{-1}}{\partial u} = -\sigma Q_1 +p_4 Q_{-1} +\kappa P_1 \quad * \quad , \\[2mm]
\dfrac{\partial P_1}{\partial u} = \quad * \quad \overline{\kappa} Q_{-1} \quad +p_1 P_1 +\sigma P_{-1}, \\[2mm]
\dfrac{\partial P_{-1}}{\partial u} = \overline{\kappa} Q_1 \quad * \quad -\overline{\sigma} P_1 +p_2 P_{-1};
\end{cases}
\tag{5.52}
$$

$$
\begin{cases}
\dfrac{\partial Q_1}{\partial v} = q_3 Q_1 \quad +\theta Q_{-1} \quad * \quad +\alpha\kappa P_{-1}, \\[2mm]
\dfrac{\partial Q_{-1}}{\partial v} = \tau Q_1 \quad +q_4 Q_{-1} +\alpha\kappa P_1 \quad * \quad , \\[2mm]
\dfrac{\partial P_1}{\partial v} = \quad * \quad -\alpha\kappa Q_{-1} +q_1 P_1 +\tau P_{-1}, \\[2mm]
\dfrac{\partial P_{-1}}{\partial v} = \alpha\overline{\kappa} Q_1 \quad * \quad +\theta P_1 \quad +q_2 P_{-1}.
\end{cases}
\tag{5.53}
$$

如果对原基本方程组运用下列置换:

$$
\begin{pmatrix}
P_1 & P_{-1} & p_1 & p_2 & q_1 & q_2 & \alpha\kappa & \sigma & \kappa & \tau \\
Q_1 & Q_{-1} & p_3 & p_4 & q_3 & q_4 & \alpha\overline{\kappa} & \overline{\sigma} & \overline{\kappa} & \theta
\end{pmatrix},
\tag{5.54}
$$

便获得上列两组方程, 而且很明显, 可积分条件整个地不改变.

因此, 相当于 (5.28) 的表达式可以写成

$$
\begin{cases}
W_1 = \overline{\omega} P_1 + P_{-1}, \\
W_2 = \overline{\omega} P_1 - P_{-1}, \\
W_3 = \overline{\mu}_1 Q_1 + \overline{\mu}_2 Q_{-1} + \overline{\mu}_3 P_1 + \overline{\mu}_4 P_{-1}, \\
W_4 = \overline{\nu}_1 Q_1 + \overline{\nu}_2 Q_{-1} + \overline{\nu}_3 P_1 + \overline{\nu}_4 P_{-1}.
\end{cases}
\tag{5.55}
$$

从此很明显地看出: (5.39) 变为

$$
\begin{cases}
\overline{\omega}_u = (p_2 + p_3)\overline{\omega}, \\
\overline{\omega}_v = (q_2 + q_3)\overline{\omega}.
\end{cases}
\tag{5.56}
$$

所以

$$
\overline{\omega} = \frac{1}{\omega}.
\tag{5.57}
$$

我们所以能够置 $\overline{\omega}$ 的一个任意常因数 $(\neq 0)$ 为 1, 是因为根据前一定理末段所述, 这样选取并不妨碍问题的普遍性的缘故.

从(5.40) 和(5.41) 还可明确, 在置换(5.54) 之下 A 和 $\overline{A}$ 都不变, B 与 $\overline{B}$ 互换, 从而(5.46) 和(5.48) 都不改变. 这就证明了第二种周期四的拉普拉斯序列 $\{W_1 W_3 W_2 W_4\}$ 的存在.

很显然, 第一种闭序列与第二种闭序列之间的关系是可逆的, 因而得到上述定理.

在明确了第一种与第二种伴随构图(T) 的等价性之后, 就应当进一步讨论两闭序列 $\{N_1 N_3 N_2 N_4\}$ 和 $\{W_1 W_3 W_2 W_4\}$ 互为第二类共轭问题.

容易验证:

$$\begin{cases} \overline{\mu}_1 = 1, \ \overline{\mu}_2 = \dfrac{1}{\omega}, \\ \overline{\mu}_3 = -\dfrac{1}{2\overline{\kappa}\omega}(A - B), \\ \overline{\mu}_4 = \dfrac{1}{2\overline{\kappa}}(A + \overline{B}); \end{cases} \tag{5.58}$$

$$\begin{cases} \overline{\nu}_1 = 1, \ \overline{\nu}_2 = -\dfrac{1}{\omega}, \\ \overline{\nu}_3 = -\dfrac{1}{2\overline{\kappa}\omega}(\overline{A} + B), \\ \overline{\nu}_4 = -\dfrac{1}{2\overline{\kappa}}(\overline{A} - B). \end{cases} \tag{5.59}$$

为了两闭序列要互为第二类共轭, 充要条件是: 按照(5.55) 给定的两点 W_3 和 W_4 都在连线($N_3 N_4$) 上, 也就是说: 一定存在 $\rho(\neq 0), \rho'(\neq 0)$; s, t; s', t' 使下列两组方程成立:

$$\begin{cases} \rho\overline{\mu}_3 = s\mu_1 + t\nu_1, \ \rho\overline{\mu}_4 = s\mu_2 + t\nu_2, \\ \rho\overline{\mu}_1 = s\mu_3 + t\nu_3, \ \rho\overline{\mu}_2 = s\mu_4 + t\nu_4; \end{cases} \tag{5.60}$$

$$\begin{cases} \rho'\overline{\nu}_3 = s'\mu_1 + t'\nu_1, \ \rho'\overline{\nu}_4 = s'\mu_2 + t'\nu_2, \\ \rho'\overline{\nu}_1 = s'\mu_3 + t'\nu_3, \ \rho'\overline{\nu}_2 = s'\mu_4 + t'\nu_4. \end{cases} \tag{5.61}$$

从(5.60) 的前两方程解出 s, t:

$$s = \frac{\rho}{2\overline{\kappa}\omega}\overline{B}, \quad t = -\frac{\rho}{2\overline{\kappa}\omega}A, \tag{5.62}$$

并代入后两方程, 得到的只是一个条件, 即

$$A\overline{A} + B\overline{B} = 4\kappa\overline{\kappa}. \tag{5.63}$$

同样, 从(5.61) 的前两方程解出

$$s' = -\frac{\rho'\overline{A}}{2\overline{\kappa}\omega}, \quad t' = -\frac{\rho'B}{2\overline{\kappa}\omega}, \tag{5.64}$$

而且从后两方程仍旧获得关系式(5.63).

我们在这里顺便获得了一个结果, 即

定理 为了两闭序列$\{N_1N_3N_2N_4\}$与$\{W_1W_3W_2W_4\}$互为第二类共轭, 充要条件是: W_3或W_4在连线(N_3N_4)上, 或者N_3或N_4在连线(W_3W_4)上.

最后, 将找寻两闭序列的伴随构图(T) 的存在自由度问题的解答.

所论问题有关的发甫方程系统, 是在前文的对应系统里添加另一个有限方程(5.63)而得来的. 现在就要利用这个追加条件来改写(5.46)[或(5.48)] 和(5.23), 以减少协变系统中的独立方程个数.

为此, 置

$$\mathscr{E} \equiv -B\overline{B} = \frac{1}{\alpha^2}\left\{\left(\omega\theta - \frac{\tau}{\omega}\right)^2 - (q_2 + q_4)^2\right\}; \tag{5.65}$$

并利用(5.20) $\sim$ (5.22) , (5.24) , (5.39) 和(5.46) 推算导数$\mathscr{E}_u$; 经过一些演算, 容易获得

$$\mathscr{E}_u = -2(p_1 + p_2)\mathscr{E}. \tag{5.66}$$

另一方面, 按照(5.63) 可以写下

$$\mathscr{E} = A\overline{A} - 4\kappa\overline{\kappa}; \tag{5.67}$$

由此导出$\mathscr{E}_v$, 并利用(5.16) , (5.18) $\sim$ (5.20) , (5.23) 和(5.48) 来演算; 容易验证:

$$\mathscr{E}_v = -2(q_1 + q_2)\mathscr{E}. \tag{5.68}$$

这是在所论发甫系统中和(5.23) 等价的方程.

可是从(5.25) 明显地看出: (5.66) 与(5.68) 是完全可积分的, 所以用以代替(5.23) 和(5.46) 的两方程构成一个完全可积分的发甫方程.

综上所述, 在所论的伴随构图(T) 里基本方程组含有五个有限方程:

$$\begin{cases} \sum p_i = 0, \quad \sum q_i = 0, \\ \alpha(p_1 + p_3) = q_3 + q_4, \\ \theta(p_1 + p_3) = \overline{\sigma}(q_2 + q_3), \\ A\overline{A} + B\overline{B} = 4\kappa\overline{\kappa}; \end{cases} \tag{5.69}$$

三个完全可积分的方程组:

$$\begin{cases} (\log\kappa)_u = -2(p_1 + p_2), \quad (\log\kappa)_v = -2(q_1 + q_2); \\ (\log\omega)_u = -(p_2 + p_3), \quad (\log\omega)_v = -(q_2 + q_3); \\ \mathscr{E}_u = -2(p_1 + p_2)\mathscr{E}, \quad \mathscr{E}_v = -2(q_1 + q_2)\mathscr{E}; \end{cases} \tag{5.70}$$

三个方程:

$$\alpha_u = q_1 + q_3 + \alpha(p_1 + p_2), \tag{5.71}$$

$$\theta_u = \bar{\sigma}(q_2 + q_4) + \theta(p_2 + p_3), \tag{5.72}$$

$$\tau_u = \sigma(q_2 + q_4) + \tau(p_1 + p_4) \tag{5.73}$$

和三个独立方程(5.25) . 因此, 我们获得

$$\gamma_0 = 17, \quad s_0 = 11, \quad s_1 = 6, \quad s_2 = 0,$$

从而所论的发甫系统是在对合下的.

这样一来, 证明了

定理 两个周期四的闭拉普拉斯序列的伴随构图(T) 一定存在, 而且它的自由度等于单变数的四个任意函数.

这结果完全符合在4.4节中所述的定理.

关于伴随构图(T)在五维空间的映象研究, 可参阅苏步青文章([16], [40]), 这里从略.

参 考 书 籍

[1]   G Fubini-E. Čech: Geometria Proiettiva Differenziale, Padova, T. I (1926), T. II (1927). 简称: 富-切, 射影微分几何.

[2]   G. Fubini-E. Čech: Introductionàla géométrie projective différentielle, Paris, (1931). 简称: 富-切, 导论.

[3]   E. P. Lane: Projective Differential Geometry of Curves and Surfaces, Chicago, (1932).

[4]   E. P. Lane: A Treatise on Projective Differential Geometry, Chicago, (1942).

[5]   C. П. Фиников: Проективно-дифференпиадьная Уеометрия, Москва, (1937).

[6]   Lucien Godeaux: La théorie des surfaces et l'espace réglé, Paris, (1934). 简称: 戈德, 曲面论和直纹空间.

[7]   Gerrit Bol: Projektive Differentialgeometrie, Göttingen, 1. Teil (1950), 2. Teil (1954).

[8]   Tiberiu Mihăilescu: Geometrie Differencialá Proiectiva', Bucarest, (1958).

[9]   Tiberiu Mihăilescu: Geometrie Differentialá Proiectiva', Teoria Corespon-dentei. Bucarest, (1963).

[10] 苏步青: 射影曲线概论, 北京, (1954).

[11] 蟹谷乘养: 射影微分几何学, 东京, (1933).

部分参考文献

苏 步 青

[1] 关于曲面射影几何的一个注记, Japanese Journ. Math., **7** (1930), 199∼208.

[2] 曲面射影几何的一个注记(洼田忠彦共著), Sci. Rep. Tôhoku Imp. Univ., **19** (1930), 293∼300.

[3] 关于达尔部曲线一系都是二注曲线的曲面族, Tôhoku Math. Journ, **36** (1932), 241∼252.

[4] 关于曲线和曲面有关的某些射影共变二次锥面, Tôhoku Math. Journ., **38** (1933), 233 ∼ 244.

[5] 论仿射微分几何与射影微分几何的关系, 浙江大学理科报告, **1** (1934), 43∼122.

[6] 关于曲面有关的某些仿射共变锥面(市田朝次郎共著) , Japanese Journ. Math., **10** (1934), 209∼216.

[7] 捷赫变换 Σ_k 及其在仿射曲面论中的应用, Tôhoku Math. Journ., **40** (1934), 37∼56.

[8] 格林的规范轴线, Tôhoku Math. Journ, **39** (1934), 269∼278.

[9] 主切曲线全属于线性丛的曲面(I), Tôhoku Math. Journ., **40** (1935), 408∼420; (II), Tôhoku Math. Journ., **40** (1935) , 433∼448; (III), Tôhoku Math. Journ., **41** (1935) , 1∼19; (IV), Tôhoku Math. Journ., **41** (1935), 203∼215; (V), Sci. Rep. Tôhoku Imp. Univ., **24** (1936), 601∼633; (VI), Sci. Rep. Tôhoku Imp. Univ., **24** (1936), 634∼642.

[10] 关于李织面的某些系统, Proc. Physico-Math. Soc. Japan, **17** (1935), 234∼239.

[11] 关于某种曲面偶, 浙江大学理科报告, **2** (1936), 41∼51.

[12] 论李织面常与固定平面相切的曲面, 浙江大学理科报告, **2** (1936), 53∼61.

[13] 关于普通空间周期四的某些拉普拉斯序列, Sci. Rep. Tôhoku Imp. Univ., **25** (1936), 227∼256.

[14] 某些菲尼可夫构图(T)及其加拉普索变换(I), Journ. Chinese Math. Soc., **1** (1936), 174∼206.

[15] 某些菲尼可夫构图(T) 及其加拉普索变换(II), Journ. Chinese Math. Soc., **2** (1937), 61∼83.

[16] 关于周期四的拉普拉斯序列的一个注记, Tôhoku Math. Journ., **43** (1937), 4∼10.

[17] 关于曲面的平点的一个注记, Revista Tucumán Univ., **1** (1940), 95∼103.

[18] 关于某些织面束和规范线束, Boll. Un. Mat. Ital., (2) **2** (1940), 438∼443.

[19] 普通空间非和乐曲面的射影微分几何, Annali di Mat., **19** (1940), 289∼313.

[20] 关于普通空间非和乐曲面的射影微分几何的一个注记, Annali di Mat., **20** (1941), 213∼220.

[21] 维尔清斯基的规范织面在射影非和乐曲面论中的一个推广, Revista Tucumán Univ., **3** (1942), 351∼362.

[22] 过曲面上一点的平截线的密切二次曲线, Amer. Journ. Math., **65** (1943), 430~449.

[23] 超曲面上一点的伴随的姆塔儿-捷赫超织面, Annals of Math., **44** (1943), 7~20.

[24] 过非和乐曲面上一点的平截线, Amer. Journ. Math., **65** (1943), 701~711.

[25] 非和乐超曲面的射影微分几何, Duke Math. Journ., **10** (1943), 575~586.

[26] 曲面上一曲线的主密切织面的特征线, Bull. Amer. Math. Soc., **49** (1943), 904~912.

[27] 过超曲面上一点的平截线, Revista Tucumán Univ., **4** (1944), 329~362.

[28] 两超曲面的一个新射影相交不变量, Revista Tucumán Univ., **4** (1944), 321~327.

[29] 曲面论的一个定理, 科学记录(旧刊), **1** (1945), 277~282.

[30] 维尔清斯基织面都与固定平面相切的曲面, Revista Tucumán Univ., **5** (1946), 363~373.

[31] 曲面的渐近线网与调和线汇, 数学学报, **3** (1953), 167~176.

[32] 射影极小曲面的德穆兰变换(I), 数学学报, **7** (1957), 28~50; (II) , 复旦学报, **2** (1956), 111~119; (III), 数学学报, **7** (1957), 123~127; (IV), 数学学报, **8** (1958), 239~242; (V), 数学学报, **8** (1958), 276~280.

[33] 射影极小曲面和它的戈德叙列, 复旦学报, **2** (1956), 101~107. 更参见Ann. Sti. Univ. Iasi (Serie Nouă), **2** (1956), 1~7; Bull. Acad. roy. Belgigue, (5) **43** (1957), 569~576.

[34] 关于射影极小曲面的研究, 复旦学报, **3** (1957), 324~333. 更参见Revue de Math., **3** (1958), 173~189.

[35] 附属于射影极小曲面的一些Laplace叙列, 科学记录(新辑), **2** (1958), 159~163.

[36] 射影极小曲面的一个显著族, 复旦学报, **3** (1958), 80~85. 更参见Travaux Sci. de L'institut Pedag. Timisoara, (1959), 65~72.

[37] 射影曲面论的一个问题, 科学记录(新辑), **3** (1959), 111~115.

[38] 论多重可分层的闭拉普拉斯叙列偶, 复旦学报, **7** (1962), 35~39.

[39] 论普通空间里某些闭的拉普拉斯叙列偶, 数学学报, **14** (1964), 151~174.

[40] 关于伴随构图(T) 的一个注记, 复旦学报, **8** (1963), 251~259.

白　正　国

[1] 关于姆塔儿织面, Revista Tucumán Univ., **2** (1941), 67~77.

[2] 关于一系主切曲线全属于线性丛的曲面, Revista Tucumán Univ., **3** (1942), 341~349.

[3] 直纹空间曲面的射影理论(I), Amer. Journ. Math., **65** (1943), 712~736; (II), Amer. Journ. Math., **66** (1944), 101~114.

[4] 一曲面的伴随织面的一个推广, Amer. Journ. Math., **66** (1944), 115~121.

[5] 戈德织面叙列的一个新定义, Amer. Journ. Math., **69** (1947), 117~120.

[6] 关于直线汇的一些定理和曲面的变换, Trans. Amer. Math. Soc., **65** (1949), 360~371.

张　素　诚

[1] 关于直纹面的几个定理, 科学记录(旧刊), **1** (1942), 75~77.

[2] 关于李的织面, Bull. Amer. Math. Soc., **49** (1943), 257~261.

[3] 关于重合曲面, Bull. Amer. Math. Soc., **49** (1943), 900~903.

[4] 关于曲面上一点的有关织面, Bull. Amer. Math. Soc., **50** (1944), 926~930.

[5] 姆塔儿织面的一个推广, 科学记录(旧刊), **1** (1945), 337~340.

吴 祖 基

[1] 曲面上一点的有关织面系统I, II, Duke Math. Journ., **10** (1943), 499~513, 515~530.

[2] 关于曲面的主切弦织面的一个注记, 科学记录(旧刊), **2** (1949), 345~350.

索　引

(按拼音字母排列)